建筑施工中的新技术

张希黔　黄声享　著

中国建筑工业出版社

图书在版编目(CIP)数据

建筑施工中的新技术 / 张希黔，黄声享著. —北京：中国建筑工业出版社，2005

ISBN 7-112-07117-8

Ⅰ. 建… Ⅱ. ①张…②黄… Ⅲ. 建筑工程—工程施工—施工技术 Ⅳ. TU74

中国版本图书馆 CIP 数据核字（2005）第 003180 号

本书重点阐述了信息技术在建筑施工中的应用，注重理论的实际应用，反映了现代科技在建筑施工中应用所取得的一些重大创造性成果。全书共分四章，内容包括：结合“虚拟现实、结构仿真和 GPS 等信息技术在建筑施工中的研究和应用”课题的研究成果，介绍现代信息技术在建筑施工中的应用；结合“复杂空间钢结构曲线滑移、非对称整体提升等施工技术的研究与应用”课题的研究成果，介绍复杂空间钢结构的施工技术及其应用；列出了作者近十年来围绕现代科技在建筑施工中应用所发表的相关论文和应用成果，以及在建筑施工管理方面的论文成果等。

本书可作为从事土木与建筑工程的设计、施工与管理等方面的科研人员、工程技术人员及大专院校师生的参考书。

* * *

责任编辑：郦锁林
责任设计：赵 力
责任校对：刘 梅

建筑施工中的新技术
张希黔 黄声享 著
*
中国建筑工业出版社出版、发行（北京西郊百万庄）
新华书店经销
北京市密东印刷有限公司印刷
*
开本：787mm×1092 毫米 1/16 印张：15½ 字数：376 千字
2005 年 1 月第一版 2005 年 8 月第二次印刷
印数：3501 - 5500 册 定价：**26.00** 元
ISBN 7-112-07117-8
TU·6348(13071)

本社网址：http：//www.china-abp.com.cn
网上书店：http：//www.china-building.com.cn

前　言

以信息技术为主要特征的现代科技在建筑施工中的应用越来越广泛，给建筑施工企业带来了巨大效益，极大地推动着现代建筑业的发展。

近十年来，中建三局在引进现代科技改造并提升传统建筑施工技术方面作了大量的富有成效的尝试，取得了诸多重大的创造性科研成果。比如，“虚拟现实、结构仿真和GPS等信息技术在建筑施工中的研究和应用”课题于2003年初评为国家科技进步二等奖，该课题具有重要的技术先进性和创新性，并不断应用到施工生产当中，创造了可观的经济和社会效益，提升了企业竞争实力，特别对整个建筑工程施工领域的生产力水平提高和传统生产方式改造具有巨大的示范和推动作用；“复杂空间钢结构曲线滑移、非对称整体提升等施工技术的研究与应用”课题，结合钢结构行业发展要求，开展了对多项大型复杂空间钢结构工程施工技术的研究，并成功地应用于工程实践，形成有多项创新和居于国际领先水平的成果，推动我国钢结构施工行业生产力水平不断提升，使我国复杂空间钢结构的施工技术迈入了世界前列，本课题于2004年获国家科技进步二等奖。

为了推动现代科技在建筑施工中的应用，在上述两项具有显著影响力的科研成果基础上，我们及时组织人员对已有研究成果进行全面总结，形成了本书的写作纲要，并于2004年11月完稿。本书共分四章：

第一章：结合“虚拟现实、结构仿真和GPS等信息技术在建筑施工中的研究和应用”课题的研究成果，介绍现代信息技术在建筑施工中的应用。

第二章：结合“复杂空间钢结构曲线滑移、非对称整体提升等施工技术的研究与应用”课题的研究成果，介绍复杂空间钢结构的施工技术及其应用。

第三章：介绍作者近十年来围绕现代科技在建筑施工中的应用所发表的相关论文和应用成果。

第四章：介绍作者近十年来建筑施工管理方面的论文成果。

本书可作为从事土木与建筑工程的设计、施工与管理等方面的科研人员、工程技术人员以及大专院校师生的参考书。

特别需要说明的是，本书也是集体智慧的结晶。在此，谨向曾经参与和支持过项目工作的有关领导和工程技术人员以及课题研究的全体同仁深表感谢。本书的出版得到了中国建筑工业出版社的大力支持，在此深表谢意。

限于我们的水平和资料整理时间匆忙，书中难免有谬误之处，恳请读者不吝批评指正。

目　录

1　现代信息技术在建筑施工中的应用

建筑施工作为重要的物质生产部门，是我国的国民经济支柱产业。我国的建筑业为社会创造了巨大的财富，但同时建筑施工又是一门传统的技术行业，同其他工业相比，无论是从科技含量、工业化、自动化、智能化、劳动生产率还是组织管理等方面，建筑业都相对滞后。建筑业的市场竞争促使建筑企业的分化，全球经济一体化和国际市场竞争加速了企业追求创新的步伐，大力改进传统施工技术和管理水平，是企业适应知识经济的内在需要，是面对日益激烈的市场竞争的需要。

计算机与信息技术引发的数字化浪潮已成为新时代的趋势，建筑业要提高自身的科技实力，并赶超其他行业，适应知识信息经济的到来，无疑应大力吸取其他行业和高新技术的成果，用这些成果来改造自身，从而促进自身科技发展。在各行各业都在加速信息化、自动化建设的今天，借助信息技术这个工具，改造和提升建筑业，将成为施工生产进步与发展的方向，同时信息技术的发展将促进其他高新技术的发展，从而带动施工技术的整体进步。

中国建筑第三工程局作为全国著名的国有大型建筑企业，曾经在塔结构(辽宁电视塔、天津电视塔和澳门电视塔等)、超高层钢结构建筑(深圳发展中心、深圳地王大厦等)、超高层混凝土建筑(深圳国贸、武汉国贸等)以及其他建筑方面取得过突出的成就。这些成就一度代表着我国建筑业的施工水平，但面对信息知识经济，如何探索利用信息技术改造传统的建筑业是我们建筑企业一直不断思考和努力的方向。通过大量的工程实践和系统研究，结合企业的特点和技术力量、校企合作，让我们初步形成了以建筑施工虚拟仿真(VR)为代表的施工计划系统、以 GPS 建筑测量以及其他自动化技术(大体积混凝土自动测温、激光测量、工业电视监控、预拌混凝土自动控制以及同步提升技术等)为代表的施工过程自动化系统和企业与项目信息管理两级集成系统(PMIS)为特色的信息化建筑施工体系。这些理论研究和实践应用大大地提升了企业的整体科技水平和市场竞争核心力，从而使科技进步和市场效益形成了良性循环，并促使我们在此基础上不断创新，从而推动全施工行业生产力水平的提高和发展。

1.1　虚拟仿真技术简介

随着计算机技术的普及和发展，在建筑工程施工中采用智能方法极大地促进了施工技术和管理水平的提高，从而推动着施工学科的不断进步和发展。目前施工领域应用较成熟的软件系统有：CAD 辅助设计技术、专家系统、智能管理系统、办公自动化系统等，这些计算机技术的应用改造了传统的施工方法和理论，带来了新的理念。通过在建筑工程施工中引入虚拟技术的工程实践证明，建筑工程施工应用虚拟技术已成为可能，用虚拟技术研究建筑工程施工，将促进技术的进步和创造极大的经济效益。

1.1.1 建筑业中虚拟现实技术的发展

曾有专家预言虚拟现实技术(Virtual Reality Technology，简称 VRT)将是21世纪最为广泛应用的技术，是未来的流行技术，我们可以先通过几个成功应用虚拟现实技术的例子来看看，虚拟现实技术到底能给人类生活带来什么改变?

日本松下公司利用虚拟现实技术建立了用来招揽买主的“厨房世界”。在这里你只要戴上特殊的头盔和一只银色的手套，就可以去“漫游”厨房世界了。你伸手去开门，门随手而开，厨房内的所有设备就会映入你的眼帘。你可以用手打开柜橱的门和抽屉，查看里面的结构和质量，可从碗架上拿下盘子看看，也可以打开水龙头，立即看见水流出来，听见流水声，还可查看水池下面的排水是否流畅，也可查看照明是否亮堂，试试通风排气是否正常。可是当你拿下头盔，摘下手套时，这一切又都消失了。

全美最大的民宅营造商之一，美国 MRA 公司，将 VRT 运用到民宅商品促销上。他们将要推销的城镇民宅(尚未建好的)以虚境的形式在公司的展销中心展示给买主。顾客带上头盔式显示器后可开门进入这一住宅，观察房间的大小、装饰、壁炉和厨房的布局；通过楼梯走入上层，可环视家具和壁橱的布置、住宅周围的环境；对于室内安装的电器可以实地触摸和操作等。展出这样的虚拟样宅后，这种住宅的销售量立即增为3倍。

在2003年10月23日正式竣工并投入使用的我国故宫文化资产数字化应用研究所里，借助于计算机虚拟现实技术，建立了“数字故宫”。使每个人都可以在此场景中自由地漫游，不仅如身临其境，还可以按自己的心愿，想看哪儿就看哪儿，想怎么看就怎么看。你可以静静地穿过天安门，经端门、午门、太和门，最后走进两代皇朝至高无上的圣地——太和殿，里里外外上上下下细细端详。想看全景，可以升至半空俯视整个故宫乃至景山和北海；想看细节，可以近到“零距离”欣赏、把玩每一个建筑构件、每一件内部陈设、每一处装饰处理。借助这一环境，可以使置身其中的人们通过独特的视点移动，感受只有数字化技术才能实现的新型沟通空间，这种感觉似乎只能用“亦真亦幻”来形容。这部名为“紫禁城·天子的宫殿”的虚拟现实作品，是中日两国专家、学者和科技人员经过两年的共同努力制作完成的我国第一部基于虚拟现实技术的关于故宫的大型计算机作品。

那么，到底如何定义虚拟现实技术？它对我国工业尤其是传统工业的代表——建筑行业又将产生什么样的影响?

1. 发展历史

任何一门科学或工程技术的发展，都有其特定的规律，并随着社会整体科技水平的提高而进一步向前发展；所以研究工作应从历史出发并紧跟世界领先的技术才能取得突破。正因为如此，我们首先追溯建筑工程发展的历史沿革。建筑工程是土木工程的主要分科，土木工程的发展史就是一部建筑工程的发展史。

我们将传统的土木工程学定义为运用数学、物理、化学等基础科学知识，力学、材料等技术科学知识以及土木工程方面的工程技术知识来研究、设计、修建、评价各种建筑物和构筑物的一门学科。土木工程(在英语里称为 Civil Engineering 直译为“民用工程”)的原意是与“军事工程”相对应的。历史上，土木工程、机械工程、电气工程、化工工程曾经都属于 Civil Engineering，因为它们都具有民用性。由此可见它们的渊源其实是相近的，这为我们以后借鉴制造业的先进技术从历史上提供了可能。

土木工程作为一门古老的学科，它的发展经历了古代、近代和现代三个历史时期。从新石器时代开始至17世纪中叶归为古代土木工程时期，这个时期只利用天然材料、简单工具和铁制工具，理论上也缺乏依据和指导。

从17世纪中叶至20世纪中叶可划为近代土木工程。在这个时期，伽利略、牛顿创建了经典力学理论，欧拉创建了曲线变分法，将它们运用于土木工程产生了结构设计理论和稳定问题的基础；1824年阿斯普丁发明了水泥、1859年贝赛麦发明转炉炼钢法，将它们应用于土木工程出现了钢筋混凝土结构及钢结构以及相关理论，并产生了近代高层建筑的萌芽。

从20世纪中叶到20世纪末归为现代土木工程。社会的发展，新材料、新工艺的不断涌现，尤其是计算机和现代管理技术的出现，使得土木工程出现了新的发展态势：计算机广泛应用于设计、施工、材料管理及理论计算等土木工程的各个领域；动态规划和网络技术加速渗透；施工过程朝着工业化、装配化发展。土木工程技术和管理水平都达到了前所未有的新阶段。

21世纪向传统的土木工程提出了更新的挑战。随着计算机图形学、计算机系统工程学及其软硬件科学的飞速发展，20世纪80年代出现了虚拟现实技术，虚拟现实提供的人机界面实现了人与计算机的全方位交互，对工业界和工程界产生了革命性的影响。机械行业已经开始了虚拟制造的研究及应用，波音公司设计的777型大型客机是世界上首架以三维无纸化方式设计出的飞机，该虚拟产品的诞生及设计成功已经成为虚拟制造从理论研究转向实用化的一个里程碑。为了满足社会经济建设需要对土木工程提出了日益复杂和高标准的要求，仅靠新工艺、新材料还不足以满足在信息时代对土木工程更新换代的需求，还必须利用新技术进行一系列新概念、新思想、新理论的探索。

2. 虚拟现实技术从制造业走向建造业

从我们接触土木工程的第一天起，就开始接受这样传统的观念，建造业与制造业存在着重大的区别：产品的单件性、组织的临时性、生产系统的离散性、现场管理的随机性、影响因素的复杂性等等；甚至建筑机械工程师都必须提醒自己，我们的机械跟一般的机械不同，工件(即建筑物)是静止的，相反，工作母机围绕着产品动作。正因为建造业如此众多的不确定性和特殊性，使得它难以以相近的步伐利用制造业已经取得的先进生产技术，使得建造业至今由于多种原因还难以摆脱半手工的生产状态以及比较混乱和难于控制的管理状态，尤其是建筑施工领域。

尽管我们很容易找到这种种的不同之处，但是，这些观点通常只停留在定性的阶段，很少有人致力于收集数据，并对其进行定量分析。首先，这种不同达到了何种程度，比如：建筑工程中到底有多少工作是可重复的，其一次性达到何种程度，建筑产品中到底有多少是可以标准化并进行批量生产的；其次，这些特性是否使得建造业在生产过程和技术改造中要付出更大的代价以及代价到底大多少等等。

特别值得注意的是：随着工业及工程界的竞争越来越激烈，市场瞬息万变，各行各业都逐渐以多品种小批量的生产为其主导生产形式。这在很大程度上拉近了制造业与建造业的距离；使得它们都面临着许多相同的问题和挑战。比如：由于系统投资较大、周期较长，在系统正式建立与运行之前，难以对这些系统的效益和风险进行确实而有效的评估；

开发一个新产品，无法在投入大量人力和经费之前就确定其开发价值和对投产后所取得的效益及风险进行确实有效的评估；不能在产品设计开发的各个阶段把握产品制造、建造过程各个阶段的实况，不能确实有效地协调设计与制造、建造各阶段的关系。随着计算机网络和虚拟现实的出现，制造行业的企业纷纷引入了 VRT 来解决这些问题，这也使得建造师们把目光投向 VRT，利用虚拟制造取得成效，更快速地建成虚拟建造系统。

从长远来看，建筑行业采用工业化的生产方式正是它发展的方向：建筑材料和建筑制品已普遍采用集中、大批量、标准化生产，这促使建筑施工和管理方法也应当符合工业化的生产与供应要求。事实上，国际上已经有了其成功的范例。比如：将精益生产（Lean production）和敏捷制造（Agile Manufacturing）引入建筑领域。美国的 IGLC（International Group for Lean Construction）就从事此项研究活动，并做了大量卓有成效的工作。

当然，如何运用合理的技术和管理策略，使得制造业已经取得的先进技术更易于向建造业转化，是一个很艰巨的课题，这需要付出巨大的努力。

3. 建筑行业虚拟化的意义

一旦我们能够合理借鉴制造业已取得的先进技术和先进经验，并将之运用于建筑行业，不管是在观念还是在技术上，必将给传统的建筑业带来巨大的变化。下面从不同的角度来分析虚拟建造和虚拟产品的重要意义。

首先是业主。他们在投资之前都希望能获得建筑物更为直观、具体的概念。这一需要在建筑行业尤显重要，因为工业产品的批量生产使得消费者在购买之前对产品已有了解，这有助于他们的选择和决定；而建筑产品的个性强，质量的离散性或随机性较大，业主在决策之前对要进行投资的建筑产品很难有明确的概念。类似于制造业在开发新产品之前需要试制样机一样，身临其境、多感知地体会未来的建筑产品无疑将对业主的决策起到良好的引导作用。这对房地产开发商和投资者将具有不可抵御的吸引力。更进一步地说，他们也希望在建造活动中，能有更多的自主权，也就是要建筑产品能全方位反映他们的投资意图，并能在项目建造以及整个生命周期中，随时根据市场的变化做出调整。

再则是设计单位。我们很难苛求设计师既懂土木，又懂水电安装，还懂通风、采暖和空调，随着智能建筑的兴起，最好还懂得控制和网络。但是建筑物却是一个综合性产品，任何建筑产品都离不开这诸多专业的合作。我们已经注意到：在实际建造过程中，很多质量问题和工期耽误都来自设计中各专业未能统一协调。例如：在建筑物进行机电设备安装时，一份统一各工种的综合施工图就显得尤为重要，而设计单位却很少进行此类工作。设计分专业进行无可厚非，但设计出的产品却必须共用统一的空间，否则就会出现矛盾。使用虚拟产品作为通用标准的设计正好给出了完满的解决方案，将建筑产品的不同方面从空间上统一起来。

而收获最大的可能是承包商。建筑产品最终是靠施工单位实现的，决策者头脑中的建筑产品早已在初设、扩初、总包、分包等等层层技术交底中受到扭曲。即使在施工单位内部，由于面对的技术图纸几乎没有可视性，加之目前建筑工人的素质普遍不高，哪怕是工长的意图也并不那么方便下传，更何况来自业主和设计单位的永无止境的设计变更。虚拟产品的出现对于协调各分包商的关系、统一认识、透彻理解设计意图、增强应变能力都有着不可比拟的优越性。更重要的是，虚拟建造系统使得优化施工真正成为可能。在虚拟产品上很容易进行实验和比较，有助于施工者制定出经济快捷、安全可行的施工方案，极大减少了施工风险，也便于进行质量、成本和进度的控制和管理。

虚拟建造在本质上是实际建造过程在计算机上的映射，因此它可以通过计算机虚拟建造环境来模拟和预估建筑物的外观、功能及施工性能等各方面可能存在的问题，从而提高了人们的预测和决策水平，它为建造师们提供了从建筑物概念的形成、设计到施工全过程的三维可视及交互的环境，使得建造技术走出了主要依赖经验的狭小天地，发展到了全方位预报的新阶段。

1.1.2 虚拟现实技术的概念

1. 什么是虚拟现实

虚拟现实(Virtual Reality，简称为VR)这一名词是美国VPL Research公司的奠基人发明家Jaron Lanier于20世纪80年代初所提出。这是他在实地建造这种类型的环境中领悟而创造出来的一个称呼。现在，这一名词日渐流行并被学术界和技术界所承认。

为什么“虚拟现实”一词中同时含有“虚拟”和“现实”这两个对立的成分？名词创造者的用意是：以“虚拟”两字说明，利用VR技术所产生的局部世界并非是真实的，而是人造的，是虚构的；以“现实”两字说明，虽然这一局部世界是人造的，但它对进入这一局部世界的人来说，在感觉上是与进入了现实世界相同。在此的感觉可以包括视觉、听觉和触觉。

虽然作为一门新兴的技术，虚拟现实的名称是在20世纪80年代初兴起于国外一些发达国家的，但它本身不是一种新出现的东西，从支撑其发展的各种技术角度而言，许多概念和成果，早就分散在多种领域，所以，不太好写一部单独的虚拟现实技术发展史。它采用了电子工业数十年的研究成果，并随着它们技术发展而发展，以下我们回顾数十年来人们为虚拟现实所做的努力：

1929年，Edwin Link设计了一种竞赛乘坐器，它使得乘坐者有一种在飞机中飞行的感觉。Link飞行模拟器是虚拟现实几个先驱中的一个。

1962年，美国电影摄影师Morton Heilig研制出了第一套多感知仿真体验系统Sensorama Simulator，这是第一套VR视频系统。它具有图像、声音、振动、风、气味等感知性能，但属于非交互式的系统。

1965年，在IFIP会议上，有VR“先锋”之称的计算机图形学的创始人Ivan Sutherland作了题为“The Uelimate Display”的报告，提出了一项富有挑战性的计算机图形学研究课题，他指出，人们可以把显示屏当作一个窗口观察一个虚拟世界，使观察者有身临其境的感觉。这一思想提出了虚拟现实概念的雏形。

1968年，Ivan Sutherland使用两个可以戴在眼睛上的阴极射线管(CRT)，研制出了第一台头盔式立体显示器(HMD)。并发表了题为“A Head Mounted 3D Display”的论文，对头盔式三维显示装置的设计要求、构造原理进行了深入的讨论，并绘出了这种装置的设计原型，成为三维立体显示技术的奠基性成果。

1972年，Nolan Bushnell开发了第一个交互式电子游戏，称为Pong，它允许玩游戏的人在电视屏幕上操纵一个弹跳的乒乓球。由于交互性是虚拟现实技术的一个关键，因而这一个交互式游戏的开发具有重要的意义。

到了20世纪80年代后期，因为图形显示技术已经能够满足视觉耦合系统的性能要求，液晶显示(LCD)技术的发展使得生产廉价的头盔式显示器成为可能，所以VR技术得以加速发展。

1985年，Scott Fisher等研制了著名的称之为VIEW的一种“数据手套”(Data Glove)，这种柔性、轻质的手套装置可以测量手指关节动作、手掌的弯曲以及手指间的分合，从而可编程实现各种“手语”。

1986年，研制成功了第一套基于HMD及数据手套的VR系统VIEW。这是世界上第一个较为完整的多用途、多感知的VR系统，它使用了头盔式显示器、数据手套、语言识别与跟踪等技术，并应用于空间技术、科学数据可视化、远程操作等领域，被公认为当前VR技术的发源地。

1989年，VPL的创始人Jaron Lanier提出了“Virtual Reality”(虚拟现实)这个名词，意指“计算机产生的三维交互环境，在使用中用户是‘投入’到这个环境中去的”。根据他提出的这个名词的含义，VR的一种定义是让用户在人工合成的环境里获得“进入角色”的体验。从此，“Data Glove”和“Virtual Reality”便引起新闻媒介极大的关注和丰富的想象。

1990年，在美国达拉斯召开的Siggraph会议上，对VR技术进行了讨论，明确提出了VR技术的主要内容是：实时三维图形生成技术、多传感器交互技术，以及高分辨显示技术，这为VR技术的发展确定了研究方向。

在“需求牵引”和“技术推动”下，近年来VR已经取得的一些技术成果，并已集成了一些很有实用前景的应用系统。智能虚拟世界也在不断地发展。

鉴于其技术基础面广泛而深入，特别是受实时三维计算机图形的制约，开始除了大投入的军工国防部门外，并不被广泛注意。随着LED和CRE显示器技术、高速图形技术、多媒体技术的发展，加之图形并行处理、面向对象的程序设计方法的发展，虚拟现实技术开始活跃，特别是近几年发展很快。

我们尝试着用其工作定义来解释VR：虚拟现实，作为对传统的人机交互方式的深化，是一种人机共享模式的技术领域，人们能利用它仿造出或创造出虚拟环境，并让人们能身历其境地进入这一环境。同时，作为信息科学的一个分支，它又是一个由计算机技术、传感器技术和执行器技术，包括计算机图形学、系统仿真学和人工智能融合而成的技术领域，但它具有其自己独特的研究内容：虚拟环境的产生和虚拟环境的感受。

生成虚拟现实需要解决以下三个主要问题：

① 以假乱真的存在技术。即，怎样合成对观察者的感觉器官来说与实际存在相一致的输入信息，也就是如何可以产生与现实环境一样的视觉、触觉、嗅觉等。

② 相互作用。观察者怎样积极和能动地操作虚拟现实，以实现不同的视点景象和更高层次的感觉信息。实际上也就是怎么可以看得更像、听得更真等等。

③ 自律性现实。感觉者如何在不意识到自己动作、行为的条件下，得到栩栩如生的现实感。

为了成功地开发这三大技术，虚拟现实必须处理好如图1.1-1所示的各个要素之间的相互关系。观察者、传感器、计算机仿真系统与显示系统构成了一个相互作用的闭环流程。

典型虚拟现实系统模型如图1.1-1所示。

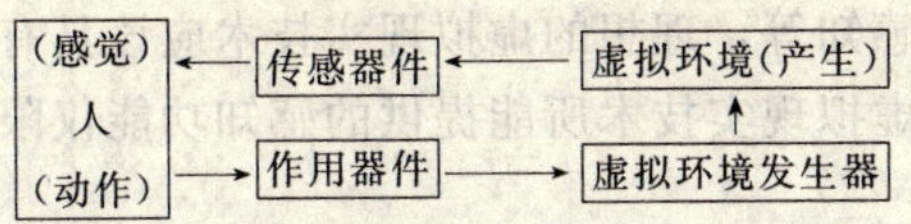

图 1.1-1　虚拟现实系统模型

虚拟现实系统主要由以下五个模块构成，如图 1.1-2。

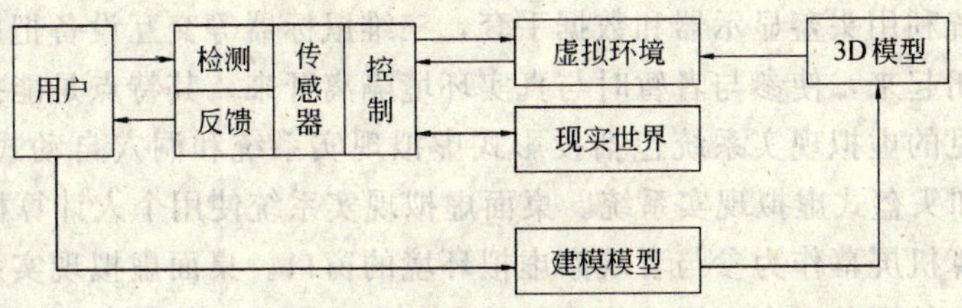

图 1.1-2　虚拟现实系统的构成

(1) 检测模块：检测用户的操作命令，并通过传感器模块作用于虚拟环境。

(2) 反馈模块：接受来自传感器模块信息，为用户提供实时反馈。

(3) 传感器模块：一方面接受来自用户的操作命令，并将其作用于虚拟环境；另一方面将操作后产生的结果以各种反馈的形式提供给用户。

(4) 控制模块：对传感器进行控制，使其对用户、虚拟环境和现实世界产生作用。

(5) 建模模块：获取现实世界组成部分的三维表示，并由此构成对应的虚拟环境。

2. 虚拟现实的特征及分类

作为一个独立存在的技术，虚拟现实显然与其他的技术有所不同，但作为一个新涌现的技术，它又不免与已存在的技术有种种牵连。与虚拟现实最相近的技术是人机界面，但虚拟现实又与它有着明显的不同之处，也即虚拟现实有其自已的特征。虚拟现实技术具有沉浸性、交互性、自主性和多感知性等四个重要特征。

(1) 沉浸性

它要求计算机所创造的虚拟环境能使计算机操作人员有“身临其境”的感觉，使操作人员相信在虚拟境界中人也是确实存在的，而且在操作过程中他可以自始至终地发挥作用，就像真正面对客观现实世界一样。

(2) 交互性

它是指操作者与虚拟环境中所遇到的各种对象的相互作用的能力，这种交互是三维的，用户是交互作用的主体，与虚拟客体间可进行多行为的交谈。通过虚拟现实向使用者提供的交互机制，使用者的输入(动作)可使呈现的界面(虚拟环境)发生相应的变化，这一变化将给使用者的感觉产生新的内容；变化导致使用者又做出新的输入，使虚拟环境再次发生变化。以上交互过程反复进行，直至使用者感觉到所处的虚拟环境满意为止。

(3) 自主性

它要求用户能以客观世界的实际动作或以人类熟悉的方式来操作虚拟系统，让用户感觉到他面对的是一个真实的世界，并且虚拟环境中物体应依据物理定律动作。

(4) 多感知性

除了一般计算机技术所具有的视觉感知之外，还有听觉感知、力觉感知、触觉感知，甚至包括味觉感知、嗅觉感知等，理想的虚拟现实技术应该具有人的一切感知功能。由于传感器技术的限制，目前虚拟现实技术所能提供的感知功能仅限于视觉、听觉、力觉、触觉等。

根据显示的沉浸程度，虚拟现实系统一般可以分为桌面虚拟现实系统、沉浸式虚拟现实系统、分布式虚拟现实系统、远程存在虚拟现实系统以及增强现实虚拟现实系统。其中，桌面虚拟现实系统和沉浸式虚拟现实系统在计算机辅助工程领域中使用较为广泛。沉浸式虚拟现实系统利用头盔显示器和数据手套，三维鼠标器等交互设备把用户的视觉、听觉和其他感觉封闭起来，使参与者暂时与真实环境隔离开来，其特点是能提供观察者“真实”的体验。常见的虚拟现实系统包括投影式虚拟现实系统和洞穴自动式虚拟环境(CAVE)又称工作室和头盔式虚拟现实系统。桌面虚拟现实系统使用个人计算机和个人工作站来实现仿真，计算机屏幕作为参与者观察虚拟环境的窗口。桌面虚拟现实系统虽然缺乏沉浸式虚拟现实系统的那种完全沉浸功能，但是它具有成本低、使用方便等特点，所以仍然受到普遍欢迎并得到更为广泛的使用。

3. 虚拟现实的应用

在过去十余年中，人们一方面对它从事了基础性的研究，另一方面也为它开发了可进行实验所用的工具。虚拟现实技术及设备相对来说价格比较昂贵，但在很多专业中其回报是非常高的。根据近两年国外技术进展的分析，虚拟现实正从大学的实验室研究走出，走上认真寻找行业性应用的道路。从面向游戏机和主题游乐园，拓展为在工业、商业、医学和军事等领域的应用(表 1.1-1)。可以预料，今后的十年间这一处于青春期的活跃技术，将在许多行业中找到用武之地。

虚拟现实的应用范围 **表 1.1-1**

领　域	用　途
医　学	外科手术，远程遥控手术，身体复建，虚拟超声波影像，药物合成
教　育	虚拟天文馆、远距教学
艺　术	虚拟博物馆、音乐
商　业	视频单位、电话网路管理、空中交通管制
景观模拟	建筑设计、室内设计、工业设计、地形地图
科学视觉化	数学、物理、化学、生物、古生物、考古、行星表面重建、虚拟风洞试验、分子结构分析
军　事	飞行模拟、军事演习、武器操控
太　空	太空训练、太空载具驾驶模拟
机械人	机械人辅助设计、机械人操作模拟、远程操控
工　业	电脑辅助设计
娱　乐	电脑游戏

(1) 航空航天和军事

最初的军工模拟是推动 VR 发展的主要力量，VR 的许多成功应用也正是在这些方面，如飞机驾驶模拟器、近战战术训练器、虚拟战场等。主要应用系统有：坦克训练网络、虚拟毒刺导弹训练、反潜艇作战、NASA 训练系统等等。应用的目的是模拟和训练。目前，洛克希德·马丁公司正在使用虚拟现实技术，力图使联合攻击战斗机的研制周期、研制成本和生产周期均降低50%或者更多，并希望飞机的维修时间和费用也降低30%。

(2) 工程和建筑

美国汽车城底特律的三巨头(通用汽车、福特和克莱斯勒)都在热衷地开发和发展对自己实用的虚拟环境，并将它用在汽车设计和制造上。目前取得最大成功的是虚拟放样(Virtual Prototyping)。使用虚拟放样，人们可以进入所设计的汽车的虚拟环境，对其进行操作，可极大地省钱、省时。为此这三公司都不惜投资千万美元开发VR应用，福特公司一家就在三个部门建立了研究VR应用的环境。实际上，世界上主要汽车制造公司都在VR方面有所动作。因为他们都意识到，VR技术在成本和效率上极具优势，而这将有助于他们在今后的激烈竞争中取胜。从一个新产品的先期开发、一个新的汽车模型到仿真装配汽车零件、模拟装配车间，直至企业间的虚拟合作等等。

而在建筑领域，可用它实现工业与民用建筑物虚拟仿真，一个具体的建筑物一次性仿真，可细到水龙头、电灯开关、门把手等。还可以用它设计各种建筑产品和施工设备，对施工工程的方案比较和优化大有裨益。在对于大型项目的规划、评估上的前景更是令人振奋，例如：一个大型水电站的投建、工程的优化施工、大型电力设备的设计、检修和日常维护，直到操作人员的培训等等用VR实现全方位仿真，将对业主、设计单位、监理单位、施工单位以及电厂的管理和控制带来前所未有的便利。

(3) 医学的应用

美国医学界正在认真且迅速地将VR技术应用到这一领域中去。他们首先是将其用于外科手术方面。最初，用于手术训练(帮助熟练掌握手术操作)；随后，又用于手术策划(帮助制订最佳手术方案)；现在，已发展成用于手术实施(帮助准确及时找到病灶所在)。除了进行人体解剖仿真和外科手术外，其范围包括建立合成药物的分子结构模型到各种医学模拟，如用来设计各种合成药物，允许研究人员测试各种新药物特性。同时国外医学界的研究热点正在转向远程诊断和远程外科。

(4) 科学可视化

现在，有很多物质，如红外光、微波、雷达、电磁场、在通道中流动的各种物质的数据都不是可见的，而且科学计算的数据结果通常很抽象，不便于理解和应用，利用VR技术，很容易将这些东西可视化和形象化。随着操作者的参与，随时进行各种复杂的科学计算，将计算结果所产生的数据转换成为可视的图像信息或将枯燥的数字转换为具有物理意义的、易于理解的图形信息，并可进行交互式分析。这种方式将成为信息爆炸年代人类分析和驾驭信息的有力手段. 主要应用有：力学计算分析、分子结构等。

(5) 金融和娱乐

金融可视化是指将大量数据变换成图像式物质，从而使数据更易理解和分析，股票市场就是采用这种技术的主要领域。证券交易可视化、体验广告等也是VR成功地范例。

娱乐是VR的一个巨大市场，世界一些著名的娱乐城已建成VR娱乐中心，在这个环境中许多神话都已变成“现实”。主要应用有虚拟演员、虚拟博物馆、虚拟音乐、虚拟物理实验室、虚拟战争游戏。

德国弗劳恩霍费尔图解数据处理研究所2001年6月20日宣布，他们计划在黑森州的达姆施塔特建立世界上首座虚拟现实公园。据该研究所的斯特凡·米勒介绍，这座世界上首座虚拟现实公园将集教育和历险等为一体。在这里，人们可以探访意大利锡耶纳的大教堂、中国的敦煌莫高窟、宇宙太空及水下世界等。另外，该虚拟现实公园还可提供试验飞行、试验驾驶及试验手术等服务。米勒估计，该公园将需要大约1亿马克建设资金。建成之后，它每天将能够接待大约200位游客，计划2004年对外开放。

(6) 教育

VR教育是一种非常有意义并已广泛开拓的市场。VR可以形象体现一个分子结构、抽象的数学方法；甚至全方位“物质”显示一个电力系统的过渡过程等。对于花费昂贵或涉及有毒有害环境的教学，虚拟现实更显示出其重要性。

尽管目前虚拟现实系统的应用还未完善，市场技术还很不成熟，真正商品化的应用系统也并不多见，但是，虚拟现实系统的应用却已日趋活跃，具有极大的潜在使用价值。

4. 虚拟现实的开发环境及支撑技术

(1) 硬件开发环境

系统采用分布式实时数据处理方式，要支持各种外设，每个设备都有数据的同时传送，还必须能迅速处理传递过来的信息，因而对操作系统和数据传输网络都提出了极高的要求，而且这种传输往往信息量都很大，如声音、图像等，必须要有高档次的设备，当然，这也是VR系统往往投资大的原因。正由于VR对实时性的要求，所以硬件开发环境一般以工作站为主。国外有许多可用于VR的工作站，其中最值得一提的是SGI公司的图形工作站。该公司成立于1982年，是一个生产高性能计算机系统的公司，公司生产交互式三维图形、数字媒体、多处理服务器和超级计算机系统，总部设在美国加州山景城。SGI图形平台被认为是构成VR系统的最佳选择，其性能价格比高，以至于人们一谈到VR就谈到SGI。

今年8月美国SGI公司宣布将在北京设立首座由Onyx 300系列组成的虚拟现实中心，帮助现有和未来在高端可视化领域的客户亲身感受虚拟现实技术带来的立体的、交互的、动感的梦幻感觉，让他们“实地”考察澳大利亚大宝礁的神奇海底风光、只身探索浩瀚宇宙的无尽奥妙和微观原子世界的独特结构、目睹世界名车设计和生产的每一个细微过程，领略漫游古代遗迹所带来的神秘。在全球可视化领域，无论从能源到制造，还是从科研到城市规划和古迹复原，无不显示着SGI公司虚拟现实技术带来的震撼。在中国建立的首座虚拟现实中心将更好地帮助SGI向国内用户提供更加完善的技术支持和售后服务。设立在北京的SGI虚拟现实中心由8个SGI Onyx 300系列构成，并采用Christie投影技术，对高度复杂的数据进行可视化处理，通过三维数字景象及模型实现对现实的虚拟。Onyx系列服务器专门为可视化超级计算而设计，是业界惟一既可以用于超级计算，又可以实时处理三维图像、图形和视频数据的超级计算机。SGI的虚拟现实整体解决方案允许实时、交互、地分析高分辨率、随时间变化的数据集，能够让人们直观地观察、精确地分析各变量之间的关系，避免真实环境中可能遇到的危险，因不可行的方法而导致的高昂费用，从而实现协同决策，快速洞察复杂的问题，提高项目分析、设计、施工和测试的效率，以降低生产成本、加快产品上市时间，从而提供企业竞争力。

(2) 软件开发平台

硬件是基础，软件是核心。虚拟现实软件的主要任务是设计参与者在一种虚拟环境中会遇到的景和物。像VR这种以三维图形为主的复杂系统，如果一切都从基础工作做起，其软件的工作量大到不可思议，而且也无此必要，利用现有开发平台可以大大提高效率。

利用虚拟现实工具包，可将三维物体与虚拟境界组合在一起，并赋予它们某些特性。工具包中含有一些预先编写好的程序库，这些工具包的基础是模块化方法，用户在编程时可以用不同的模块去开发各种虚拟现实应用程序，产生各种虚拟环境。

典型的虚拟现实开发平台有：

1）由 Superscape 公司开发的 VRT 系统；

2）由 Sense8 公司开发的 WTK(World Tool Kit)系统，它是用 C 语言开发的面向对象的 VR 开发函数库，可运行于包括 PC 机在内的各类硬件平台；

3）由 SGI 公司开发的 PerFormer2.1 和 Provision 系统，因为它本身有 SGI 的图形工作站技术作坚强后盾，对其 SGI 的多 CPU 系统有最充分的利用和支持。所以，具有很好的 VR 性能，其系统可产生 60 帧/s 的图像速度，对于缺帧图贴有很好的平滑算法。另外，此公司的 SGIVRML 语言(ViSual Reality Moduling Language)是一种网络(internet/intranet)上使用的描述三维环境的场景描述语言，其 WebFORCEorigin2000 可对 WWW 提供一种高性能的支持。

4）由 MultiGen 公司开发的 MultiGen II，这是非常成熟和出色的三维建模软件，可用于三维视觉数据的建立和编辑。MultiGen 系统的模块化设计可以满足用户不同应用的要求，它的数据库格式 Openflight 已成为飞行模拟领域的标准，为 VR 系统广泛采用。

5）由 Dassault Systemes(达索系统集团)整合旗下 Deneb、Delta 和 Safework 三家软件公司的解决方案而合并组成的 e-Manufacturing 软件公司 DELMIA，提供了以生产工艺过程为中心的最全面的数字制造方式与解决方案。可全面满足制造业中按订单生产和精益生产等分布式敏捷制造系统的数字仿真需求。Delmia 软件秉承了 1985 年成立的 Deneb Robotics 公司软件的优异仿真性能。其 e-Manufacturing 解决方案在虚拟样机设计及虚拟制造交互式仿真、机器人应用仿真及离线编程、虚拟工厂等方面处于世界领先地位。

(3) 支撑技术

实现虚拟现实将采用以下的支撑技术：传感器技术、执行器技术、实时 3D 计算机图形学、景色产生技术、VR 软件开发技术、VR 系统集成技术，当然，还包括：系统工程、仿真技术、人工智能等等。其中，主要的支撑技术除了前两项外，其他技术均可算是计算机技术中的分支，所以也可概括地说，虚拟现实的支撑技术有三，即计算机技术、传感器技术和执行器技术。

5. 系统仿真技术

仿真技术是对系统动态模型的一种实验手段，在安全性和经济性方面有较大的优越性，使其广泛地被航空、航天、军事、电力、交通等行业采用，在化工、煤炭、冶金等方面也有较好应用。

所谓“仿真”，或称计算机仿真(Computer Simulation，以下简称 CS)，就是构造出一个“模型”(包括实际模型和虚拟模型)来模仿实际系统内所发生的运动过程，这种建立在模型系统上的试验技术称为仿真技术或模拟技术。它具有经济、安全可靠、试验周期短等特点，它是建立在系统工程、计算机科学、控制工程等学科基础上的，以概率论与数理统计为基础的学科。

它应用计算机对复杂的现实系统经过抽象和简化形成系统模型，然后在分析的基础上运行此模型，从而得到系统一系列的统计性能。由于仿真是以系统模型为对象的研究方法，它在模型上进行试验，不会干扰实际生产系统，同时仿真可以利用计算机的快速运算能力，用很短时间模拟实际生产中需要很长时间的生产周期，因此可以缩短决策时间，避免资金、人力和时间的浪费，而且安全可靠。计算机还可以重复仿真，优化实施方案。仿真的基本步骤为：研究系统→收集数据→建立系统模型→确定仿真算法→建立仿真模型→运行仿真模型→输出结果并分析。

仿真技术的应用已有多年的历史，在军事、航空、机械、建筑、石化等众多工程领域已经有了广泛的应用，并渗透于工程系统研究的各个阶段，取得了良好的经济效益。那么虚拟建造与传统的建造仿真有何联系又有何区别呢？

就仿真的本质而言，其核心组成部分只是一个计算、调度的过程。仿真并不一定需要表现过程，只要通过对模型的计算最后给出一系列的数据即可，这就是数值仿真(Numerical Simulation)。其优点是对设备要求不高、运算速度快，但不直观、不易验证仿真程序的对错。

为数值仿真的过程及结果增加文本提示、图形、图像、动画表现，可使仿真过程更直观，结果更容易理解，并能够验证仿真过程是否正确，这种仿真被称为可视化仿真(Visual Simulation)。在此基础上再加入声音，就可得到狭义上的多媒体仿真。一般多媒体仿真系统具有表现视、听的功能，但不一定具有三维界面(有些具有三维界面，但一般是静态的，不能自由变换视角)，不具备交互功能，不支持触、嗅、味知觉。如果再加入上述功能，就得到了 VR 仿真系统。当然，一个系统只要具有三维界面，具有交互功能，并且能够在三维模型中自由转换视角，就可称为是基本的 VR 系统。

由此可见，仿真是对真实物理系统在某一层次上的抽象，所以从模型真实环境的关系这一点看，计算机仿真技术与 VR 技术有一定的相似性，但在多感知性方面，当前的 CS 技术大都还以数据报表为主，可视性不强。从存在感方面，CS 基本上将用户视为旁观者，也不具有交互式的现实性。可是 VR 作为仿真的发展趋势，其概念间的区别必将逐渐模糊。

虚拟建造需要仿真技术，而且广泛地采用了仿真技术。没有仿真技术，不通过仿真建模和设计仿真算法，就不可能实现方案的优化选择，虚拟建造也就失去了其存在的价值。但是，虚拟建造是建造仿真技术的进一步发展。虚拟建造将仿真成果表现得更为充分和具体，将仿真过程的操作变得更简单易行。以前仿真系统的建立和分析都需要专业的仿真人员进行，而矛盾在于仿真工程师不懂得他所进行仿真的专业知识，而专业工程师又对仿真学一无所知，即使面对一堆仿真结果(数据和报表)，他也很难做出决策。借助于虚拟现实技术，使得仿真具有交互功能和直观界面，系统仿真必将有更大的发展。

简单地说，VR 是以仿真技术为基础的，仿真引擎是 VR 的核心。这里按虚拟系统建立的不同目的，可将其分为 VR 仿真系统和 VR 应用系统两类。如果目的在于研究具有不确定性的某一类系统的表现特征，重点关注仿真的过程及结果，要根据仿真的过程及结果来辅助决策，这样的 VR 系统我们称之为 VR 仿真系统；如果目的在于解决某种实际问题，一般只关心结果，这样的 VR 系统则可称之为 VR 应用系统，如影视效果的虚拟系统。当然在建设工程领域的 VR 都应属于 VR 仿真系统。

通过前面的讨论可以看出，VR 系统虽然是多学科的综合体，但它是以仿真技术为核心的，所以也可把它看作是一种类型的仿真系统，无论是真实世界还是虚构世界的仿真，虚拟现实可以看作是三维仿真模型的高级用户界面。

所以，要建成性能优良的虚拟建造系统的核心还是要进行合理的仿真建模和仿真算法设计。我们在建筑行业应用仿真技术已经有较长的历史，其主要应用在结构计算仿真和施工阶段的仿真。结构计算本身是通过本构、平衡和协调关系建立相关方程，所以可以顺理成章地建立起正确的数学模型用于仿真。施工过程的仿真一般采用离散事件建模分析，它涉及基础、结构和装饰工程施工等。在基础工程中，仿真系统主要针对土方施工、基坑支护结构施工、大体积混凝土施工等问题展开研究。在土方施工的仿真系统中，建立的专用仿真模型有：现场数据模型、体积计算模型、施工方案模型、现场图形模型、输入输出模型、协调模型等。结构工程施工中的仿真系统主要包括：施工方案、项目管理、机器人施工模拟等子系统。虚拟建造系统中的仿真还涉及到项目开发阶段，比如：建筑的建模仿真、规划设计过程仿真、设计思维过程和设计交互行为仿真等，以便对设计结果进行评价，实现设计过程早期反馈，减少或避免产品设计错误。

6. 建筑施工方案的虚拟仿真

建筑施工过程必须通过施工控制，保证建筑结构及其构件经过建造过程逐步加载后形成的最终状态符合设计状态。传统建筑施工技术以经验分析为主，有一定局限性。开发应用以结构仿真技术为核心的虚拟建造技术指导建筑施工，对施工过程中各种工况的结构应力、应变进行分析，制定安全可行的施工方案日趋必要。

建筑施工方案虚拟仿真系统是将仿真和虚拟技术应用于建筑施工领域。利用 VR 技术建立虚拟模型，对施工方案进行模拟、验证、对比和优化，进而采用数字化手段制定和修改施工方案，并逐步代替传统的施工方案编制方法。

1.1.3 建筑施工中应用虚拟仿真系统的意义

使用虚拟现实技术对施工过程进行模拟，在施工前了解各种构件在实际结构中的相对位置及相互关系、实验多种施工方法、计算相应工况应力、对方案进行优化，这对以下几方面将产生重大意义。

(1) 建筑工程施工方案的选择和优化　建筑工程的施工方法及施工组织的选择和优化主要是建立在施工经验的基础上，存在一定局限性。同时，现代建筑基本都具有鲜明的个性，建筑工程施工成为不可完全重复的过程。使用施工虚拟仿真技术将可以直观、科学地展示不同施工方法和施工组织措施的效果，可以定量地完成方案的对比，有助于施工方案的选择和优化，真正实现最优施工。

(2) 施工技术革新和新技术引入　施工虚拟仿真技术一方面能使广大施工技术人员低成本地试验施工新工艺和革新思路，有助于创造性的充分发挥，同时能真切展示新技术的成效，缩短建筑业新技术的引入期和推广期，降低新技术、新工艺的实验风险。

(3) 施工管理　施工虚拟仿真技术能事先模拟施工全过程，能提前发现施工管理中质量、安全等方面存在的隐患，因而可以采取有效的预防和强化措施，提高工程施工质量和施工现场管理效果。同时，通过对整个施工现场场景和施工过程的三维展现，一方面能使人了解施工设备和人在施工过程中的工序执行瓶颈，另一方面也可方便的观察施工过程中的空间利用情况，检查在施工过程中是否会发生物体间的相互碰撞，为施工过程的可行性提供支持。此外，工程施工完毕后，往往会出现一些问题。通过对工程可视化和施工过程的虚拟仿真进行分析，可以找出问题的症结和补救方案，并可在现有的工程虚拟原型基础上虚拟仿真工程维修的施工过程。

(4) 安全、生产培训　施工虚拟仿真技术能实时、直观地显示施工过程的实际情况，有助于操作人员全面了解操作流程，优质安全地完成施工任务。

(5) 大型工程设计　施工虚拟仿真技术可以考察建筑设计是否合理，可以方便地对拟改进部位进行修改，从而得到满意的设计结果。设计的仿真也有利于设计单位与业主、施工单位进行设计交底。

(6) 建筑市场管理　施工虚拟技术在招投标过程中能直观对比各方的施工方法和成效，增加评标的透明度和公正性，有利于建筑市场的规范管理。

(7) 其他方面　开发施工虚拟仿真技术必然带动虚拟现实技术广泛地应用于建筑业其他方面，带动以下几方面的进步：①城市和市政规划的优化；②投资者的投资意图及市场推销；③建筑机械设计；④仿真和虚拟现实技术。

1.1.4 虚拟仿真系统在建筑施工中的研究和应用现状

虚拟现实是一门新兴学科，虚拟建造更是尚未成体系，甚至没有一个明确的提法，现阶段国外对理论的研究主要集中在三个方面：①对建造理论的研究，奠定了虚拟建造的理论基础；②建造领域的可视化仿真、精益建造、快捷建造等相关研究工作，构成了虚拟建造的核心技术和支撑体系；③虚拟现实技术在建筑业的应用，主要涉及软件研制和系统开发。

1999 年 5 月，在上海同济大学召开的第四届亚洲计算机辅助建筑设计研究国际会议上，讨论了建筑工程 CAD 技术中应用虚拟现实的专题，介绍了 VR 技术在建筑设计、仿真、模拟和教学中的研究和应用。上述讨论主要偏重于设计方面，国内真正把虚拟仿真技术用于工程施工的实例是上海正大广场。

上海正大广场给虚拟仿真系统提出了新的课题和任务：①通过静态组装模型进一步深化钢结构施工图设计，校验装配尺寸，避免钢结构件制作、安装的错误；②利用三维模型动态模拟吊装过程，进行实时干涉检测，确保构件的安装就位，对方案在空间上进行优化；③采用多点同时施工，按实际吊装顺序模拟工程进展，对方案在时间上进行优化；④对桅杆起重机及钢结构构件的内力分析仿真；⑤焊接变形的模拟仿真。

上海正大商业广场施工虚拟仿真系统主要包括 3 大部分：①上海正大商业广场建筑外观与城市场景虚拟漫游，即在建筑物建成之前，虚拟显现建筑物建成后周围的环境；②钢结构施工方案及其优化；③桅杆起重机和钢构件内力及焊接变形分析。其中②、③是虚拟仿真系统的核心部分。该项目 2000 年 5 月在上海组织了技术评审，到会专家给予此项目很高的评价。该项目的开发研制为虚拟仿真技术在工程施工中的应用提供了重要的经验和尝试。专家们认为，建筑工程施工虚拟仿真系统将还未做的工序进行模拟试验，彻底改变了传统的施工过程不可逆的状况，是今后建筑业发展的方向。

上海正大商业广场施工虚拟仿真系统的主要成果有：

1. 通过静态组装模型深化钢结构施工图设计、校验装配尺寸

由于建筑设计追求大跨度、大空间，屋面标高变异很大，造型新颖、复杂，为保证钢结构构件组拼顺利，需通过虚拟建模过程进一步深化钢结构施工图设计，校验装配尺寸。

(1) 西天窗钢柱 CF207、托架梁 WJA-05、06 原深化设计标高为 56.430m(50.07、55.40m)、55.40m，建立结构静态组装模型检验后，发现其天窗标高不在同一平面上，经过修订解决了此问题。

(2) 跨越中部天井的 10 部天桥，其主梁安装在混凝土牛腿上，通过建立结构静态模型，校验了洞口长度、宽度、倾斜度的设计尺寸与天桥结构设计尺寸是否相匹配，确保安装的顺利进行。

2. 缆风绳的干涉检测及优化布置

在高空进行拔杆吊装，作业面狭窄，不利于拉结缆风，很容易发生干涉。通过虚拟仿真系统，能很清楚、直观地看出缆风绳干涉的情况，及时进行缆风绳布置的优化调整。

3. 吊装过程的干涉检测

利用三维模型动态模拟吊装过程，进行实时干涉检测，确保构件的安装就位，避免高空处理问题，对方案在空间上进行如下优化：①西天窗屋架吊装方案中，将桅杆起重机 A 支座高度由 35m 升至 40m；②西弧形梁吊装方案中，优化构件的绑扎点；③中部商业天桥安装中，拔杆 C 的副杆长度由 17m 加至 22m。通过对施工方案的动态模拟，施工人员可以随意地选择观察的地点和角度，对吊装现场进行实时漫游，随时根据施工现场的具体情况调整施工方案。如前所述，由于通道狭窄，吊装时构件要避开障碍是比较困难的，抬吊时的协调也不容易做到，而实现了仿真后，可以输出相应的数据以指导吊装的施工。另外，在仿真中可以直观的观察到比较接近干涉的构件，提醒现场施工时应该特别小心。

4. 按实际吊装顺序模拟工程进展，有利于控制工期

时间信道的引入，使多点施工的状态变得一目了然，有利于保障现场作业的安全。按时模拟施工进度，可以对工期进行比较精确的预测和控制，有助于人、材、物的统筹和调度。

5. 利用虚拟仿真技术进行施工培训

通过对施工方案的动态模拟，施工人员可以随意地选择观察的地点和角度，对吊装现场进行实时漫游，以获得全面的印象。并使得随时根据施工现场的具体情况调整施工方案变得更加简便。由于通道狭窄，吊装时构件要避开障碍是比较困难的，抬吊时的协调也不容易做到，而我们实现了仿真后，可以输出相应的数据以指导吊装的施工。在施工虚拟仿真中我们可以直观的观察到比较接近干涉的构件，提醒现场施工时应该特别小心，使现场施工的工程师心中有数。

1.1.5 虚拟仿真技术在工程施工中的研究和应用展望

仿真技术能否在建筑工程施工领域得以推广和应用取决于计算机硬件和仿真软件本身的发展方面。目前应用虚拟仿真施工系统存在以下问题：

(1) 虚拟仿真系统开发和应用要求的硬件平台较高，需要在较高的专用工作站或实验室上进行，企业自行开发系统时，要建造专用虚拟实验室，购买国外进口设备和软件，这需投入一定的资金和人力。另外，系统的演示受设备的限制，移动不方便。

(2) 在对单项工程进行开发时，需从国外进口 VR 软件平台。由于虚拟仿真系统在工程施工中集成型软件几乎没有，再加上工程施工中影响因素较多，客观上造成开发一个项目所需成本较高，努力开发出一套面向建筑工程施工的专用集成型软件系统，为单项工程的开发提供一个方便的开发平台(模块)是重要的前提。目前中国建筑三局与华中科技大学正在着手进行此项工作。

(3) 施工企业要引进专业软件人才，培养自己的开发骨干，会增加施工企业的开支。目前，我国一些大型建筑企业集团建立了自己的设计研究院，这为施工企业的技术人才培养和储备创造了条件。

我国施工企业的工程技术人员已具有一定的软件研发能力和应用水平，省、市级建筑施工集团已成为开发和应用施工定额软件、施工管理软件的主力。

高等院校和科研机构也积极开发各种工程施工中所需的计算机辅助设计软件，另外，在工程实践方面对计算机的工艺集成控制技术也有不少探索和应用，并取得了丰硕的成果。整个施工学科领域应用计算机辅助软件正逐步形成，完成完整的、适用的人工智能方法研究和实际推广已具备可能性。

仿真技术的应用使仿真软件取得了飞速发展，新的并行计算方法、新的仿真平台和编程技术使其具有更好的可扩展性，因而能被更多的领域所使用。同时仿真系统的微机化探索已经取得进展，虚拟现实在微机上实现已有可能。通过开发通用和集成型施工软件(模块)，必将降低单项工程的开发造价和加快软件的普及。

实行校企(研)联合是加快建筑业科技进步，推进施工现代化的一个重要捷径。建筑企业采用与专门科研院所合作的方式，充分利用高等院校的科研实力和人才优势，建立起长期的合作伙伴关系，积极开发和应用虚拟仿真系统。

面对信息革命和日益发展的高新技术，建筑业必须勇于吸纳新技术并积极改造，以努力促进施工技术的进步和发展，实现现代化，这是建筑施工企业适应知识经济、增强竞争力的惟一途径。

随着虚拟仿真技术的进一步发展，它在建筑工程领域的应用将更加普及。通过虚拟仿真在计算机上的反复试验，将使多变的工程实际问题变得更容易解决，使各方的技术交底更加清晰、明确和直观。虚拟仿真技术使概念设计成为可能，可以预见，在专门的施工虚拟软件中，将集成很多建筑施工专业模块(三维造型、机构运动、动力学分析和多种施工工艺)，工程师只需调用这些模块，就能轻松地实现方案编制和优化。

1.2 建筑施工虚拟技术

建筑工程施工是一项将设计图建成实物的复杂性工作，其施工方法和组织程序都存在多样性、多变性。迄今，对施工方法和施工组织的优化主要建立在施工经验基础上，依靠施工经验对工程施工进行控制和优化，具有一定的局限性。特别是在全新结构或复杂条件下的施工，依靠经验对工程施工的可行性、事故预测和生产调度优化等各方面的分析和预测，可能会由于思维惯性而忽略重要结果或由于力不从心只能分析局部和少量结果，更无法全面系统地开展定量分析。而虚拟施工技术能够跟踪施工过程的每个环节，对施工生产全过程进行实验，对验证和优化施工技术和施工组织可取得良好的效果。鉴于虚拟施工技术显著的优越性，中国建筑第三工程局和华中科技大学(原华中理工大学)合作，研究和开发了虚拟施工技术，并在上海正大商业广场项目中成功应用，取得了良好效果。经查新，这是国内外首次将虚拟现实技术应用于建筑工程施工实践。

1.2.1 工程概况

上海正大商业广场位于上海浦东陆家嘴，东方明珠电视塔脚下。工程总占地面积达 3.1 万 m^2，建筑物东西长约 260m、宽约 100m，地下 3 层、地上 9 层，总建筑高度 50m，总建筑面积 24.3 万 m^2；合同总额 7 亿元。该工程在八层以上部分，以 3000 余件、共计 5000 余吨的钢构件实现了建筑设计师所构想的三维空间曲面形屋面和建筑大跨空间。

图 1.2-1 上海正大商业广场效果图

工程施工的技术难点集中在钢结构施工部分，主要体现为：构件类型多、超长超重构件多；重、大型构件集中在建筑物腹地和顶部，运输通道和吊装空间不但狭窄且在空间和平面上都很不规则；有的构件还安装在同一投影面内的不同楼层，障碍物很多，且钢结构吊装的有效期仅 85 天，工期紧，吊装难度大。吊装过程中任何失误都可能导致难以估量的损失，其施工组织和施工技术都极需应用全新技术手段进行验证。

1.2.2 技术要点

1. 虚拟现实平台选择与二次开发

上海正大钢结构吊装虚拟施工以 SGI(Onyx2)图形工作站和相关虚拟外设为硬件平台，以虚拟现实软件 Envision 为方案设计、分析的交互操作环境，在此基础上补充开发相关应用模块。

2. 由二维设计图纸快速建模生成精确的三维模型

由于建筑工程设计中均是采用二维的 AutoCAD 图纸，必须人工根据设计图纸重构仿真所须的三维模型。通过摸索，课题成功实现了使用 Mechanical Desktop 软件利用 AutoCAD 图形文件资源快速生成三维模型。针对不同情况分别采用参数化和非参数化两种方式建模。

对于大量相同内容造型、尺寸无需更改的土建结构，采用非参数化建模方式。从原二维图形文件中提取轮廓，通过实体拉伸、布尔运算、坐标变换、空间阵列等方法的组合和 VB 编程，开发的软件工具能迅速生成单层或多层建筑模型，较好解决了大量二维设计图纸快速精确的三维模型重构问题。

对结构较复杂、有变异造型、约束较多的构件，如大楼梯、天桥等，采用参数化建模方式。从二维图形文件提取可供参考的外形轮廓特征，通过添加约束、材料特征等手段，迅速生成构件模型，建立可直接调用的参数化构件库。

3. 模型简化

由于课题的模型规模大，为解决其快速显示问题，采取了将几何实体模型转换为带有物理属性的面片方式进行简化。经过多次简化以平面单元构建运动仿真所需的三维模型，并且采用层次细节技术，提高了仿真的显示速度。

4. 吊装仿真与方案优化

根据初步设计的构件吊装方法和吊装顺序，对每个吊装过程采用 GSL 编程实现单个构件的吊装仿真，实现了对施工全过程的计算机仿真。经过对各种施工方法的仿真结果的分析，获得最佳的施工方案，详见流程图 1.2-3。

图 1.2-2　起吊中间弧形天窗的屋架过程中的动态模型

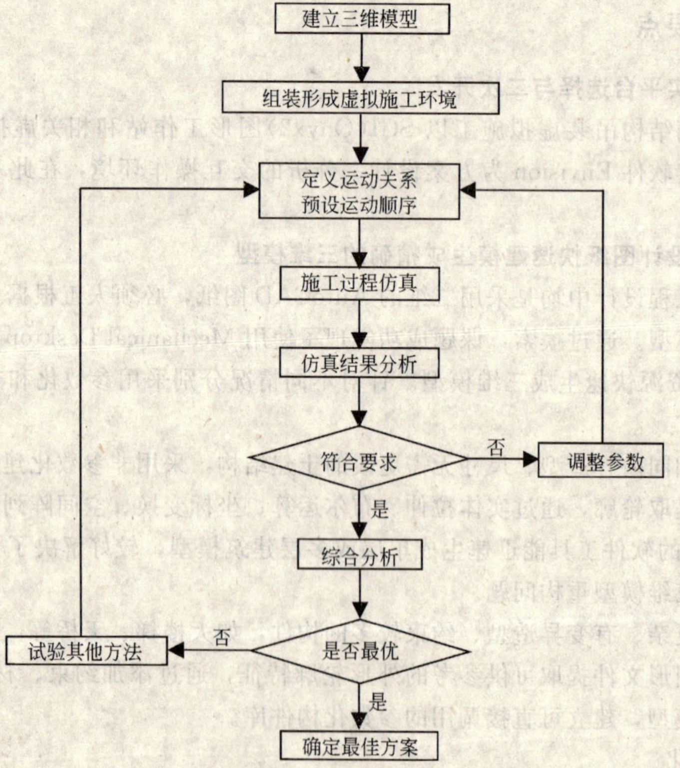

图 1.2-3　吊装仿真流程

系统中加入了构件的实时碰撞检测功能，在吊装仿真过程中，当构件或设备之间出现干涉时，相关构件或设备的颜色将发生变化。同时，系统实现了记录和回放运动过程的功能，可以对仿真的各种施工方案多次回放、比较研究。

5. 建立了部分虚拟建筑设备库

建立了部分虚拟建筑设备库，如塔吊库、桅杆起重机库，包括三维模型、系列几何参数、承重参数、物理属性等，能为不同规格的设备实现集成模型。

图 1.2-4　吊装过程发生碰撞时颜色变化情况

1.2.3　实施效果

虚拟施工技术对原施工方案的验证和优化，为钢结构吊装的安全高效施工提供了可靠保证。该工程的钢结构吊装工作除部分构件因设计变更等原因，方案作适当调整外，基本按照虚拟仿真验证和确定的施工方案组织施工。工程施工中各构件全部一次性吊装成功，焊缝质量经超声波探伤检测一次性合格率 100%，工程总体质量达到优良标准，实现了安全、优质、高速施工的目标。工程实践证明虚拟施工技术与传统方法相比具有明显的技术优势，见表 1.2-1 。

虚拟施工技术与传统方法确定施工方案的比较　　**表 1.2-1**

序号	比较项目	传统施工方法	虚拟施工技术
1	方案的分析	基于经验	基于科学计算和优化技术
2	方案的选择	可选方案比较单一，施工过程中的隐患不易事前发现	能在多方案比较的基础上，可选择最优方案，能事前发现施工过程中的隐患，确保工程质量和施工安全
3	表现手段	二维图纸、文字说明	三维模型、有沉浸感的实时交互操作
4	表现效果	不直观、抽象、容易出现理解不一致情况	直观形象、细致、如同身临其境
5	实施操作性	可操作性较差	操作性强、可以直接指导施工、降低风险
6	可 控 型	不强、定性成分多	可控性强、可定量的指导施工
7	标 准 化	差，信息量少	可以获得计划与实施过程中的详细信息，形成标准化作业

虚拟施工技术在正大商业广场钢结构施工实践中取得的应用成效，主要体现在以下几方面：

1. 校验尺寸、防止出现尺寸错误

通过组装模型深化钢结构施工图设计、校验装配尺寸，可防止出现设计和加工错误。

2. 优化施工方案，减少施工隐患、提高工效

通过对施工方案的动态模拟，施工人员可以对吊装地点进行漫游，随时根据具体情况调整施工方案，确保构件的安装就位，避免高空处理问题。吊装模拟中通过引入时间信道，利用多点决策优化理论优化装配吊装方案，提高施工工效。

3. 优化缆风绳的布置

通过虚拟施工技术并对缆风绳布置进行优化调整，减少了吊装过程中安拆缆风绳的次数，提高了施工工效，减少了施工风险。

4. 实现了直观的施工安全技术交底

实现了施工过程的实时可视化仿真，有利于进行施工前的操作和安全技术交底。

5. 为企业创造了良好的效益

经测算，上海正大虚拟施工系统的应用，取得直接经济效益 561.1 万元。

1.3 施工过程结构仿真技术

人类社会的不断进步与发展，使其对建筑物本身的要求不仅仅限于实用、美观、安全，呈现出建筑物用途出现多样化，结构高度、跨度增加，结构形式和材料多样化的趋势。因而建筑工程的结构形式、构件的受力状态都越来越复杂。为此，工程设计单位引进了计算机技术，对建筑物在使用状态下的应力、应变等进行了全面分析计算，设计了大量超越规范、甚至传统理念的新型建筑。

但是，设计单位对于建筑物施工过程的应力、应变状态并未进行分析，而任何建筑物都有存在一个建造过程，不可能直接形成最终的使用状态，因此建筑施工过程必须通过施工控制，保证建筑的结构及其构件经过建造过程逐步加载后形成的最终状态符合设计状态。

传统建筑施工技术以经验分析为主，有一定局限性，对于一般工程由于有长期的工程积累，基本能完成对结构的分析，但对于全新的结构形式或超越规范的建筑物及其构件则缺少成熟经验，存在较大风险。

为此，中国建筑第三工程局与国内著名高校合作，开发应用建筑施工结构仿真技术，对施工过程中各种工况的结构应力、应变进行分析，以计算机结构仿真为依据和指导，制定安全可行的施工方案。针对不同工程对象的实施应用，取得良好成效。其中广州体育馆大跨度空间桁架交叉支撑拉索轻型钢结构屋盖工程就是典型的全新结构，其应用结构仿真技术的成效最为突出。

1.3.1 工程概况

广州体育馆位于新广从公路旁，东方乐园南侧，是广州市政府为了迎接第九届全运会在广州举行而兴建的重点设施，由主场馆、训练馆、大众活动中心三部分组成，可容纳观众20000名，由设计过浦东机场的法国建筑师保罗·安德鲁设计，其建筑外观如图1.3-1。

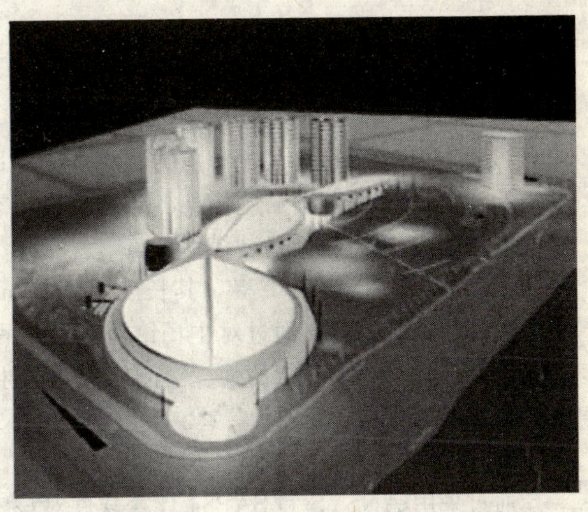

图1.3-1 广州体育馆建筑外观

每个场馆钢屋盖均采用钢支座、钢环梁、主桁架、辐射桁架、檩条、拉索等组成的大跨度空间桁架+交叉支撑拉索轻型钢结构体系，其几何形状均由圆锥体在对称轴两侧切去一部分再合并而成。各场馆主要指标，见表1.3-1。

广州体育馆各场馆主要指标 表1.3-1

	主 场 馆	训 练 馆	大众活动中心
纵横长度(m)	160	151.5	140
横轴长度(m)	110	70	30

经查新，该体育馆是国内规模最大的体育馆，主场馆跨度160m×110m居国内第二位。这种大跨度空间桁架交叉拉索轻型钢结构屋盖在国内首次采用，设计尚处在尝试阶段，施工无类似工程可以借鉴。结构在未形成整体稳定空间结构前不具有承载力，且构件几何尺寸细长、刚度小、稳定性差，在安装过程中各工况内力变化非常复杂且变形量大，因而施工工艺复杂，施工难度大。

1.3.2 技术要点

在没有同类工程施工经验可以借鉴的情况下，通过开发和应用了施工全过程整体模拟分析技术，引进国际上先进的SAP99和ANSYS软件对安装过程进行全程施工模拟分析验算，计算分析了安装过程中各工况下构件的结构内力及变形，为实际施工提供了科学的依据。最终根据计算机结构仿真计算结果，制定和优化吊装施工方案，设计施工支撑。

除开发和应用了施工全过程整体模拟分析技术外，还创新地采用了160m大跨度空间桁架分段吊装、高空精确就位技术，辐射桁架四点吊装、一次就位技术，多管小角度相贯节点焊接及检测技术，拉索分级张拉技术，动态跟踪检测信息化等施工技术，成功地解决了该工程的施工技术难题。

施工全过程整体模拟分析技术主要包括以下内容：

1. 钢支撑方案设计

通过SAP99软件分析，充分考虑主桁架分段情况、吊装变形情况、钢支撑在整个屋盖安装及拆除支撑全过程的受力和变形情况、屋盖下沉情况等方面的因素，对钢支撑的布置定位、结构截面选材、伸缩调节机构进行设计，为工程的顺利吊装和拆顶起到了关键作用。

2. 主场馆主桁架吊装计算

采用 SAP99 软件对主桁架在吊装过程及安装就位后的强度、刚度、稳定性以及吊点和桁架杆件的局部承压强度进行了计算，包括：

1）主桁架各分段吊装过程应力、应变分析；

2）辐射桁架安装前后主桁架各跨的挠度动态变化计算。

3. 主场馆辐射桁架吊装模拟计算

主场馆辐射桁架共 78 榀，其长度超过 50m 的有 42 榀，最长一榀长 58m，重 23.3t，属超长片状柔性结构。通过对主场馆辐射桁架吊装全过程进行模拟计算，确定了吊装过程和安装就位后，辐射桁架的强度、刚度及稳定性的控制要求，为整体吊装该种片状柔性平面桁架提供了依据。

4. 主场馆拉索张拉模拟计算

通过采用 ANSYS 和 SAP84 计算软件对该工程拉索张拉相互影响及拆除支撑对拉索的影响进行全面分析，确定了不同拉索的预应力张拉建议值和张拉顺序，保证了该工程 836 根预应力拉索张拉后最终达到设计要求的应力、应变状态。

5. 支撑拆除方案计算

拆除支撑过程是使屋盖缓慢协同空间受力的过程，此间，结构发生较大的内力重分布，并逐渐过渡到设计状态。为保证支撑拆除过程中结构内力及变形满足设计和规范要求，根据拆顶顺序要求，进行了 78 次屋盖全模型的计算。根据计算结果确定了屋盖施工挠度控制值，并据此确定了支撑拆除顺序。保证了支撑拆除这一个动态过程中，屋架内力和屋盖各杆件内力值均在允许范围内且支撑拆除后屋架内力符合设计要求。

1.3.3 实施效果

从 2000 年 4 月 20 日开始吊装到 2000 年 7 月 12 日吊装结束，共 84 天，比合同工期提前 6 天完成了广州体育馆钢结构安装任务，预应力拉索施工也已顺序完工。

经过 2000 年 8 月 10 日、11 日 2 天共七轮按照控制程序下降，主场馆支撑安全顺利拆除，各项测试数据和结果均与计算机结构仿真结果相符，这证明计算机结构仿真具有传统方式无可比拟的优势(其与传统技术对比见表 1.3-2)。它与虚拟现实技术相结合，必将促进工程施工的巨大进步。在此基础上，我们先后在广州(新)白云国际机场航站楼工程和广州机库项目上进行了结构仿真，对指导工程的顺利实施发挥了关键的作用。

结构仿真技术与传统技术的对比表 **表 1.3-2**

	仿真技术	实际系统	解析方法
可能性	只要能建立系统模型，就能进行	系统尚未建立，则不可能；有的自然系统实验周期太长，也不可能	有的系统无法建立解析模型，因此不可能利用解析方法
安全性	无危险	有危险(人身、设备)	无危险
经济性	花费不多	费用很大	花费不多

续表

	仿真技术	实际系统	解析方法
耗时性	中等	长	短
准确性	可以做到很准确	十分准确	要做较多假设，因此有较大误差
方便性	可以做到十分方便	受现场限制很不方便	方便

广州体育馆大跨度空间桁架组合钢屋盖结构仿真技术的应用，加快了施工进度，节约了工程成本，经计算，结构仿真技术在广州体育馆工程中的应用，取得直接经济效益228.45万元。

1.4 其他虚拟技术的开发和应用实践

1.4.1 桅杆起重机及基座的结构仿真

上海正大商业广场由于工程体量巨大，位于建筑物腹地的重、大型构件均采用桅杆起重机吊装，工程共计使用三种类型的五台格构式和钢管式桅杆起重机。各桅杆起重机均以钢筋混凝土结构柱为基座，以缆风绳保持稳定。因而保证桅杆起重机吊装的安全运行非常重要，有必要对整个吊装过程中桅杆起重机的基座及各部位内力进行全面分析。

1. 起重机基座受力分析

桅杆起重机的混凝土基座由两部分组成，顶部是块钢板，下部是混凝土柱。桅杆起重机固定在钢板的4个点处。在起重机基座受力分析中，使用ANSYS软件，采用三维有限单元法进行分析。

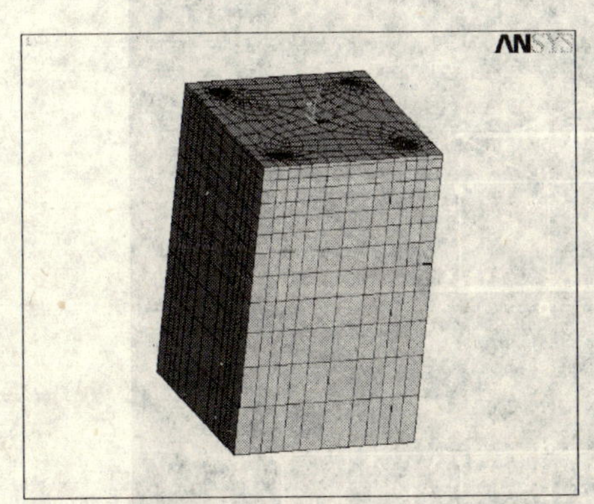

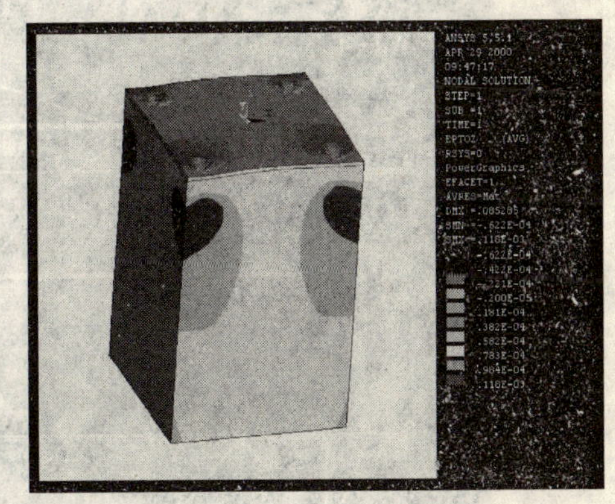

图1.4-1 起重机基座应力、应变分析图

2. 桅杆起重机受力分析

针对上海正大项目该部分需求而设计的计算机软件是有自主版权的计算机分析软件，对工程使用的格构式和圆管式两种桅杆起重机在各种条件下，主臂、副臂、格构柱和缆风绳的受力状态、主臂和副臂进行整体稳定性及构件稳定性进行了全面分析。

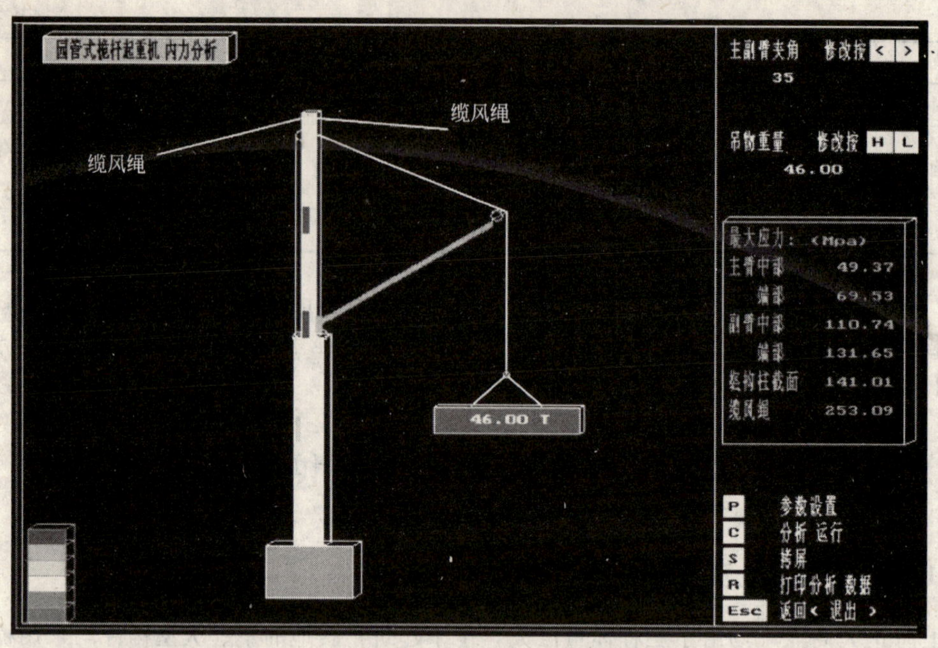

图 1.4-2 桅杆起重机应力分析图

3. 吊装过程中屋架内力分析

钢构件在吊装过程中受力状态往往与安装后的并不相同，因此有必要对吊装过程中的构件进行内力分析。

通过使用自编计算软件对屋架在吊装过程中的受力状态进行了分析，分别使用数字和颜色显示了屋架的内力状态，如图 1.4-3 所示。

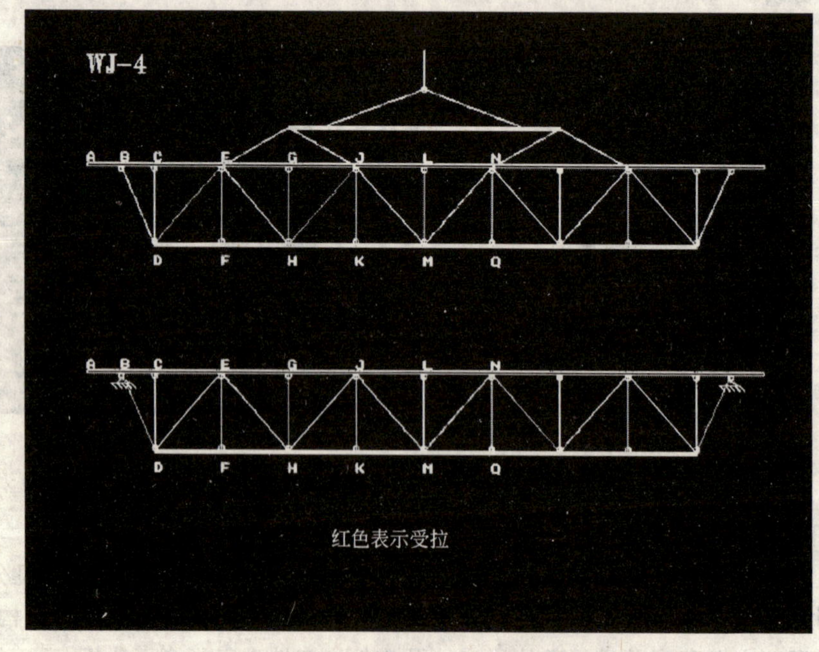

图 1.4-3 屋架内力分析图

4. 实施结果

通过该分析系统，成功地分析了桅杆起重机吊装动态过程中各种条件下的主臂、副臂、格构柱、缆风绳以及其混凝土基座的受力状况、应力分布。计算机仿真计算表明：桅杆起重机在荷重 50t 以内，副臂仰角在 30°～60°范围内时，桅杆起重机组成的吊装系统运行是安全可靠的。

桅杆起重机的混凝土基座出现了局部的应力集中，但内力均未达到临界状态，分析表明，混凝土基座是稳定的。

对吊装屋架的应力进行了对比分析表明：吊装屋架的应力状态虽有所变化，但在吊装时，屋架各构件的应力均未达到临界状态，吊点选择和吊装方法是可行的，吊装过程是安全的。实际工程施工中即仿真计算提供的参数作为施工安全控制的指标。

1.4.2 钢结构焊接结构仿真

大型钢结构焊接这一非线性过程是工程中经常碰到，但又难以对其进行准确的三维数值模拟的一个问题。对焊件进行局部加热时，焊件上会产生不均匀的温度场，从而产生变形残余应力，而变形和残余应力是影响焊接结构强度、刚度及装配精度等的重要因素。因此，对大型钢结构焊接进行准确的三维数值模拟，为钢结构设计、施工现场选择合理的焊接工艺和焊接参数、控制焊接变形提供依据，具有重要的理论和实际工程意义。

1. 计算模型

针对上海正大商业广场厚板焊接较多，且多数焊接接头是箱形截面的工程特点，对典型的箱形截面焊接过程进行了三维有限元分析。有限元分析所选择的商店天桥主梁截面为 TS500mm×1800mm×30mm×80mm，长度 33.5m，单件重量达 49t，是本工程中截面最大的钢梁。该梁必须分段制作，运至现场拼装焊接。

力学模型为非线性的热弹塑性模型，采用了米塞斯屈服条件和带有应变硬化的双线性本构关系模型，模型参数是根据 16Mn 钢确定的，其热物理性能指标随温度变化。计算中，采用 8 节点块体单元，单元数共 9009 个，焊接区网格的划分密于非焊接区。

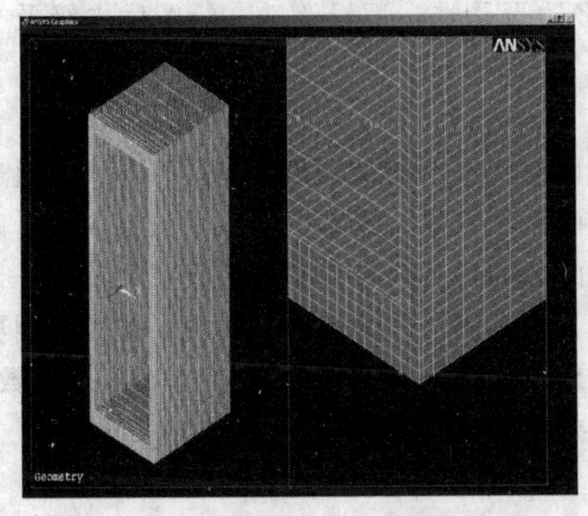

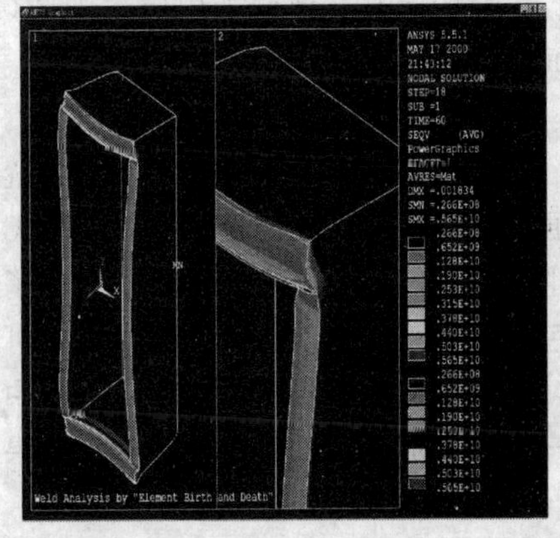

图 1.4-4 焊接计算模型及结果图

2. 计算结论

为了对比焊接效果，分别对钢板的多层焊接和一次性焊接两种焊接方式进行了有限元仿真。使用 ANSYS 程序实现了焊接过程的三维有限元仿真，分析了不同时刻时，箱形焊接截面附近的温度场、应力场和应变场。

3. 实施效果

通过多层和一次性焊接方式的对比计算，表明多层焊接方式能有效降低厚板截面上的应变和应变梯度，避免造成钢板过大的残余变形和发生翘曲。根据多层焊接仿真计算结果，综合分析和考虑到许多现场焊接条件的变化，建议 80mm 厚钢板至少分成 10 层焊接为宜，30mm 厚钢板至少分成 2～3 层焊接为宜。

本次对典型箱形截面焊接应力和应变的仿真计算，获得了截面一次焊接和多层焊接的温度场、应力场和应变场的连续变化规律，为施工现场控制焊接变形提供了理论依据和参数，也为其他工程提供可借鉴的分析手段。

1.4.3 城市场景虚拟漫游

在建筑物未建成以前，对于设计者、建筑单位和业主都希望能全面、直观地了解它建成后的效果，以及与周围环境是否协调。

上海正大商业广场位于浦东陆家嘴中心地带，建筑物体量大，但总高度仅 50m，而周围高楼林立，使人们有机会从各种方向、角度观察它。因此，其外造型的效果是业主和设计方关注的核心内容，在工程建设过程中，仍在不断地修改和完善外造型效果，以求在各种方向和角度上都能获得最佳的视觉效果吸引各方人士来访。

1. 场景建模

课题选择了具有实时仿真能力的 MultiGen 和 Vega 软件作为开发平台，以正大广场场景建模为重点，完全忠实于设计方案，在外观造型与细部设计处重点着力，充分体现设计的新颖别致、现代感强、富有灵性。正大广场周围配套景观简洁、协调，城市景观采用几何建模与纹理建模相结合，复原浦东与外滩景观。

为充分展示正大广场及周围城市景观的绚烂迷人，应有多种浏览方式。加入小品、特技、声效、云雾，使整个漫游系统活泼生动。

正大广场及周围城市景观所需要的建模量相当大、模型精细、纹理逼真，在漫游中要进行大量的运算。课题采用层次细节(LOD)、多边形筛选、逻辑筛选、绘图优先级及分离面等高级实时功能。

2. 虚拟漫游实现技术与程序编制

为实现多观察者和多参与者的设置和切换，以改变不同的观察角度和漫游方式。通过多通道的显示，不同的显示窗口实现类似“画中画”的效果。场景中加入了云层效果，以产生虚拟天气的效果，云层效果提供了各种类型的云的仿真效果，它包括天空的云彩、天空色彩，场景中加入了天色的变化，可以仿真一天中不同时间的效果。实现了碰撞检测功能，各种实体能够真正仿真现实生活中的各种物质，使用 C 语言应用程序接口 API 函数，用户可以更加灵活的实时控制漫游效果，使漫游效果更加丰富多彩。

3. 实施效果

“上海正大建筑外观与城市场景漫游”的实施对于业主和设计者对于建筑外观造型的最终定型起了积极的推动作用，使我们能对建筑物的造型和外装饰效果同业主、设计方进行直观有效的交流，减少了一些不必要的设计修改和变更。同时，三维虚拟模型又克服了传统二维效果图或实物模型不全面、不精确的缺点，为工程施工组织、安全和技术交底提供了一种直观且高效的技术手段。

图 1.4-5 虚拟场景效果图

1.5 GPS 建筑测量技术

随着地球空间信息技术的发展，信息获取的技术手段和方法发生了根本性变化。以GPS为代表的空间定位技术，已逐渐在越来越多的领域取代常规光学和电子测量仪器，并从根本上改变了传统测量作业模式。

在建筑施工中，测量基准传递和轴线、垂直度控制是建筑施工质量控制的重点之一，其测量速度、精度和可靠性是满足工程设计的必要条件，同时，也直接影响着工程的整体施工进度和质量。

传统的建筑施工测量技术不可避免地存在干扰因素多，积累误差大的缺陷，且高程和平面坐标须分开进行。GPS技术作为一种全新的测量手段，其优点主要体现在不存在误差积累、精度高、速度快、全天候、无需通视和点位不受限制，并可同时提供平面和高程的三维位置信息等方面。GPS定位技术在工程控制测量中已得到普遍应用，其技术的先进性、优越性已为广大测量工作者所认同。

为此，1999年中国建筑第三工程局与武汉大学合作，将GPS技术应用于建筑施工测量中，并成功在厦门建行工程中应用，为高层和超高层建筑施工探索了一种全新的更科学、更合理、更准确的建筑测量定位方法。

1.5.1 卫星定位技术概述

自1957年10月世界上第一颗人造地球卫星发射成功以来，人类在空间科学领域取得了一个又一个的重大突破。人造地球卫星技术在军事、通讯、气象、资源勘察、导航、遥感、大地测量、地球动力学以及天文的众多领域得到了极其广泛的运用。

1. 早期的卫星定位技术

所谓卫星定位技术是利用人造地球卫星来精确测定地面点的位置及其随时间的变化状况的一整套方法、理论和技术。起初，是把人造地球卫星作为一种空间的观测目标，由地面人造卫星摄影仪对卫星进行摄影观测，确定测站至卫星的方向，建立卫星大地网；或用激光测卫技术对卫星进行测距，确定地面测站至卫星的距离，建立卫星测距网。这种把卫星作为空间观测目标，在很大程度上解决了常规定位方法难以实现的远距离目标联测问题，在当时(20 世纪 60～70 年代)该技术曾一度成为卫星大地测量的主要技术之一。但是，由于该观测方法受卫星可见条件及天气的影响，不仅费时、费力，定位精度低，而且不能测得点位的地心坐标。比如，1967～1971 年间，美国国家大地测量局在英国和德国测绘部门的协助下，采用人造卫星摄影观测方法布设过著名的全球卫星大地网——BC-4网，该网由 45 个站组成，点位精度为±4.1m。

由于卫星三角测量的局限性，所以，后来就很快致力于把卫星作为空间动态已知点的研究，发展了卫星多普勒定位。1964 年美国建成了第一代卫星导航定位系统，也称海军导航卫星系统(NNSS：Navy Navigation Satellite)，又称子午卫星导航系统。该系统是采用多普勒测量来定轨和定位的。系统的卫星星座一般由 6 颗卫星组成，其平均轨道高度约为 1070km，从测点上接受子午卫星系统发出的无线电信号，在地球表面进行单点定位或联测定位，以此获得测站点的三维地心坐标。1967 年 7 月该系统部分导航电文解密供民用，20 世纪 70 年代中期，我国开始引进多普勒接收机，进行了西沙群岛的大地测量基准联测，于 1980 年布设了由 37 个点组成的全国卫星多普勒大地网，此外，石油和地质勘探部门在西北等地布设了数千个多普勒点，为国民经济建设发挥过重要作用。

但是，由于多普勒卫星定位的自身局限性，致使一次定位所需时间过长、作业效率偏低，进行测量的真正工作时间一般不足 20%，不是一个连续的导航定位系统，不能实现实时导航定位，定位精度也偏低，一般只能获得分米级至米级的定位精度。正因为多普勒导航定位应用受到的较大局限，所以当该系统投入工作后不久，美国国防部就着手研制第二代卫星导航定位系统——全球定位系统(GPS)。

2. 全球定位系统(GPS)

实质上，美国在 1967 年将 NNSS 子午卫星导航系统的导航电文解密公开时，就已开始 GPS 的建立计划。1973 年 12 月，美国国防部正式批准它的陆海空三军联合研制一种新的卫星导航系统——NAVSTAR/GPS，其英文全称是“Navigation Satellite Timing And Ranging/Global Positioning System”，意为“卫星测时测距导航/全球定位系统”，简称 GPS。GPS 是以卫星为基础的无线电导航定位系统，具有全能性(陆地、海洋、航空和航天)、全球性、全天候、连续性和实时性的导航、定位、定时的功能，能提供精密的三维坐标、速度和时间参数。

GPS 计划可分为四期工程：第一期(1967～1973 年)为预研阶段，发射了 TⅠ和 TⅡ两颗卫星；第二期工程(1974～1978 年)为制定方案和方案论证，包括制定规划、总体设计、理论研究、发射实验卫星、研制用户接收机等；第三期工程(1979～1987 年)为系统论证，包括系统试验、操作控制系统的研制和运转、工作卫星的研制等等；第四期工程(1988～1993 年)为生产实验，包括生产作业和发展应用。

整个系统包括卫星星座、地面控制和监测站、用户设备三大部分。GPS 系统在论证阶段共发射了 11 颗 BLOCKⅠ型的试验卫星，生产试验阶段发射了多颗 BLOCKⅡ型、BLOCKⅡA 型和第三代 BLOCKⅡR 型卫星，GPS 卫星系统由此而建成。

图 1.5-1 为由 24 颗卫星构成的 GPS 卫星星座，其基本参数包括：卫星颗数 21+3；

卫星轨道面个数 6；卫星高度 20200km；卫星轨道倾角 55°；卫星运行周期为 11h58min（恒星时为 12h）；载波频率为 L_1＝1575.42MHz（波长约 19cm）和 L_2＝1227.60MHz（波长约 24cm）。当截止高度角取 15°时，GPS 卫星星座能保证地球表面上的任一地点的用户在任一时刻同时观测到 4～8 颗卫星。当截止高度角取 10°时，最多能同时观测到 10 颗 GPS 卫星；当截止高度角取 5°时，最多能同时观测到 12 颗 GPS 卫星。2000 年底，GPS 卫星星座是由 23 颗 BLOCKⅡ和 BLOCKⅡA 卫星，以及 5 颗 BLOCKⅡR 卫星组成的，在一般情况下，用户能同时观测到 7～8 颗卫星。

图 1.5-2 为 GPS 工作卫星的外部形态。其在轨重量是 843.68kg，设计寿命为 7.5 年，当卫星进入预定轨道后，依靠太阳能电池和镉镍蓄电池供电维持正常工作。每颗卫星有一个推力系统，以便使卫星轨道保持在适当的位置。GPS 卫星通过 12 根螺旋型天线组成的阵列天线发射张角大约为 30°的电磁波束，覆盖卫星的可见地面。卫星姿态调整采用三轴稳定方式，由四个斜装惯性轮和喷气控制装置构成三轴稳定系统，致使螺旋天线阵列所辐射的波束对准卫星可见地面。

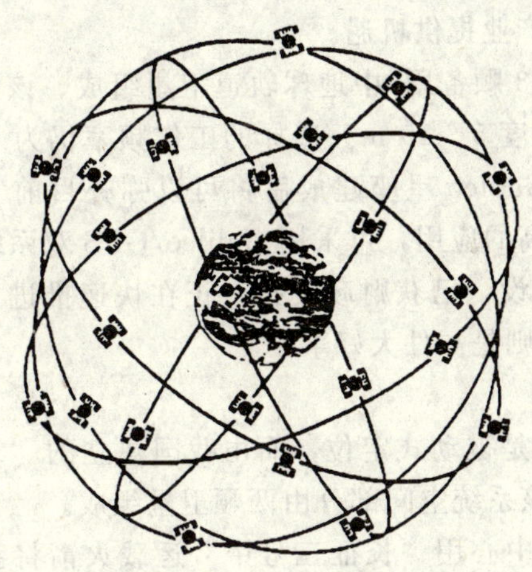

图 1.5-1　GPS 卫星星座

图 1.5-2　GPS 卫星外形图

3. 其他卫星定位系统

（1）GLONASS 全球导航卫星系统

GLONASS（GLObal navy Navigation Satellite System）全球导航卫星系统的起步比 GPS 要晚 9 年，是前苏联（后由俄罗斯接管）于 20 世纪 80 年代开始建立的。1982 年 10 月 12 日发射了第一颗 GLONASS 卫星，历经 13 年的努力，于 1996 年完成整个系统的建设。GLONASS 系统与 GPS 非常相似，它由空间卫星星座、地面控制和用户设备三大部分组成。系统的基本参数为：卫星颗数 21＋3；有三个等间隔椭圆轨道，轨道面间的夹角为 120°；轨道倾角

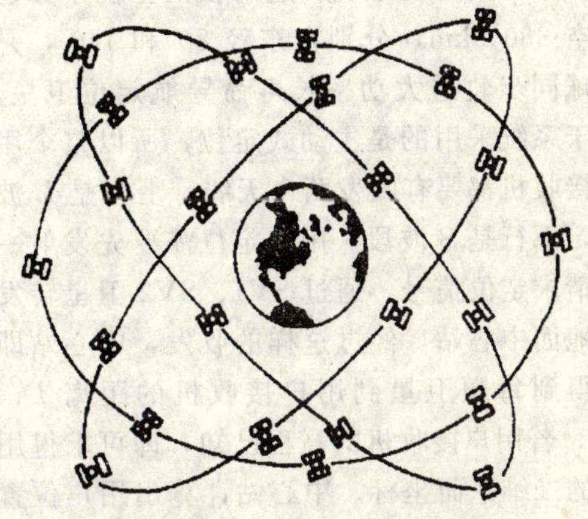

图 1.5-3　GLONASS 卫星星座

64.8°；轨道偏心率为 0.01；每个轨道上等间隔地分布 8 颗卫星；卫星高度 19100km；卫星绕地球运行一周的周期约为 11h15min；卫星的载波频率 L_1 为 1602～1616MHz，L_2 为 1246～1256MHz。由于 GLONASS 卫星的轨道倾角大于 GPS 卫星的轨道倾角，所以它更适合于高纬度地区的导航定位。图 1.5-3 为 GLONASS 卫星星座。

(2) Galileo(伽利略)系统

卫星导航定位技术的发展使国际社会公认，21 世纪无线电导航定位技术将以卫星导航系统为主，但作为全球统一的卫星导航系统不可能完全依靠在某国军用系统上，它必须是可以放心使用、安全可靠的国际管理运行的纯民用系统。由于目前运行的 GPS 和 GLONASS 都是军用系统，且 GPS 占主要地位。为了打破美国 GPS 一统天下的局面，欧盟决定启动 Galileo(伽利略)计划，建立自主的民用全球卫星定位系统。

Galileo 系统的发展计划为：1999.7～2000.12 为定义阶段；2000～2002 年为系统技术研究；2001～2003 年为系统设计及开发；2003～2006 年为在轨测试及验证；2006～2008 年为系统部署、运行。整个系统将于 2008 年建成，投入使用。欧盟把 Galileo 计划作为其第一大项目，该系统建成后将为全球民间用户在许多新领域应用卫星导航技术提供更好的服务，同时也为欧盟各国发展卫星导航技术产业提供机遇。

Galileo 系统的星座结构由 30 颗(27 颗工作，3 颗备用)中地球轨道卫星组成。该系统预定精度远高于 GPS 的民用精度，预定的导航精度 5～10 m。选择的工作频率仍为 L 频段，以便用户设备与 GPS 或 GLONASS 兼容。Galileo 星座建成后将可以弥补目前 GPS 星座在全球全时可用性上的不足。对于安全要求高的应用，可采用 Galileo/GPS 双系统组合，从而提高安全可靠性。目前 Galileo 系统的建设，已获财政支持，正在快速推进，这对美国 GPS 是一种抗衡力量，而对全球民间用户则是一件大好事。

(3) 中国北斗一号双星导航定位系统

GPS 和 GLONASS 全球卫星定位系统采用的是被动式定位，而由我国建立的“北斗一号”双星导航定位系统采用的是主动式定位，该系统空间部分由两颗卫星组成。

2000 年 10 月 31 日 0 时 2 分在西昌卫星发射中心用“长征三号甲”运载火箭将我国自行研制的第一颗“北斗导航试验卫星”送入预定轨道，12 月 21 日发射升空了我国第二颗“北斗导航试验卫星”，使构成的“北斗导航系统”标志着我国拥有了自主研制的第一代卫星导航定位系统。这两颗卫星位于赤道上空 36000km，分别在东经 80°和 140°，是地球同步轨道大功率长寿命导航定位卫星。由于系统采用的是主动式定位，所以整个用户接收机都要有收发两个天线，上行是 L 波段，下行是 S 波段。用户定位需要先发射一个请求定位信号，通过 SV1、SV2 卫星转发给地面中心站，经过这样的收发，中心站即可得到每颗卫星到用户接收机的距离 D_1、D_2。若用户接收机的高程已知，即可求得用户的二维平面坐标。中心站计算出用户位置通过卫星转发给用户。

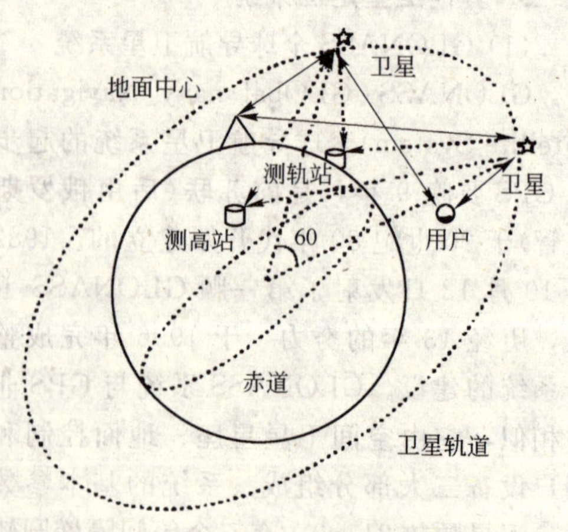

图 1.5-4 双星定位系统组成框图

双星定位系统是一个二维定位系统，其定位精度决定于高程精度。服务范围包括我国大陆及东南海域，属区域性系统，将来可以发展成为准全球性系统(用六颗卫星)。北斗一号系统的投资较少，适合我国当前经济能力和各有关方面的需求，在需要导航定位与移动数据通信相结合的场合更是有的放矢。北斗导航定位系统比 GPS、GLONASS 多了一个数据通信的功能，所以它的用途要宽广很多。

(4) GPS 现代化

为了保持 GPS 系统在卫星导航定位系统以及 GPS 产业中的领先地位，1999 年 1 月美国提出了 GPS 现代化的计划。GPS 现代化计划的内涵是：①更好地保护美方利益和使用、发展军码和强化军码的保密性能，加强抗干扰能力；②阻扰敌对方的使用，施加干扰，施加 SA 和 AS 等；③保持在有威胁地区以外的民用用户有更精确、更安全的使用。

GPS 现代化计划的进程如下：

1) GPS 现代化第一阶段，发射 12 颗改进型的 GPS BLOCKⅡR 型卫星，它们具有一些新的功能。在 L_2 上加载 C/A 码；在 L_1 和 L_2 上播发 P(Y)码的同时，在这两个频率上换试验性的同时加载新的军码(M 码)；GPS BLOCKⅡR 型的信号发射功率，不论在民用通道还是军用通道上都有很大提高。

2) GPS 现代化第二阶段，发射 6 颗 GPS BLOCKⅡF 型卫星。GPS BLOCKⅡF 型卫星除了有 GPS BLOCKⅡR 型卫星的功能外，换进一步强化发射 M 码的功率和增加发射 L_5 频率。GPSⅡF 型卫星的第一颗发射不迟于 2005 年。到 2008 年，在空中运行的 GPS 卫星中，至少有 18 颗 BLOCKⅡF 型卫星，以保证 M 码的全球覆盖。到 2016 年，GPS 卫星系统应全部以ⅡF 卫星运行，共计 24+3 颗。

3) GPS 现代化计划的第三阶段，发射 GPS BLOCK Ⅲ 型卫星，在 2003 年完成代号为 GPS Ⅲ的 GPS 完全现代化计划设计工作。2008 年要发射 GPS Ⅲ 的第一颗实验卫星。计划用近 20 年的时间完成 GPS Ⅲ计划，取代目前的 GPS。

4. GPS 技术的特点

GPS 系统自建成后，能快速发展，得益于该系统具有高精度、全天候、高效率、多功能、操作简便、应用广泛等特点。

(1) 观测站之间无需通视

GPS 测量不要求观测站之间相互通视，只需保持观测站上空开阔即可，因此可大量节省造标费用(造标费约占总费用的 30%～50%)。由于无需点间通视，点位位置可根据需要灵活布设，也可省去经典测量控制网中的传递点、过渡点的测量工作。

(2) 定位精度高

GPS 的工程应用表明，其相对定位精度在 50km 以内可达 10^{-6}，100～500km 可达 10^{-7}，1000km 以上可达 10^{-9}。在 300～1500m 工程精密定位中，1h 以上观测的解其平均平面误差小于 1mm。GPS 在高层建筑的基准传递中，其绝对位置平面精度优于±5mm，高程精度优于±8mm。

(3) 观测时间短

随着 GPS 系统的不断完善，软件与硬件的不断更新，目前，20km 以内相对静态定位，仅需 15～20min；快速静态相对定位测量时，当每个流动站与基准站相距在 15km 以内时，流动站观测时间只需 1～2min；动态相对定位测量时，流动站出发时观测时间只需

1～2min，然后随即定位，每站观测时间仅需几秒钟。

(4) 提供三维坐标

传统测量控制是将平面和高程采用不同的方法分别施测。而GPS测量在精确测定观测站平面位置时，还可以精确测定观测站的大地高程。

(5) 操作简便

GPS测量的自动化程度非常高，有的已达到“傻瓜化”的程度，操作员只需安装并开关仪器、量取仪器高度和监视仪器工作状态，其他工作则由GPS接收机自动完成。接收机的体积越来越小，重量亦越来越轻，便于携带和搬运。

(6) 全天候作业

GPS观测可以在一天24h内的任何时间、任何地点连续进行，且不受天气状况的影响。

(7) 功能多，应用广

GPS系统不仅可用于定位、导航，还可用于测速、测时。测速的精度可达0.1m/s，测时的精度可达几十毫微秒。其应用领域正不断扩大。

1.5.2 GPS定位的基本原理与方法

对于无线电导航定位系统和卫星激光测距定位系统，其定位原理与测量学中采用测距交会法确定点位相类似，只不过是将已知点(控制点)放在天空而不是地面。

GPS卫星发射测距信号和导航电文，导航电文中含有卫星的位置信息。用户用GPS接收机在某一时刻同时接收三颗以上的GPS卫星信号，测量出测站点(接收机天线中心)P至3颗以上GPS卫星的距离并解算出该时刻GPS卫星的空间坐标，据此利用距离交会法解算出测站P的位置。如图1.5-5，设在时刻t_i测站点P用GPS接收机同时测得P点至3颗GPS卫星S_1，S_2，S_3的距离ρ_1，ρ_2，ρ_3，通过GPS电文解译出该时刻3颗GPS卫星的三维坐标分别为(X^j, Y^j, Z^j)，$j=1, 2, 3$。用距离交会的方法求解P点的三维坐标(X, Y, Z)的观测方程为式(1.5-1)。

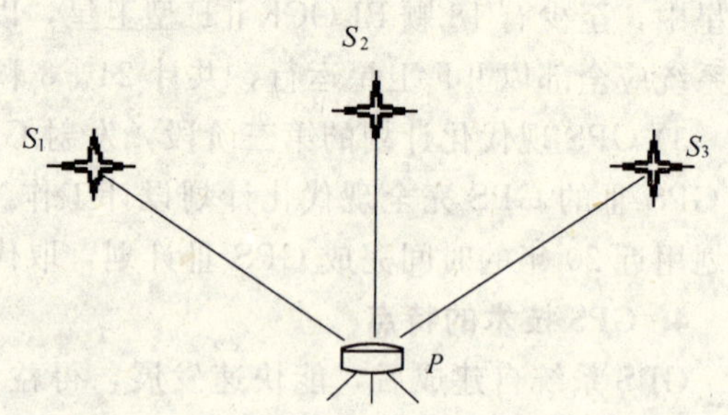

图1.5-5　GPS卫星的空间测距交会法定位

$$
\begin{aligned}
\rho_1^2 &= (X-X^1)^2+(Y-Y^1)^2+(Z-Z^1)^2 \\
\rho_2^2 &= (X-X^2)^2+(Y-Y^2)^2+(Z-Z^2)^2 \\
\rho_3^2 &= (X-X^3)^2+(Y-Y^3)^2+(Z-Z^3)^2
\end{aligned}
\tag{1.5-1}
$$

在GPS定位中，由于GPS卫星的高速运动，其坐标值随时间也在快速变化。为此，需要实时的由GPS卫星信号测量出测站至卫星之间的距离，实时的由GPS卫星的导航电文解算出卫星的坐标值，并进行测站点的定位。依据测距原理，其定位方法主要有伪距法定位、载波相位测量定位、差分GPS定位等。对于待定点来说，根据其运动状态可以将GPS定位分为静态定位和动态定位。静态定位(又叫绝对定位)是指对于固定不动的待定点，将GPS接收机安置其上，观测数分钟乃至更长的时间，以确定该点的三维坐标。若以两台 GPS 接收机分别置于两个固定不变的待定点上，通过一定时间的观测后，可以确定两个待定点之间的相对位置，此方法称为相对定位。动态定位则至少有一台接收机处于运动状态测定的是各观测时刻(观测历元)运动中的接收机的点位(绝对点位或相对点位)。

利用接收到的卫星信号(测距码)或载波相位，均可进行静态定位。实际应用中，为了减少卫星的轨道误差、卫星钟差、接收机钟差以及电离层和对流层的折射误差的影响，常采用载波相位观测值的各种线性组合(即差分值)作为观测值，获得两点之间高精度的 GPS 基线向量(即坐标差)。

1. GPS 观测量

利用 GPS 定位，无论采用何种方法，都是以通过观测 GPS 卫星而获得的某种观测量来实现的。GPS 卫星信号含有多种定位信息，根据不同的要求可以从中获得不同的观测量，目前广泛使用的基本观测量主要包括码相位观测量和载波相位观测量两种。

(1) 码相位观测量(伪距测量)

码相位观测即是测量 GPS 卫星发射的测距码(C/A 码或 P 码)到达用户接收机天线的传播时间，该方法又称为时间延迟测量。

1) 伪距测量原理

伪距法定位是由 GPS 接收机在某一时刻测出的到 4 颗以上 GPS 卫星的伪距以及已知的卫星位置，采用距离交会的方法求定接收机天线所在点的三维坐标。所测伪距即为由卫星发射的测距码信号到达 GPS 接收机的传播时间乘以光速所得出的量测距离。由于卫星、接收机的钟差以及无线电信号经过电离层和对流层的延迟，实际测出的距离 ρ' 与卫星到接收机的几何距离 ρ 有一定差值，因此通常将量测出的距离称为伪距。用 C/A 码进行测量的伪距为 C/A 码伪距，用 P 码测量的伪距为 P 码伪距。伪距法定位虽然一次定位精度不高，但因其定位速度快，又无多值性问题，所以该方法成为 GPS 导航定位的基本方法。

GPS 卫星依据自己的时钟发出某一结构的测距码，该测距码经过 τ 时间的传播后到达接收机。接收机在本机时钟控制下，也产生一组结构完全相同的测距码——复制码。复制码通过机内可调时延器使其延迟时间 τ'，将这两组测距码进行相关处理，若自相关系数 $R(\tau')\neq1$，则继续调整延迟时间 τ' 直至相关系数 $R(\tau')=1$ 为止。使接收机所产生的复制码与接收到的 GPS 卫星测距码完全对齐，其延迟时间 τ' 即为 GPS 卫星信号从卫星传播到接收机所用的时间 τ'。GPS 卫星信号的传播是一种无线电信号的传播，其速度等于光速 c，卫星至接收机的距离即为 τ' 与 c 的乘积。

2) 伪距测量的观测方程

在伪距测量中，GPS 卫星信号在电离层和对流层中传播时会引起附加延迟，设为 δ^j_{ion} 和 δ^j_{trop}，第 j 颗卫星时钟相对于 GPS 系统时间的偏差为 δt^j，用户接收机时钟相对于 GPS 系统时间的偏差为 δt_{k}，则可写出伪距的观测方程：

$$\rho^j=\rho+C(\delta t_{\text{k}}-\delta t^j)+\delta^j_{\text{ion}}+\delta^j_{\text{trop}} \tag{1.5-2}$$

式中 C——光速；

j——卫星数，$j=1, 2, 3, \cdots$。

其中，电离层延迟和对流层延迟可以按照一定的模型进行计算，卫星钟差 δt^j 可从导航电文中取得，几何距离 ρ 与卫星坐标(X_{s}，Y_{s}，Z_{s})和接收机坐标(X，Y，Z)之间有如下关系：

$$\rho^2=(X_s-X)^2+(Y_s-Y)^2+(Z_s-Z)^2 \tag{1.5-3}$$

这里，卫星坐标可根据卫星导航电文求得，因此，在(1.5—2)式中包含有接收机坐标三个未知量。如果接收机钟差 δt_k 也作为未知量，则共有四个未知量，这样，接收机必须至少同时测定四颗卫星的伪距才能解算出接收机的三维坐标。

(2) 载波相位测量

利用测距码进行伪距测量是 GPS 系统的基本测距方法。但是，由于测距码的码元长度较大，对于高精度定位应用，其测距精度则显得过低而无法满足用户需要。如果观测精度均取至测距码波长的百分之一，则伪距测量对 P 码而言量测精度为 30cm，对 C/A 码而言为 3m 左右。如果将载波作为测量信号，因其波长短，则测量精度高。目前，大地型接收机的载波相位测量精度一般为 1～2mm，有的甚至更高。

1) 载波相位测量原理

载波相位测量的观测量是 GPS 接收机所接收的卫星载波信号与接收机本地参考信号的相位差。以 $\phi_k^j(t_k)$ 表示 k 接收机在接收机钟面时刻 t_k 所接收到的 j 卫星载波信号的相位值，$\phi_k(t_k)$ 表示 k 接收机在接收机钟面时刻 t_k 所产生的本地参考信号的相位值，则 k 接收机在接收机钟面时刻 t_k 观测 j 卫星所取得的相位观测量为：

$$\phi_k^j(t_k)=\phi_k^j(t_k)-\phi_k(t_k) \tag{1.5-4}$$

由于，通常的相位或相位差测量只是测出一周以内的相位值，所以在实际测量中，还要对整周数进行计数，这样自某一初始观测时刻 t_0 以后就可以获得连续的相位测量值。

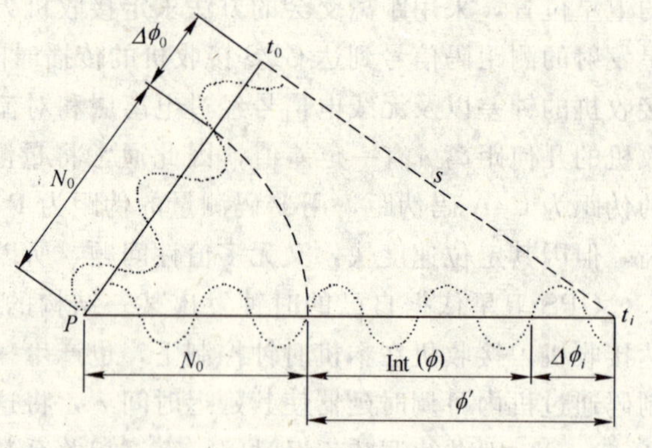

图 1.5-6 载波相位测量

如图 1.5-6 所示，在初始时刻 t_0，测得小于一周的相位差为 $\Delta\phi_0$，其整周数为 N_0^j，此时包含整周数的相位观测值应为：

$$\phi_k^j(t_0)=\Delta\phi_0+N_0^j$$

之后，接收机继续跟踪卫星信号，不断测定小于一周的相位差 $\Delta\phi(t)$，并利用整波计数器记录从 t_0 到 t_i 时间内的整周数变化量 $\mathrm{Int}(\phi)$，只要卫星在此时间段无中断，则初始时刻整周模糊度 N_0^j 应为常数。此时，每个完整的载波相位观测值为：

$$\phi_k^j(t_0)=N_0+\mathrm{Int}(\phi)+\Delta\phi_0 \tag{1.5-5}$$

2) 载波相位测量的观测方程

载波信号在大气中传播，受电离层和对流层的影响。对流层对载波信号和对码信号有同样的延迟作用，而电离层引起载波信号相位超前，引起码信号相位滞后。载波相位测量与伪距测量一样，受卫星钟差和接收机钟差的影响。由此，可以写出载波相位测量的观测方程：

$$\phi^j\lambda=\rho+C(\delta t_k-\delta t^j)-\delta_{ion}^j+\delta_{trop}^j \tag{1.5-6}$$

式中 ϕ^j——载波相位测量；

λ——载波波长；

其他符号的意义同前面的(1.5-2)式。

可见，载波相位观测量是接收机和卫星位置的函数，在得到其函数关系后，即可求解接收机(或卫星)的位置。

3) 整周跳变与修复

GPS 信号接收机在跟踪卫星的过程中，如果卫星信号被障碍物遮挡而暂时中断，受无线电信号干扰造成失锁等因素的影响，计数器无法连续工作，因此，当信号被重新跟踪后，整周计数就不正确，但是不到一个整周的相位观测值仍是正确的，我们将此现象称为周跳。整周跳变的探测与修复方法主要有：屏幕扫描法、高次差或多项式拟合法、卫星间求差法、根据平差后的残差发现和修复整周跳变等。

4) 整周未知数 N_0 的确定

GPS 信号接收机在连续跟踪的所有载波相位测量值中均含有相同的整周未知数 N_0，正确确定 N_0 是获得高精度定位结果的必要条件。其常用确定方法有：伪距法、多普勒法、将整周未知数当作平差中的待定参数——经典方法和快速确定整周未知数法等。

2. 载波相位观测量的线性组合

在两个观测站或多个观测站同步观测相同卫星的情况下，卫星的轨道误差、卫星钟差、接收机钟差以及电离层和对流层的折射误差等对观测量的影响具有一定的相关性，利用这些观测量的不同组合(求差)进行相对定位，可有效地消除或减弱相关误差的影响，从而提高定位精度。GPS 载波相位观测值可以在卫星间求差，也可在接收机间求差和不同历元间求差。各种求差方法都是观测值的线性组合。

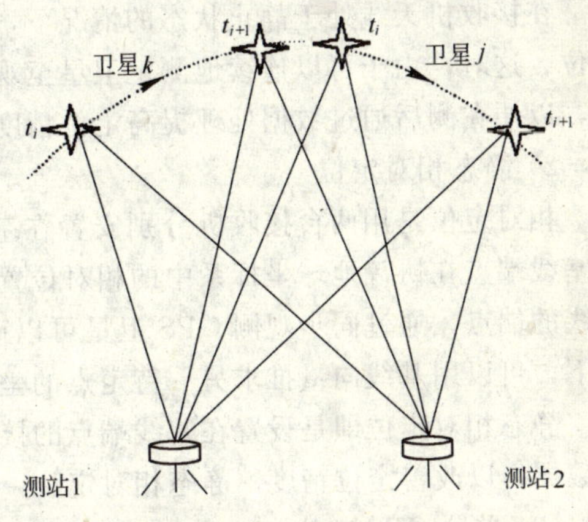

图 1.5-7　GPS 求差法

将观测值直接相减的过程叫做求一次差。所获得的结果被当作虚拟观测值，叫做载波相位观测值的一次差或单差。常用的求一次差是在接收机间求一次差。设测站 1 和测站 2 分别在 t_i 和 t_{i+1} 时刻对卫星 k 和卫星 j 进行了载波相位观测，如图1.5-7，t_i 时刻在测站 1 和测站 2，对 k 卫星的载波相位观测值为 $\phi_1^k(t_i)$ 和 $\phi_2^k(t_i)$，对 $\phi_1^k(t_i)$ 和 $\phi_2^k(t_i)$ 求差，得到接收机间(站间)对 k 卫星的一次差分观测值为：

$$SD_{12}^k(t_i)=\phi_2^k(t_i)-\phi_1^k(t_i)$$

同样，对于卫星 j，其 t_i 时刻站间一次差分观测值为：

$$SD_{12}^j(t_i)=\phi_2^j(t_i)-\phi_1^j(t_i)$$

对另一时刻 t_{i+1}，同样可以求出类似的差分观测值。

对载波相位观测值的一次差分观测值继续求差，所得的结果叫做载波相位观测值的二次差或双差。通常，将在接收机间求一次差后再在卫星间求二次差，称为星站二次差分。在图 1.5-7 中，t_i 时刻卫星 k、卫星 j 观测值的站间双差观测值为：

$$DD_{12}^{kj}(t_i)=SD_{12}^j(t_i)-SD_{12}^k(t_i)=\phi_2^j(t_i)-\phi_1^j(t_i)-\phi_2^k(t_i)+\phi_1^k(t_i) \quad (1.5\text{-}7)$$

同样，对于时刻 t_{i+1}，可以求得 k、j 卫星的站间双差观测值。

如果对二次差继续求差称为三次差，所得结果叫做载波相位观测站值的三次差或三差。通常在接收机、卫星和历元之间求三次差。在图 1.5-7 中，将接收机 1、2 对卫星 k、j 的双差观测值 $DD_{12}^{kj}(t_i)$ 与 t_{i+1} 时刻接收机 1、2 对卫星 k、j 的双差观测值 $DD_{12}^{kj}(t_{i+1})$ 再求差，可得到三次差分观测值：

$$TD_{12}^{kj}(t_i,\ t_{i+1})=DD_{12}^{kj}(t_{i+1})-DD_{12}^{kj}(t_i)$$

上述各种差分观测模型能够有效地消除各种偏差项。在单差观测值中可以消除与卫星有关的载波相位及其钟差项、在双差观测值中可以消除与接收机有关的载波相位及其钟差项、在三差观测值中可以消除与卫星和接收机有关的初始整周模糊度项 N_0，因而差分观测模型是 GPS 测量应用中广泛采用的平差模型。尤其是双差观测值，即站星二次差分模型，是大多数 GPS 基线向量处理软件包中的必选模型。

3. GPS 定位方法

(1) 绝对定位与相对定位

GPS 绝对定位又叫单点定位，即利用 GPS 卫星和用户接收机之间的距离观测值直接确定用户接收机天线在 WGS-84 坐标系中相对于坐标系原点——地球质心的绝对位置。绝对定位又分为静态绝对定位和动态绝对定位。

1) 静态绝对定位

在接收机天线处于静止状态的情况下，用以确定观测站绝对坐标的方法称为静态绝对定位。这时，由于可以连续地测定卫星至观测站之间的伪距，所以可获得充分的多余观测量，以便在测后通过数据处理提高定位精度。

2) 静态相对定位

相对定位是用两台接收机分别安置在基线的两端，同步观测相同的 GPS 卫星，以确定基线端点在协议地球坐标系中的相对位置或基线向量。同样，多台接收机安置在若干条基线的端点，通过同步观测 GPS 卫星可以确定多条基线向量。在一个端点坐标已知的情况下，可以用基线向量推求另一待定点的坐标。

静态相对定位即是设置在基线端点的接收机固定不动通过重复观测取得充分的多余观测数据，以改善定位精度。静态相对定位一般均采用载波相位观测值为基本观测量。

(2) 差分 GPS 定位

差分 GPS 定位技术是将一台 GPS 接收机安置在基准站上进行观测，根据基准站已知精密坐标，计算出基准站到卫星的距离修正量，并利用基准站数据链将此修正信息实时地发送出去。用户接收机在进行 GPS 观测的同时，也接收到基准站的修正量，并对其定位结果进行修正，从而提高定位精度，如图 1.5-8 所示。

在 GPS 定位中，存在着三类误差：一是多台接收机公有的误差，它包括卫星钟误差、星历误差、电离层误差、对流层误差等；二是传播延迟误差；三是接收机误差，它包括内部噪声、通道延迟、多路径效应等。采用差分定位，可以完全消除第一类误差，并可将第二类误差中的大部分予以消除(与基准站至用户的距离有关)。

差分 GPS 可分为单基准站差分、多基准站局部区域差分和广域差分三种类型。

1) 单站 GPS 差分

单站差分按基准站发送的信息方式可分为位置差分、伪距差分和载波相位差分三种，其工作原理大致相同。

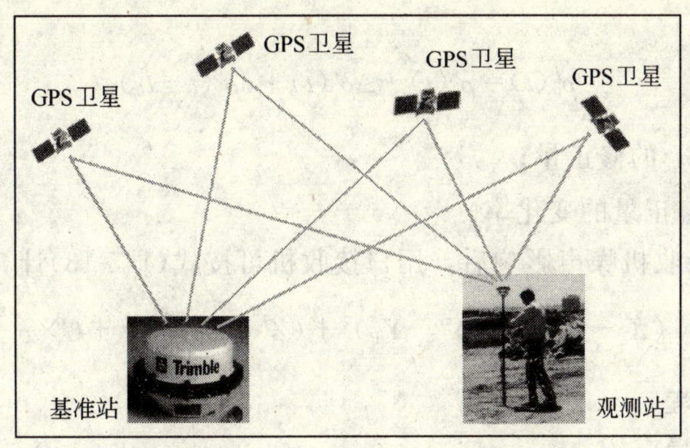

图 1.5-8　差分 GPS 定位

a. 位置差分

设基准站的精密坐标已知为(X_0，Y_0，Z_0)，在基准站上的 GPS 接收机测得的坐标为：X、Y、Z(包含轨道误差、时钟误差、SA 影响、大气影响、多路径效应及其他误差)，即可按式(1.5-8)求出其坐标修正量：

$$\begin{cases}\Delta X=X-X_0\\ \Delta Y=Y-Y_0\\ \Delta Z=Z-Z_0\end{cases}\tag{1.5-8}$$

在基准站通过数据链，将其修正量发送出去，用户接收机在解算时加入以上修正量，则用户接收机经修正后的坐标为：

$$\begin{cases}X_{\mathrm{P}}=X'_{\mathrm{P}}+\Delta X\\ Y_{\mathrm{P}}=Y'_{\mathrm{P}}+\Delta Y\\ Z_{\mathrm{P}}=Z'_{\mathrm{P}}+\Delta Z\end{cases}\tag{1.5-9}$$

式中　X'_{P}、Y'_{P}、Z'_{P}——用户接收机自身观测的结果。

当考虑到用户接收机位置修正值的瞬时变化，则有：

$$\begin{cases}X_{\mathrm{P}}=X'_{\mathrm{P}}+\Delta X+\mathrm{d}(\Delta X-X'_{\mathrm{P}})/\mathrm{d}t(t-t_0)\\ Y_{\mathrm{P}}=Y'_{\mathrm{P}}+\Delta Y+\mathrm{d}(\Delta Y-Y'_{\mathrm{P}})/\mathrm{d}t(t-t_0)\\ Z_{\mathrm{P}}=Z'_{\mathrm{P}}+\Delta Z+\mathrm{d}(\Delta Z-Z'_{\mathrm{P}})/\mathrm{d}t(t-t_0)\end{cases}\tag{1.5-10}$$

式中　t_0——校正的有效时刻。

显然，通过上述修正后的用户坐标消除了基准站与用户站共同的误差。该方法具有计算简单，适用于各种型号的 GPS 接收机等优点；但由于基准站与用户必须观测同一组卫星，这就仅适宜于近距离(100km 以内)观测，否则，难以满足精度要求。

b. 伪距差分

在基准站上观测所有的卫星，根据基准站已知坐标(X_0，Y_0，Z_0)和测得的各卫星的地心坐标(X^j，Y^j，Z^j)，可计算出每颗卫星每一时刻到基准站的真正距离 R^j：

$$R^j=[(X^j-X_0)^2+(Y^j-Y_0)^2+(Z^j-Z_0)^2]^{1/2}\tag{1.5-11}$$

则修正后的伪距为：

$$\rho_p^j(t)=\rho^j(t)+\Delta\rho^j(t)+d\rho^j(t-t_0) \tag{1.5-12}$$

式中 $\Delta\rho^j$——伪距 ρ_0^j 的修正量；

$d\rho^j$——伪距修正量的变化率。

在考虑钟差和接收机噪声影响后，用户接收机可按式(1.5-13)计算坐标：

$$\rho_p^j=[(X^j-X_P)^2+(Y^j-Y_P)^2+(Z^j-Z_P)^2]^{1/2}+C\times\delta_t+V \tag{1.5-13}$$

式中 δ_t——卫星钟差；

V——接收机噪声。

使用伪距差分测量，基准站提供所有卫星的修正量，用户接收机观测任意四颗卫星，即可完成定位工作。因提供的是 $\Delta\rho^j$ 和 $d\rho^j$ 的修正量，可以满足 RTCMSC-104 标准(国际海事无线电委员会)。

c. 载波相位差分

载波相位差分方法分为两类，一类是修正法，另一类是差分法。修正法是将基准站的载波相位修正值发送给用户，修正用户接收到的载波相位，再求解坐标。修正法属准载波相位差分技术。差分法即是将基准站采集的载波相位发送给用户进行求差解算坐标，差分法属于真正的 RTK(Real Time Kinematic)。将式(1.5-12)改写成载波相位观测量的形式，即可得出相应的方程式：

$$\begin{aligned}&R_0^j+\lambda(N_{p0}^j-N_0^j)+\lambda(N_p^j-N^j)+\phi_p^j-\phi_0^j\\&=[(X^j-X_P)^2+(Y^j-Y_P)^2+(Z^j-Z_P)^2]^{1/2}+\Delta d\rho\end{aligned} \tag{1.5-14}$$

式中 N_{p0}^j——用户接收机起始相位模糊度；

N_0^j——基准点接收机起始相位模糊度；

N_p^j——用户接收机起始历元至观测历元相位整周数；

N^j——基准点接收机起始历元至观测历元相位整周数；

ϕ_p^j——用户接收机测量相位的小数部分；

ϕ_0^j——基准点接收机测量相位的小数部分；

$\Delta d\rho$——同一观测历元各项残差。

单站差分 GPS 系统结构和算法简单，其关键技术是高波特率数据传输的可靠性和抗干扰性，技术上较为成熟，目前应用十分广泛。

2）局域差分 GPS

在局部区域中应用差分 GPS 技术，通常是在该区域布设一个差分 GPS 网，该网由若干个差分 GPS 基准站组成，包括一个或多个监控站。位于该局部区域中的用户根据多个基准站所提供的修正信息，经过平差后求得自己的修正量。

局部区域 GPS 差分技术系统由多个基准站，以及基准站与用户之间的无线电数据通信链等构成。局部区域差分 GPS 技术采用加权平均法或最小方差法对来自多个基准站的修正信息(坐标修正量或距离修正量)进行平差计算，以求得自己的坐标修正量或距离修正量。

1.5.3 工程概况

厦门建设银行大厦位于厦门市鹭江道东侧，与鼓浪屿隔海相望。工程地下3层、地上43层，建筑总高度172.6m，建筑面积7.1万m^2，是目前厦门市最高的超高层建筑。结构布置采取扇型及多个不同半径同心园的弧形结构，给工程测量造成一定难度。

1.5.4 技术要点

1. 技术依据

(1) 测绘行业标准：《全球定位系统(GPS)测量规范》(GB/T 18314—2001)；

(2) 城市测量行业标准：《全球定位系统城市测量技术规程》(CJJ 73—97)。

2. GPS测量基准的建立

GPS首次测量时，要建立世界大地坐标系(即：WGS-84坐标系)与工程施工坐标系之间的转换关系，以供各次施测层的测量基准传递使用。

厦门建行大厦的建筑施工坐标系，是参照92厦门坐标系建筑场地的红线坐标而建立起来的，它是建行大厦工程施工的独立坐标系。为放样方便，测量的四个基准点设置的主体建筑物内。

针对建筑工程场地小、建筑工期短、测量精度要求较高等特点，在工程的围墙外设置了两个相对稳定的临时基准点(XM01和XM02，见图1.5-9，以这两个临时基点作为各次进行GPS基准传递的基准。

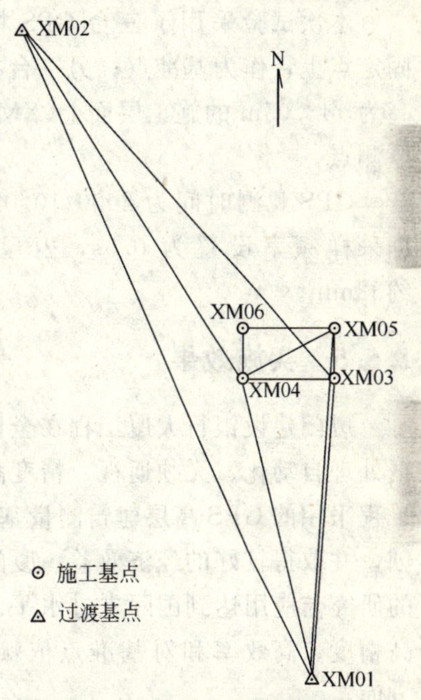

图1.5-9 GPS施工测量的基准

3. GPS数据处理方法

GPS数据处理过程大致可分为GPS观测数据基线向量解算、GPS基线向量网的三维无约束平差和二维约束平差、实用坐标转换等几个阶段。

本工程中基线解算采用了Trimble公司的随机解算软件GPSurvey，网平差采用原武汉测绘科技大学开发的GPS网平差和分析软件系统(PowerAdj)，坐标转换由自编程序实现。

首次GPS测量的目的在于确定XM01和XM02两个固定基点的坐标位置和GPS测量成果的坐标转换参数。

以后各次GPS测量的数据处理过程与首次有所区别，其主要为由首次观测确定的坐标转换参数，对平面坐标进行平移、旋转，得到各点在施工坐标系中的坐标。

4. GPS日照变形监测

为了获取建筑变形和温度变化的量化关系，监视变化过程，用GPS技术按静态观测模式进行观测。监测时，采用三台GPS接收机，其中两台接收机设置在固定点上，作为基准站；另一台接收机设置在建筑标高为148.05m的施工层面上(XM03点的位置)，作为监测点。如图1.5-10所示。

为了合理比较并评价GPS监测结果，在建筑标高为±0.000m的基准传递点XM03位置处，另外采用一台具有竖盘自动补偿装置的高精度经纬仪，按精密天顶法，穿过预留孔同步进行观测，获取148.05m建筑标高施工层面上XM03点的位置变化量。按精密天顶法的理论作精度分析，本次监测测定其变形值的预计精度为±1.1mm。同时，采用试验室用酒精温度计，观测监测点上的大气温度。

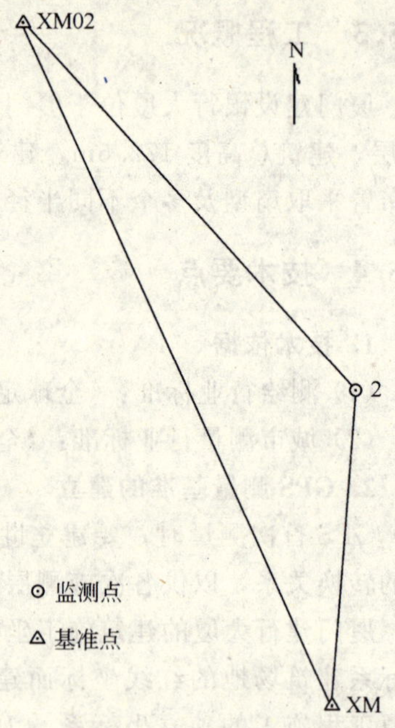

图1.5-10 观测点设置

5. 动态变形监测

超高层建筑在外力(如风力)作用下，会引起摆动或振动，其振动特征是周期性的，表现出较高的频率。如果变化幅值较大，用GPS定位技术进行动态监测是一种好的方法。为了获取动态监测数据，应用GPS可以按动态观测模式进行观测。

本次试验采用了三台GPS接收机，两台设置在固定点上，作为基准点；另一台接收机设置在建筑标高为148.05m的施工层面上(XM03点的位置)，作为监测点。

GPS观测时间为2000/10/05 20:41～21:14，数据采样频率设置为0.5s，卫星高度角限值为15°，按动态观测模式共连续观测了约32min。

1.5.5 实施效果

厦门建设银行大厦工程在全国首次应用GPS进行建筑工程施工测量，具有快速、数据处理自动化、无须通视、精度高、全天候的特点，具有良好的应用前景和指导意义。该工程采用的GPS高层建筑测量基准传递，GPS高层建筑日照变形观测，经查新属国内首创，并取得较好的经济效益。厦门建设银行大厦GPS卫星定位技术在高层建筑施工测量的研究与应用达到国际先进水平。通过本工程施工实践，GPS建筑测量显示出其特有的高精度、高效率和对基准点依赖性低的特点，取得良好的效果，主要体现在以下几个方面：

(1) 测量控制网一次测定到位，无误差的传递和积累，测定精度高。

(2) 数据测定和分析均使用计算机处理，避免了人为误差产生。

(3) 其观测基准点主要用于确定起算点和起算方向，相互不通视，变换观测基准点均不影响观测精度。

(4) 对楼层施工控制网基点的选择约束较少。各点之间可以不通视，点数和点位也可以根据实际要求变化，均不影响定位精度。

(5) 能准确测定建筑物的日照变形、振动变形，为高层和超高层建(构)筑物的测量观测提供了一种全新的技术手段。经查新，国内未见有关超高层建筑物施工测量使用GPS技术进行日照变形观测的报道。

GPS技术与常规建筑测量的比较见表1.5-1。

GPS技术与常规建筑测量的比较　　表1.5-1

	常规建筑测量	GPS测量
通　视　性	要求有良好的通视	不　要　求
精度和误差	误差偏离较大	精度高、误差小
测量过程	时间长、过程多，较复杂	时间快，简单、方便
干扰因素	干扰因素多	干扰因素少，基点少
振动和日照变形	不能测量	可以测量

1.6　建筑施工中其他信息化控制技术

1.6.1　大体积混凝土自动测温

在大体积混凝土工程中应用计算机自动测温新技术，利用计算机和传感器对混凝土的浇捣和养护过程中的应力变化进行动态跟踪监控，对混凝土不同层面和深度的温度、温差进行分析，通过迅速、快捷、准确的信息反馈，及时指导混凝土施工和采取有效的养护措施。

比如武汉国际贸易中心大厦主楼地下室底板长75m，宽44.4m，厚度分别为：3.10m、3.70m、4.80m，用强度等级为C40、抗渗等级为P8的混凝土浇筑，总量超过10000m^3，按施工组织设计，主楼地下室底板混凝土为一次性浇筑，施工时间处于8月底到9月初武汉的高温天气。根据主楼地下室的平面形状和浇筑厚度的不同，按浇筑顺序在底板的不同部位分别埋设了72个以铜—康铜热电偶作为传感器的测温点，并配以计算机对混凝土在硬化过程中的温度变化进行测定。利用铜—康铜热电偶在不同的温度下产生不同的电势差的原理，将各测温点的热电偶电势差变化经过放大、转换后输入计算机中进行运算、分析及其他处理后显示在计算机屏幕上，通过计算机屏幕对各测温点的温度变化的测定显示，可以随时了解、掌握底板各部位的混凝土温度变化，以及混凝土中心温度与表面温度的差值，从而根据混凝土内外的温差变化情况及时采取有效的技术措施把温差控制在允许的范围，如图1.6-1。

在本工程中利用计算机控制测温与人工测温相比的优越性，如表1.6-1。

计算机控制测温与人工测温对比表　　表1.6-1

项　目	传统(人工)测温	计算机测温
速　度	0.5～1h	2.5～3min
	效率慢，测点关联性不强	绘制曲线、可以反映测点温度变化趋势
准　确	离散性大、误差高	连续测温、自动显示数据和曲线，误差小
	影响因素多	人为影响因素少
裂缝控制	只能反映温差，造成对裂缝控制不准，影响混凝土质量	除了反映温差，还可以反映应力，从而更好地控制裂缝

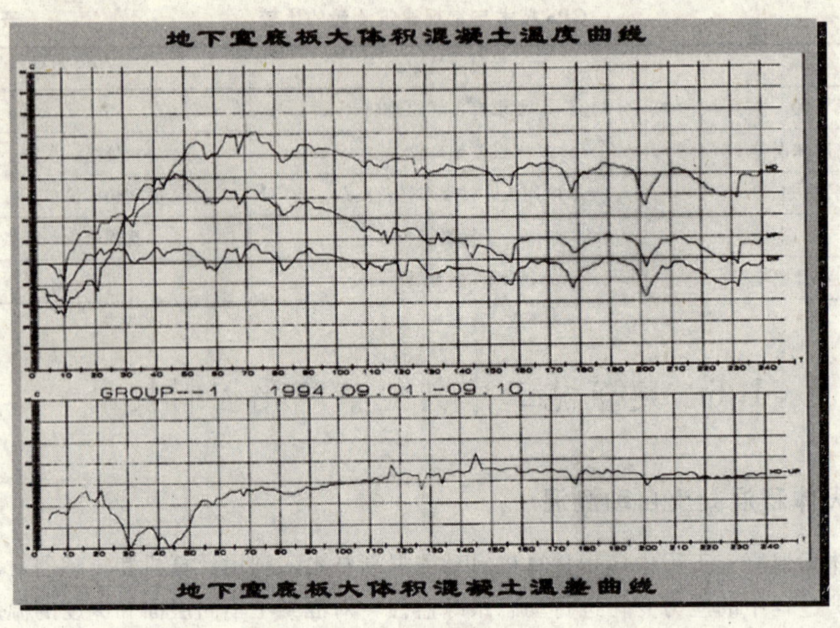

图 1.6-1 微机输出的大体积混凝土施工中温度、温差曲线

中国建筑第三工程局已在全国近 30 项工程的大体积混凝土施工中推广应用了此项技术，进行测温的最大混凝土量为 22000m^3，最大结构厚度为 6m，有效地实施保证了施工质量，防止了大体积混凝土有害裂缝的产生，创造了良好的经济效益和社会效益。

部分工程应用实例 表 1.6-2

工程名称	混凝土量(m^3)	工程名称	混凝土量(m^3)
武汉国贸大厦	11000	厦门光明大厦	3800
上海港汇广场三区	15490	西安第二长途电讯大楼	4200
上海港汇广场一区	8700	武汉煤炭设计院	3200
武汉建银酒楼	3000	厦门建行大厦	5000
上海汇银大厦	9000	武汉阳光大厦	4000
武汉世贸广场	7500	湖北高校科技大厦	4530
珠海巨人大厦	8000	郑州第二长途电讯枢纽	10000
广州东风广场	4800	珠海金山时代广场	4000
武汉建银办公楼	5000	武汉长江广场	22000

1.6.2 预拌混凝土自动化控制

计算机现场控制技术经过多年的发展，已广泛应用于工业生产的各个方面，建筑施工企业可以利用先进的工业计算机现场控制技术对混凝土搅拌站进行技术改造，实现配料、搅拌及检测等生产过程的自动控制和管理，保证混凝土的质量，如图 1.6-2。

中国建筑第三工程局很早就开始着手对预拌混凝土站的技术改造，在 4 年内经历了两次改造，并正着手进行第三次改造。第一次技术改造是对计量系统的改造，使机械式的上料系统自动化，通过现场总线系统实现计量控制；第二次改造在此基础上实现了整个预拌环节的闭环控制和远程管理，通过引入设备，实现局部集成。第三次将通过预拌站的企业信息化并结合中国建筑第三工程局全局的信息化实现整个企业生产、物料、财务、销售等环节的集成，从而大大提升生产效率和竞争水平。通过不断的技术改造，使企业在技术创新上形成良性循环。中国建筑第三工程局的武汉地区预拌混凝土站的供应量目前年产量 18 万 m^3，占整个武汉地区的总需用量的 40%以上，并且仍呈每年逐步上升趋势。这种市场效益得益于应用信息技术改造后产生的混凝土质量的提高和成本的降低。中国建筑第三工程局近两年利用信息技术供应混凝土总量达 338 万 m^3，从而产生了很大的社会效益和经济效益。

图 1.6-2　预拌混凝土的自动控制

1.6.3　计算机控制激光测量与现场监控技术的应用

在超高层及高耸构筑物的施工中，建筑物的垂直度偏、扭监测的结果精确与否直接关系到施工质量和施工安全。电脑激光定位系统，由激光发射装置 CCD 光电传感器、视频发生器、图像采集器及系统主控机组成，如图 1.6-3。激光铅直仪发射激光束后，通过激光接收靶上 CCD 光电传感器驱动电路完成自扫描，经视频信号处理电路滤波放大，并经数字化后作为图像采集系统数据进入计算机，在经过对图像像变及照度进行补偿与数字滤波的图像处理后显示在计算机的屏幕上，这样可以及时准确地取得在滑模施工中已经发生的垂直度偏扭程度，可以及时地采用有效的纠偏纠扭技术措施把施工误差控制在允许范围内，同时可以实施连续观测的动态管理，以及预测垂直度偏、扭的发展趋势。

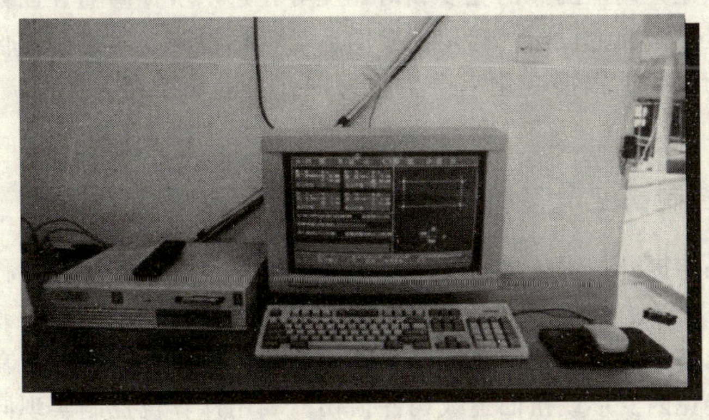

图 1.6-3　计算机控制激光测量

中国建筑第三工程局在武汉国际贸易中心大厦滑模施工中成功地应用此项技术进行滑

模垂直度检测，取得了满意的效果，如图 1.6-4。

图 1.6-4　武汉国贸滑模施工图像

中国建筑第三工程局在武汉国贸项目中还应用工业电视远程监控网络系统对项目的质量和安全进行监控。系统具备全天候自动值守、真实直观的特点。各个监控点的图像实时传至监控中心，传送速度 25 祯/s 以上，监控中心能对各施工现场进行遥控，并且能对现场操作过程进行存储和回放操作，具有高度自动化管理水平。

系统采用了当今世界最先进的全数字化计算机压缩技术，对监控点进行全程监控，通过数字压缩技术将图像压缩在计算机硬盘中，可以非常方便地查询、检索和回放任一时间、任一地点的存储图像，也可以按时间、地点或图像文件进行检索、回放。存储图像可以自行设置保留时间、自动循环，减少衰减和磨损，并节约录像磁带。系统产生的图像可以和相关图形处理软件兼容，以便于处理。

同时通过软件，可以使监控中心的工作人员远程控制工地的图像采集平台，调整摄像机的方向和推拉焦距，调节图像的亮度和对比度等，进一步提高监控图像的质量。此外系统软件还可以直接在画面上设防，运用独有的运动目标检测技术进行图像报警，自动“感受”画面上目标的变化，根据变化率产生报警，并自动录制报警图像，为突发事件提供证据。

1.6.4　计算机控制高空滑移和滑模技术

高空滑移和整体提升技术是大跨度钢结构施工的新技术和方法。滑移技术通过胎架支撑钢桁架或网架，由动力系统牵引胎架或桁架沿固定轨道滑动。整体提升技术通过动力提升装置将屋盖系统整体提升到预定位置并就位。这两种施工方法都要求在移动过程中保持构件的同步，以避免因变形或扭曲造成构件损伤。利用计算机控制实现同步是一种有效的方法。中国建筑第三工程局钢结构公司在深圳机场航站楼和广州(新)白云国际机场航站楼实施了大跨度变曲面的同步滑移技术，取得了成功，已经胜利封顶，如图 1.6-5。同时在新机场的机库正在着手进行整体同步提升方案的实施。

图 1.6-5　深圳机场航站楼同步滑移施工图像

滑模工艺是一种相对比较成熟的施工技术，在我国较多地应用于烟囱、油罐、水塔等筒壁结构构筑物的施工。在高层建筑物的施工中，滑模工艺通常仅用于墙、柱等竖向结构的施工。中国建筑第三工程局最早在深圳国贸工程中采用滑模技术创造了 3 天一层楼的速度。在武汉国贸工程中，滑模滑升面积 $2300m^2$，滑升高度 220 多 m，滑升的技术难度极大，为同类技术之最。在对整个滑模平台的各个分区实施同步滑升，当滑升速度或高度不一致时，由计算机及时进行信息反馈和处理，从而调节控制阀门，调节偏差，保证滑升平台的滑升。计算机控制保证了滑模的顺利实施，并促使该项综合技术获得 1998 年度国家科技进步三等奖。

1.6.5　企业信息网络体系的建设

1. 系统概述

中国建筑第三工程局近几年在企业网络信息系统的建设方面进行了有益的探索，目前已建立起了比较完善的企业网络信息系统。中国建筑第三工程局所构建的企业网络信息系统，是一个局域网与广域网相结合的网络信息系统，网络的拓扑结构与企业的组织结构相适应，整个网络中的任何一台远程工作站，经过授权许可，均可通过拨号上网方式访问上级单位的服务器，如图 1.6-6。

整个网络体系是一个树型网络体系结构，一共有四级：

一级网络为局总部信息网络，称为中心网络；

二级网络为公司级网络；

三级网络为分公司级网络；

四级网络为项目网络。

各层次网络在行政上是上下级关系，从网络架构的信息组织上属父子关系，所有共享信息保存在企业信息网的各级服务器中，各单位的服务器上保存有本单位的共享

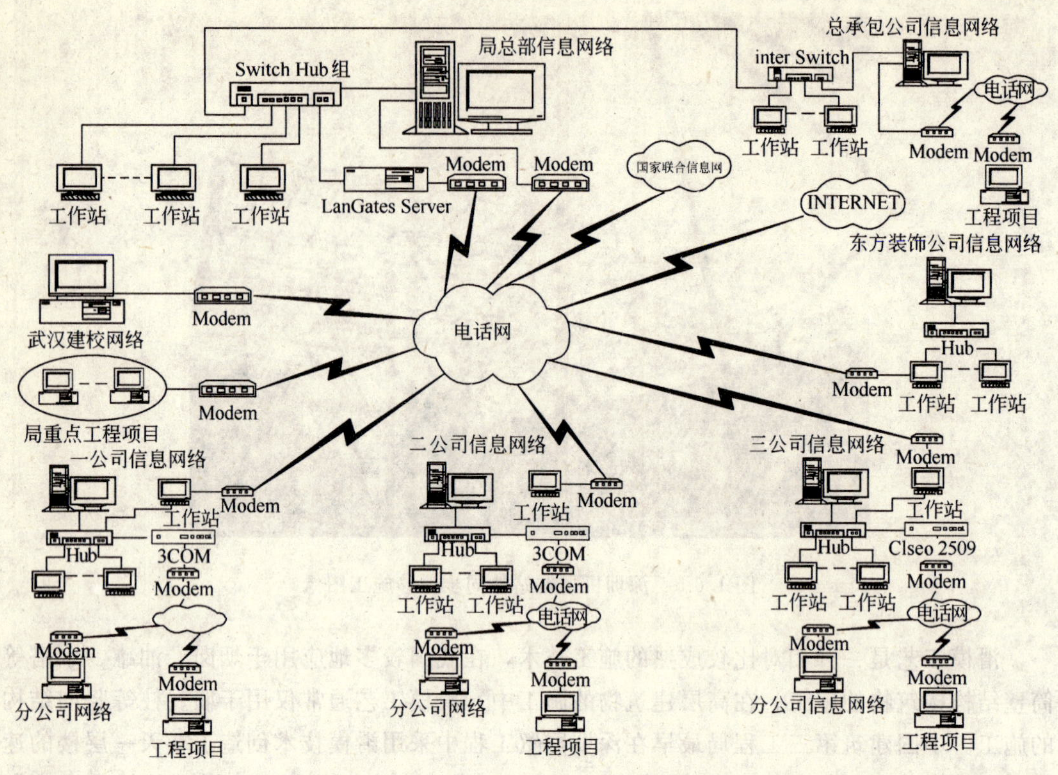

图 1.6-6　中国建筑第三工程局网络体系

信息。

信息交流平台采用浏览器/Web服务器概念，实现了开发环境与应用环境的分离，使开发环境独立用户前台应用环境，便于用户的使用。通过 Intranet 网络平台，可以用 Web 浏览器清楚地了解企业生产经营情况；可以用电子邮件快捷地收发文件；可以召开网上会议等等。最终实现企业各部门纵向与横向上的信息资源交流与共享。正是采用这种基于 Internet 通信标准和 WWW 技术标准的 Intranet 技术，并且将网络数据库技术与Web技术进行了结合，通过网页浏览器就可以实现对企业数据库的查询图，如图1.6-7。

2002 年，中国建筑第三工程局信息网络通过 VPN(虚拟专用网络)技术实现了与中国建筑工程总公司系统的广域网连接，并开通了视频会议系统，正在实施办公自动化系统(OA)及其综合应用。

2. 鉴定结论

中国建筑第三工程局的四级企业信息网络系统 2000 年通过了中国建筑工程总公司的鉴定，鉴定委员会认为：该系统技术先进、运行可靠、实用性强，在国内大型建筑企业实现如此的信息化系统尚属首家，其技术居国内同行业领先水平，具有很大的推广应用价值。该系统获得了中国建筑工程总公司科技进步一等奖，并获得了全国工程建设企业第四届现代化管理成果一等奖。

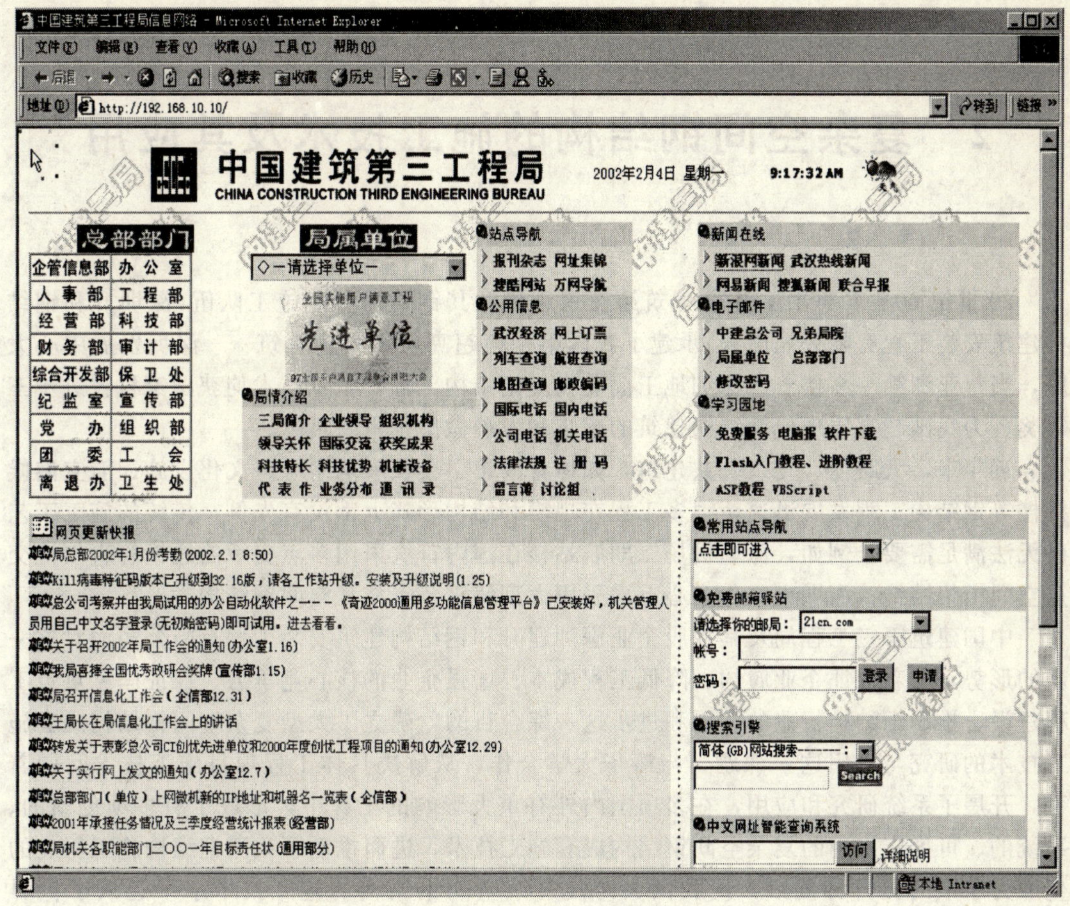

图 1.6-7　中国建筑第三工程局网页

2　复杂空间钢结构的施工技术及其应用

20世纪80～90年代，中国建筑第三工程局及其钢结构专业施工队伍(深圳升和钢结构建筑安装工程有限公司前身)承建了我国第一幢超高层钢结构建筑——深圳发展中心大厦，当年亚洲第一高楼——深圳地王商业大厦钢结构工程，施工技术均获国家科技进步三等奖、为我国超高层现代钢结构建筑的起步和发展做出了重要贡献。

近年来，大跨度、复杂公共建筑，如体育场馆、会议展览中心、文化设施、航空港候机楼等钢结构工程发展迅速，很多工程在规模和结构形式上都没有先例，传统的施工工艺已无法满足需要。例如，深圳机场二期航站楼在国内首次采用多点支承曲线钢管直接汇交点空间桁架结构；深圳市文化中心首次采用大型铸钢节点枝状空间钢结构。

中国建筑第三工程局及其控股企业深圳建升和钢结构建筑安装工程有限公司面对这一新的形势，本着保证企业履约、降低工程成本、增强企业的核心竞争力、保证国家重点工程建设、推动钢结构行业的发展和进步这一综合目的，确立了大型复杂空间钢结构成套施工技术的研究与应用这一课题，与清华大学合作，从解决具体工程项目施工技术问题着手，开展了系统研究和应用，在多项国内外有重大影响的工程中，形成了有多项创新的、系统的、可推广应用的复杂空间钢结构成套施工技术，进而推动了我国钢结构施工行业的生产力水平的提升和发展，使我国大跨度复杂空间钢结构的施工技术水平迈入了世界前列。

随着建筑理念的不断更新，新型建筑材料在工程中的使用，结构计算软件功能的升级换代，传统上常规的建筑模式产生了非常大的变化，出现了许多新型建筑，尤其是机场建筑、会展中心、体育场馆、展览馆等大型公共建筑均采用大跨度复杂空间钢结构作为屋盖体系。建筑的美观和多样化引发了施工技术的变革，而这种变革不仅仅停留在施工手段上的简单更新，而是将钢构件制造技术更新，曲线滑移、非对称整体提升等施工技术更新，计算机结构动态控制等辅助技术应用于工程实践，推动建筑业摆脱传统，向跨行业、机械化、高科技领域迈进。因此，施工企业要想在激烈的市场竞争中立足，就需要根据工程需要不断的进行施工新技术的尝试和创新。中建三局及深圳建升和钢结构公司以近年来承建的一批大跨度复杂空间钢结构工程为立足点，从施工方法上形成了以曲线滑移、非对称整体提升、扩大单元无支托组装技术为核心的空间结构安装系列技术，从相关工艺上形成了包括各工况下的结构应力分析；铸钢、锻钢及异型空间钢结构制作；扩大单元无支托组装；曲线滑移；非对称整体提升以及施工过程动态结构计算机控制；焊接；空间定位及测控技术；结构及变形试验、测试技术等辅助技术在内的钢结构施工成套技术。这些系列和成套技术推动了我国钢结构施工行业生产力水平的提升，使我国复杂空间钢结构的施工技术迈入世界先进行列。

钢结构施工是建筑施工的主要组成部分，具有很强的专业性，钢结构的成形过程是通过制作、吊装、高空拼接、焊接等一系列技术与管理措施，使准结构逐渐集成并形成最终结构的过程。因此，对于钢结构施工技术的研究归纳起来就是对集成过程各个环节的研究和控制，并加以一些必要的辅助手段。本课题也是基于这一理念，按照安装施工工艺的划分，分别进行了制作、安装、焊接、计算机动态控制和测控等技术的研究与应用，形成了大跨度复杂空间钢结构的成套技术。

2.1 多分枝大型铸钢节点、大直径实心钢棒异型钢结构制作技术

随着社会经济的发展，建筑的功能形式多样，建筑物也由结构单一、外形规则的结构形式发展到结构复杂、形状各异。尤以钢结构建筑为代表，各种大跨度、复杂空间形状的钢结构建筑不断涌现，派生出了各种新型、局部受力复杂、制作难度大的钢构件。

近几年来，中建三局建升和钢结构安装公司承接了一系列大型、结构复杂、施工难度大的钢结构工程，在钢构件制作技术上遇到许多突出、具有代表性的难题，其中以深圳文化中心、深圳青少年宫、深圳会展中心等工程为典型代表。在清华大学等高校及其他有关单位的协作下，公司组织了大量的人力、物力，分别在多分枝复杂铸钢节点、ϕ150 实心钢棒拉杆、巨型薄壁箱形曲梁及 ϕ480 钢管煨弯等制作技术进行了深入的研究，并应用于工程实践，取得了良好的经济效益和社会效益。

2.1.1 工程概况

1. 深圳文化中心工程简介

深圳文化中心由图书馆、音乐厅和黄金树三部分组成，其中黄金树结构高度达 40m，投影面积 3400m^2，主杆件共计 216 根，工程量约 1200t。树枝交汇处共采用 67 个树枝状钢铸节点，没有两个完全相同，节点由多根钢管以不同的空间角度汇聚于一点，钢管数目为 3～10 个支不等，空间角度不同，具有不同性、多枝性、体积庞大、吨位重等特点。铸钢节点由多根 390mm 和 420mm 大直径钢管汇交而成，交点处为实心球体，引出分枝管为半空心状，节点体积巨大，单件重量达 7.71t。构件制作难点主要有：结构复杂、制模难度大；体积大、吨位重，浇筑难度大；铸件精度要求高，外形尺寸控制难度大。

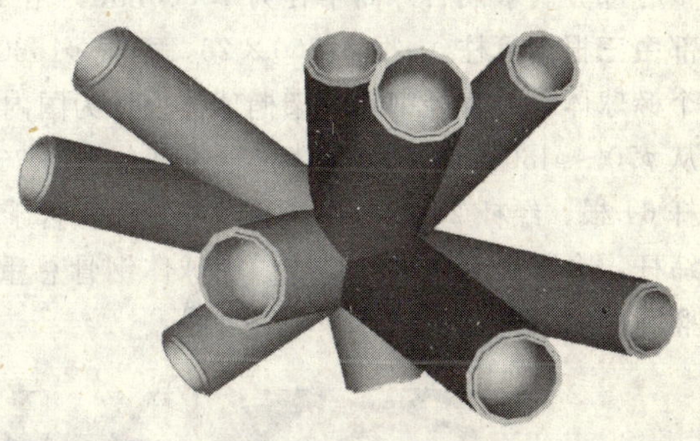

图 2.1-1 典型节点模型

2. 深圳会展中心工程简介

深圳会展中心结构造型雄伟、气势恢弘，采用国内首次使用的箱形曲梁带钢棒结构，一共由 68 榀双钢梁与梁间檩条构成钢框架，其中 38 榀箱梁下带悬拉钢棒，其余为梁下钢柱支撑形式。上弦巨型箱梁为圆弧、变截面状，单轴线双榀梁组合，单榀梁重约 180t，与锲型钢柱交接截面尺寸达 1000mm×4800mm，跨度为 126m；下弦 ϕ150 高强度实心钢

棒拉杆，跨内分成六段由销栓连成受拉整体，最长分段约为 25m。

深圳会展中心汇集了多种新型的构件，制造工艺多样而复杂。如 ϕ150 实心钢棒拉杆，强度高、直径大、配件多、精度要求高、设计承载力大；1000mm×4800mm 大截面巨型箱梁，钢板却薄至 13～35mm 不等，制作过程中易变形，控制措施难度极大。主要构件制作难点有：ϕ150 高强度拉杆及 U 型接头等配件的锻造工艺；超大面积薄板的变形控制。

图 2.1-2　会展局部鸟瞰图

3. 深圳少年宫工程简介

深圳少年宫分为水晶石、少年山和科学山三个部分，其中水晶石钢结构是整体工程的核心部分。水晶石外筒半径为 25000mm，由 16 根 ϕ860×25 钢管柱及环形箱梁组成；中部由三根钢管柱（一根 ϕ1860×25，两根 ϕ1660×25）支撑 18.45m 钢平台，钢平台托起整个椭球体，大直径钢管骨架椭球体设计为国内首创。椭球体钢骨架为全钢管结构，其管径从 ϕ70～ϕ480 不等，椭球体三轴长度分别为 36m、28m 和 15m，椭球体上部钢骨架共计纬杆 64 根、经杆 29 根、纬杆和经杆之间有若干斜撑。下部球体骨架包括经杆 19 根及若干纬杆，全部由 ϕ70 钢管组成。椭球体钢骨总重约 267t。主要构件制作难点有：ϕ480 钢管椭圆曲线煨弯。

图 2.1-3　椭球体钢骨架

2.1.2 技术要点

1. 多分枝、复杂铸钢节点的铸造

从模型选择与制作、铸造手段、到成品的精度控制等方面着手进行改进和创新。选择消失模这一特殊方法作为造模方法，适合三维造型、分枝多达10个节点、管径为ϕ390和ϕ420的树枝状铸节点；将图纸数据转换成机床能够识别的数据格式、模型骨架制作、在骨架中心处的圆球上打孔定位，然后将经特殊处理的杆件插入孔内，保证杆件的空间位置又能精确地测量出每根杆件的长度，经修整后，形成模型骨架，从而把图纸的数据精确的转换成实物模型；采用三坐标仪测量进行钢件精度控制，利用三坐标仪机内的圆柱测量程序，在圆柱表面某几个断面取数点进行点测，经运算得到一个圆柱轴线的空间位置坐标，重复上述过程，即可高精度地确定模具的外形尺寸。采用有良好的透气性、强度高、干燥速度快等特点的醇基涂料，合理布设浇筑系统，在翻砂时向砂箱内通CO_2气体，使砂型硬化，然后注入钢水进行浇筑。

图 2.1-4 消失模型的制作

2. ϕ150 实心钢棒拉杆的锻造

拉杆选用35CrMo高强度钢坯，将其外形的三维数据输入CAE软件，软件自动生成辊坯面积分布图及飞边、充孔连皮等数据，再将成套的数据传给高性能全自动锻造压力机，配件配合先进的检测技术锻压成型。然后进行热处理，回火、调质；喷砂处理；防腐处理。套筒等配件另行制作。

图 2.1-5 棒体墩头加工

3. 大截面薄壁箱形曲梁的制作、组装

利用先进的数控等离子切割技术，按设计要求做薄板圆弧曲线精确下料；箱体内部适当布置密形横、纵向隔板，合理安排焊接顺序，制定复杂的变形控制系统，控制截面的整体变形和局部变形；制作厂进行预组装，精确控制各项尺寸，分段截面轴向误差控制在3mm，横向误差在3mm以内。

4. 空间曲线钢管煨弯

利用大型数控、程控弯管机对钢管进行各种曲率的弯曲成型。对主桁架 $\phi480$ 弦管，可采用DB275CNC中频弯管机及DB276CNC数控弯管机进行弯管，然后用火焰进行精校。弯管采用折线法弯曲，用样板进行校对，弯曲线与样板线之间的误差按GB 50205—95规范要求不超过±2mm。管子弯曲后的截面椭圆度不超过±1.5%。

2.1.3 实施效果

(1) 深圳文化中心多分枝、复杂铸钢节点应用于黄金树结构中，共68个，形状各异，最多由10根管件汇交而成，分枝成空间分布，夹角无规律性，单个铸钢节点重量达7.71t。如此复杂的树形结构国内惟一、世界罕见，其中铸钢节点的制作存在巨大的困难。在节点深化设计和制作过程中，利用3D3S软件，精确计算每两个杆件分枝之间的相互空间角度并确定各分枝长度，使用五轴联动数控机床加工节点中心球和各分枝圆心杆，选用消失模先进工艺、采用倒注、多冒口的方法，确保铸造质量。以上各项技术均达到国内领先、国际先进水平。铸钢节点应用于工程实际中，效果十分良好。每个节点外形尺寸准确，各分枝角度及长度与设计值较为吻合，为后续的焊接及整体控制等工序提供良好的条件。施工完毕后，整体造型新颖、美观，现以成为深圳市的标志性建筑物之一。经检验，深圳文化中心枝形铸钢节点质量完全达到设计要求，工程最终使用自行研究制作的铸钢节点，弃用了日本的同类产品。该工程黄金树结构最终整体造价仅为日方报价的十分之一；同时，铸钢节点的制作成功征服了我们的海外竞争对手，得到日本设计方的一致赞赏，这也为我国工程界在国际上赢得了荣誉，达到了经济效益和社会效益双丰收。经监理、质检部门、业主、总包等检查一次通过，质量等级为优良。

(2) 深圳会展中心造型独特，箱形曲梁带悬拉钢棒结构为国内首次使用。下弦 $\phi150$ 实心钢棒拉杆作为高强度拉杆在建筑行业上也是首次出现。针对实心钢棒拉杆，业主、设计方曾经考虑使用德国产品，由于价格过于昂贵，而转向国内产品。经我们参与研究制作的实心钢棒完全符合设计提出的高强度、性能稳定、抗疲劳性能良好、承载力大、防腐性强、使用寿命长等要求，可代替德国的同类产品，成本却只有其的几十分之一。单制作一项就大大提高了工程的经济效益，同时也促进和提高了我国高强度钢材的制作水平，增强其国际竞争力。

(3) 深圳会展中心巨型箱梁是钢结构的主要组成构件，其制作对结构功能的实现影响重大。现场安装显示，箱梁1000mm×4800mm截面处钢板局部变形不大于3mm，分段连接截面轴向间距误差仅为3mm，横向错位为3mm，整体长度误差控制在30mm以内。经监理单位及质检部门检测，箱梁质量完全符合设计质量要求。

(4) 深圳少年宫水晶石结构造型别出心裁、内涵深远，其中椭球体结构为国内仅有。

ϕ480 钢管煨弯技术研制的成功，确保了工程的顺利进行，也填补了国内大直径(达 ϕ480)、变曲率曲线弯管技术的空白。

2.2 双胎架等标高曲线滑移等系列滑移技术

2.2.1 概述

滑移工艺是利用能够控制同步的牵引设备，将分成若干个稳定体的结构沿着一定的轨道，由拼装位置水平移动到设计位置的施工工艺。该工艺的优点是：可解决大量吊装设备无法辐射位置的结构安装难题，节约施工场地，对吊装设备要求低。缺点是：要求结构平面外刚度大，需要铺设轨道，多点牵拉时同步控制难度大。

滑移工艺是我公司在大型工程施工中使用率非常高的施工工艺，公司迄今已成功用该工艺施工了四项大型工程。

深圳机场二期扩建航站楼钢屋盖滑移采用高空分榀组装，单元整体滑移、累积就位、三点牵拉、同步横向滑移工艺，成功地解决了施工中有较大水平外推力作用的钢管桁架整体、横向稳定性控制的难题及滑移轨道的设计、制作、安装难题，属国内首次采用，该综合技术经国内专家鉴定“达国际先进水平”。

广州(新)白云国际机场航站楼采用以人字柱支撑的大跨度双曲面钢屋盖，平面尺寸为314m(长)×212m(宽)，安装方案选择了多轨道、变高度胎架、曲线滑移、分组安装施工工艺，解决了空间曲面屋盖体系的安装就位难题，在国内属首次。曲线滑移技术经国内专家鉴定“达国际领先水平”。

沈阳桃仙国际机场航站楼采用分段拼装，胎架滑移的施工方案，利用相对运动原理，通过滑移胎架和吊机完成屋面结构安装，本工程胎架滑移在国内首次采用。

哈尔滨体育会展中心钢屋盖由35榀张弦桁架构成，每榀桁架跨度128m。施工采用整体吊装、分片累积、高低跨不等标高同步滑移施工工艺，滑轨高差15.2m，牵引设备采用液压千斤顶计算机同步控制系统，是我国滑移施工跨度最大的张弦结构工程。

通过以上四个滑移工程的实践，中建三局及深圳建升和钢结构公司从施工方法上已形成了以曲线滑移为核心的空间结构滑移的系列技术，从相关工艺上形成了包括各工况下的结构应力分析、结构分段拼装、组装、焊接、滑移施工、同步控制、牵拉设备、计算机动态控制、检验与测试等的成套技术，使滑移技术成为了中建三局及深圳建升和钢结构公司在钢结构施工中竞争市场的最大优势。

2.2.2 技术要点

1. 深圳机场二期扩建航站楼曲线桁架分片累计滑移

(1) 工程概况

深圳机场二期扩建航站楼屋盖投影总面积26325m^2，采用多点支承曲线钢管直接汇交点空间桁架结构，135m长桁架共16榀，桁架的基本截面为底、高均为3m的倒置等腰三角形，节点形式全部采用钢管相贯焊接连接，每榀桁架重量为55t，总用钢量约2800t。

图 2.2-1　深圳机场二期扩建航站楼全貌

(2) 施工方案

鉴于本工程的特点，采用高空分榀组装、单元整体滑移、累积就位的施工方法进行桁架钢屋盖的安装。将每榀分为 6 段制作和吊装，桁架分段在地面制作，由布置在屋盖结构一侧行走式塔吊按顺序吊装至高空拼装胎架上。一次拼装二榀桁架，通过四叉支撑柱帽杆及檩条的连接使之成为稳定体，之后落放到两混凝土柱顶之间安装临时滑移轨道支撑架上，由三台改装 10t 卷扬机牵拉进行等标高滑移，每次滑移一个柱距，依次累计，直到形成第一个滑移单元，然后长距离滑移到设计位置。接着重复第一滑移单元的步骤进行第二、三单元的拼装及滑移。直到所有主桁架安装到设计位置。

图 2.2-2　深圳机场二期扩建航站楼施工

(3) 技术关键

本工程安装施工所采用的高空分榀组装、单元整体滑移、逐单元累积就位的工艺是在原有的滑移工艺基础上进行了多方面的改进、突破，创造了滑移施工的多项新技术，主要表现在以下几个方面：

1) 有水平推力下大跨度滑移轨道的设计、制作、安装技术

本工程滑移轨道采用了双工字钢上下弦、槽钢腹板组合钢桁架轨道，轨道沿滑移轴线通长布置，轨道的支承点固定在钢筋混凝土支承柱的预埋钢板上。因屋盖桁架为曲拱形式，在支座处，桁架对轨道产生较大的外推力，因此轨道设计时，要考虑其侧向也要满足受力要求。

2) 有限元计算程序软件进行复杂结构的施工验算技术

利用先进的有限元设计软件 SAP84 进行施工阶段的结构承载力验算，验算结构在不同的滑移单元、不同荷载状况构件的强度、稳定性，整体桁架的下挠、位移。在精确的数据结果的基础上作相应的施工处理。

3) 空间曲线桁架滑移过程的稳定性控制技术

a. 桁架在胎架上进行组装时，按照底座在水平方向的计算侧移向内预偏，落放时靠桁架重力作用产生的水平侧移复位。

b. 桁架单元滑移时，每个支座点底座板后加导向凹凸滚轮，用以限制桁架过大的水平位移，并将桁架的水平推力传递到轨道上。

c. 滑移桁架的整体稳定采用多个支承点连为整体共同滑移的方式进行控制。

d. 同一轴线相临柱帽杆底座及对应的下弦杆位置用大刚度檩条沿水平方向焊接连接，使桁架、柱帽杆、水平拉杆形成稳定的三角形刚体。

4) 多点牵拉桁架的多点同步控制技术

a. 采用改装的三台 JJM-10 卷扬机、设计专用的控制柜，三台卷扬机既可以同时启动，又可以单独工作纠偏。

图 2.2-3　滑移牵拉系统装置

b. 在三条滑移轨道上设置刻度标尺。每 5cm 一格，1m 为一大区格，两柱间 12.8m

为一个控制单元，三条轨道上用三台对讲机同时向卷扬机控制总台报数，如不同步值超出限值，即可作相应的停滑处理。

c. 设计滑轮组机构牵拉桁架滑移单元，在减小单绳牵拉力的同时，也减小了三台卷扬机牵拉力的差距。

5）其他辅助手段控制

a. 滑移过程中重要结构的杆件、临时支承构件、轨道构件的应力计算机连续监控。

b. 滑移过程的多点同步、支座水平偏移的计算机连续监控技术。

图 2.2-4　其他辅助手段控制

2. 广州(新)白云国际机场旅客航站楼双胎架等标高曲线滑移

(1) 工程简介

广州(新)白云国际机场旅客航站楼平面尺寸 314m(长)×212m(宽)，航站楼钢屋盖位于三层楼面之上，采用三维空间连续曲线桁架体系，主体结构由不同倾角、标高的长跨倒三角形立体钢桁架组成，最大连续跨长度 237.076m。桁架两头支撑于内侧混凝土空心柱和外侧人字形格构式钢柱，混凝土柱和人字形柱平面、立面布置均按弧线排列。

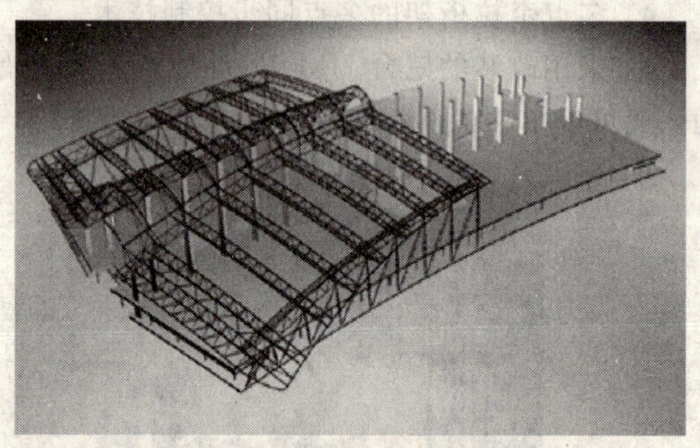

图 2.2-5　广州(新)白云国际机场旅客航站楼

(2) 方案概述

本工程采用桁架分段制作、高空分榀组装、分组等标高曲线滑移、由中间向两侧扩散安装方案，方案的实施步骤如下：

在航站楼的东西两侧各布置一台 K50/50 行走式塔吊，三层楼面布置四条同心圆弧滑移轨道和两榀桁架的滑移胎架。

桁架每两榀为一组，在边缘胎架上分段吊装、拼装、焊接，并连接好次桁架及跨间构件，使桁架形成一个稳定体。桁架组装验收合格后，连同胎架一起等标高曲线滑移到中间。

利用外侧人字柱铰接形式，用卷扬机牵拉人字柱旋转就位上支点。然后松开桁架下弦

图 2.2-6　航站楼的安装

支撑千斤顶，翻转胎架顶部 V 形支撑架，降低胎架高度，将胎架返滑到起点位置，利用塔吊调整胎架高度，为下一次滑移作准备。东西侧滑移分开进行，桁架由中间向两侧逐步扩大安装范围，当南部安装完成后转移至北部，将采光带中间位置焊接对接，南北两部分桁架连成一体形成连续跨。

图 2.2-7　利用塔吊调整胎架高度

(3) 主要施工技术

本工程胎架系统由两个高 37m、宽 26m、长 62m 胎架组成，每个重 350t，外形庞大、构造复杂，在弧形轨道上滑动，其安全可靠性是本方案关键。桁架在胎架上高空拼装好以后需整体滑移至安装位置，桁架位置处在同心圆的直径线上，四条滑移轨道布置在同心圆的不同半径上，要保证同角速度整体曲线滑移是一大难点。本工程将滑移胎架的设计和桁架拼装滑移就位及滑移的同步控制作为重点，采取了多项控制措施。

1) 滑移胎架的设计

胎架由格构式柱、梁组成，底部为一个带滚轮的整体刚性底盘，每套滑移胎架安装滚轮 24 套，选择两榀桁架连成一体，胎架柱设计成标准节和非标段。每条轨道上 6 个滚轮，轮槽与轨道啮合，左右有 10mm 的余量。

滑移胎架设计考虑了垂直方向(桁架、胎架自重、施工活荷载)和水平方向(风荷载、滑移惯性力、滑移摩擦力）力的综合作用，分析了桁架在分段吊装和形成整体二个阶段由静定结构转化为超静定结构，引起胎架柱支撑力的转移与重新分配，得出各滚轮支座最大反力，提供了作下部滑移轨道梁加固的设计依据，验算了最高、最重桁架在静止安装和动态滑移四种不同工况下的胎架各杆件强度和胎架整体稳定性，计算了胎架在滑移方向和侧向的形变、桁架悬挑端点下挠及采取的应变措施，胎架设计安全可靠，为滑移成功奠定了基础。

图 2.2-8　滑移胎架

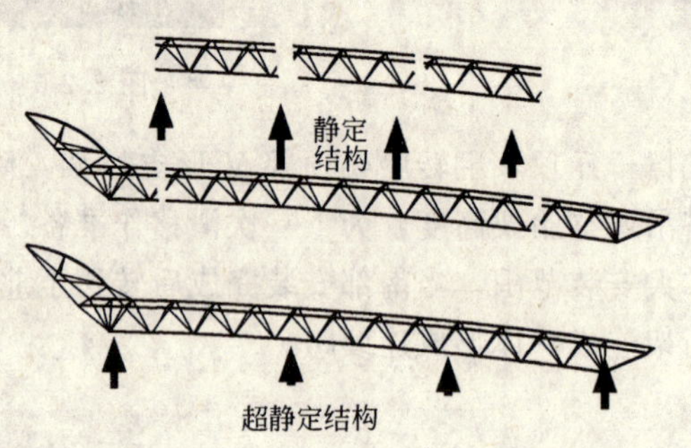

图 2.2-9　桁架从分段吊装到形成整体

2）桁架滑移就位

a. 滑移前，对桁架、胎架体系的稳固连接和卷扬机滑移牵引系统的安全可靠性进行检查确认，由于胎架高度较高，注意桁架与胎架在滑移过程中的稳定性。

b. 在每个滑移轨道上设置滑移标尺，卷扬机同时启动，四条滑移轨道上分别派人跟踪读数，并由一人统一指挥，一旦发现不同步（≥50mm），立即停滑，指挥滞后位置的卷扬机单机开动调整。

c. 桁架滑移至安装位置（限位板控制）附近时停滑检查，根据轴线偏差调整滑移距离。

d. 滑移牵引要求按圆弧切线方向布置，实际按 18～54m 区间作移动。

3）曲线滑移角速度同步控制

a. 胎架曲线滑移角速度同步控制首先要保证滑移轨道的准确铺设，四条钢轨铺设在同心圆的不同半径上，圆弧轨道轴线定位误差不超过±3mm，轨距偏差不超过±3mm。

b. 本工程滑移牵引采用 3 台 10t 卷扬机，为减慢滑行速度，保证滑移稳定，卷扬机钢丝绳绕走 7 道，绳速为 0.86m/min，则胎架整体滑移速度约为 2cm/s。

c. 滑移牵引要求牵引钢丝绳布置在圆弧轨道的切线方向，通过楼面上的预埋固定点不断往前移动，使牵引绳固定点与胎架的距离保持在 18～54m 之间，尽量接近圆弧切线方向。

d. 在滑移轨道边设置刻度尺，最小格值 2cm，其余三根按半径比例分格刻度，编号 1、2、3、4、5……50 号，每个轴线 9m 间距为一大格作控制单元，四条轨道上用四台对讲机同时向卷扬机控制总台报数，如不同步值接近 50mm，即作相应的停滑处理，单点牵拉同步。

3. 沈阳桃仙机场二期扩建航站楼屋盖钢结构胎架滑移工艺

(1) 工程简介

沈阳桃仙机场钢结构施工总面积 26265.95m^2，大厅屋盖结构由两个跨度分别为 57.6m 和 28.8m 的倒三角形钢管桁架组成。钢屋盖的荷载通过射状钢摆式杆传至格构式四肢钢管柱上。

图 2.2-10　沈阳桃仙机场钢结构图

图 2.2-11　屋架结构摆式杆

(2) 施工方案

a. 大跨度屋盖钢结构胎架滑移工法概括起来是：结构直接就位在设计位置，垂直起重设备和胎架沿屋盖结构组装方向单向移动，通过滑移胎架和行走吊机完成屋盖结构的安装。

b. 由于屋盖结构摆式杆的原因，27 榀桁架三榀一组的分成 9 单元，单元可在胎架移走后形成稳定的受力体系。

c. 各单元按照吊车的起重能力又分为 4 段。

d. 制作满足所有单元组装的 9 组可搭拆胎架，胎架需要连接成一个整体，通过卷扬机牵拉将胎架移动到屋盖单元的设计位置。

e. 沿桁架垂直方向设置行走式塔吊和胎架滑移的轨道。

f. 吊机行走至组装单元就近位置，顺次将需要的分段吊装至滑移胎架上，拼装焊接成单元后，拆除滑移胎架支撑，将组装单元直接落放在设计支座位置。

g. 以卷扬机为动力源，通过滑轮组将胎架沿轨道空载滑移至下一组装单元位置，通过调节、修改形成下一单元的组装胎架，与楼面或地面做临时固定。

h. 塔吊行走至本组装单元就近位置拉点处牵拉进行等标高滑移，待滑移单元滑移到设计位置后，拆除滑移轨道，固定支座。如此逐单元拼装、分片滑移，直至完成整个屋盖施工。概括起来该施工法为：高空分片组装、单元整体滑移、累积就位的施工工艺。

(3) 主要施工技术

1) 滑移胎架的设计、制作、安装及稳定性控制

a. 滑移胎架采用普通钢管脚手架，采用格构式型钢柱、桁架体系也可，单独胎架通过过渡胎架及横杆连成整体。胎架及钢格构架应具有足够的强度和刚度。经计算可承担自重、拼装桁架传来荷载及其他施工荷载，并在滑移时不产生过大的变形。

b. 胎架设计需要易于搭拆，必要时根据高度作成标准节，可通用。

c. 胎架的下部底盘需要用型钢或钢管作成，整体胎架固定在铺设于楼面的型钢格构架上，刚度满足胎架空载滑移的需要，底盘下部设有滚轮可在楼面、地面布置的轨道上滚动滑移。详见下图 2.2-12。

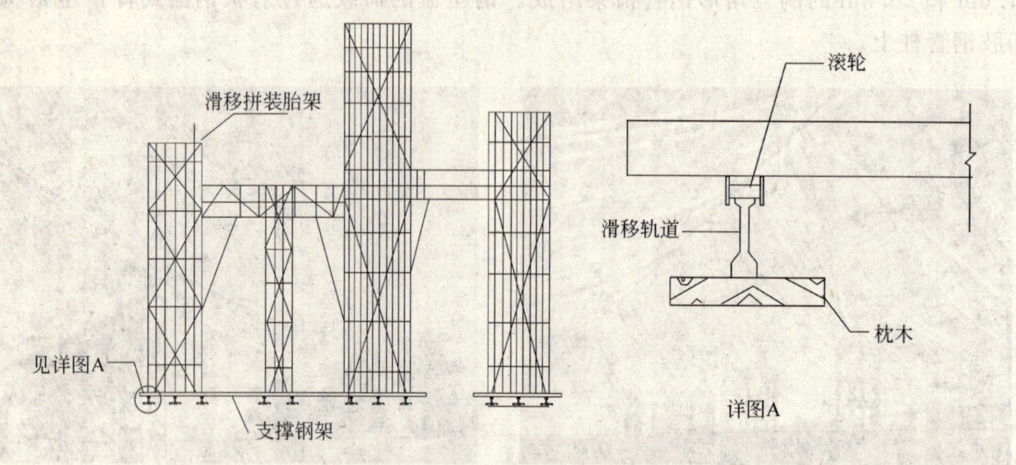

图 2.2-12 整体胎架滚动滑移的实现

2）滑移轨道的设计、铺设和倒运

a. 滑移轨道沿屋盖结构下部的楼面（地面）通长设置，但因为滑轨可倒运，使用时只需要同时铺设满足三个单元安装的滑轨长度，材料按三个结构单元长度准备。

b. 根据上部荷载和楼面（地面）承载力确定楼面（地面）是否需要加固处理。胎架滑移轨道尽量设计在下部有梁的位置，避免直接铺设于楼板上。

c. 滑移轨道采用普通铁轨，选型根据上部荷载确定。

d. 为了缓冲摩擦力对下部结构的影响，可在滑轨下部铺设枕木，枕木的间距根据滑移荷载和铁轨选型计算确定。

3）多头牵拉同步控制

滑移方案中采用三台卷扬机同时牵拉胎架，但因牵拉支座处摩阻力及牵拉力不同影响滑移同步，施工就应采取相应的措施来保证滑移同步。

a. 采用改装卷扬机、设计专用的控制柜，多台卷扬机既可以同时启动，又可以单独工作纠偏。

b. 在滑移轨道上设置刻度标尺。每 5cm 一格，1m 为一大区格，各柱间为一个控制单元，多条轨道上同时向卷扬机控制总台报数，如不同步值超出限值，即可作相应的停滑处理。

c. 合理设计滑轮组机构，在减小单绳牵拉力的同时，尽量减小各台卷扬机牵拉力的差距。

4）变形观测

a. 结构下挠变形观测

在每榀桁架组装完毕之后，对所有观测点位进行第一次标高观测，并做好详细记录，待主桁架脱离承重架之后，再进行第二次标高观测，并与第一次观测记录相比较，测定主桁架的变形情况。

b. 承重胎架沉降变形观测

由于主桁架静荷载及脚手架自重影响，组装胎架将出现不同程度的沉降现象，需在主桁架标高控制时作相应的调节对策，即根据胎架的沉降报告相应的进形标高补偿，以保证主桁架空间位置的准确性。

c. 组装胎架倾斜变形观测

为保证测量平台上所测放中心线，控制节点在水平位置上的准确性，每次单元组装滑移完毕之后，需通过激光铅直仪将楼地面已经做好永久标记的激光控制点垂直投测到测量操作平台上。建立新的单元组装测控体系，并用全站仪进行角度和距离闭合。

5）计算与分析

a. 结构稳定性分析

根据结构单元的划分进行单元结构的计算分析，分析组装、拆除滑移胎架前后、连接结构完成前后的单元受力，必要时增加临时支撑体系以增加其稳定性。

b. 胎架的承载力计算

根据施工方案的要求单元拼装胎架需要承担桁架荷载、施工临时活荷载及脚手架胎架自重。滑移时还需要根据滑移速度进行惯性力和风荷载的计算，以此为根据进行胎架构件设计、滑移轨道布设、底盘设计和牵引设备布置。

c. 楼面承载力验算

以设计要求楼面允许活荷载为极限荷载，如胎架传至楼面荷载超过此极限，需要对楼面进行加固。加固可采用钢管支撑、钢管布置及选型(根据计算定)。

4. 哈尔滨体育会展中心 128m 索桁架屋盖高低跨同步液压牵引滑移

(1) 工程简介

哈尔滨会展体育中心总用钢量 12000t。钢屋盖由 35 榀张弦桁架构成，每榀桁架跨度 128m。屋盖主桁架上弦截面为倒三角形管桁架，下弦为直径 397mm 的预应力钢索。桁架一端支撑在标高 15.32m 的混凝土梁上，另一端由人字柱支撑，单榀重量 145t。

图 2.2-13　哈尔滨会展体育中心钢屋盖

(2) 安装方案

哈尔滨会展体育中心钢屋盖 35 榀桁架分为 4 个单元安装，各单元桁架榀数为 7＋6＋7＋7＋7。现场安装从中间通道向两侧方向滑移。

整体组装：在中间通道预设了混凝土柱胎架，共 4 个，柱顶预埋调节高度钢架。分段桁架在预埋钢架组装上弦管桁架、腹杆，预应力钢索及预张拉。

双机抬吊：先将人字柱临时固定在支撑架上，然后通过设置在南北侧的两台 3000t 行走式塔吊将屋盖桁架采用双机抬吊的方式吊装到设计标高。

图 2.2-14　哈尔滨体育会展中心 128m 索桁架

图 2.2-15　哈尔滨会展体育中心钢屋盖

高低跨同步滑移：安装最初 2 榀桁架、人字柱以及中间的檩条和横向连接构件，形成一个稳定的结构框架。通过设置在地面和 15.2m 不同标高处的液压牵引装置，实现高低跨一个轴线距离的同步滑移，然后重复前面的组装、双机抬吊、滑移步骤，依次累计形成第一滑移单元，分单元整体滑移到设计轴线位置。其余的桁架重复以上步骤，依次滑移到设计位置。

(3) 主要施工技术要点

1) 轨道布设

人字柱支座下部滑移轨道采用预埋［20 槽钢。人字柱底板通过螺栓固定在滑移靴板上，千斤顶牵拉点设置于靴板上部，为减小摩擦力，靴板采用钢板下部固定聚四氟乙烯板结构，靴板在液压千斤顶水平牵拉下，沿槽钢轨道滑移。靴板上用固定销钉作限位，防止滑移过程中出现大的偏差，滑移到设计位置后，通过千斤顶装置将靴板从支座下部抽出，周转到下一滑移单元使用。

2) 动力系统牵拉力计算的设计

竖向荷载：

主桁架(包括索结构)自重；

纵向次桁架自重；

屋面檩条自重；

人字柱自重。

水平荷载：

水平风荷载：基本风压 0.4kN/m^2；

滑移惯性力：在 0.5s 内，速度从 0～1m/min，加速度为 3.3g‰；

滑移摩擦力：启动时摩擦系数为 0.15，匀速滑移时 0.1。

施工活荷载：顶部局部范围内 3kN/m^2。

牵引动力：考虑设备 1.5 的储备系数，滑移选用 300t 液压千斤顶作牵引设备。

3) 滑移机理

a. 牵引动力的千斤顶置于楼面。

b. 桁架的牵引点为人字柱以及 A21 轴线的铰支座，两根人字柱之间采用临时杆件加固，保证滑移过程结构稳定。

c. 千斤顶通过钢绞线收紧受力。

d. 用轨道侧面的挡板控制桁架滑动轨迹。

4）人字柱加固计算

滑移施工过程的约束状态与设计的支座约束有差异，即在滑移方向的水平约束被放松，在混凝土柱位置，因有次桁架作用，无需加固。但人字柱下部需要采用 H500×150×10×16 檩条构件加固。加固后人字柱立面简图，如图 2.2-16。

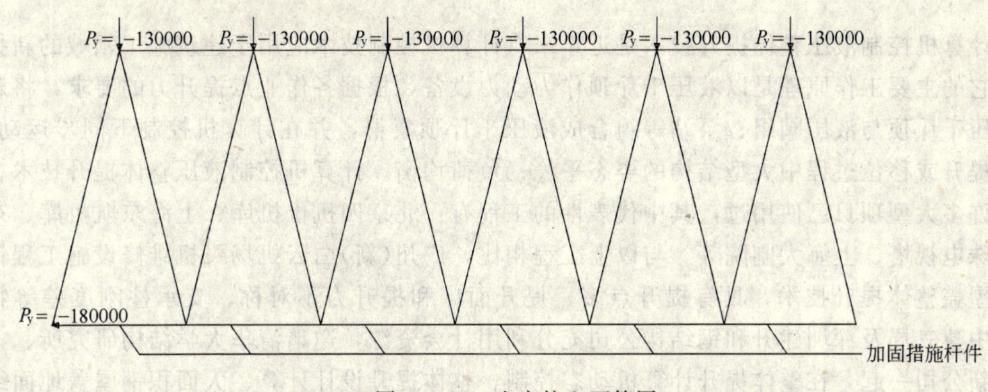

图 2.2-16　人字柱立面简图

2.2.3　实施效果

(1) 深圳机场二期扩建航站楼钢屋盖安装是整个航站楼工程的节点工程，安装采用了滑移工艺，节约了工期，保证了整个机场的总工期。T、K、Y 节点钢管结构是近年来才用于工业与民用建筑的，研究尚处在初级阶段，而大跨度曲线钢管直接汇交点空间桁架结构在国内首次采用，其中有水平推力及侧移桁架滑移轨道的设计、制作、安装工艺，大跨度曲线桁架滑移过程中出现的特殊问题及现场的处理措施，滑移过程的同步偏差、水平偏移的计算数据、偏移误差对结构的影响分析，滑移过程中应力的计算及水平偏差控制为今后规范的制定、修改提供依据，为类似工程的施工起借鉴作用。吸引了国内外钢结构企业及专家、学者前来参观，扩大了影响，提高了企业知名度和信誉。

(2) 广州(新)白云国际机场一期工程总投资 196 亿元人民币，是广州市 2002 年度头号建设工程。航站楼是整个新机场建筑群的核心，钢结构主体分部工程的顺利完成，为总工期赢得了宝贵的时间，为航站楼计划于 2003 年 10 月投入使用创造了条件。航站楼钢结构工程三维曲面设计，结构复杂，采用双胎架滑移分组安装施工工艺，平均 3.25 天安装一榀桁架。本工程采用高空分榀组装，曲线滑移安装工艺与其他施工方法相比，此方案更加安全可靠。根据建设部科技查新资料，将二榀带有倾角且跨间无檩条的三维空间曲线钢管桁架，用双胎架曲线滑移分组安装到位，此项技术在我国属创新。

(3) 沈阳桃仙机场二期扩建航站楼屋盖总重 3000t，桁架长 96.4m，采用胎架滑移工艺，三天安装两榀，仅用 93 天时间完成了 23 榀主桁架吊装，节约了工期，为沈阳桃仙机场2000年底投入运营赢得了时间。胎架滑移工艺在我国属首次应用，无类似施工经验借鉴，本工程的顺利完成，添补了我国此项施工工艺的空白，为今后类似工程施工提供了理论依据和实际操作方法。

(4) 哈尔滨体育会展中心钢屋盖施工采用整体吊装、分片累积、高低跨不等标高同步滑移施工工艺，采用液压千斤顶作牵引动力、计算机同步滑移控制，是我国滑移施工跨度最大的张弦钢结构工程。

2.3 广州(新)白云机场飞机维修库的钢屋盖多吊点非对称整体提升

计算机控制液压整体提升技术是近年来将计算机控制技术应用于建筑施工领域的新技术。它的主要工作原理是以液压千斤顶作为动力设备，根据各作业点提升力的要求，将若干液压千斤顶与液压阀组、泵站等组合成液压千斤顶集群，并在计算机控制下同步运动，保证提升或移位过程中大型结构的姿态平稳、负荷均衡。计算机控制液压整体提升技术在国内许多大型项目已使用过，其中代表性的工程有：北京四机位机库、上海东航机库、东方明珠电视塔、上海大剧院等。与以上工程相比，广州(新)白云机场飞机维修设施工程钢结构屋盖整体提升技术，具有提升点多、提升面广和提升力不对称、支承柱刚度差等特点。中建三局及深圳建升和钢结构公司充分利用社会资源，邀请清华大学结构研究所、上海同新公司一起，在整体提升计算机动态控制、整体提升设计计算、大面积钢屋盖地面组拼工艺、计算机控制液压整体提升技术、整体提升监测和测控工艺等方面进行了大量细致的研究，形成了完善的成套技术，是钢结构施工技术的又一次创新。从而使中建三局及深圳建升和钢结构公司继滑移施工之后，又在大跨度空间结构整体提升技术上获得优势。

2.3.1 工程概况

广州新机场飞机维修库总建筑面积103413m²，是我国目前已建、在建的飞机维修库中跨度及覆盖面积最大的一个。10号库是整个机库的核心，长350m，进深100m。结构采用钢筋混凝土柱、钢屋盖体系，钢屋盖由纵、横向多级钢桁架体系和屋面支撑系统组成，主要桁架节点采用H型钢直接焊接节点。本工程钢结构安装主要采用整体提升工艺，提升区域为10号机库的一、二两个区，长150m＋100m，进深79m，悬挑雨篷结构跨度最大8m。本工程提升有如下特点：

图2.3-1 广州新机场飞机维修库

1) 提升面积大。提升总覆盖面积250m×88m，是我国应用整体提升技术一次性提升面积最大的单体建筑。

2) 提升重量大、跨度大。重量达4300t，结构净跨度150m，在同类工程中罕见。

3）提升点位多。共设12个提升吊点，30个提升千斤顶，千斤顶最大吨位350t。

4）整体提升钢屋盖的刚度和自重在平面内不对称，整体前重后轻，各提升点的提升力不均匀，最大1680t，最小仅66t。

5）提升柱是下部混凝土和上部钢格构混合柱，柱顶标高39.5m（不包括提升塔架提高的3.5m），布置的提升千斤顶偏心荷载大，稳定性计算复杂。

图2.3-2　维修库钢屋架

6）提升结构柔性大，后部桁架在正常使用状态为单榀连续桁架，并与钢柱和相邻的吊车桁架连接成整体。在提升过程中该桁架被分割为多段简支桁架，降低了结构刚度，因结构跨度大，使整体结构变成柔性结构，增加了同步控制的难度。

2.3.2　技术要点

1. 整体提升方案

地面拼装：以250m跨主桁架的下弦底标高作为提升基准点，地面整体拼装。

提升吊点：共12个混凝土支撑柱，作为提升吊点。混凝土柱上部与桁架连接的钢柱兼作提升塔架。

提升力：计算各提升点支座反力，布置千斤顶。

提升塔架：按照提升点千斤顶规格及数量，设计高于柱顶的悬挑箱形钢梁结构支撑平台。

图2.3-3　混凝土支撑柱

整体提升：提升锚固端设在桁架上弦。设置250跨桁架间分隔柱顶点作为主令提升吊点，其他提升吊点均以主令吊点的位置作为参考进行调节，每台提升油缸上安装一套位置传感器，通过现场实时网络，主控计算机决定提升油缸的动作，保持12个点提升同步差不超过15mm，以平均6m/h速度进行屋盖结构的整体提升。

2. 主要施工技术

（1）整体提升计算机动态控制

通过整体提升过程三维动画仿真，进行整体提升的可行性分析，满足安全提升、科学

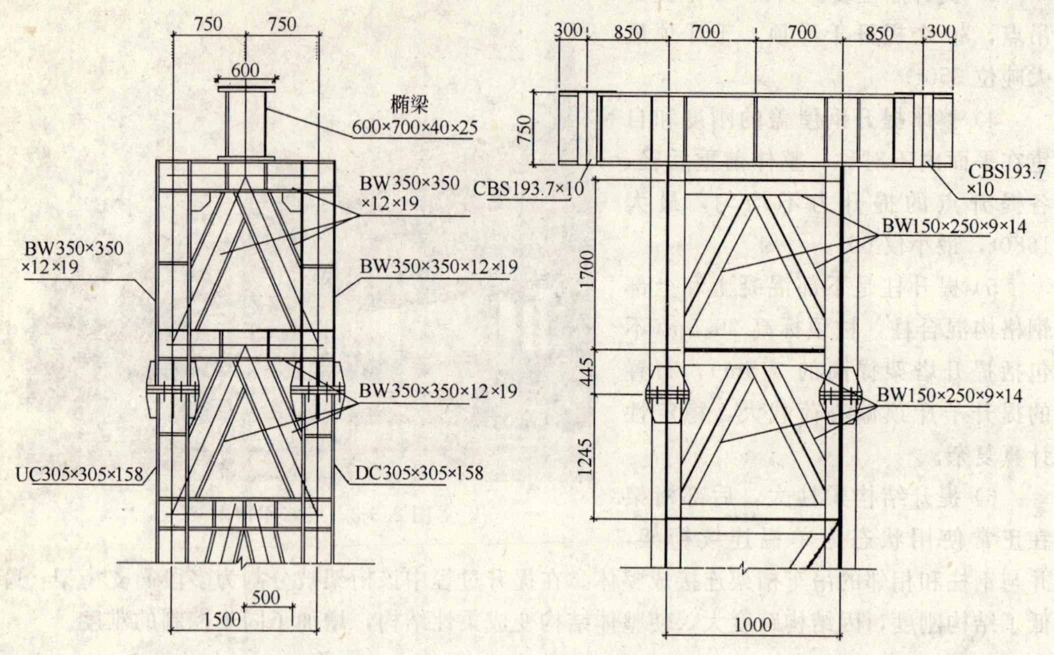

图 2.3-4 桁架结构示意图

提升的要求，并指导现场作业。

通过对结构预起拱及提升后复位情况的计算机动态控制，提供构件下料的原则和构件地面拼装、焊接顺序。

通过对10种提升不同步情况下，结构的受力和变形分析和计算，详见图2.3-5，验证提升不同步对结构的影响是否属于控制范围，提出合理的提升不同步差限制，指导提升的过程控制。

(2) 整体提升设计与计算

如此庞大的屋盖系统采用整体提升，必须通过合理的设计验算来保证施工安全。

1) 通过提升力计算确定了千斤顶的布置数量；

2) 通过对后部桁架由连续桁架变为简支桁架后在提升过程中的受力验算，确定此桁架无需连接为整体和进行局部加固；

3) 通过混合钢柱稳定性验算，确定钢柱加高作为提升塔架，并在此基础上进行提升架和千斤顶支撑平台设计；

4) 进行提升地锚和吊耳的设计，并针对本工程提升力大且集中的特点，确定了桁架结构板节点加固的新思路。

(3) 大跨度钢屋盖地面组拼工艺

钢屋盖的精密拼装是大型钢结构整体提升的第一步。屋盖在地面采取低位安装法，即布置起重设备，将小拼单元或散件直接在地面进行总拼。现场分成A、B、C、D、E五个施工分区，从图纸深化、确认、加工、供货到现场安装按施工分区，形成施工流水。设计与布置拼装钢胎架，搭设格构式随升脚手架辅助施工。

(4) 计算机控制液压整体提升技术

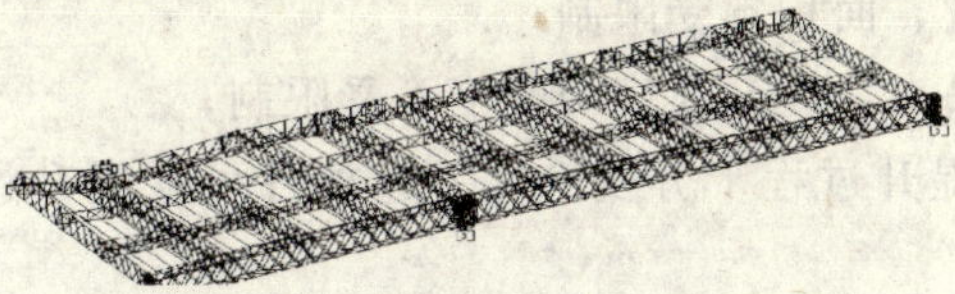

一二区在工况 1 下的变形

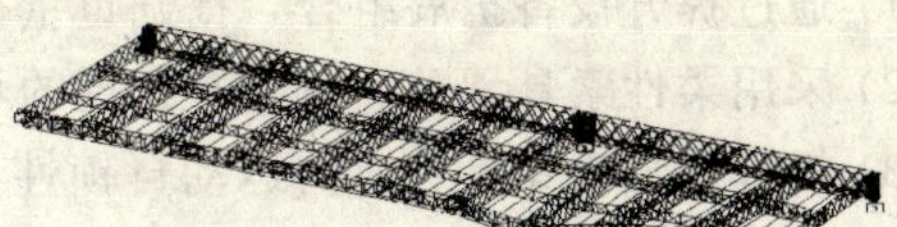

一二区在工况 2 下的变形

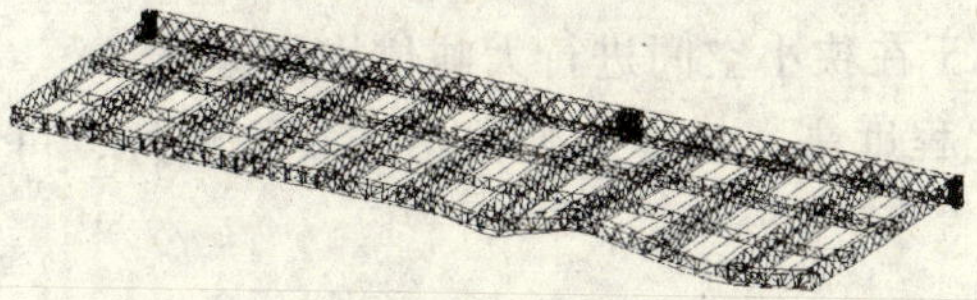

一二区在工况 3 下的变形

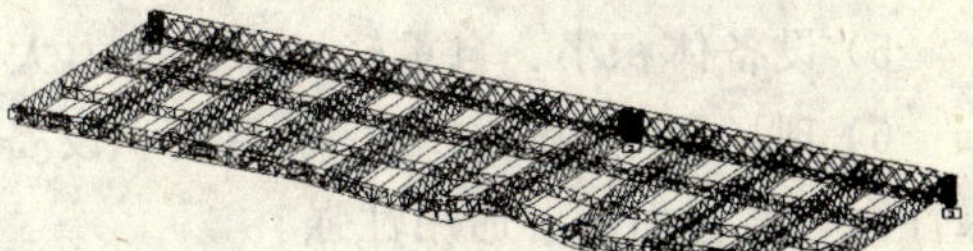

一二区在工况 4 下的变形

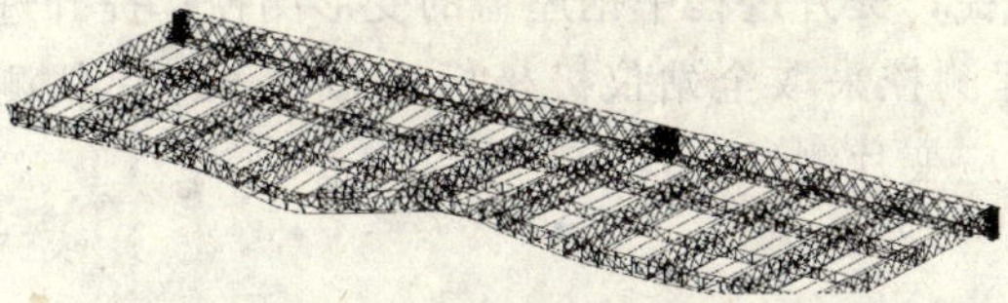

一二区在工况 5 下的变形

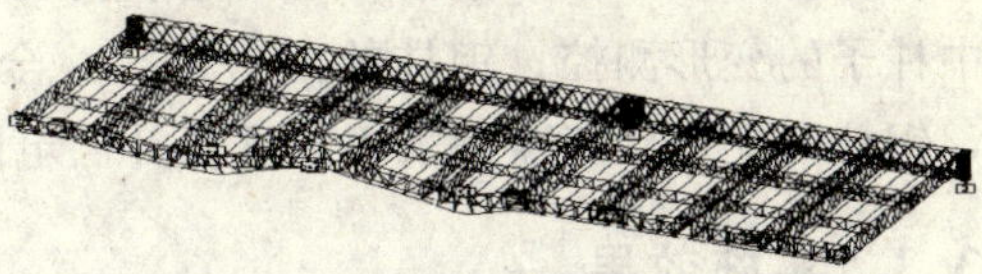

一二区在工况 6 下的变形

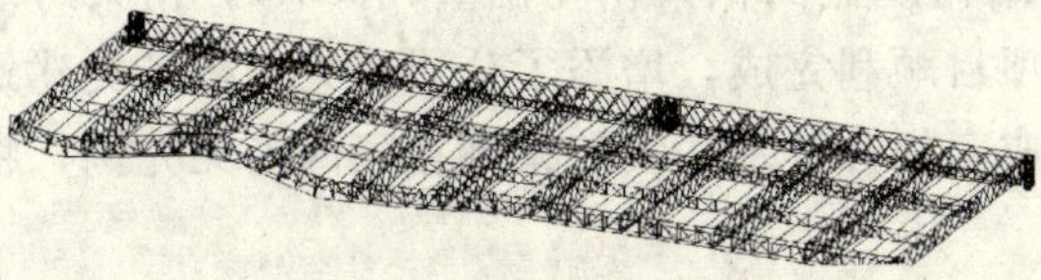

一二区在工况 7 下的变形

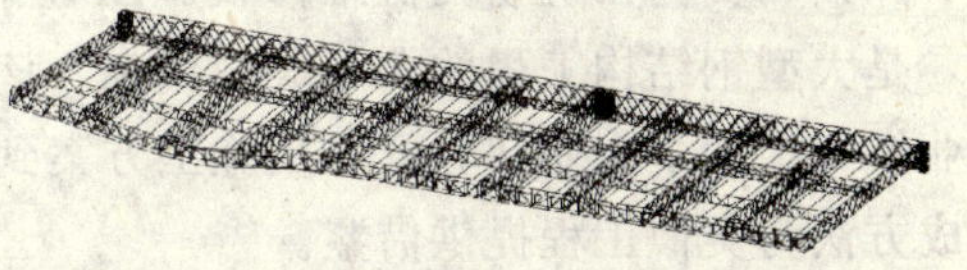

一二区在工况 8 下的变形

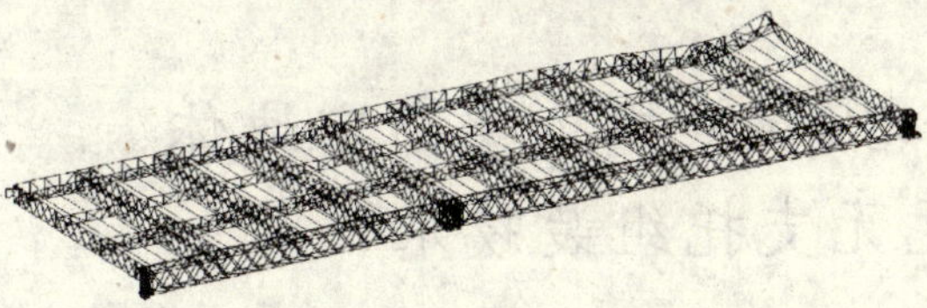

一二区在工况 9 下的变形

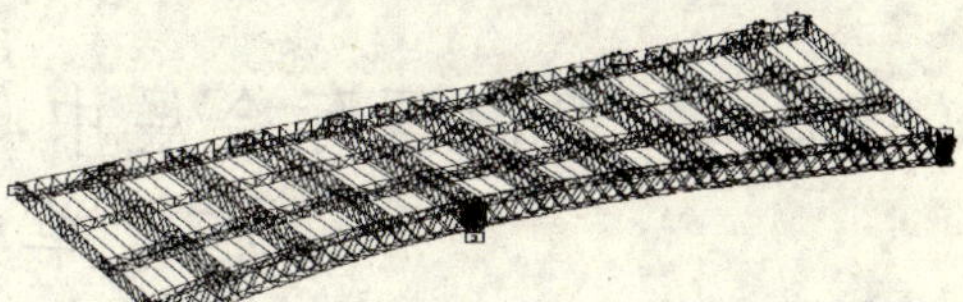

一二区在工况 10 下的变形

图 2.3-5 一二区在 10 种工况下的变形

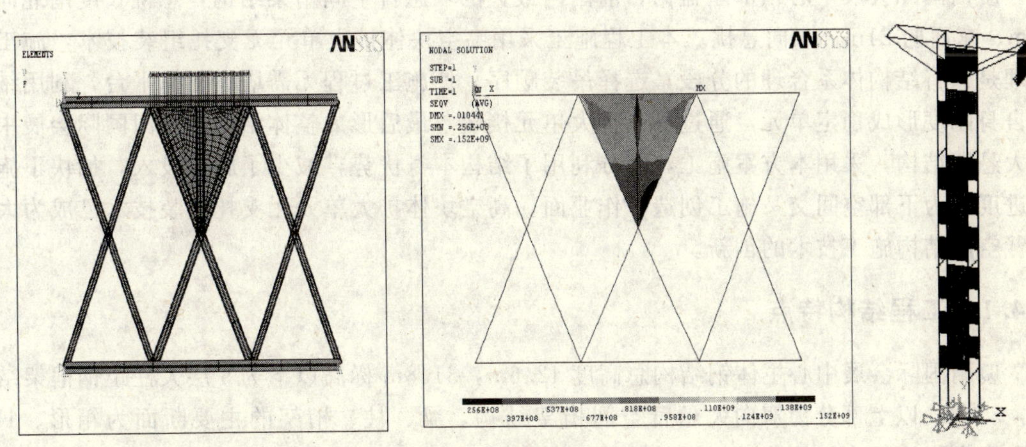

图 2.3-6 提升地锚和吊耳的设计

1）通过提升设备扩展组合，提升重量、跨度、面积不受限制；

2）采用柔性索具承重，只要有合理的承重吊点，提升高度与幅度不受限制；

3）提升油缸锚具具有逆向运动自锁性，使提升过程十分安全，并且构件可在提升过程中的任意位置长期可靠锁定；

4）提升系统具有毫米级的微调功能，能实现空中垂直精确定位；

5）设备体积小、自重轻、承载能力大，适宜于在狭小空间进行大吨位构件提升；

6）现场采用实时网络控制系统，设备自动化程度高、操作方便灵活、安全性好、可靠性高、适应面广、通用性强。

（5）整体提升监测技术

整体提升监测主要包括：地面组装精度测控；提升过程中钢屋盖的变形测控；提升过程中柱子的变形测控；钢柱的内力监控。全程测控采取全站仪极坐标法和电子经纬仪测量，钢柱的受力状态监测采用温度自补偿电阻应变片测试。

2.3.3 实施效果

广州(新)白云机场飞机维修设施工程钢结构屋盖面积大，吨位重(8665t)，桁架跨度大，是大型钢结构工程的又一典型代表。该项目顺利完成，增添了公司在大型机场类建筑的业绩，扩大了企业知名度。从施工方案到成套提升技术和安装精度在国内尚无先例，将形成方法为类似工程提供借鉴。

整体提升最大优点是低位安装，降低了风险、节约了安全投入，施工周期短，为机库提前投入使用创造了条件。

2.4 厦门国际会展中心35m悬挑桁架高空块体扩大单元无支托组装技术

高空分段拼装是将整体结构按照一定的规则，分成若干吊装单元，在分段处搭设可用于承重和作为操作台的支撑平台，将分段在高空合拢，成为独立的稳定体系，然后拆除支撑。厦门国际会展中心顶部屋盖为目前国内最大的双悬臂空间桁架结构，悬挑长度南北向35m、东西向21m，双向悬挑。本工程施工采用高空块体扩大单元无支托组装技术，施工原理是：将结构体系合理的分段，选择吊装顺序，使施工过程无需塔设支撑平台，利用结构自身刚度形成稳定单元，通过不断扩大单元接装，最后形成整体结构。厦门国际会展中心大悬臂结构，采用本方案施工，充分利用了结构本身优势，减少了施工投入，加快了施工进度，为下部空间交叉施工创造了作业面。高空块体扩大单元无支托组装技术已成为大悬臂空间结构施工技术的创新。

2.4.1 工程结构特点

厦门国际会展中心主体钢结构总高度42.6m，31.8m标高以下为5层大柱距钢框架结构，31.8m以上部分为双向大悬臂空间桁架结构。梁、柱、桁架的主要断面为箱形、H型和十字形，最大板厚为75mm，采用国产类似SM490B-Z25材质，总用钢量1.45万t，主体顶部为目前国内最大的双悬臂空间桁架结构。

图 2.4-1　厦门国际会展中心主体钢结构

屋盖所采用的双向外挑帽盖结构，单榀重量 80t，施工阶段桁架下挠难于控制。屋盖体系为空间桁架，采用单榀吊装，施工阶段的荷载与最终的使用荷载和结构体系差距较大。

2.4.2　技术要点

1. 方案概述

(1) 选择行走式塔吊作为吊装主要设备，塔吊退吊完成吊装。

(2) 进行内部区域结构吊装，结构全部安装完成，然后用高强螺栓锁紧、焊接接头全部完成焊接，检验无误，才能进入 35m 空间悬挑桁架吊装。

(3) 分六个单元地面拼装，相临桁架对应单元通过水平梁、水平撑、垂撑组成组成空间刚体，分榀桁架成三角形刚体顺次退吊。

2. 主要技术要点

(1) 悬挑施工条件控制

悬挑结构吊装前，作为悬挑结构支撑结构包括水平撑、斜撑、连接梁等构件应全部安装完成，使之与楼面混凝土一起成为空间结构体系。

(2) 吊装单元划分及吊装单元的稳定性

单榀桁架需划分段进行吊装，考虑结构稳定和吊装的能力，每榀桁架分为六个单元，每个单元为一个三角形，其中 1、3、5 单元为组装单元，作定位用。2、4、6 为调整单元，调整开口和构件偏差。为了保证吊装单元本身的几何尺寸，同时使吊装过程结构保持整体平衡，桁架杆间固定支撑，编号为支撑件 1、件 2、件 3，为了加快安装进度和保证高空对接的结构安全，悬挑构件间及单元间构件除上下弦主构件外，连接均采用高强螺栓。

(3) 地面拼装

预拼装工艺：工厂制作采用整榀平面预拼装，对拼装好的桁架打螺栓孔和构件编号，散件发运至现场。

地面拼装：按原预拼装顺序倒向组装，拼装单元的尺寸根据上部桁架根部支撑牛腿的

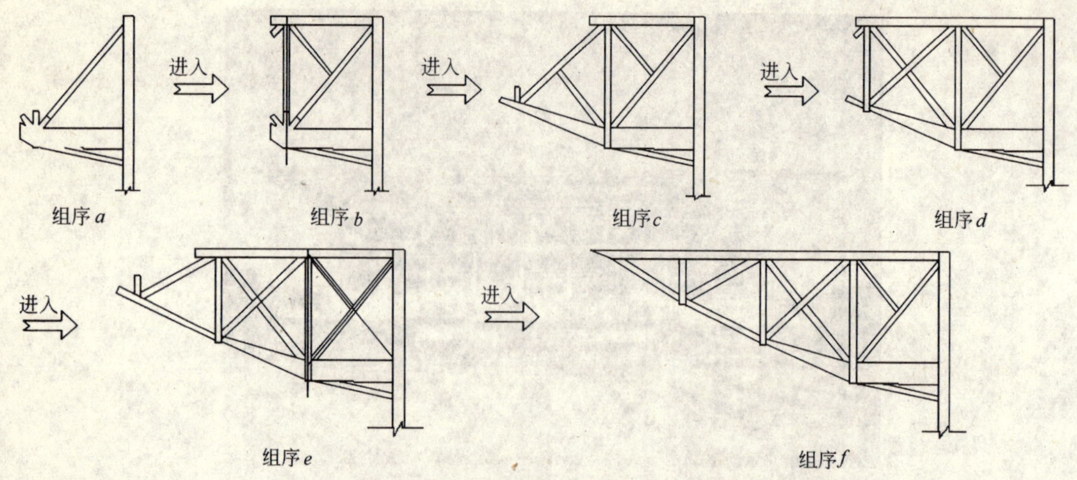

图 2.4-2　单榀桁架分六单元进行吊装

图 2.4-3　桁架的预拼装

开口尺寸，通过螺栓孔进行调整，使两者统一，保证高空安装顺利进行。具体做法：将安装好的桁架安装开口尺寸通过测量返到地面，通过调整下部拼装构件的螺栓孔，调整单元尺寸减少空中对接的尺寸偏差。经地面拼装尺寸校正后，高强螺栓终拧。所有焊缝焊接留在高空进行，作误差调整。

图 2.4-4　双向空间悬梁桁架安装

(4) 吊装顺序

吊装顺序是双向空间悬挑桁架安装重点和关键点。整榀行架分单元地面拼装，吊装至高空接装，相邻桁架对应单元通过水平连梁、剪刀撑组成空间刚体。分榀桁架成三角形稳定体，顺次退吊。

(5) 吊装过程所遵循的原则

严把拼装关：地面拼装尺寸验收无误，高强螺栓终拧，临时连接检查无误，安全措施全部完成后，方可起吊。

吊装单元就位预穿临时连接螺栓，调整上弦(下弦)标高(一般以对螺栓孔为主)，符合标准后，换穿高强螺栓并终拧。塔吊松钩。吊装相临下一榀桁架对应单元，吊装过程同上。吊装桁架间水平梁、斜撑，整体校正偏扭后，进行焊接。

吊装至高空的单元构件严格控制下挠，跟踪测量，利用塔吊吊钩、构件的螺栓孔制作精度和焊缝调节，保证安装精度。

严格遵循高强螺栓紧固后塔吊松钩，根部悬挑行架焊接完成后方可接装。

相邻桁架水平撑、斜撑就位后整体校正水平偏摆、高差，然后焊接。

退吊过程中，所有悬挑构件一次完成，塔吊退出悬挑区域并收尾。

2.4.3 实施效果

(1) 采用独特的施工工艺，仅安装工程节约资金约1000万元。

(2) 采用常规顺序吊装方案可及时为其他工序提供作业面，为总期的保证提供了条件和基础。

(3) 设计、施工、原材料的全国产化，提高可施工难度但节约了大量资金。

(4) CO_2 半自动焊使焊接工效提高了4倍。

(5) 充分发挥主承建的管理职能，从原材料的采购、构件制作、安装全方位协调、统一运作，减少了中间环节，节约了工期，减少可原材料浪费。

2.5 厚板及管结构多角度全位置焊接技术

钢结构焊接一向在钢结构施工中承担着主要任务，随着现代钢结构的快速发展，钢结构焊接的难度也在不断提高，其原因主要体现在：钢构件截面形式、连接形式在不断新颖多样化，焊接质量要求高，无参考经验的焊接新问题不断出现；国产钢材的推广应用增加了焊接难度，特别是用于厚板截面时易发生母材层状撕裂问题，焊接质量难于控制；现场的焊接环境是影响焊接质量的一个重要因素，温度低、风量大、空气湿度大的环境使得焊缝成形质量、焊缝保养等控制难度增大。中建三局建升和钢结构公司在承建的众多大型钢结构中，面临不断出现的种种焊接难题，在合理利用传统焊接技术的基础上，针对不同工程的不同焊接特点努力推行了新颖、高效的焊接工艺及方法，成功地克服了各种焊接难点，保证了焊接质量，特别是在深圳文化中心及厦门国际会展中心工程中得到了充分的体现。

2.5.1 概述

(1) 深圳文化中心黄金树采用了新颖独特的树枝结构(如图2.5-1)，树枝节点采用半空心半实心的巨型铸钢件，每个铸钢件以不同角度伸出多个钢管接头(如图2.5-2)，每个钢管接头又与作为黄金树树枝的无缝钢管通过对接焊上下关联，逐步形成多节点、多分枝、多角度的三维空间树状钢结构造型。

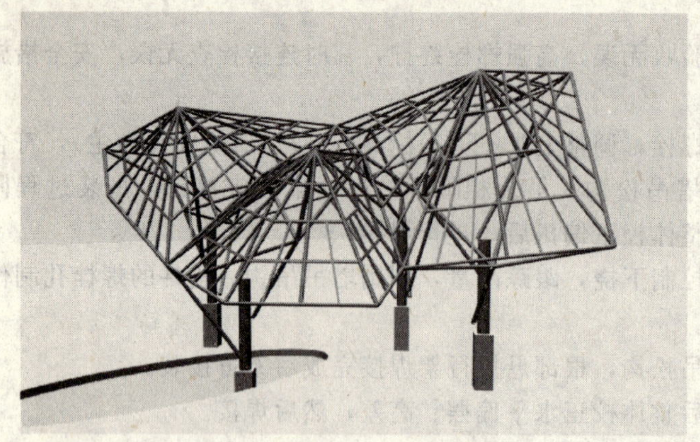

图 2.5-1　黄金树树枝结构

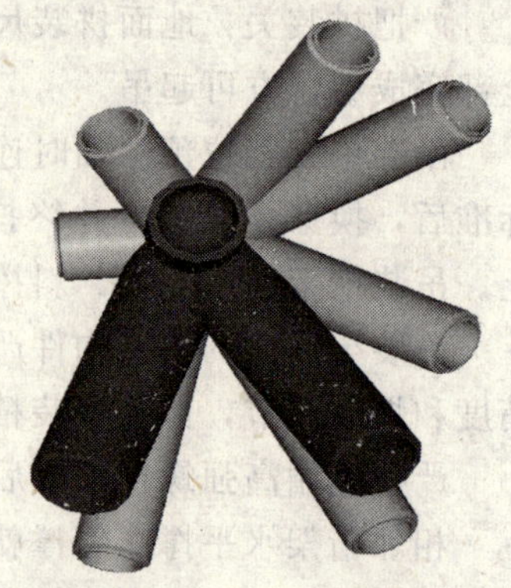

图 2.5-2　典型铸钢节点

铸钢节点与相连无缝钢管的异种钢材对接焊是本工程的关键环节，也是整个钢结构施工焊接领域的一大难点，主要表现在以下几方面：

1）多角度全位置的高空焊接

铸钢件体形复杂，最多 10 个钢管以不同的空间角度汇交，焊接位置及焊接参数变化频繁，焊接空间位置狭窄，焊接要求一次成功，不返修。

2）不等壁厚的大直径管一管结构对接焊

铸钢件钢管规格为 350mm×40mm 和 450mm×40mm，无缝钢管规格为 350mm×19mm、450mm×22mm。

3）异种钢材焊接

钢铸件材质为 ZG2875-485H，无缝钢管材质为 Q345B，焊接接头存在由化学不均匀性及由此引起的力学性能不均匀性、界面组织不稳定性、应力应变复杂性等突出问题。

4）焊接变形难于控制

结构中各钢铸节点与无缝钢管相互联系，焊接约束较多，每个接头焊接变形会影响多根相连构件。

5）焊接接头易出现裂纹等质量问题

焊接冷却过程中，特别是 Q345 钢材在热影响区容易形成淬火组织，使近缝区的硬度提高、塑性下降，导致焊后发生裂纹，钢铸件接头必须连续完成，一气呵成。

（2）厦门国际会展中心地处多风雨的沿海地区，是首例采用国产厚钢板的大型建筑，主体钢结构为 81m×81m 均匀布置的 48 根十字型劲性柱、箱型柱及 H 型钢梁组合的钢框架结构（如图 2.5-3），整个钢结构安装工程施工焊接量约为 18 万延长米。钢柱选用国产 SM490B-Z25 钢板，其余板材均为国产钢材 Q345B。梁、柱、桁架的主要断面为箱形、H 型和十字形，焊接类型为钢柱对接焊、H 型钢梁对接焊和 H 型钢梁 T 型焊等全熔透焊缝。如何做好特殊条件下国产超厚钢板的焊接，已经成为钢结构施工领域的一大研究课题。现场施工焊接的特点难点主要表现在以下几方面：

1）采用超厚截面国产钢材

钢柱最大板厚达 75mm，翼缘板厚普遍大于 50mm，钢材 z 向性能差，易产生层状撕裂现象。

2）焊接节点集中

单根柱牛腿连接节点多达12个（如图2.5-4），并有大量的空中组拼连续梁焊接，梁最大跨度27m，最大悬挑上下弦梁长35m，焊接变形控制难度大。

图2.5-3 钢框架结构

图2.5-4 典型多牛腿钢柱节点

3）焊接环境恶劣

工程地处沿海，暴雨、台风多，空气湿度大，焊缝不易成形和保养。

2.5.2 技术要点

1. 深圳文化中心管结构多角度全位置异种钢材焊接

钢铸节点与无缝钢管进行现场高空多角度全位置焊接。所谓多角度，是指钢铸节点的每个伸出钢管和相应无缝钢管的对接面呈各种不同的空间角度，焊工施焊时须考虑因倾角大小的差异所带来的熔池形状的差异而变换工艺参数，才能达到每个接头施焊均匀、焊缝和母材充分熔合等要求。所谓全位置，是指每个对接口的圆形焊缝都须进行四面围焊，焊工要经常变换焊接位置及焊接工艺参数，逐步完成仰焊、仰立焊、立焊、立平焊、平焊等操作。

（1）焊前试验、现场焊接工艺评定

选定一个铸钢节点作为试件，比例为1∶1，通过对铸件与树枝杆件进行多参数模拟焊接与试验检测，确定最佳的焊接参数及工艺措施，严格保障现场焊接接头的焊缝致密度、力学性能指标及外观达到设计与规范要求。

（2）全面的焊接及各环节质量控制

严格控制接头组对、校正、复验、预留焊接收缩量、焊接定位、焊前防护、预热、层间温度控制、焊接、后温、保温、质检等各道工序，确保焊接质量达到设计及规范要求：针对多分枝节点的特殊状况，特制接头抱箍将钢管连接固定，采用合理的四点定位焊方法；焊前沿焊缝中心两侧100mm以内进行全位置均匀预热（如图2.5-5），焊接过程中始终控制焊缝的层间温度在120～150℃之间，焊后用氧—乙炔中性焰在焊缝两侧各100mm内全方位均匀烘烤，使温度控制在200～250℃，然后用至少4层石棉布紧裹并用扎丝捆紧，保温至少4h（如图2.5-6）；按GB 11345—89对焊缝进行超声波无损检测，对重要承力节点进行跟踪复测。

图 2.5-5　焊前预热

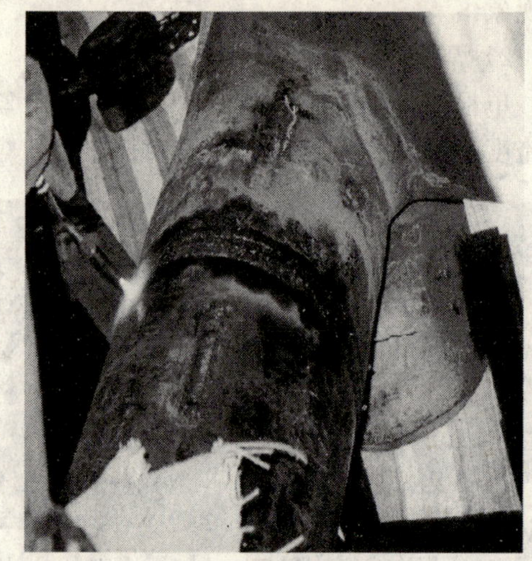

图 2.5-6　焊缝后热

(3) 细致的根部、填充层及面层焊接

焊接根部时，在距焊口的最低处中心线 10mm 处起弧至管口的最高处中心线超过 10mm 左右止，完成半个焊口的封底焊，另一半焊在前半部分焊缝上起弧至前半部分结束焊缝收弧，完成整个管口的封底焊接。焊接填充层采用小 8 字方式，仰焊部位时采用小直径焊条，仰爬坡时电流逐渐增大，在平焊部位再次增大电流密度，在坡口边适当停顿，以便于焊缝金属与母材的充分熔合。面层焊接选用小直径焊条，适中的电流、电压值并在坡口边熔合时间稍长；对垂直与斜固定口严格执行多层多道焊，以控制线能量的增加。

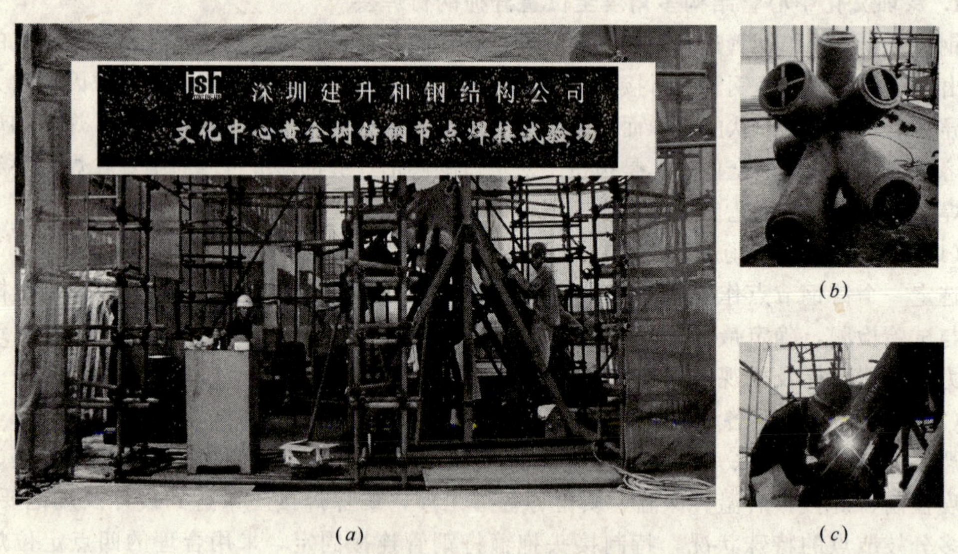

(a)　(b)　(c)

图 2.5-7　焊接试验

(a)焊接试验场；(b)1∶1 钢铸试件；(c)试验焊接

2. 深圳文化中心枝状空间钢结构整体焊接变形控制技术

主要采取控制黄金树各节点的焊接顺序、控制每个节点各分枝的焊接顺序、控制每个分枝接头的焊接顺序等一系列措施来控制黄金树整体焊接变形。

(1) 节点焊接顺序的控制

采用局部热矫改变主焊管的 x，y，z 指向，使之在无外力约束条件下完成与铸钢节点的接驳来逐层消化黄金树躯干部的变形。施工顺序从内向外、先单独后整体，平面力求对称施焊，合理分解约束力，从根本上减少焊接变形，节点焊接顺序如图 2.5-8 所示。

(2) 节点各分枝的焊接顺序控制

主要采取先焊粗杆、再焊细杆，先焊收缩量较大节点、后焊收缩量较小节点的施焊顺序，如图 2.5-9 所示，以控制各分枝先焊、后焊所带来的收缩差，从而达到控制整体焊接变形的目的。

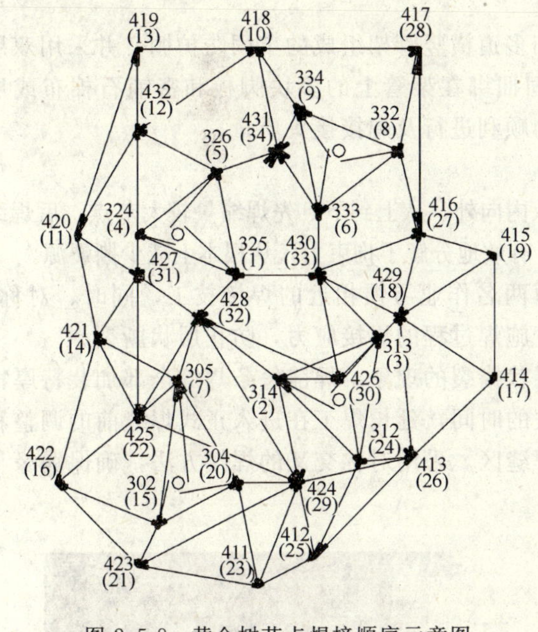

图 2.5-8　黄金树节点焊接顺序示意图

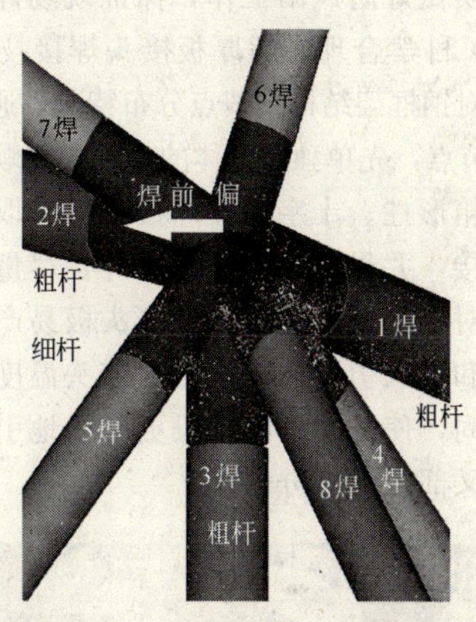

图 2.5-9　节点分枝焊接顺序示意图

(3) 接头全位置焊接顺序的控制

按仰焊→仰立焊→立焊→立平焊→平焊的焊接顺序施工，按天芯线分两个半圆分层多道对称施焊来控制接头水平方向焊接变形（见图 2.5-10）；预先通过试验分析，得出上、

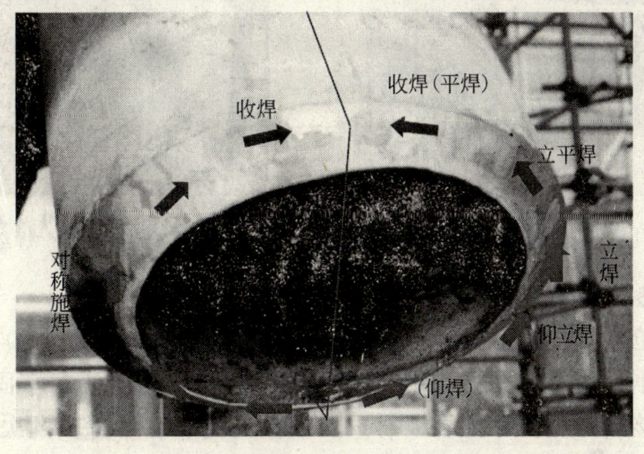

图 2.5-10　钢管接头全位置焊接示意图

下管壁间存在的收缩差值，采取了节点安装标高预先抬高 2～3mm 的措施抵消接头垂直方向焊接变形；采取中性火焰后热反弯，上部加热面积小，下部加热面积大，从而恢复接头位置，进行接头反变形控制。

3. 厦门国际会展中心特殊环境下国产厚板焊接技术

（1）现场焊接模拟试验

组织焊接 QC 组，以多种不同的焊接形式模拟现场工况和环境条件，检测人员逐件、逐道、逐层检验，集体分析各种焊接参数工况与焊件机械性能之间的关系，找出施工中的不稳定因素和可行的防治方法，从技术上作好防层状撕裂准备，最终确定了最佳的焊接工艺参数。

（2）积极全面的防风雨措施

每个焊接节点搭设由多道箍柱梁管夹和多道横竖管架组成的牢固防护棚，并采用双层彩条布、一层厚帆布进行密闭，配合以牢固捆绑在架管上的多块脚板和密铺石棉布或层板，切实做好防风雨工作，保证现场焊接的顺利进行及焊接接头质量。

（3）科学合理的超厚板接头焊接技术

针对钢框架结构的节点分布特点，通过从内向外、从上到下，先焊缩量较大节点、后焊缩量较小节点，先单独后整体的合理焊接顺序，有效地分解了拘束力，从根本上减少撕裂源。

对箱形柱、十字形柱焊接时，采取了由两名作业习惯相近的焊接技工，同时、对称、匀速焊接，并尽量保持连续施焊，尽量减少施焊过程的焊接应力，防止层状撕裂。

针对空中组拼大梁焊接接头极易产生层状撕裂的现象，焊前每条焊缝全部加装特厚特长衬板和引入引出板，以延缓接头温度散失的时间，延长焊工在进入正式焊缝前的调整和适应时间，使之能将收弧段更有效地引出焊缝区。采用对称交叉的焊接方法，确保翼缘与腹板交叉部位的充分熔合。

图 2.5-11　现场焊接

图 2.5-12　焊缝成型

（4）严密的后热及保温措施、无损检测

采用大功率烤枪沿焊缝中心两侧各 150mm 范围内均匀加热至 250℃后，用至少 2 层 3mm 厚、1000mm 长的石棉布围裹并扎紧，再密闭焊接专门设计的牢固防护棚。100％的焊后无损检测使焊接接头受控，配合以对重要接头的代表性延时多批次检测，严格制约层状撕裂缺陷。

2.5.3 实施效果

深圳文化中心在对黄金树复杂结构的异种钢材管的管对接焊中，通过现场实际的焊接试验论证，对接接头焊接性良好，焊缝成形符合实验要求，接头满足各项力学指标试验要求，焊缝一次合格率为100%，取得了树枝结构的复杂条件下异种钢材焊接的重大成功，为钢结构施工企业的现场异种钢焊接积累了宝贵经验。

厦门会展中心经过对焊接环境的有意保护、焊接工艺的优化和监控、焊接过程各道工序的有效控制，使所有焊接节点无一出现层状撕裂迹象。经过严格的100%无损检测的检查，焊缝一次合格率为99.6%，一次返修合格率为100%，取得了防止国产低合金高强结构钢厚、特厚钢板焊接层状撕裂的重大成功，为国产厚钢板的焊接技术总结了宝贵经验，从而积极促进了国产厚钢板在大型复杂钢结构工程上的推广与应用。

2.6 大跨度复杂空间钢结构施工过程的动态结构计算机控制

动态结构计算机控制是近年来将计算机技术应用于施工领域的一门新技术，是非常有效的施工辅助手段：通过施工过程结构计算机动态控制，可进行有效的方案可行性分析，优化施工方案，保证施工质量、安全和方案的科学性；通过对结构施工全过程的计算机动态分析和控制，可提供构件的下料原则和构件的拼装、安装、焊接顺序，并可采取科学的辅助措施和预防措施，使复杂结构的施工得以顺利进行，保证结构安全；通过对各种不利因素的分析和计算，验证不利因素对结构的影响是否属于控制范围，提出合理的控制基准和方法，有利于指导施工全过程。

2.6.1 概述

中建三局及深圳建升和钢结构公司已在多项大型工程中成功应用了结构动态计算机控制技术：

针对广州(新)白云机场飞机维修设施工程钢屋盖整体提升面积大、重量大、跨度大、提升点位多、提升结构柔性大、刚度和自重在平面内不对称等特点，采取整体提升结构动态控制技术，进行可行性分析与研究、钢屋盖模型简化、结构分析、施工过程等模拟演示，从而指导钢屋盖整体提升的设计与施工控制，为整体提升提供了理论依据。

广州(新)白云机场航站楼采用曲线滑移的施工技术，滑移胎架和拼装桁架在四条不同半径的轨道曲线运行，牵引力方向需随时改变，滑移角速度同步困难。为此，对滑移胎架及受力进行计算分析，对滑移过程进行计算机动态控制，从而保证曲线滑移顺利进行。

对深圳会展中心126m跨度巨型桁架结构在各种荷载作用下结构变形的计算和分析，提出了合理的施工预拱和胎架释放方案，有效控制了结构下挠，并使结构成功落放。

2.6.2 技术要点

1. 广州机库250m×88m钢屋盖多吊点非对称整体提升过程动态结构计算机控制

(1) 提升力的计算

选取屋盖系统的支座处作为位置提升点，运用有限元分析软件，对提升状态的屋盖系统建立整体模型，选择适当的荷载，仿真得出各提升点所需的提升力，以此为依据布置千斤顶(如图 2.6-2)。

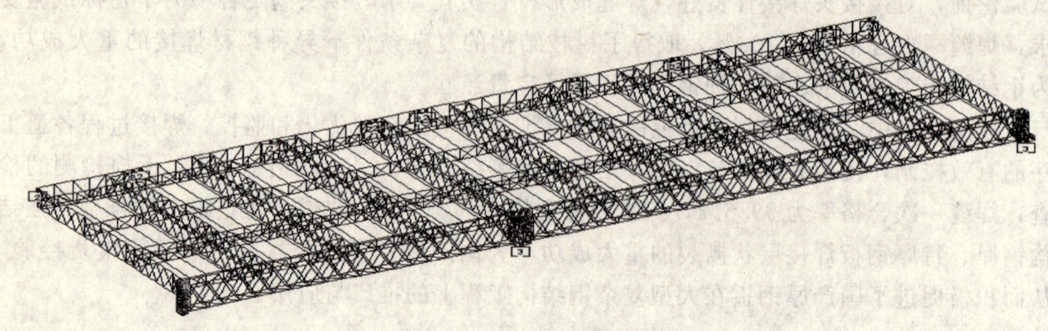

图 2.6-1　屋盖计算模型

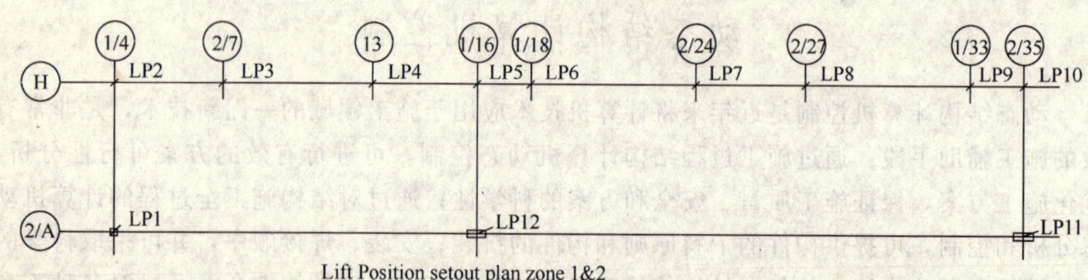

图 2.6-2　提升点布置图

(2) 柱子稳定性计算

在整体提升过程中，提升力通过设在屋盖四个周边下部的钢柱传递到混凝土柱。进行柱子稳定性计算的原因是：由于在正常使用阶段钢柱与高约 10m 的桁架的上下弦连接，因此桁架与钢柱是作为一个整体来进行设计和验算的；由于整体提升的需要而在原设计钢柱基础上加高 3.5m 的提升平台，整体提升过程钢柱的受力状态与其正常使用时的受力状态差别大；另外，钢柱两侧受到的提升反作用力不等，提升中属偏心受压构件。

钢柱的验算包括：钢格构与混凝土混合柱的整体稳定性验算；局部构件如提升吊具、加固点等的强度及稳定性验算。

(3) 提升不同步验算

提升过程是由千斤顶在各提升点同步工作下完成的。提升系统中设置一个标准提升点，系统瞬态采样其他提升点的位移值，并保证差值在±15mm 以内。千斤顶只能向结构提供向上的力，即仅能提供竖向的单向约束。

各提升点位移差的出现会使结构的受力状态发生改变，因此需计算在可能出现位移差的情况时结构的受力情况，以确保提升过程的安全可靠。提升点有数十个之多，有许多种荷载组合，需要从中选出比较危险的情况。根据分析确定 10 种工况进行计算，图 2.6-3 为在典型提升位移差的情况下结构的变形情况。

(4) *B* 桁架提升验算

B 桁架(一级主桁架)是 *S* 桁架(次桁架)的支撑桁架，在设计阶段是一个连续梁，但是

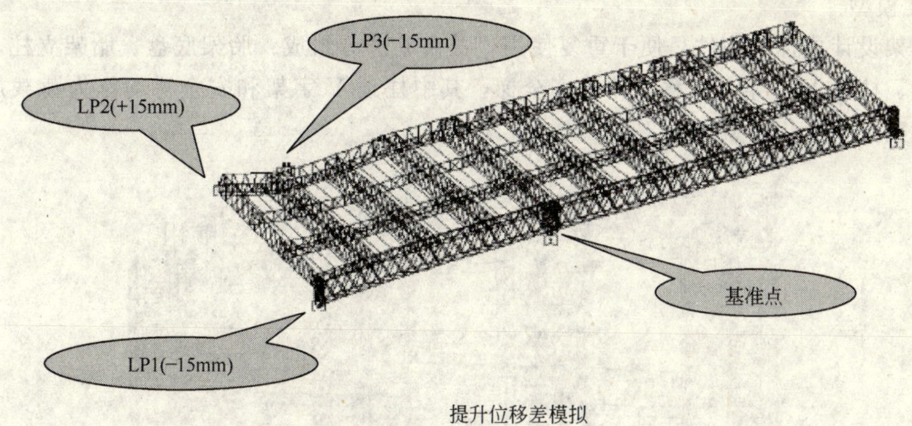

图 2.6-3　典型提升位移差情况下结构的变形情况

在提升过程中必须断开，形成仅有钢绞线连接的简支结构，结构体系的改变导致了结构受力的变化，通过结构在不同状况下的计算机分析，验证受力变化是否影响结构整体稳定和局部构件稳定是确定是否加固和采取辅助措施的根据。

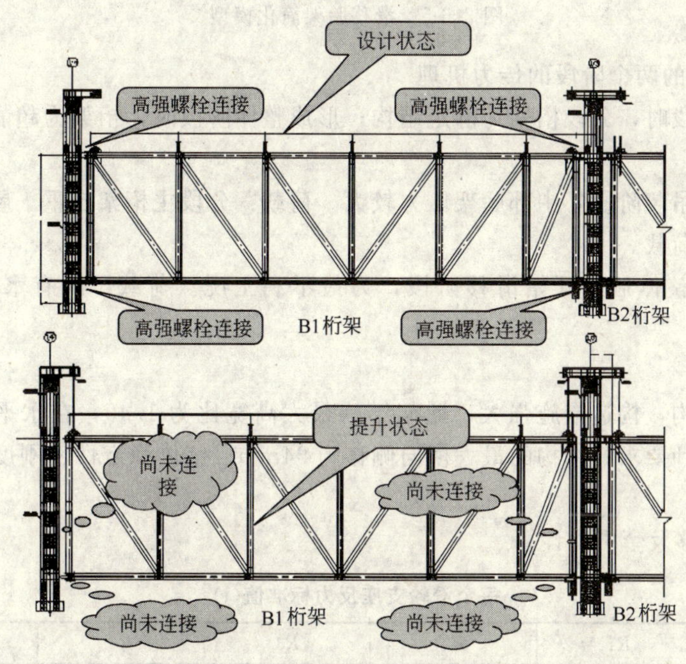

图 2.6-4　机构体系的改变状况

2. 广州(新)白云机场航站楼钢屋盖曲线滑移的计算机分析及控制

广州(新)白云机场航站楼钢屋盖采用桁架分段制作、高空分榀组装、分组等标高曲线滑移技术，滑移工艺难度较大，通过胎架的设计与分析、滑移过程牵引力的计算与控制，深圳建升和钢结构公司建立了一整套关于曲线滑移胎架和牵引设计的基本思路和方法，可为今后滑移工程提供借鉴。

(1) 胎架计算及桁架施工阶段验算

1）模型

胎架设计成标准构件，便于重复使用，共由 6 部分组成：胎架底盘、胎架立柱、桁架联系梁、柱顶 V 字架、滑移滚轮、安全梯，其中柱顶 V 字架和安全梯均作为荷载加载到简化模型上，简化模型如图 2.6-5。

图 2.6-5　滑移胎架简化模型

2）桁架拼装的两个阶段的传力机理

分段吊装阶段时，分段桁架为静定结构；形成整体阶段时，桁架为超静定结构。

3）组合工况

主桁架分段吊装阶段，中部胎架压力较大。荷载：分段主桁架自重＋屋面板自重＋胎架自重＋施工活荷载。

主桁架形成整体后，开始滑移阶段，为最不利工况。荷载：所有水平荷载＋竖向荷载。

4）分析结果

空间整体结构，构造措施强大；胎架结构最大高宽比为 1.45，在水平力作用下，抗倾覆满足施工设计要求；结构的最大横向侧移为 94mm；整体稳定性、刚度满足施工设计要求。

（2）曲线滑移及牵引力计算

每个滑轮支座反力标准值（t）　　**表 2.6-1**

桁架编号	$R1$	$R2$	$R3$	$R4$	合　计
TT3	83.7	56.3	56.4	85.0	281.4
TT6	86.1	68.3	54.5	76.5	285.4
TT9	82.6	68.0	66.9	75.3	292.8

（3）结论

1）胎架结构强度、稳定、刚度满足要求；

2）主桁架结构强度、稳定、刚度满足要求；

3）滑移吊装方案安全、可靠。

2.6.3 实施效果

广州(新)白云机场飞机维修设施工程钢屋盖采用整体提升施工工艺，利用整体提升结构动态控制技术进行了可行性分析与研究、钢屋盖模型简化、结构分析、施工过程等模拟演示，从而指导钢屋盖整体提升的设计与施工控制，为钢屋盖整体提升提供理论依据。

广州(新)白云机场航站楼安装施工中，采用多轨道、变高度、曲线滑移、分组安装施工工艺，滑移胎架及受力的计算分析、滑移过程的计算机动态控制是保证曲线滑移顺利进行的必要手段。

深圳会展 126m 跨度巨型钢梁结构存在几何非线性，引入迭代过程确定结构预拱值，并进行各种荷载作用下胎架结构变形的计算和分析，提出合理胎架释放方案，有效的控制了结构下挠，并使结构成功落放。

2.7 复杂空间钢结构测控及试验

钢结构测控、结构试验是保证施工质量的重要辅助手段，全站仪自动扫描追踪测量，在深圳机场航站楼 135m 跨变截面曲线钢桁架滑移过程中实施位移动态监测，同时提供平面和高程的三维位置信息，保证了深圳机场航站楼钢屋盖滑移施工的顺利进行，成为滑移动态控制的有效措施。

深圳文化中心黄金树结构铸钢件采用三坐标定位测量仪，成功解决了复杂枝状空间铸钢件模具外形的精确定位问题，同时，数字化显示将铸钢件设计形心坐标直接引出至外表光滑的曲面，作出三维坐标位置的定位标记点，为现场安装的测量定位建立了必备要素。这是高科技的测控技术在建筑领域应用的创新。

钢材原材料和构件取样试验是钢结构施工不可或缺的检验项目，通常只要求对材料的理化等性能进行常规取样检测，以确保建筑工程施工质量。本课题进行了三根不同长度的梭型人字钢柱 1∶1 足尺结构稳定性破坏试验，通过试验，得出原设计计算承载能力安全。试验构件超大、超长、超重，压力达 650t，超常规的试验技术为结构及变形试验、测试技术、大跨度钢结构施工技术提供了实践素材，为设计及施工积累了丰富经验。

2.7.1 概述

随着我国钢结构建筑设计、施工技术的不断发展，建筑工程规模、跨度越来越大，建筑造型日趋新颖多样，但给施工带来的难度也越来越大，随即产生了一些新的施工工艺、设备，同时对钢结构测控技术和材料试验与研究也提出了新的要求。

一般工程的测量控制将平面和高程控制分开，作为两个相对独立的内容分开作业，而且有充足的测设放样时间并进行复核校对，确保定位正确。但对于大跨度复杂空间钢结构安装采用滑移就位施工工艺，滑移过程中需即时测量多条滑轨上的牵引点因滑移速度不同引起的位移差，根据测量结果及时调整牵引速度，将最大位移差控制在安全施工允许范围。传统单一、施工位置相对静止的测量控制方法以及其测设放样速度，直接影响钢结构滑移施工的整体速度，不能满足动态监测的需要。例如：深圳机场航站楼 135m 跨变截面曲线钢桁架，以 2 榀为一稳定体作滑移单元，施工状态与安装就位后的受力及整体稳定性有很大的区别。滑移过程中，由于桁架呈“鹏形”，桁架的曲折高低及自身刚度对滑轨产生较大侧向推力，滑动支点在简支梁式的滑轨上连续运动，滑轨受压产生挠度，使滑动支点在高度方向的位置不断变化，由于桁架自身具有一定刚度稳定型，局部支点可能出现腾空现象，这将会影响到各滑动支点间的受力重新分配。因此，滑动支点的空间位置始终处于三维动态变化之中。为保证桁架滑移安全，必须控制滑移偏差在如下范围：位移不同步不大于80mm，侧向位移不大于20mm，高程变化不大于20mm，必须对滑动支点进行空间位置动态监测。全站仪自动扫描追踪测量，在深圳机场航站楼135m跨变截面曲线钢桁架滑移过程作位移动态监测，可同时提供平面和高程的三维位置信息，具有测量速度快、精度高、测点位置选择不受限制等优点，其技术的先进性、优越性已为广大测量工作者所认同。

钢结构建筑设计为追求别致造型，使整个结构局部应力大、传力路径复杂、杆件多角度交汇(现大多采用复杂枝状空间铸钢节点)，深圳文化中心黄金树结构复杂的铸钢节点最多达10个分枝。由于铸钢节点分枝多且为圆管汇交，外表为光滑曲面无明显棱边拐角等特征点，设计仅给定节点形心三维坐标。普通测量定位方法采用经纬仪根据基准点、线、面和角度等已知条件进行放样，铸钢件复杂多枝，外表光滑无特征点，设计节点形心三维坐标值位置位于圆管内部，看不见、摸不着，国内外没有此类测量经验借鉴。因此，复杂铸钢节点呈枝状空间在模具制作、安装就位过程中的测量定位成为新的课题。深圳文化中心黄金树结构铸钢件采用三坐标定位测量仪，成功解决了复杂枝状空间铸钢件模具外形的精确定位问题，同时，数字化显示将铸钢件设计形心坐标直接引出至外表光滑的曲面，作出三维坐标位置的定位标记点，为现场安装的测量定位建立了必备要素。

钢材原材料和构件取样试验是钢结构施工不可或缺的检验项目，通常只要求对材料的理化等性能进行常规取样检测，以确保建筑工程施工质量。广州(新)白云国际机场航站楼梭型人字钢柱，由三弦钢管间隔焊接三角形劲板组成格构式，最长35.512m，人形双杆最重26t，构件形式国内罕见，单杆设计最大允许承载力213t。为了检验设计计算承载能力的安全储备系数，得到最合理的用钢量设计，进行了三根不同长度的梭型人字钢柱1∶1足尺结构稳定性破坏试验。通过试验，得出原设计计算承载能力安全，但对于31m长度以上梭型人字钢柱需采取加强措施，局部位置增加焊接三角劲板，管内端部须作灌浆处理。

2.7.2 技术要点

1. 深圳机场航站楼135m跨曲线钢桁架滑移过程位移动态监测

在航站楼的一侧胎架高空组拼2榀桁架，通过桁架下的四叉支撑柱帽杆及檩条的连接使之成为稳定体，然后落放到混凝土柱顶的临时滑轨上，由三个点牵拉进行等标高滑移，每次滑移一个柱距，以此类推，直到形成第一个滑移单元，然后长距离滑移到设计位置，桁架在牵拉过程中的滑移速度为3mm/s。

(1) 建立独立坐标系

在三条滑轨的牵拉点上各安置一个反射棱镜，滑移起始位置为各自的坐标原点，平行滑轨的方向为 x 轴，相应的垂直方向为 y 轴。

(2) 测控设备配置

笔记本电脑、打印机、自编程序软件、瑞士莱卡 TC2000 全站仪(测角精度 1″，测距精度 1mm＋2ppm)，HNP-9 三棱镜组(加常数 0mm)。

(3) 位移动态监测

安置三个牵拉点上的反射棱镜时，调整棱镜在 x 轴上的位置，使它们具有相同的起始位置。在滑动前方架设一台全站仪，轮流扫描观测三个反射棱镜；滑移过程中，从第一点开始，每隔 7s 测量下一个点，即每 14s 扫描一次，两次扫描间隔 90s。全站仪与电脑连线，将测量三点的各次三维坐标值，通过自编程序换算为三点严格同时观测所得坐标，将坐标值的比较结果直接打印为图形，可详细直观判读桁架滑移运动状态，及时调整卷扬机的牵拉速度，严格控制不同步位移差，保证了桁架滑移安全。

图 2.7-1　滑动过程的同步及水平偏差计算机连续监控

2. 复杂铸钢节点在枝状空间钢结构中的测量定位

铸钢节点在枝状空间钢结构中的测量定位分两个阶段：①铸造阶段的模具外形定位测量；②施工安装阶段的就位测量校正。

(1)铸造模具外形测量

深圳文化中心黄金树铸件节点形状各异、外形复杂、体积庞大，每个铸钢节点伸出多个方向接头，铸造精度直接影响安装精度，铸造误差在与之相连的钢管及钢管另一头相连的铸钢节点安装对位时反应出来。因此首先要制作高精度的模具，本工程铸钢节点采用消失模铸造工艺，模具的材料随钢水自燃。

模具制作是将图纸数据转换成机床能够识别的数据格式，模型骨架制作时，在骨架中心处的圆球上定位打孔，然后将经特殊处理的杆件插入孔内，既保证杆件的空间位置又能精确地测量出每根杆件的长度，如图 2.7-2 所示。

经修整后，形成模型骨架，从而把图纸的数据精确的转换成实物模型。为保证铸造质量和协调建筑外观效果，支管间夹角采用圆弧倒角，倒角半径随支管间的夹角角度大小作相应的调整，如图 2.7-3 所示。

三坐标定位测量仪是通过 x、y、z 三轴联动或任意轴的运动，根据单轴移动距离进行高精度定位测量，它不受构件外形尺寸限制，利用激光光电探头触点，通过机内的圆柱测量程序，在圆柱表面某几个断面进行数个点测，经运算得到一个圆柱轴线的空间位置坐标，重复上述过程，即可测出节点所有杆件的空间位置。使用三坐标定位测量仪，可精确测定复杂多枝的铸钢模具外形。三坐标定位测量仪如图 2.7-4 所示。

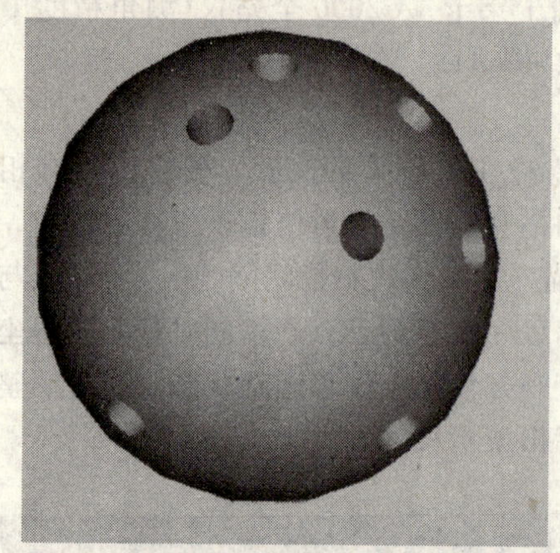
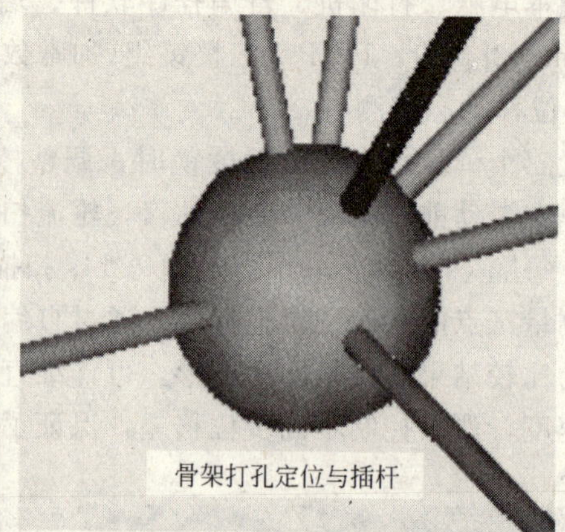

图 2.7-2　模具制作过程

图 2.7-3　模型骨架

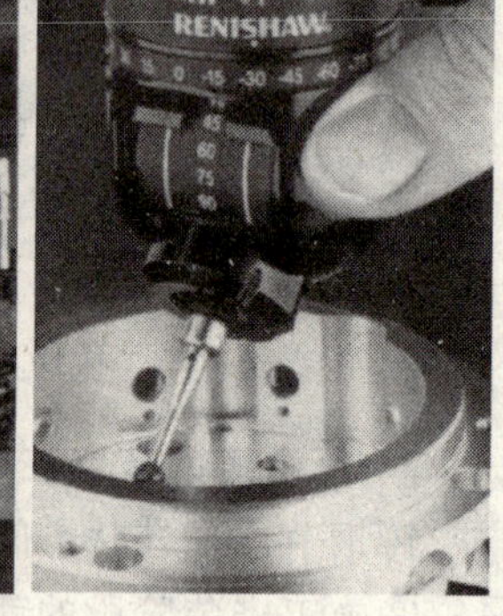

图 2.7-4　三坐标测量仪

(2) 安装测量校正

黄金树具有复杂的造型，由钢管的延伸、汇交形成节点，从下到上相互关联。一个铸钢节点伸出多个接头，每个节点都是一个复杂的三维体，每一个铸钢节点的安装精度直接影响到与之相连的钢管和钢管另一头相连的铸钢节点的安装，每个铸钢节点均须控制安装方向角度等空间几何尺寸。测量首先根据铸钢件表面的三维坐标标记点，控制单个铸钢节点位置。

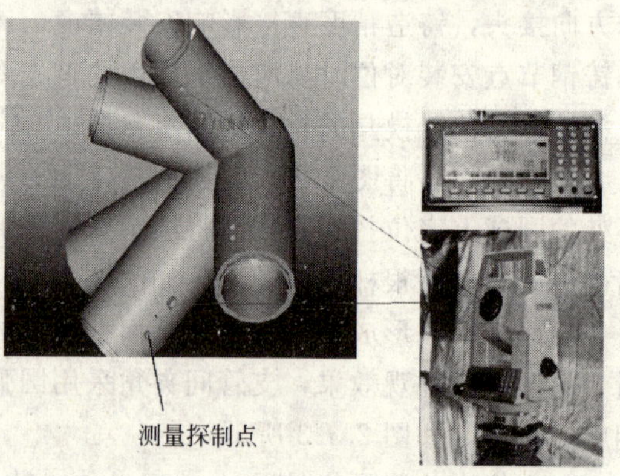

图 2.7-5　控制单个铸钢节点位置

单个铸钢节点位置的测量控制，仅根据铸钢件的光滑表面和复杂外形在施工现场临时采取平面定位找点的方法不可能做到精确，必须将设计形心的三维坐标在铸钢件表面建立特征点并与之发生关联，通过换算求得相关尺寸。应用三坐标定位测量仪，数字化显示轻松转换任意点位置的三维坐标，可将铸钢件实体内部的中心坐标直接引出，在实体表面做出三维坐标位置的标志点，省略了繁杂的计算工作。每个铸件选取不少于 3 个不在同一平面的测量标志点，便于定位点之间的相互复核。再利用结构上铸件与杆件形成的每一层面的封闭的三角形，得到相对稳定的组合三棱锥体，精调三棱锥体的各个构件空间位置并焊接固定，形成整个结构体系，模型和实物见图 2.7-6。

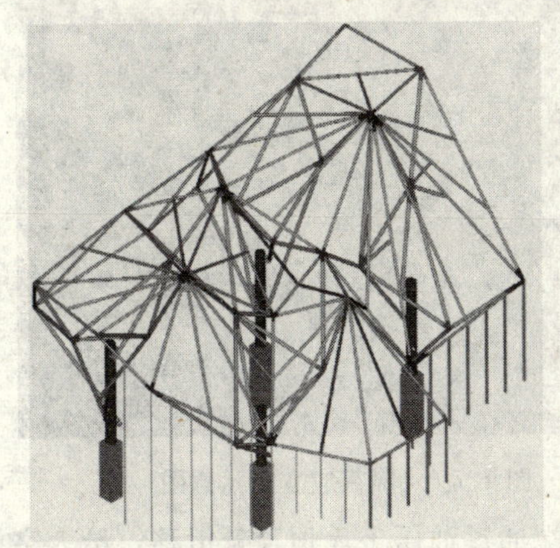

图 2.7-6　三维锥体的模型(左)和实物(右)

3. 广州(新)白云机场航站楼梭型人字钢柱 1∶1 足尺结构稳定性破坏试验

广州(新)白云国际机场航站楼梭形人字钢柱，目前在我国钢结构工程项目中尚无同类构件的应用实例，各国钢结构规范也无此类构件的计算规定，而人字钢柱承载力的大小是整个工程结构安全与否的关键。极限承载力通过有限元计算方法确定，同时推荐设计承载力。由于软件计算不能综合诸多外部因素的影响，因此，检验结构设计的安全性，为结构设计提供可靠依据，对人字钢柱进行足尺试验具有重大意义。

(1) 试件的确定

支撑桁架和屋盖的人字钢柱南北共 68 根，长度 14.5～35.5m，共有 RZ1～RZ9 九种规格型号，选取其中 RZ2、RZ3、RZ5 为典型代表，共三根，其长度分别为 19.0m、22.9m、29.5m，钢管规格 ϕ273×16mm。人字柱两头配套铰支座和 ϕ150 轴销，要求三根人字钢柱材质按设计要求并使用同一出厂炉批号钢材。

(2) 试验仪器设备

门形轴力架 1 套，320t 千斤顶 3 个，1.1kW 油泵 1 套，位移、应力-应变测试系统设备 1 套。

(3) 试件制作

在钢结构制作厂模仿实际制作施工条件，进行放样、下料、组对拼装、焊接，构件成型后按钢结构验收规范进行超声波无损探伤检测，实测实量外观尺寸，记录制作误差。

(4) 承载试验

由于构件较长，在制作场完成人字钢柱制作并经验收合格后运往试验场。人字钢柱在实际工程中为斜立放置，外倾 6.9m，试验时按水平放置，水平加载试验，柱身轴力线与铰支座底板平面之间按 70°夹角斜交放置。每根人字钢柱的钢管和隔板的不同位置共贴 10 个位移、应力-应变片，如图 2.7-7、2.7-8 所示。

图 2.7-7 钢管应变点示意图

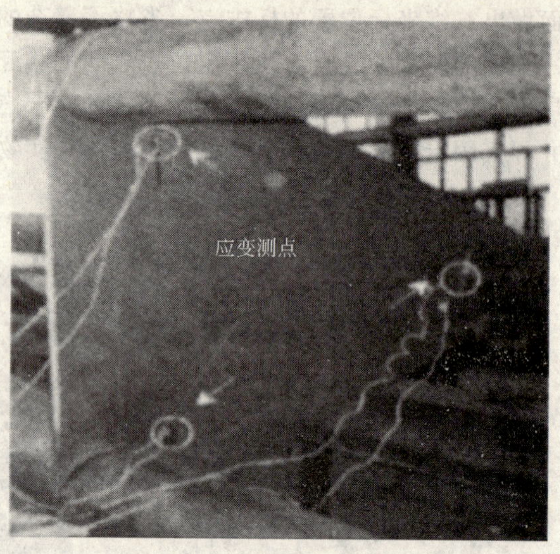

图 2.7-8 隔板应变点示意图

人字柱放置于门形轴力架内，一端固定，另一端通过油压千斤顶顶升滑移，给人字柱施加轴力，如图 2.7-9 所示。

图 2.7-9 承载试验

1—轴力架底座；2—拉杆；3—人字钢柱

人字钢柱就位后，首先预载，分两次实施，每次加载构件最大设计荷载的 25%，停顿 10min。然后开始分级分阶段加载，第一阶段分 5 级加载至 100%设计荷载，停顿 10min。第二阶段分 10 级加载至 200%设计荷载，停顿 5min。第三阶段继续加载，直至构件破坏，根据监测位移和应力，每次加载 10t 力。各阶段均匀加载。加载力和变形曲线如图 2.7-10 所示。

(5) 变形过程

试验过程中三根柱的变形根据各自的长度各不相同，变形后的实物见图 2.7-11～图 2.7-13。

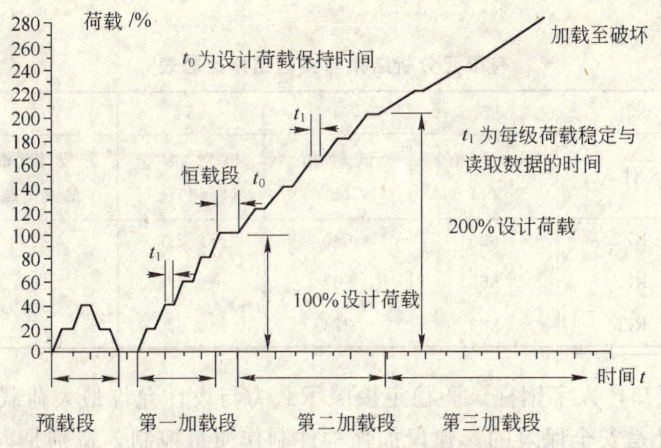

图 2.7-10　加载力和变形曲线图

图 2.7-11　RZ2 变形图

图 2.7-12　RZ3 变形图

图 2.7-13　RZ5 "S" 形变形图

(6) 试验结果

有限元分析结果与实验结果比较表　　表 2.7-1

1	2	3	4	5	6	7
内　　容	试 件 号	计 算 值 (t)	试 验 值 (t)	相 对 误 差 (3−4)÷4	设计允许最大荷载 t	试验结果与荷载比值 6÷4
稳定极限承载力	RZ2	626	640	−2.2%	210	3.05
	RZ3	557	507	+9.8%	160	3.17
	RZ5	372	374	−0.6%	160	2.34

从表 2.7-1 可知，人字钢柱试验稳定极限承载力与设计允许最大荷载的比值均在 2.34 倍以上，说明设计是安全保险的。建议加强构件制作质量控制，特别是人字钢柱制作分段之间的对接要做到钢管轴心相对。对于长度大于 31m 的人字钢柱，如最长柱 35.5m，设计荷载 140t，计算值为 213t，设计安全储备较小，因此对长度大于 31m 的人字钢柱三角隔板由 25mm 改为 30mm 厚并局部加密，人字钢柱两头汇合处 6～7.6m 长度范围灌浆处理。

2.7.3　实施效果

深圳机场航站楼 135m 跨曲线钢桁架滑移过程位移动态监测，在牵拉点安置反射棱镜，采用全站仪自动扫描跟踪测量，将测量的数据信息输入电脑，通过自编程序换算为牵拉点位移差，并将结果直接打印为图形，桁架滑移运动状态直观明了，能以第一速度反应滑移同步状况，施工滑移无需停顿间断，每跨 12.8m 用时 1h10min，与人工读数后判断滑移是否同步相比缩短时间 50min，减少了大量滑移用时，总体工期与其他安装方案比较提前 140 天，其中因测量方法改进提前工期的天数约占 15%。本工程实测滑移最大不同步位移差小于±8cm，一般为±5cm，牵拉点偏离轴线幅度－15～＋18mm，局部挤压 19mm，滑轨跨中下挠 15mm 属正常变化，满足最大不同步位移差小于±8cm，轴线偏离小于±20mm 的施工方案规定要求，保证了桁架滑移顺利安全地进行。经复核，相邻支座中心线间距误差最大不超过 3mm，支座就位安装最大偏差 5～10mm，完全符合验收规范要求。深圳机场航站楼屋盖钢结构施工综合技术获中建总公司科技进步一等奖。

深圳文化中心黄金树结构铸钢节点模具外形测量定位应用三坐标定位测量仪，并将铸钢件设计形心的三维坐标直接引出至铸钢件光滑表面，建立测量定位基准点，为安装测量提供必备要素。经检测，68 个形状各异的铸钢件制作外观质量优良，外形尺寸加工误差符合验收规范要求；黄金树结构铸钢节点安装定位精确，施工质量优良。本工程于 2003 年度被建设部评为国家钢结构工程最高奖项“钢结构金奖”。

广州(新)白云机场航站楼梭型人字钢柱南北共 68 根，31m 长度以上有 32 根，经1∶1 足尺结构稳定性破坏试验，确认了有限元设计计算的正确，评价了设计的安全性，为人字形钢柱结构设计提供了试验依据。本工程于 2003 年度被建设部评为国家钢结构工程最高奖项“钢结构金奖”。

3 现代科技在建筑施工中的应用

3.1 现代建筑施工技术的现状与展望

3.1.1 武汉地区高层建筑基础工程技术现状展望

1. 概述

近年来，随着武汉经济的快速发展、对外开放的扩大，武汉地区高层和超高层建筑大批兴建，发展趋势是层数不断增加、高度不断增大，平面布置也更加复杂。高层建筑具有基础载荷大、承受外荷(如风荷等)大、重心高的特点，为了高层建筑的稳定和开发地下空间，要求设置较深的人工基础和多层地下室。武汉地区属长江和汉江的洪积阶地平原，土层堆积厚(30～60m)，结构及性质复杂(上部为偶夹淤泥的黏性土，中部为粉细砂至中粗砂及砾砂层)，砂层中富含与长江存水力联系的承压水，基岩为风化的泥质页岩、泥质粉砂岩，局部有岩溶发育的石灰岩；高层建筑多在市区内改造老街区兴建，周边建筑物密集，道路、管线纵横交错。在这种复杂的地质环境条件下，进行深基础的设计、施工，有许多复杂的理论和技术难题。

目前，武汉地区高层建筑的深基础一般采用钢筋混凝土桩基，以钻孔灌注桩为主，少数为预制桩或挖孔桩，某些层数较少的高层建筑也用夯扩桩，桩端持力层深的到基岩，浅的到砂层。从已完工的建筑物来看，桩基工程基本上是成功的，但桩型及持力层的合理选择、深桩的嵌岩及减少环境污染等问题还有待进一步研究。

武汉地区的深基坑开挖广泛采取挡土支护开挖。挡土支护开挖要解决两个问题，一是用挡土结构抵挡土方开挖产生土(水)压力和变形，二是保证基坑开挖过程中地下水不给施工和环境带来危害。挡土主要采用了排桩结构，包括悬臂排桩、锚杆排桩和内支撑排桩。防水采用隔渗(垂直式水平隔渗帷幕)或降水，有时，二者结合起来使用。已结束的深基坑工程多数是成功的，但也出现过多起坑壁、坑底严重变形的塌滑、涌水、涌砂，引起邻近房屋开裂或倒塌，道路、管线沉陷或断裂等严重事故。多数事故与水的处理不当有关，也有支护强度不足的情况，还有管理不善的因素。《武汉地区深基坑工程技术指南》的颁布实施将会提高设计、施工技术和管理水平，减少事故的发生。

高层建筑深基础工程的成败对高层建筑的兴建、使用安全、经济、社会环境影响起决定性作用。因此将其作为独立的工程阶段进行专门设计，并明确相应的勘察、施工、检测等技术要求是保证高层建筑深基础工程顺利进行不可缺少的条件。

2. 武汉地区高层建筑深基础工程地质条件及主要工程地质问题

武汉地区在地质构造上处于地壳相对稳定地区，没有明显的活动断裂，地震烈度为Ⅵ

度，依造有关规定本市高层建筑应按Ⅶ度进行抗震设防。深基坑工程系临时性工程，可不考虑防震问题，在桩基中需考虑砂基液化问题。

本区气候属东南季风气候区，夏季炎热，冬季寒冷，雨量充沛。故大温差对暴露的金属及混凝土支护结构有伸缩性影响，多量降水会影响施工工期和基坑边坡维护。汛期长江高水位对两岸地下水有顶托补给作用，会增加基坑止水、降水困难。

本区在地貌上位于江汉盆地东部边缘隆起地带，为沿江河谷平原丘陵区，按成因类型可分为剥蚀丘陵、剥蚀堆积岗地和堆积平原三种地貌类型区，它们控制着本区岩土体分布及其工程地质特征和地下水的存储规律。

(1) 丘陵区

主要分布于武昌蛇山、珞珈山、南望山、喻珈山、狮子山；汉口、汉阳的芳庙集、吴家山、龟山、锅顶山等地。丘体组成地层主要为泥盆系石英砂岩和二迭系硅质岩。坡麓为志留系砂页岩及残坡积层。丘间谷地覆残坡积层或洪积黏性土，下伏石碳、二迭系的石灰岩、砂页岩或白垩至第三系的泥质粉砂岩。砂岩中含少量裂隙水，石灰岩中有丰富的岩溶水，泥页岩一般不含水。由于基岩裸露，本市高层建筑可利用基岩体天然地基，在基岩风化较厚或坡积较厚处适用挖孔桩基，因无软弱的土层，很少地下水，基坑开挖条件好。但山坡上的高层建筑要考虑地基和边坡顺岩体结构或岩土结构面的滑移问题。

(2) 岗地区

主要分布在武昌武珞路及汉阳区汉阳大道等残丘与平原湖区之间的地段，汉口仅零星存在。地形波状起伏，组成地层主要为中更新统网纹状黏土及棕红色黏土(老黏土)，在坳沟接近湖区部位，可能有湖相淤泥质软土，黏土呈可塑至硬塑状态，高强度、低压缩性，f_k 为 300～500kPa，E_s 为 10～20MPa。土层厚一般为 10～20m。下伏基岩武昌、汉阳主要为志留系砂页岩，汉口东西湖区主要为白垩至第三系砂岩或砾岩，地层中含地下水甚微。在此修高层建筑可用基岩作天然地基或作为桩基的持力层，20 层以上建筑可用老黏土作天然地基。深基坑开挖，硬黏土自立性较好，但遇水后抗剪强度会急剧降低，支护可采用挖孔桩、钻孔灌注桩或排桩加撑锚结构，一般没有复杂的防水问题。

(3) 平原区

主要为一级阶地，分布在长江、汉江两岸。地势平坦开阔，有较多湖海、堰塘。汉口市区大部分位于其上，是高层建筑的主要区域。本区土层主要为全新河流冲积层，具二元结构，上部为黏性土、下部为砂性土、底部为基岩。土层总厚 30～50m。主要土层的工程地质特征为：①填土：组成物质不均匀、结构松散是护坡、防水的不良土层；②黏性土层：一般上部可塑，向下渐变为软塑状态，厚度 10m 左右，对基坑边坡维护、防渗降水有利；③淤泥或淤泥质土层：一般为流塑状态、强度低，f_k 为 50～180kPa，压缩性大，E_s 为 2.0～3.0MPa，最大厚度达 10m，是形成桩基低摩阻力及基坑边坡、坑底变形的主要不良地层；④粉土或粉砂夹粉质黏土层：多呈软塑状态、含水渗透性较大，基坑开挖处理不当易产生坑底涌水涌砂及坑壁管涌、失稳等不良现象；⑤砂层：由粉细砂渐至中粗砂、砂砾层，中密状，可作为浅桩基持力层；⑥基岩：埋深 30～50m，泥、页岩为软岩，泥质砂岩易风化，中风化层可作为桩基持力层，承载力可达到 1000kPa 以上。本区水文地质条件复杂，上部为上层滞水层，下部为承压水层，滞水层补给来源为大气降水、生活、工业废水，处理不当会软化坑壁土体，潜水挟带泥砂向基坑流失。孔隙承压水与长江水有密切联系，水位高、埋藏较浅，会产生基坑涌水、涌砂，基坑事故多与此有关。

3. 武汉地区高层建筑深基础设计

(1) 地基基础的选型和埋深

高层建筑一般采用桩基，也有使用天然地基的，桩型多采用钻孔灌注桩，还有打入预制桩、静压预制桩、人工挖孔桩、夯扩桩也开始在高层建筑中应用。基础埋深基本上没有突破“高规”的规定，少数桩基因基坑处理困难或为节省费用基础埋深也有小于 $H/18$ 的。基础的选型多数采用筏基，筏基的构造分两种方式，整体原筏及柱下(核心留下)厚承台，他们之间用较薄的底板连系，极少采用箱基，箱筏基更少。

(2) 计算模型

整体式厚筏基础的计算一般采用静力平衡法，有些高大的建筑如武汉国际贸易中心大厦及世界贸易大厦为 50～54 层建筑，筒中筒结构，基础采用嵌岩灌注桩，桩直径 1000mm，桩尖持力层为黏土砂岩或黏土岩，宜采用中国建筑科学院编制的按文克尔地基假定求解的计算机程序进行计算比较。

计算中，一般未考虑下列因素：①上部结构与基础的共同作用；②桩间土的承载；③地下水的浮托力。

(3) 地下室外墙的土压力

高层建筑均设有地下室，一般地下 1 层或 2 层。外墙的土压力计算，一般认为外墙上端有楼板支撑，下有底部嵌固，不发生侧向位移，故引入静止土压力法来计算外载荷。这样假定的不足之处是未考虑回填土自重固结过程中存在的对外墙的剪应力而使计算结果偏大。武汉市建筑设计院黄清猷高级工程师的研究认为：高层建筑地下室的周边一般有护坡桩，桩的内侧与地下室外墙的净距较小，外墙的侧压力按朗肯理论计算与实际受力情况相差甚远，建议采用“窄槽土压力”计算，护坡排桩将起到挡土、抗震及改变回填土对地下室外墙的作用力状态三个作用。

(4) 筏板配筋

筏板的单边配筋率一般取 0.4%作为构造配筋，计算重要部位按计算配筋。厚板的中心层面是否配筋须考虑底板混凝土浇筑过程中的温差，目前均未配筋。

(5) 电梯井道底标高低于筏板的构造

高层建筑中，直通地下室底层的电梯井坑往往要低于筏板面标高，给筏板的计算和配筋带来很大困难。在工程设计中须考虑提高井底标高，地下室底层上若干踏步后进入电梯，或消防电梯尽可能不下到地下底层。设备的排水沟也影响筏板，一般采取筏板面下降 600mm 左右填土来满足。

(6) 塔楼与裙楼的沉降差处理

一般采用后浇带解决沉降差问题，因为做沉降缝会使塔楼的基础部分嵌固深度不够。此类后浇带需待塔楼结构封顶后，视沉降观测资料分析，决定后浇带封闭时间。这类施工期间起沉降缝作用的后浇带作法，已在多处高层建筑中应用，调整沉降差的效果较好。为防止施工期间地下水涌入，在后浇带的底部须作钢筋混凝土防水垫层，并留 50mm 留宽加 V 型止水钢板。为减少地下室混凝土的收缩，普遍用 UCA 水泥添加剂。

(7) 深基坑支护结构的设计

深基坑支护结构的设计我国还没有规范，设计时三个问题的处理很重要。一是土质参数的选择，一般是降水时用固结快剪指标，不降水时用不固结快剪指标。二是侧压分布的假定，目前关于侧压分布有不同提法，但基本上分为以轴力测定为基础的侧压分布、以土压计测定为基础的侧压分布、朗肯和库伦假定的理论分布三种形式，采用哪一种分布应根据土质条件和支护结构形式的不同来选择。三是支护结构分析模式的选择，目前主要有简单梁模型、边续梁模型、连续介质模型三大类。连续介质模型能反映周边地基和构造物的作用，应成为主要方法，但我国目前很少采用，而主要采用前两类。

(8) 深基坑地基稳定性计算

地表沉降根据极限平衡法或有限元法预测。基坑底稳定性用传统的承载力分析法、滑动分析法、Terzghi 法、极限动力梯度法、覆土压力与孔隙水平衡法进行坑底隆起、管涌分析，并用有限元法考虑渗流，分析坑底破坏机理。

4. 武汉地区高层建筑深基础施工

武汉地区在 20 世纪 80 年代兴建的高层建筑多为 1 层地下室、预制桩基础，基坑开挖深度为 5m 左右，很少超过 7m，周边环境相对较宽松，深基坑的开挖采用放坡、板桩、坑内局部支撑等综合措施及坑内明排水。20 世纪 90 年代开始兴建大量超高层建筑，桩基多采用钻孔灌注桩或大直径人工挖孔桩。由于抗震和稳定性方面的需要，基础埋深增加，地下室规模越来越大，加之复杂的地质条件及周边条件，使高层建筑基础工程的施工难度剧增。对于高层建筑桩基施工，在资质及工程质量方面早有明确规定，基本上已形成专业队伍，而深基坑支护与开挖的复杂性人们认识还不足，在设计和施工的资质上没有明确规定，常由施工单位作为一项施工措施自行设计，出现了坑壁水土流失、管涌、坑底隆起、支护结构破坏、地面塌陷、邻房开裂、市政设施损坏等突发事故，造成了重大经济损失和社会影响。通过事故处理，加深了人们对深基坑开挖风险性、技术复杂性及加强管理必要性的认识。回顾几年来武汉地区深基础施工实践有如下几点认识：

(1) 深基坑开挖要注意支护结构位移和变形，加强对汉口地区二元土层结构及武昌垅岗地形老黏土的地下水治理，按信息法施工。汉口沿庭街与岳飞街交会处的金源世界大厦，基坑开挖深度 9.5m，土方 20000m^3，是武汉市首例采用钻孔灌注桩结合内支撑挡土，钻孔灌注桩加素混凝土止土层滞水，用高压注浆封底防止承压水取得成功的工程。位于江汉路繁华地带的中心百货大楼二期改造扩建工程一面临街，三面临近旧建筑物，场地极其狭窄，与判定为危房仍在营业的老中心百货大楼相距仅 1.8m，深基坑采用了钻孔灌注桩加内支撑挡土，高压注浆五面止水措施，深基坑顺利开挖到 9.8m 深，周边安然无恙。

汉口某商场扩建楼，基坑深 6.5m，钻孔灌注桩挡土未设止水措施，基坑开挖接近底部时，因覆土太薄，在下卧承压水作用下，250m^3 粉土浮起，造成紧邻商场基础下沉 9cm，另一侧 7 层楼房倾斜 16～17cm，处理措施是抢浇 70～80cm 厚混凝土底板和承压水平衡，同时局部开出水通道，降低水压。武昌垅岗地形土质较好地区的某基坑施工让老黏土边坡和岩土复合边坡暴露在大气中，受水冲刷、浸泡及大气变化影响，抗剪强度迅速降低，加之爆破振动，致使支护桩断裂，边坡坍落。开挖深 13.5m 的亚洲贸易大厦深基坑时，吸取上例教训，采用桩锚支护、挂面支护、控制爆破等措施后效果很好。

(2) 工程对象、环境条件、地质条件、施工季节的差异，决定了深基坑开挖既有共性又有鲜明的个性，且有规律可循，无固定模式可套。必须因地制宜，采取适宜的支护形式。

高层建筑地下室底板常涉及大体积混凝土施工(如武汉国际贸易大厦及武汉广场的最大连续浇量均在 10000m^3 以上)，不但控制温度裂缝和收缩裂缝的技术难度大，而且需要高超的组织管理。武汉国际贸易大厦率先采用微机监控大体积混凝土的水化热温升，进行动态管理，将 C40/P10 级大体积混凝土的水化热内外温差和降温梯度控制在规定的范围内，超大体积混凝土底板未出现温度裂缝，说明武汉地区大体积混凝土的施工水平已进入国内领先水平。

随着高层建筑深基坑规模的扩大，近期内支撑和逆作法施工将会占有一定的地位。佳丽广场采用的中心岛设内支撑施工的方案，为特大型深基坑的施工提供了先例，地下连续墙方法也将应用于武汉地区的深基坑。

深基坑开挖监测工作是必不可少的。一方面是为了信息化施工，保证施工安全；另一方面是积累技术资料。目前武汉地区深基坑开挖监测还不系统、不全面、不规范，今后应在这方面加大投入。

深基坑地下室的施工要组织大量商品混凝土进场，对混凝土的强度等级、抗渗等级的要求逐渐提高，为此在运送工艺、行业质量管理诸方面要不断改进。

目前深基坑土方开挖施工机械品种不多，在超深基坑开挖、陡峭边坡开挖方面还难以适应，需引进一批小型灵活、高效的挖土设备，以促进土方作业机械化，满足逆作法施工的需要。

深基坑施工是一个涉及多学科多方面的系统工程，为适应发展，一要加强管理，二要加强施工技术和设备的开发研究。

5. 高层建筑地基与基础工程的检测

高层建筑地基与基础工程的检测大体上有以下几方面：①地基上或墩底持力层承载力及变形性状的检测；②各类桩、墩及其他基础的竖向或横向承载力检测，包括单桩、群桩承载力的检测；③各类桩、连续墙体、墩结构完整性检测；④基础承台及箱基结构力学性能及防水性能的检测；⑤考虑桩土共同作用或复合地基中桩土载荷分担比的检测，桩体及土体应力变形的检测；⑥施工中对环境影响(如振动、噪声、土体变形、土质及水质污染等)的检测；⑦特殊条件下或事故处理中的其他检测。

按检测时间可分为：①施工阶段的检测；②施工完毕后的检测；③使用阶段的检测。

检测的目的是监督施工质量，验证施工效果，提供符合实际的设计参数和施工参数，为科研和仲裁工作提供可靠的数据。因此，检测结论必须具有全面性、公正性、科学性。这就要求检测人员素质高，检测设备先进、可靠，检测程序科学、规范。

武汉地区的检测工作早在 20 世纪 50 年代武汉长江大桥的建设中由铁道部大桥局对直径为 1.55m 管桩基础的承载力进行了成功的检测。随后，中国科学院武汉岩土力学研究所对检测方法的理论、技术进行了多年研究，并为此而研制开发出了 RSM 系列桩基分析仪及软件系统，现已在武汉地区广泛应用。湖北省建筑科学研究设计院曾对湖北省外贸大楼和长航调度大楼桩基开展了大规模原位测试，静力触探预估单桩承载力的研究、“超声—回弹综合法”和“回弹法”检测混凝土强度的研究均取得了相应的成果，促成了本地区规范的制定。

目前桩的静载检测主要采用锚桩法、堆载平台法、地锚法、锚桩和堆载联合法。中国科学院武汉岩土力学研究所等单位均研制出了 10000kN 级以上的桩基静载设备，最大加载能实际已达 25000kN。中国科学院武汉岩土力学研究所还对墩底持力层的承载力进行过检测。

桩的动测技术在武汉起步于 20 世纪 70 年代。目前武汉地区共有 RSM 系列、PDA 设备、FEI 系列动力设备百余套，从事检测的单位已逾 40 家。用低应变法检测桩的完整性和评估桩的承载力，用高应变法检测桩的承载力。高应变法试桩一般用锤击贯入法、CASE 法、CAPWAP 法。低应变试桩在武汉常用动参数法(频率法，频率—初速度法)、应力波反射法(锤击波动法)、超声法、水电效应法。

高层建筑基础底板大体积混凝土的浇筑产生温度裂缝是一大难题，除了浇筑工艺的改进外，测定底板混凝土中温度分布并加以控制是有效的途径。中国建筑第三工程局在武汉国际贸易大厦底板混凝土浇注中用微机监控获得了成功。

施工阶段的质量检测是一个薄弱环节，目前大多由施工单位完成。近年来，中国建筑科学院等科研单位在泰合广场、世界贸易中心大厦工程中采用多种测试手段，控制施工质量，使钻孔灌注桩的承载力大幅度提高，经济效益和社会效益明显增加。

高层建筑基础工程施工对周边环境产生影响。用管线探测仪和地质雷达探测地下管线、渗漏形成的空洞、土洞、人防工程分布、岩溶、墙基等地下障碍物给深基础施工提供了可靠的环境资料。在施工对环境的振动影响调查中，使用了浅层地震仪。

武汉地区深基础检测工作取得了不少成果，但还有待改进的地方：

(1) 桩静载试验目前盛行堆载平台法，但目前的小平台结构在试桩及基准桩附近形成大面积堆载，应力高达 300kPa 以上，影响试桩的工作状态和基准桩设置，甚至造成平台失稳事故。因此，必须改进平台的结构形式。

(2) 高层建筑向大规模方向发展，业主甚至对每一根桩的质量更为关心，所以动力试桩技术已不能满足要求，而必须在其可靠性方面有所改善。降低动载荷频率，增加载荷作用力时，可使桩土反应更接近静态。加拿大 Berming 公司和荷兰 TON 合作研究的压重注缸引补软垫加载法是一种动—静试桩法，值得借鉴。提高动测的信噪比，从而提高检测精度也是需要解决的问题。

深基坑支护桩的检测目前国内尚无明确规定。对于桩身质量可用动测法，对于其横向承载力没有可行的检测方法，这也是造成深基坑事故的原因之一。用动测法测定支护桩的横向承载力是一个值得研究的课题。

(3) 桩基施工阶段的检测，规范规定用动测法，大直径桩采用取芯、预埋管超声波法，这种方法费时、费力，不宜大量采用。应考虑用打桩仪对成桩施工进行随机监测，利用孔底沉渣测定仪检测沉渣厚度，研究控制和检测灌注桩周边泥皮厚度的设备。

(4) 为了验证高层建筑基础工程设计、施工和检测水平，应在建筑物使用阶段进行检测。

6. 武汉地区深基坑工程的展望

高层建筑基础工程技术难度最大的应是深基坑工程。解放以来，我们在深基坑工程设计、施工和检测等方面取得了不少经验，但随着高层建筑的日益增多，层数已发展到 60 层左右，基坑深度也愈来愈深，有的深度至 17m，武汉地区的地质情况又较复杂、特殊，这些无疑给深基坑工程的设计、施工带来了更多的困难，通过一年的工作，我们从深基坑工程的设计、施工和管理方面进行了系统的探讨，并取得共识：

(1) 深基坑支护的设计、强度和稳定性并不难解决，但随着基坑深度的增加，基坑开挖对周围环境产生的影响更大，周围环境对深基坑施工的要求越来越严格，解决深基坑开挖引起的地面变形成为主要的问题，而武汉地区深基坑支护结构技术应用的趋势是：①复合式支护结构体系的应用，采用深层防渗体与支护桩共同工作，发挥各自不同的功能和作用，边坡支护和防渗为一体；②采用内撑式支护结构，主要是钢结构，并对钢筋混凝土结构内支撑进行尝试；③随着新设备、新技术在武汉地区的推广，地下连续墙施工方案的应用，深基坑半逆作法施工方案在适当的条件下也将会应用。

(2)《武汉地区深基坑工程技术指南》(以下简称《指南》)是根据国家有关规范和技术标准，结合武汉地区的实际情况和深基坑施工的经验与教训，经过专家学者、设计施工和总管部门的同仁们辛勤耕耘，编写的一部具有地方法规性质和实用性的技术文件。《指南》对工程勘察工作提出了更高要求，对深基坑支护设计、地下水处理、深基坑工程施工和监测、维护作了规范化的规定。《指南》的实施，将对武汉地区深基坑设计、施工和技术开发起到指导作用，并将产生较大的社会效益和经济效益。

(3) 为了深基坑工程施工的顺利进行，确保工程质量和安全，深基坑施工专业化的趋向日益明确，武汉建筑工程集团湖北省神龙地质勘察院已增添新设备，有组织专业队伍的计划。第一冶金建设公司引进了日本深基坑护壁新技术—SMW 法地下连续墙技术，并成立了“中日合资武汉金井地下连续墙工程有限公司”，这种专业化的趋势将健康发展。

(4) 深基坑工程是一个系统的工程，除需要先进的设计、先进的设备和施工技术外，更需要健全科学的管理办法。武汉市城乡管理委员会深深认识到这一点，于 1994 年发布了《武汉市高层建筑深基坑开挖管理和监督规定》，对深基坑开挖实行施工许可证制度，没有办理基础开挖施工工程许可证的不得开挖，也不能办理上部建筑施工许可证。发证要求的资料特别强调建筑红线外 30m 内地面建筑物的情况和人防工程、地下设施和地下有关电力、电讯、给排水、煤气、热力管道的有关资料，明确地规定了深基坑开挖的设计和施工企业的资质。一年来的事实证明，严格、科学的行业管理对保证深基坑工程质量和安全是必需的，也促进了深基坑工程技术的发展，经济效益和社会效益也是明显的。

3.1.2 我国高层建筑钢结构施工现状述评

我国现代高层建筑起源于 20 世纪的上海。1934 年建成的上海国际饭店，地下 2 层、地上 22 层，高 32.5m，为钢结构，是我国第一幢高楼。此后，高层建筑虽有建树，但由于经济和技术原因，建国后到 20 世纪 80 年代前再没有修建过高层钢结构建筑。进入 90 年代以后，一批高层、超高层建筑如雨后春笋般建起。由于外资工程的兴建，建筑用钢材的发展，高层钢结构建筑开始逐渐增多。浦东开发区的建设，使上海的高层建筑钢结构发展尤其迅速，如上海金茂大厦(88 层、高 420m)及拟建的上海环球金融中心(96 层、高 460m) 等，使我国的高层建筑进入世界前列。据初步统计，我国大陆已建和在建的高层钢结构建筑，总建筑面积为 305109 万 m^2，总用钢量约为 291442 万 t，其功能大多为综合、办公、宾馆，分布地区主要在上海、北京、深圳。

钢结构之所以在土木工程中得到广泛应用，是由于它具有以下优点：强度高，塑性、韧性好；重量轻；材质均匀和力学计算的假定比较符合实际；制作简单、施工工期短。当然，它也有耐火、耐腐蚀性差，造价稍高等不足之处，但综合评定，钢结构仍是结构体系中重要的组成部分。

在高层建筑中，目前有 3 种结构体系：钢筋混凝土结构、钢结构和由两大基本体系组成的混合结构。在高层建筑混合结构中，钢结构主要应用形式为：①作为钢框架与混凝土核心筒组成受力结构体系，是高层混合结构中常用的形式，如上海金茂大厦、厦门远华大厦、深圳地王大厦等；②作为劲性骨架与混凝土一起组成受力构件，包括钢管混凝土等；③组成网架、桁架等大跨屋盖结构体系。混合结构兼有钢与混凝土两者的优点，整体强度大、刚性好、抗震性能良好，当采用外包混凝土构造形式时，更具有良好的耐火和耐腐蚀性能。混合结构构件一般可降低用钢量 15%～20%。混合楼盖及钢管混凝土构件，还具有少支模或不支模，施工方便快速的优点。因此混合结构在高层钢结构建筑中所占比重较多。

我国目前钢产量已超过 1 亿 t，成为世界上的钢产量大国，同时，钢材的品牌、规格与质量也日益提高，为我国高层建筑用钢提供了物质基础。我国建筑技术政策中专门提到“发展钢结构(含预应力钢结构)。对于超高层建筑结构，大空间结构或大跨重载工业厂房等，可采用钢结构；对大跨空间屋盖系统，可选用钢网架、网壳、悬索、壳体、膜结构等。加速推广轻钢结构”，“研究推广组合结构和混合结构，为了充分发挥不同结构材料的性能，根据建筑物特点，可采用两种及以上结构材料构成的组合结构，如由型钢、钢筋、混凝土构成的劲性钢筋混凝土；由钢管和混凝土构成的钢管混凝土。在一个建筑物上可采用两种及以上结构形式构成的混合结构，如采用钢筋混凝土作为高层建筑的核心筒，高层建筑外柱采用钢框架结构与其相连”。可见钢结构(包括混合结构)在今后高层建筑中将越来越多。截止 1998 年，我国已建成的全国最高的十大建筑物中，钢结构(包括混合结构)建筑占 50%(见表 3.1-1)。

截止 1998 年国内最高的十座建筑　　表 3.1-1

序号	名称	地点	±0.00 至屋顶高度	结构层		体系			形状	建成年价
				地下	地下	材料	结构	施工		
1	金茂大厦	上海	420m	88	3	M	框-筒	钢结构安装，电动配模	方形	1998
2	地王大厦	深圳	384m	81	3	M	框-筒	钢结构安装，液压配模	矩形	1996
3	中天广场	广州	322m	80	2	C	框-筒	全现浇，电动爬模	方形	1997
4	赛格广场	深圳	292m	72	4	M	框-筒	钢管安装，现浇	八角形	1998
5	中银大厦	青岛	246m	58	4	C	筒中筒	全现浇	1/4 圆形	1996
6	明天广场	上海	238m	60	3	C	框-剪	全现浇	方形	1998
7	上海交通银行北楼	上海	230m	55	4	M	框-剪	钢结构安装，现浇	直角梯形	1998
8	武汉世界贸易大厦	武汉	229m	58	2	C	筒中筒	全现浇	方形	1996
9	浦东国际金融大厦	上海	226m	56	3	M	框-筒	钢结构安装，内筒滑模	弧形	1998
10	彭年广场	深圳	222m	50	4	C	框-筒	全现浇	三角形	1998

注：M 为混合材料，C 为混凝土材料。

1. 高层建筑钢结构施工的特点

钢结构的施工大体上可分为两大部分，一是钢构配件的制作，二是现场的拼接安装，除此之外，还有防腐、防火处理等。从技术上看，钢结构施工有以下特殊要求：

(1) 对测量、定位、放线要求严格

在制作和安装阶段都是较为重要的问题。钢结构力学计算模型比较清楚，对尺寸变化比较明显。下料不精确，会造成构件的变形，安装时不能就位，影响承载效果。同时在高层建筑中，房屋高、体型大、误差积累非常显著，柱子或其他构件微小的偏移会造成上部很大的变位，极大地改变结构的受力，影响设计效果，甚至产生工程事故。

(2) 安装过程中对天气、温度等条件敏感

钢材热胀冷缩，尺寸变化较大，温度过高或过低都会对安装精度产生影响。同时，在钢材连接中，焊接和栓接的质量与天气、温度息息相关，刮风、下雨、下雪都不适宜进行工作。钢结构焊接有其专门的技术规程要求，实际工作中，自然条件不能满足工作要求时，往往要采取人工措施给施工创造条件，比如焊条的预热、钢板的预热加温等。

(3) 钢结构安装对机械设备要求高

钢结构施工是一种预制化、装配式的施工，对起重、运输等机械的性能要求高。由于钢构件重量大、体型大，高层建筑施工中高空作业多，对吊装过程中的技术要求高，吊装的施工荷载必须同其自身设计承载力相吻合，钢构件在运输、堆放、起吊、就位及安装过程中，要按事先模拟设计的条件进行。另外，在一些特殊的施工方法中，如同步顶升法、高空滑移法等施工时，对机械设备性能有更高的要求。

(4) 防腐、防火要求严

分为施工过程中的防腐、防火和安装完成后的防腐、防火。

(5) 钢结构工程量大、构件多，现场必须设置临时堆放场地及相应的中转堆场。

2. 钢结构主承建承包方式的概念

我国建筑施工企业组织结构可以简单归结为以下 3 个层次：①工程总承包企业；②独立承包的施工企业；③非独立承包的专业劳务施工企业。

在土建行业中，钢结构是一个技术相对密集的领域，从理论分析、结构设计到制作安装，都有其特点，特别是近年来 CAD、CAM、CIMS 技术已渗入钢结构，房屋的生产周期越来越短，因而对钢结构企业的素质要求越来越高。根据这些情况，为了提高生产效率和保证产品质量，钢结构生产一般都通过专业化、集约化的道路。显而易见，钢结构公司处于第 2 层次。

从我国目前的实际情况看，已建和在建的高层钢结构的设计和总承包几乎全部由国外承担，钢材几乎全部从国外进口，而钢结构制作和安装则主要由国内单位承担。鉴于目前我国的大部分钢结构安装公司不具备在大型工程中担负工程施工总承包的能力(也有业主自身的偏见原因)，且没有自己的构件加工企业，同时，因为钢结构工程技术难度大，质量要求高，业主在发包工程时，要求总承包商将工程分包给专业承包商。基于钢结构工程是主体工程的重要组成部分，为体现其重要性，称其分包关系为钢结构主承建关系。

钢结构工程主承建的承包类型，其实质仍是一种分包关系，是一种分包形式，但从内容上看，作为分包单位又有其自身的相对独立性，区别于合伙或联合承包的方式，却又带有一些相似性。因此钢结构主承建方式施工中的项目管理除了具有钢结构工程施工的一般特点外，又有其自身的特殊性：①要求从管理上接受总包的领导，协助总包工作；②在分包施工的范围内，要按项目管理的要求，用一整套现代管理方法指导施工；③在一个大型

公共建筑施工中，分包单位不只一个，必须做好分包单位之间的协调管理工作；④在混合结构施工中，钢结构工程与混凝土工程的技术配合与协调也是工程管理的重要方面；⑤钢结构主承建因其所处的特殊合同地位，加强项目的合同管理对项目施工具有重要意义。

3. 我国高层建筑钢结构施工中存在的问题及对策

我国钢结构的施工水平发展很快，在不长的时间内，已能独立承建一些超高层和大跨度结构。除超高层建筑外，大空间钢结构中以钢管为杆件的球节点平板网架，多层变截面网架及网壳等是我国空间钢结构用量最大的结构形式，在设计、施工方面均达到国际先进水平。轻钢结构技术具有重量轻、强度高、安装速度快等优点也已大量应用。此外，钢结构的吊装、连接和防护技术也已达到了很高的水平。在现代化项目管理和计算机应用方面，一些企业已运用系统工程、网络计划、目标管理和现代管理技术编制施工组织设计，统筹安排施工技术方案和计划进度。

我国钢结构施工技术水平总体并不比国外差，我们的不足主要表现在管理方面：①缺乏总承包的能力，这与企业的管理、资金、技术息息相关；②项目管理粗犷，在质量、成本、进度、安全控制，合同、信息、现场、要素管理方面与国外相比还有差距；③计算机应用水平低、人员缺乏、从业人员水平低、资源缺乏、忽视软件开发等；④钢结构施工中传统的手工业还大量存在，信息化、智能化施工还没全面开始形成；⑤开拓国际化水平低，企业缺乏综合性人才和及时的信息，不能走出国门。此外，还有很多企业没意识到钢结构的发展，仍然把钢结构施工看作是混凝土施工的附属，没能把钢结构施工有效分离，建立一批专业化的公司，并形成独立的施工体系。

发展我国的高层建筑钢结构施工应从存在的问题出发，采取一系列措施。从企业外部来讲，国家应制定相关的行业技术政策鼓励和发展钢结构施工。比如，加强对钢结构施工企业的资质等级管理，扶持一批技术力量强、管理水平高的企业，在造价定额等方面跟上钢结构的发展。我国的建筑市场早已步入市场化，发展钢结构施工主要在企业内部，主要是加强企业管理，壮大企业的实力，使企业跟上市场的需要。项目管理同企业管理紧紧相伴，企业要以项目为基点，加大科技投入，加速科技水平和管理水平的提高，项目运用先进的技术和管理，才能在项目生产中努力降低成本，使企业获得效益。良好的施工技术方案和组织管理是降低项目成本的根本途径。就我国目前钢结构施工企业的现状，发展钢结构施工技术和管理要从以下几个方面进行：

(1) 注重培养钢结构施工方面的人才

钢结构施工企业的发展壮大是从施工实践中逐渐积累经验和技术，从而获得优势的。不可否认，这中间的一些老工人、老技术人员具有丰富的实际操作能力，是一批重要的队伍力量，但在企业的人才培养方面还要重视年轻人，特别是拥有知识的年轻人。

(2) 要加强企业与科研机构的合作

在超高层和大跨结构施工中，有些技术难题依靠企业本身的力量解决不了，需要与大专院校、设计院或科研机构合作。另外，在大部分情况下，企业研究如何使施工方案优化的问题，与研究机构合作可进行价值工程的应用研究，与专门科研机构合作可尝试采用新工艺，与厂商合作可开展新材料应用等。总的说要求企业能充分意识到科技对企业发展的作用，充分利用科研机构的力量和成果，把企业的水平和效益搞上去。

(3) 企业要注意科技新动态和管理新方向

现代科技发展很快，学科相互交叉也十分频繁。一些新型材料、软件、专利技术、新机械设备不断出现，要注意搜集这方面的动态，以结合自身情况、消化吸收。这要求企业对内部的科技信息部门加以重视，使其充分发挥作用。

(4) 企业要对自身的技术成就和施工经验进行不断总结，以形成工法，在本企业的项目生产中推广应用。以上各项措施都离不开资金的投入，企业应建立专项科技开发资金，实际运作中，笔者建议将因科技推广而对工程产生的效益作为科技开发资金的来源，以形成良性循环，不断促进科技水平的提高，同时使那些可以使项目获得效益的科技成果自觉地被运用。

(5) 积极发展工程总承包，形成以专业化施工队为基础的钢结构工程总承包公司，同时积极向国内、外开拓市场。国家对建筑业已制定了近期的技术政策和10项新技术推广纲要，其中钢结构工程是重要的一部分，相信随着钢结构市场的不断扩大，高层建筑钢结构施工将获得巨大的发展。

3.1.3 GPS技术在土木工程施工领域的应用现状与展望

目前，GPS技术在土木工程勘察、设计、施工等方面的应用已开始起步，特别是在土木工程施工领域的应用已越来越多。可以预见，随着GPS技术基础理论及其设备的进一步完善，其广泛应用于土木工程这一传统产业已为时不远。

1. GPS卫星定位原理

GPS系统是以卫星为基础的无线电导航定位系统，具有全能性(陆地、海洋、航空和航天)、全球性、全天候、连续性和实时性的导航、定位和定时的功能，能提供精密的三维坐标、速度和时间参数。GPS卫星的基本参数是：卫星数21+3，卫星轨道面数6，卫星高度20200km，轨道倾角55°，卫星运行周期为11h58min(恒星时12h)，载波频率为1575GHz和1227GHz。卫星通过天顶时，可见时间为5h。在地球表面上任何地点、任何时刻，在高度角15°以上，平均可同时观测到6颗卫星，最多可达9颗卫星。GPS卫星通过12根螺旋形天线组成的阵列天线发射张角大约为30°的电磁波束，覆盖卫星可见地面。卫星姿态的调整采用三轴稳定方式，由4个斜装惯性轮和喷气控制装置构成三轴稳定系统，致使螺旋天线阵列所辐射的波速对准卫星可见地面，从而达到实时定位的目的。

2. GPS技术的特点

(1) 观测站之间无需通视

GPS测量不要求观测站之间相互通视，只需保持观测站上空开阔即可。因此可大量节省造标费用(造标费约占总费用的30%～50%)，点位位置可根据需要灵活布设，也可省去经典大地网中的传算点、过渡点的测量工作。

(2) 定位精度高

GPS的相对定位精度在50km以内可达10^{-6}，100～500km可达10^{-7}，1000km以上可达10^{-9}。在300～1500m工程精密定位中，1h以上观测的解其平均平面误差小于1mm。GPS的基准传递任何高度绝对位置平面精度为5mm，高程精度为±8mm。

(3) 观测时间短

目前，20km以内相对静态定位，仅需15～20min；快速静态相对定位测量时，当每个流动站与基准站相距15km以内时，流动站观测时间只需1～2min；动态相对定位测量时，流动站出发时观测时间只需 1～2min，然后随即定位，每站观测时间仅需几秒钟。

(4) 提供三维坐标

经典大地测量将平面和高程采用不同的方法分别施测，而 GPS 测量在精确测定观测站平面位置时，还可以精确测定观测站的大地高程。

(5) 操作简便

GPS 测量的自动化程度非常高，有的已达到“傻瓜化”的程度，操作员只需安装并开关仪器、量取仪器高度和监视仪器工作状态，其他工作则由 GPS 自动完成。

(6) 全天候作业

GPS 观测可在任何时间、任何地点连续进行，且不受天气状况的影响。

(7) 功能多，应用广

GPS 系统不仅可用于测距、导航，还可用于测速、测时。测速的精度可达 0.1m/s，测时的精度可达几十毫微秒，其应用领域正不断扩大。

3. GPS 技术在土木工程施工领域的应用现状

近年来，工业、交通、能源和建筑系统等部门都引进了 GPS 接收机，促进了 GPS 技术在我国的发展，制定了《全球定位系统城市测量技术规程》(CJJ 73—79)和《全球定位系统(GPS)测量技术规范》(CH 2001—92)等标准。GPS 技术在土木工程施工领域的应用主要表现在建筑、大坝、桥梁、隧道、公路等的测量及定位控制。

(1) 大坝变形监测

隔河岩水库位于湖北省长阳县境内，是清江中游的一个水利水电工程。其大坝为三圆心变截面重力拱坝，坝长 653m，坝高 151m。隔河岩大坝 GPS 变形监测系统于 1998 年 3 月投入使用，整个系统包括数据采集、数据传输、数据处理等三大部分。该系统在 1998 年 8 月的特大洪水期间的监测运行表明，GPS 系统安全可靠、抗干扰能力强、监测精度高，1hGPS 观测资料解算的监测点位水平精度优于 1mm，垂直度精度优于 1.5mm；6h 的 GPS 观测资料解算的监测点位水平精度优于 0.5mm，垂直度精度优于 1mm。数据处理分析及时，反应时间小于 15min，能够快速反映大坝在超高蓄水下的 3D 变形，既确保了大坝安全，又成功地实现了洪水错峰，为防洪减灾起到了关键性的作用。

(2) 机场轴线的 GPS 定位机

场跑道中心轴线方位的精度，因机场等级而异，最高应优于±1″，最低也应优于±6″。在施测时主要应注意：在方位精度要求为±1″时，应采用 GPS 基线解算精密软件；提供大地方位角时，要考虑平面子午线收敛角和方向改变的影响；提供天文方位角时，还要考虑垂直偏差的影响。自 1992 年开始，国内各城市新建的机场，其跑道的定位都采用 GPS 来施测，如南京禄口国际机场、武汉天河国际机场、济南机场、贵阳机场等。

(3) 桥梁施工的 GPS 测量

桥梁施工 GPS 测量的主要工作是建立控制网(包括水平控制网和高程控制)和进行施工放样。GPS 定位获得的成果属于 WGS 84 坐标系，由 WGS 84 坐标系变换为桥梁的独立坐标系，转换模型为：$X_T=(1+m)X_S+\Delta_{XD}+RX_S$。这个多参数模型限制了 GPS 在施工测量中的应用。西南交通大学教师提出的高斯投影方案，边角网或导线网方案和测边网方案，较好地解决三维坐标与平面二维坐标的转换，避免了由于转换参数求定误差而带来的系统误差和地面测量误差的干扰，保持 GPS 相对定位原有的高精度。GPS 技术提供的三维定位信息，对高程控制，尤其是解决跨河水准问题显示出巨大潜力。由 GPS 直接获得的大地高 H 是一几何量，桥梁施工采用的高程系统是正常高 h，它是地面点沿铅垂线方向到大地水准面的距离，是一个物理量。不考虑垂线偏差的影响，二者的关系为：$h_i = H_i - \xi_i$，式中 ξ_i 称为 i 点的高程异常，是似大地水准面至椭球面的距离。因此，只要能以一定的精度求得站点的高程异常差值，就能将 GPS 点的大地高转换为正常高。目前，利用 GPS 进行桥梁施工放样的工程还很少。虎门大桥的试验研究报告表明：放样点的平面和高程精度均能满足大桥施工要求。

(4) GPS 在线路勘测及隧道贯通测量中的应用

线路勘测、管线测量及隧道贯通测量是铁路、交通、输电、通讯等工程建设中的重要工作。由于该类测量控制网大多以狭长形式布设，并且很多工程穿越山林，周围已知控制点很少，用传统测量方法作业时间较长，直接影响工程建设工期。自将 GPS 技术引入该领域以来，其测量效率及测量精度极大提高。例如，西安—南京线、秦岭某隧道贯通和北京地铁等。

(5) GPS 技术在高层建筑施工中的应用

GPS 技术在高层建筑施工中的应用刚刚起步，仅限于个别工程。厦门建设银行大厦为国内首次采用 GPS 技术进行施工定位及监测的工程，在该工程中已形成以 GPS 技术确定和建立施工控制网，以传统方式实施结构施工放样的 GPS 建筑测量技术。其主要工作内容为：①设立建筑物外的临时观测基准点；②使用 GPS 测定施工测量基准点，获得准确的大地坐标系与施工坐标系的换算关系，确保 GPS 建立的控制网与建筑工程坐标系及城市坐标系相吻合；③使用 GPS 技术对建筑物的日照变形和振动变形实施连续观测，获得准确的变形数据。

通过该工程可以看出，GPS 在超高层建筑施工中应用有如下特点：①施工测量控制网一次测定到位，无误差的传递和积累，测定精度高；②数据测定和分析均使用计算机处理，避免了人为误差；③观测基准点主要用于确定起算点和起算方向，互相不通视，变换观测点均不影响观测精度；④对施工楼层控制网基点的选择约束较少；⑤能准确测定建筑物的日照变形和振动变形。

4. GPS 技术在土木工程施工领域的应用展望

(1) 应用的障碍与对策

GPS 技术的发展既受 GPS 系统本身及其开发的制约，也受使用单位技术条件的限制。因此，将 GPS 技术推广应用到土木工程领域，应重视下述问题。

1) 要重视应用理论研究

鉴于目前对 GPS 采用的选择可用性技术(即 SA 技术)，使 GPS 精度大大降低。研究新的数据处埋方法和开发新的软件，是理论工作者的主要任务。如应用 P-W 技术和 L_1 与 L_2 交叉相关技术，使 L_2 载波相位观测值得到恢复，使其精度与使用 P 码相同。对土木工程施工应用 GPS 技术的工程条件进行技术和经济研究，其核心是进行实施 GPS 的方案优化。

2) 采取切实可行的措施，进行技术创新

针对 SA 技术，除研究新的数据处理方法和开发新的软件外，还可以有如下措施：①研制能同时接收 GPS 和 GLONASS 信号的接收机。俄罗斯 GLONASS 无 SA 技术，即无需考虑对精度的降低和对精密信号的加密，这种接收机改善了GPS系统的有效性、完整性和定位精度，从而保证了在有障碍环境中的工程观测精度；②发展DGPS和WADGPS差分GPS系统，提高实时定位精度；③建立独立的GPS卫星测轨系统，精密测定卫星轨道，为用户提供精密星历服务；④建立独立的卫星导航与定位系统。完全摆脱对美国GPS的依赖，但这是一项技术复杂且耗资巨大的工程。目前只有俄罗斯和欧洲航天局拥有自己独立的卫星导航与定位系统。

3）产学研相结合

这是GPS技术在土木工程施工领域应用的关键。我国科技界和教育界正加大改革力度，强化科技是第一生产力，强调科技创新，并从政策上加以引导。可以预见，在施工企业中开展GPS应用工作，将得到强有力的技术支持。

4）提高工程单位技术人员素质

长期以来，受行业特点的制约，土木工程领域劳动力密集，技术更新速度慢，从业人员科技文化素质相对较低。因此，企业要加大从业科技人员的知识更新工作力度。

（2）GPS技术在土木工程施工领域的应用前景

GPS技术作为一种全新的测量手段，在工程控制测量中已逐步得到使用，其技术的先进性、优越性已为众多的工程技术人员所认同。随着GPS技术的进一步开发，特别是有关土木工程施工领域的应用技术，包括基础理论的研究、实践方法的探索、信号接收手段的更新、信号处理方法和软件的开发等的发展，GPS技术在高层建筑施工的放样与定位、大坝建设与监测、道路及桥涵的定位与控制等方面有着广泛的应用前景。

3.1.4 建筑施工中的传感器应用与发展

1. 传感器概念

施工中所用的传感器主要是利用传感设备，从施工现场采集构件温度、变形、受力、设备运行及现场施工状况等反映施工中各种施工生产要素及其状态的有用信息的数据与图像技术系统。它研究如何利用传感器将施工所需数据准确及时地收集和传递，从而为项目决策和控制提供基础数据，以利于施工控制和管理的高效化，是实现信息自动采集与录入的基础。

2. 建筑工程施工中的传感器应用

传感器是指基于计算机的传感设备。工程施工中的传感设备将反映各施工要素状态的物理信息通过IPO站转化为计算机能识别的数据，从而实现信息收集的自动化。用于施工中的传感器从功能上分主要有测温传感器、应变传感器、光(波）传感器、压力传感器、光纤和视觉传感器等。

（1）测温传感器

在施工中应用温度传感器主要是对大体积混凝土的裂缝进行控制。利用温度传感器（现场多用铜2康铜热电偶）将温度信号转变为数字信号，传输入计算机，由相关软件对其进行运算、分析和其他处理后显于计算机屏幕上，通过计算机屏幕可以随时了解掌握混凝土的温差变化，并具备报警功能。通过人工智能专家系统对报警部位提供相应的技术建议，从而采取措施消除隐患。除了控制混凝土裂缝外，温度传感器在混凝土的蓄热养护、冬期施工、冻结法施工中也能发挥作用。同时还可对施工中构配件装配进行温度监控，以保证安装精度和结构安全。在智能生态建筑中，温度传感器可以根据室内环境自动测温并调温等，以保持室内适宜的温度和节约能源。此外在建材产品中，如钢材、水泥、砖在生产制造中也要用温感进行控制，以保证生产和质量控制。

(2) 位移传感器

位移传感器除了用于检测结构构件的变化，房屋的倾斜、沉降外，最重要是用在基坑开挖时的地质预警系统中。通过测位计、测斜仪等仪器，在基坑开挖时，监控边坡的稳定，防止边坡失稳、滑移等，对施工周边的环境保护具有重要意义。利用应力-应变来检测桩端质量也得到大量应用。对于桩基检验，采用桩基动测分析系统，成桩后在桩顶作动测试验和分析，根据微机分析结果来判断桩身的完整性，然后决定对桩的施工质量处理方案，这是检验桩的一种重要手段。中国科学院武汉岩土力学研究所研制了桩基完整性动力检测装置，其中定量分析采用微机。中国建筑科学研究院研制的 FEI2A 型桩基动测分析系统，既可用作低应变动力检测，又可用于高应变动力检测，是我国当前桩基动力检测的最佳装置。随着技术的发展，位移传感器的应用将越来越广。

(3) 光波传感器

工程施工中的光波传感器主要应用于结构构件的无损检测，包括混凝土构件和钢结构焊缝等。采用光波传感器进行无损检测常用的有超声脉冲法、射线法、脉冲回波法、雷达扫描法、红外热谱法、声发射法等。

随着混凝土无损检测方法和电子技术的发展，利用传感技术进行无损检测也发展到一个新水平，目前国内、外关于无损检测仪器的研究动向主要有以下趋势：

1) 仪器智能化

近年来无损检测技术测试数据的处理和评价方法日趋复杂，迫切要求提高仪器的自身数据处理能力，因此新研制的仪器普遍运用了计算机技术。

2) 传感系统多样化

近年来高灵敏传感器系统不断出现，其中包括红外、微波、射线等传感系统。由于超声检测方法的多样化，超声探头的品种也日益增多，尤其是短余振探头、反射探头、组合探头等特种探头相继问世，使以往无法实现的某些检测方法和设想，通过新型传感器的研究成功而获得解决。比如，天津市地质工程勘察院引进了日本超声波成孔控测仪，利用该仪器特制的探头，一次下孔连续测量孔壁的 4 个方向，可提供影响钻孔质量的几乎所有参数。该仪器在充满泥浆的钻孔中，上下连续拍摄，使人们看到了钻孔的真实状况，这在大直径钻孔灌柱桩成孔检测中是一大进步。

3) 专用化、小型化、一体化、集约化

为了适用某些特殊结构物的检测需要，国内、外都有依据这些特殊要求制成专用仪器的作法，例如法国 CEBTP 公司根据钻孔灌注桩的检测特点制成专用仪器，该仪器把探头升降、光学记录系统、超声发射和接收等集于一体，既满足了要求又缩小了体积。湖南大学研制的桩基检测专用仪器，更把超声发射系统等都装入探头中，整机(包括升降机、数据采集、运算等) 由计算机控制，使超声仪更适合于桩基检测的特殊条件。一体化也是当今仪器的发展趋势之一，例如天津建筑仪器厂把回弹值、超声速度、衰减、频谱分析等指标的测试和处理都集于 HTC21 回弹超声综合检测仪中，提高了仪器中信息处理单元的利用率，缩小了体积，提高了检测效率。近年来国外还主张把各种检测功能的仪器组装在一辆检测专用车上，数据由共用的计算机处理和贮存，称之为集约化趋势。例如，英国的道路工程超声检测系统就是集约化的典型仪器群，它把各种道路无损检测装置安装在一辆车子内，在车前及车下安装了许多非接触式超声探头，车子行走过程中同时可测出路面的平整度、粗糙度、厚度等一系列质量指标，并由车内计算机作较大容量的信息处理，给出对道路状况的综合评价结论。这种集约化的检测仪器群机动性强、检测功能齐全、处理信息量大，可适应各种工程的检测，是一个可移动的检测试验中心。

值得说明的是，无损光波传感器(检测仪) 除了用于混凝土检验外，在钢结构焊缝检验、材质检验、砌块墙体检验等方面也得到大量应用，原理基本相同。

(4) 光纤传感器的应用

近年来，欧、美、日等发达国家已逐步将光纤传感技术应用于结构安全监控，并结合利用信息处理、驱动机构以及一些新型材料，探讨感应结构和更先进的智能结构等研究试验，并取得一定的研究成果。他们将光纤传感技术成功地应用于常年的结构安全监控，并在此基础上，增设并组装驱动机构(激励器) 及计算机，通过指令、行动等功能，由计算机进行控制，使结构的安全监控纳入自动化管理，并使混凝土构筑物成为具有一定灵敏度的感应结构。在上述感应结构中，进一步进行智能型结构的研究，即综合利用光纤传感器的检测功能、激励器的指令、行动功能和信息处理机的判断、结论等功能，在自动监控的基础上进行综合判断、处理的试验，以进一步达到能自我检测、判断、自我修复的智能型结构。

光纤传感器在土木工程中进展的概况主要体现在以下几个方面：①监控结构的应力与变形；②对结构开裂进行检测；③对大体积混凝土测温；④组成传感网络，遥控监测结构性能；⑤结构安全预示报警。

我国已将光纤传感材料用于三峡大坝和部分桥梁的健康检测和安全评定等。

(5) 视觉(图像) 传感器

视觉传感器通过光电检测器将光转化为电信号，最常用的光电检测器是摄像管和固态图像传感器。我们这里主要介绍利用 CCD 光电传感器对高层建筑施工的垂直度监测。

该系统由激光发射装置、CCD 光电传感器、视频发生器、图像采集管及系统主控机组成。激光沿直线发射激光束后，通过激光接收靶上 CCD 光电传感器驱动电路完成自扫描，经视频信号处理电路滤波放大，并经数字化后作为图像采集系统数据进入计算机，在经过对图像像变及照度进行补偿与数字滤波的图像处理后再显示在计算机屏幕上，这样可及时准确地取得在滑模施工中已经发生的垂直度偏扭程度，可及时地采用有效的纠偏措施，将施工误差控制在允许范围内。

利用该系统进行滑模施工的垂直偏扭监测不仅速度快，而且准确程度高，同时垂直度偏扭监测为动态管理，可以随时了解并掌握滑模施工中已经发生的垂直偏扭值及偏扭发展趋势，有利于及时地采取有效的技术措施对已经发生的偏扭进行纠正。光电传感器在武汉国贸中心大厦中已受到应用，且取得了良好的应用效果。此外在三峡大坝混凝土浇筑中，也利用光电视觉传感器进行了现场监控。

(6) 压力传感器

压力传感器在建筑工程施工中常用在基坑开挖与边坡支护、桩端承载力检验、各种结构构件的受力分析等方面。有人已开发出了微机控制下无粘结预应力张拉工艺，当实际张拉力与设计要求相对误差大于5%时，微机提示作业人员进行补张拉力。此外，利用压力传感器制成的电子计算秤也应用在混凝土搅拌站中各种配料的自动称重搅拌中，实现自动配置骨料，保证混凝土浇筑质量。

对土压力的测定是通过土压力传感器进行的。常用的土压力传感器有钢弦式和电阻式两大类。道路桥梁、房屋建筑预应力工程、基坑锚杆、建筑结构和构件受力的测定、结构荷载的测量、加荷千斤顶的标定等工作均可由测力传感器进行。

3. 结束语

本文介绍了建筑工程施工中各种传感器的工作原理与应用，旨在说明传感器的功能与效果。值得一提的是，3S技术尤其是RS和GPS技术也是一类重要的信息获取方法和手段。在施工中，运用遥感技术可充分了解工程所处的地理环境，了解其地下的土层构造及地下水等。而GPS技术则提供的是位置信息，是一种重要的施工要素，所以也可归入传感系统。利用GPS辅助工程施工测量已有应用，如由中国建筑三局三公司施工的厦门建设银行大楼，应用卫星定位技术，垂直精度大大提高。这种数据处理自动化、精度高、全天候的高层建筑观测对传统的测量方法是一次革命。所以重视对3S在工程中的研究应用也是传感系统发展的一个重要方面。归结起来，无论是从温度、位移、力、光波、光纤视觉等传感信息获知方面，还是从RS、GPS给予的信息资源看，传感器的作用可归结为：①代替人工获取信息；②完成人工所不能和不好达到或完成的工作。传感器主要是收集施工现场所需的各种技术数据，这些数据经APD转换或过滤后，将变为有用的信息传输给项目管理信息系统，经过综合和决策，指导工程的具体施工和维护。对于传感器应用，应做好两方面的工作：①施工企业与仪器厂合作，大量开发和研究施工所用传感器；②施工企业在工程中转变观念，大力推广运用。做好这些工作，就为数字化施工体系的建立奠定了信息基础。

3.1.5 计算机控制系统在建筑施工中的应用

1. 计算机控制系统组成

控制系统的功能是根据指令信息对外部事物的运动状态和方式实施干预，以达到某种预期效果或某种最优化目标。

计算机控制系统通常是一个实时控制系统，包括硬件和软件两大部分。建筑施工中应用的控制系统硬件可用图3.1-1表示，软件系统通常分为系统软件和应用软件两大类。系统软件指的是操作系统、程序设计系统等与计算机密切相关的程序，应用软件是用户根据要解决的实际问题而编写的各种程序。

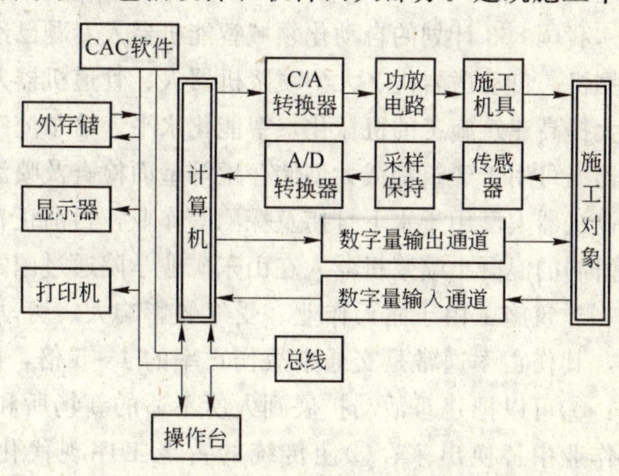

图3.1-1 建筑施工中的自动化控制系统

2. 工程施工中的计算机控制系统应用

计算机控制系统在工程施工中的应用主要可分以下6个方面：

(1) 数据采集和处理系统

在计算机管理下，定期对大量的过程参数进行巡回检测、记录、计算、统计、整理、数据越限报警并进行积累和实时分析等，需要时可对采集的数据进行图表显示、制表打印、在线画面表示等，以提供生产操作指导。

(2) 直接数字控制系统(DDC)

计算机根据采样值和内部按预先编制好的控制规律计算出控制量，最后发出控制信号直接去控制执行机构，使各个被控量达到预定要求。如上海浦东机场航站楼钢屋盖安装中使用的液压提升系统就是一个柔性化、智能化的计算机控制系统。

(3) 分级计算机控制系统

生产过程中存在控制问题和大量管理问题，用多台计算机分别执行不同的控制功能，既进行控制又实现管理，从而使计算机控制和管理的范围小、使用灵活方便、可靠性高，如混凝土搅拌站自动搅拌系统。

(4) 监督控制系统(SCC)

它由计算机按照数字模型仿真计算出最佳控制参数，通过计算机控制生产过程，保持生产过程处于最优工况。如盾构隧道施工多媒体监控与仿真系统利用监督控制系统检测盾构施工过程中地表位移的变化情况，地面指挥中心通过多媒体监控随时了解隧道施工过程中各工序的情况，掌握地下工作面前方盾构各施工参数，结合虚拟仿真系统对施工进行预测，从而统一指挥与调度。

(5) 计算机集成控制系统

该系统已有应用实例，如日本20世纪90年代就采用一些综合的新施工技术，其特点是建筑工程设计和制造与施工连续进行，信息由计算机控制，直接提供给制造和施工使用，建筑施工可以象工业企业生产一样全天候进行。其主要内容由施工设计和施工计划、施工现场综合管理、工厂生产运输、企业信息管理等系统组成。

(6) 其他应用

如智能控制等，其包含了专家系统、模糊控制和神经元网络控制等。

3. 建筑机器人技术

机器人是自动化控制的最高阶段，目前欧美国家偏重于建筑机器人的开发理论和采用机器人施工体系管理等软件的研究工作，而日本则把主要力量放在各种建筑机器人的研究和应用上。

我国863计划的自动化领域智能机器人专题已经开发出无人驾驶振动式压路机、可编程挖掘机、自动凿岩机、大型喷浆机器人、管道机器人等智能化机械设备，它们的投入使用将大大提高建筑施工的机械化、智能化水平。哈尔滨工业大学研究开发的遥控式壁面爬行检查机器人可用于建筑物或大型储存罐等壁面检查及喷涂；中科院沈阳自动化所研究开发的水下作业机器人已用于水下打捞及探测等作业，目前正在开发挖掘型建筑机器人；我国第一台自主研制的混凝土喷浆机器人在山东矿业学院通过国家863专家组验收，处于国际领先水平。

建筑施工由于露天作业、受气候影响大、劳动强度大、危险性大等特点，容易发生意外，其伤亡率通常是交通事故伤亡率的4～5倍，所以机器人在建筑业中的使用有很多优点：①可以把建筑活动扩展到人所不适的新场所和新领域；②把人类从单调重复的传统建筑作业中替换出来；③使传统的古老工序现代化并提高效率；④在高层建筑中可节省90%的人员，缩短工期。

机器人的应用目前分为两方面，一是工作直接由机器人完成，只需在机器人中输入固定的程序；二是机器人只是作为一种远程操作器，由机器人感知环境，将感知(视、触、听觉，感觉)信息实时传递给不在现场的操作员，使其能身临其境地遥控该环境中的被控对象，这就是遥控机器人。如日本开发的建筑机器人可用远离建筑工地的控制装置在操作室中控制，操作者边看立体图象边操作机器杆，这时就显示出远处的建筑机器人正在工作的情景。

4. 应用意义与推进措施

(1) 应用意义

自动化控制技术的实施对传统建筑施工生产工艺的过程将带来巨大的影响，具体表现在下列几个方面：

1) 全面提高施工生产效率

采用控制技术体系将大大加快施工过程中信息的传输和机械的作业效率，进而提高整个生产的效率。

2) 提高施工质量

多系统实行自动化控制、大量采用机械施工会促使施工质量的提高，如应用多种现代检测设备会促使施工质量中的事后控制大大提高。

3) 解决传统的施工难题

过去有许多施工技术和工艺不能解决的难题，而现在如 GPS 定位系统可解决高层建筑中柱梁的测量定位，焊接机器人对巨型高柱的焊接，数控液压顶升设施保证屋盖或屋架的同步提升等问题。

4) 促进施工生产的工业化、机械化和自动化

大量机械设备的应用改变了以往传统施工中的手工劳动，大大提升了劳动效率。而与机械设备的应用相对应，开始使用大量的成品半成品预制构件，促使施工生产的工业化发展，改变着传统的自动化生产和流水线作业。

5) 使施工生产具有可控性

控制系统使这种可控性在事前、事中、事后都可实现。

(2) 推进措施

我国的总体工业化水平比较落后，建筑业与其他行业相比尤甚。开发和研制建筑机器人无论从技术、资金上都存在着很大难度，目前大多还停留在试验和尝试阶段。就计算机控制系统来说，目前存在的一些集成控制系统如液压顶升系统、机器人操作等存在片面、零散状态，虽然各系统内部运作性能较好，但各系统间的协作性差，基本是各成体系，没有建立起统一的界面和标准，使最终的施工集成化存在障碍。另外，目前已开发的一些数字控制系统相比较整个施工生产，仍存在着数量少、开发深度不够等问题，一些集成技术主要应用在个别工作项目上，行业的整体生产水平还较低。

日刊指出，建筑机械施工信息化有利于促进建筑业的科技进步，促进建筑业由劳动密集型向高技术型转化，增强建筑业的生机和活力。在新的世纪日本将进一步使信息技术与机械化施工相结合，改进现有工法，开发新的工艺，如高层楼房自动化建设系统、大规模土方工程施工信息化管理系统、使用因特网进行超远距离遥控施工系统、信息化盾构法施工、地下工程无线传送和自动控制系统以及装备 GPS 装置的海上作业船信息系统等，使

地面、地下、空中、海洋工程信息化施工迈上新台阶。

我们一方面要抓紧研究以计算机为主的控制系统前沿技术，跟踪国际前沿动态；另一方面要抓紧推广运用。既要重视前沿，又要注重基础开发；既要借鉴吸收先进的技术，又要加大基础信息普及。一些成功应用实施的工程已展示了自动化技术发展的巨大潜力和意义，这也正是建筑机械化的发展方向。为此我们应采取下列措施：

1）建立层级式分工明确的企业等级体系

专业承包商关注专业领域的技术革新与发展，促进专业施工的进步；专业承包商与总承包合理分工，发挥各自优势，提升自身的竞争力。

2）人才是保障

大力培养和汲取具有现代意识、适合知识经济和信息技术革命的人才，他们具有开拓性的创新意识和市场眼光，同时为改变传统行业的精神面貌而增大企业的 R&D 投资。

3）建立技术开发中心或信息中心

施工企业也应关注高新前沿技术，结合自身情况选择合适的方向引进高新技术或自主创新，把信息技术作为提升企业竞争力的支柱、科技进步的先导和技术革新的动力。

4）不断完善自动化控制施工生产技术体系

企业要结合自身情况建成适合自身的完善的技术体系，并最终获得收益。

5）加强产学研的结合与合作

市场需求是科技进步的原动力，为此需与相关的研究开发、制造厂商、承包商联合起来，结合建筑业的特点对现有机械设备进行数控改造，应用机电一体化技术，促进施工生产的自动化、集成化和高技术化；同时加强推广应用，树立科技创新的意识，增加投入，真正推进建筑施工生产水平的提高。

3.1.6 钢结构建筑的发展与应用展望

1. 概述

从 20 世纪初开始，随着新材料、新工艺、新设备和现代结构设计理论的发展，大量新型建筑开始涌现，使房屋建筑产生了前所未有的大发展。而钢结构这一新兴结构体系的出现和大发展无疑对房屋建筑带来了深刻的影响，并逐渐成为与混凝土结构并驱的一大结构体系。不断研究和完善钢结构体系，发挥其优点，改进其缺点，从而适应现代社会的需要是钢结构工程面临的一大课题。

2. 钢结构的体系种类

从目前来看，钢结构用于房屋建筑中的主要结构体系有：高层钢结构、空间结构、轻钢结构、住宅钢结构等。

(1) 高层建筑钢结构

可以说钢结构的应用伴随着高层建筑的发展，从最早的芝加哥保险大楼到现代的金茂大厦，高层钢结构已经历了一个多世纪。

在高层钢结构中，有两种体系，一是钢—混凝土混合结构，一是纯钢结构。钢—混凝土混合结构最早于 1972 年用于芝加哥的 Gateway Ⅲ Building(36 层 137m)，我国至 20 世纪 80 年代才将其用于高层建筑。钢—混凝土混合结构综合利用了钢和混凝土结构的优点，用钢量约为钢结构的 70%，而施工速度与全钢结构相当，在综合考虑施工周期、结构占用使用面积等因素后，混合结构的综合经济指标优于全钢结构和全混凝土结构的综合经济指标，就我国高层建筑的情况看，大量采用的是混合结构，纯钢结构的比例很低。

(2) 空间结构

钢结构在空间结构中的应用主要分两类，一类是以受压、受弯为主的网架和网壳类，一类是以受拉为主的索张拉和膜结构。

1) 网架与网壳

以网架和网壳为代表的空间网格结构是空间结构的重要形式。其特点是跨度大、面积大、形式多样。不仅用于一般民用建筑，而且用于工业厂房、机库、候机楼、体育场馆、展览中心等。从发展看，网架与网壳仍是今后一段时间我国空间结构建设的主流。近年来，一批航站楼、会议展览中心、体育场馆开始采用矩型钢管、圆钢管制作空间桁架、拱架及斜拉网架结构，加上波浪型屋面更引起了人们的关注。由于北京申奥的成功，这类建筑将会大量出现。

2) 索张拉结构

以受拉为主的结构，避免了受压构件的稳定问题和受弯构件的应力不均匀问题，最大限度地发挥了受拉构件的作用，提高了结构的经济性，比如，在结构体系中巧妙地利用张拉构件，结合少数刚性受压构件，可构成受力合理的高效张拉结构体系，不仅承载力高、刚度大，且能充分发挥材料的强度，具代表性的有：巴赛罗那麦尔赛罗那塔、上海世纪公园三号钢结构大门等。

索张拉体系作为钢结构在空间结构中应用的重要表现是应用于索穹顶结构，索穹顶结构包括了膜结构和索结构。膜结构是建筑结构中最新发展起来的一种结构形式，由高性能、高强度织物及加强构件(钢架、钢梁和钢索等)构造而成，通过对结构施加确定的预应力以使柔性构件具有一定的刚度，从而覆盖大跨度的空间。自 20 世纪 70 年代以来，膜结构得到了极大发展和广泛应用，已逐渐应用于覆盖整个体育场或周边看台的屋顶系统、机场大厅、机库、火车站台、商场、展览中心、露天大剧场、交通服务设施、音乐广场及建筑小品等不同跨度的建筑中。索结构是以一系列受拉的索作为主要的承重构件，这些索按一定规律组成各种不同形式的体系，并悬挂在相应的支承结构上。索一般采用由高强钢丝组成的钢绞线、钢丝绳或钢丝束，也可采用圆钢筋或带状的薄钢板。近半个世纪以来，有许多跨度大、造型优美、结构合理的有代表性的悬索结构作品。

从工程发展看，索膜结构是一种趋势，跨度较大的膜结构都要与索结构结合，共同承力，它们实际构成了一种空间双层索膜结构体系。索膜结构可以充分发挥材料的强度，避免了结构松弛，具有重量轻、安装方便、结构轻盈的特点，是空间结构的重要形式。

(3) 轻钢结构

轻型钢结构近几年在我国发展很快，主要用于轻型的工业厂房、各种仓库、市场、体育场馆、展览厅及各类活动房屋、加层建筑等。轻钢结构一般由彩色钢板制成墙面和屋面，由 5mm 以上钢板焊接或 H 型钢作为承重结构，多采用门式钢架结构并用圆钢制成柔性支撑和高强螺栓连接。骨架用钢量一般在 $30kg/m^2$ 左右，施工速度快。一些国外厂商看到了中国的市场，纷纷进入国内，如 BUTLER、BHP、ABC、ASTRDN、WARD 公司等。此外与轻钢结构相配套的保温隔热材料、防火、防腐涂料、采光构件、门窗及连接件等也得到了迅速发展。

(4) 住宅钢结构

由于钢结构具有重量轻、抗震性能好，工业化程度高，是一种绿色环保产品，住宅建筑可以大量采用钢结构。发展钢结构建筑，尤其是对我国经济有重大推动作用的住宅钢结构，有利于迅速提升住宅产业化程度，推进我国建筑用钢的技术创新和产业结构调整。我国的住宅钢结构是从 20 世纪 80 年代引进国外的轻钢住宅进行研究而开始的，比如 20 世纪 80 年代末同济大学从日本积水株式会社引进了二层钢结构住宅进行研究。

住宅钢结构是推进住宅产业化的重要一方面，为此相关单位在北京、天津、上海、长沙等地已开展了设计研究和工程试点。目前主要解决住宅钢结构(包括 6 层以下、12 层以下，18 层以下)造价的合理定位；建筑设计完善创新；优化钢结构体系和相应节点构造；发展配套建材和设备，特别是外墙材料；开展试点工程进行技术交流，特别要解决钢材防火、防腐及保温、隔声、抗震等性能。

3. 钢结构对建筑设计的影响

现代钢结构的发展，大大促进了建筑设计的发展和延伸，开辟了设计的新领域。由于金属材料本身的特性(轻质高强、延伸性好、易加工、造型丰富)，从而对建筑设计产生了以下的影响：

(1) 促进了高层建筑的发展

高层建筑的兴起一是由于高层建筑本身给人宏伟、壮观的感觉，而对其赋予的象征意义使人们对其格外青睐；二是解决城市土地资源有限而产生的向高层发展。钢结构的出现，无疑大大促进了高层建筑的发展。根据对 20 世纪世界上 100 栋最高的建筑调查可知，大约 66％采用钢材，18％使用钢与混凝土复合材料，而只有 16％采用混凝土做结构材料。比如最高的十大建筑中从吉隆坡的双子塔大厦(452m)到芝加哥的 AMOCO 大厦(345m)都是采用钢或钢—混凝土混合结构，可以说由于钢结构本身特性，给建筑师和结构工程师提供了高层建筑设计的舞台。高层建筑中，钢结构与混凝土结构相比，强度高、重量轻、不开裂、延性好，使其具有柔性，从而增强了抗震能力，此外施工性能优良也是一个原因。正是这些因素，促使在超高层建筑设计中，设计师们优选钢结构。

(2) 促进了空间结构的发展

可以说没有钢结构体系就没有大跨度空间结构的出现，混凝土自重大，受拉性差，既使采用预应力，其跨度仍受到限制。而钢结构组成的空间网架、网壳以及索膜结构在大跨无柱的房屋建筑中给设计师提供了优良的性能。比如 1975 年建成的上海体育馆，平面为圆形，直径 110m，挑接 7.5m，是当前我国跨度最大的网架结构。1996 年建成的首都机场四机位机库，平面尺寸 90m×(183＋157)m 是我国目前建筑覆盖面积最大的单体网架结。这是普通混凝土结构乃至预应力混凝土结构所不能提供的，缺乏钢结构，建筑师的设计是无法实现的。

(3) 钢结构为设计师提供了丰富的主体造型空间

钢结构连接性能好，轻巧高强、材料加工方便，同时易于造型，这些特点给建筑师的主体造型提供了基础。一个优秀的建筑设计，结合结构的受力，可以设计出造型别致、独具风格的建筑设计作品。很多钢结构建筑实现了美观与功效的良好结合，收到了很好的效果，比如上海大剧院、厦门会展中心、金茂大厦、帝王大厦以及一些索膜结构，像英国的千年穹顶等。钢结构也是促使建筑设计中的高技派产生和发展的一个方面。

(4) 钢结构的经济性

钢结构在目前总体上费用比混凝土和其他结构高，但在高层建筑或轻型厂房等方面却显示出其优越性。比如高层建筑中，其构配件截面积小，可有效增加使用面积，同时结构楼层厚度小，可增加有效高度或层数，在一些轻型厂房或仓库中，轻型钢结构由于施工方便和快速，其经济性能甚至远远高于混凝土结构。此外，钢结构房屋具有可拆除性，其构配件可重复使用的特性，也使钢结构对设计师来说具有特别的优越性。

(5) 其他方面

结构设计中的计算精确性、可承受动荷载而不产生裂逢、连接加固的方便性、质量的可保证性等都促使钢结构在结构设计中具有优点。此外，钢结构没有二次污染，属于绿色产品，对于构建生态建筑提供了材料保证。

4. 钢结构对施工的影响

钢结构的施工分为两个阶段，一是在工厂中构件制作，其次是现场的安装，从而也使其产生了与一般施工不同的特点：

(1) 钢结构施工大大加快了施工速度

由于钢结构的构件制作已事先在工厂预制完毕，施工现场全为干作业，同时钢结构的连接速度快，无需支撑与养护，使钢结构施工速度大大加快，具有即装即用的特点，从而给快速建造提供了基础。

(2) 钢结构施工为工业化提供了基础

钢结构构配件工厂化制作，现场安装的有序进行和施工机械的应用，可大大减少手工劳动，提供了建筑业的工业化基础，施工的工业化有利于效率的提高和质量的保证，同时也为学习其他行业(如制造业)的先进技术和管理思想奠定了基础，会大大提升建筑业的产业水平。

(3) 钢结构施工是住宅或其他建筑物产业化的重要基础

产业化包括了构配件供应的标准化、制作生产的工业工厂化、以及装配施工中的机械化、工业化等方面。使施工生产向着工业生产流水线型的自动化迈进。而在目前的结构体系中，钢结构施工无疑提供了产业化的良好基础。

(4) 钢结构施工质量可控性较好

由于钢结构材料和连接构件的易检验性和可控性，钢结构施工能较好地满足施工质量的控制要求。

(5) 其他优点

施工中污染少、垃圾可回收、利于文明施工等。

(6) 钢结构施工中的不足

1) 钢结构施工对尺寸误差敏感，尺寸偏差将引起内力的变化，甚至会产生事故；

2) 钢结构施工对天气敏感，温差偏差将引起构配件尺寸变化，同时大风、雨、雪等对钢结构焊接也将产生影响；

3) 防火、防腐、保温引起的维护工作较多。

5. 发展我国钢结构的认识与展望

我国从 1998 年开始，钢产量已连续 3 年超过 1 亿 t。在扩大内需的大环境下，我国也从以往的“节约用钢”发展到“合理用钢”，近年又提出“拓宽建筑用钢范围”，实际上是提倡用钢。因此，钢结构将成为“十五”期间重点发展的一个领域。2000 年 5 月，建设部、国家冶金工业局建筑用钢协调组在北京召开了全国建筑钢结构技术发展研讨会，成立了全国钢结构专家组，讨论了钢结构产业“十五”计划和 2010 年发展规划纲要及建筑用钢结构工程技术政策。提出“十五”和“2010”年建筑钢结构用量达到全国钢材总量的 3%和 6%的目标。专家们提出将建筑钢结构归纳为高层建筑钢结构、空间大跨度钢结构、轻型钢结构、钢—混凝土混合结构、住宅钢结构五大类。由于高层建筑钢结构、空间大跨度钢结构和轻型钢结构已有大量成熟的技术和应用实例，而住宅钢结构是一个新型结构，与住宅产业化相配套，“十五”期间将以住宅钢结构为发展的重点。

(1) 钢结构住宅具有五大技术特点：

1) 是可以减轻建筑结构自重的 30%，提高住宅的抗震性能。

2) 是可增加大约 30%的使用面积，户内空间分隔较为灵活。

3) 是可采用工业化生产方式，实现技术集成化，提高住宅的科技含量和使用功能。

4) 是可提高劳动生产率施工用工少、速度快、工程质量可靠。

5) 是现场文明施工水平高，减少施工噪声和粉尘污染，综合经济效益好。目前，上海、北京、长沙、天津等城市已建成或正在建设钢结构住宅试点工程。

(2) 结合我国国情，对于发展我国的钢结构建设应明确以下认识：

1) 住宅钢结构是今后发展的重要方向。

2) 加强对钢结构体系的基础工作研究，形成适合我国的钢结构设计、施工、维护技术体系。

3) 钢结构的推广和运用是一个庞大的系统工程，需要政府、科研部门、施工企业、材料生产和供应商的各方协调。目前我国钢结构虽然数量较高，但钢材品种少、质量差，难以同国外竞争，同时价格上也不占优势，需要钢材冶炼厂加强 R&D，生产出适合建筑用钢的各类品种。建筑用钢是钢材市场的重要方面，建筑、建筑机械和城市汽车用钢量总和约占钢产量的 22%～26%。科研和设计部门围绕钢结构的使用，应努力开发出适合钢结构的设计软件，构配件体系以及抗震、防火和保温技术，以实现技术可行、经济合理的目标，奠定钢结构应用的基础。而施工企业应研究各种现代施工方法，促进施工生产的工业化，进而形成整个建筑物建设过程中的产业化。

4) 制定各种政策措施，加强宣传和试点，推进钢结构的发展。

我国的建筑技术政策(1996～2010 年)中对钢结构的推广进行了指导，在具体的推进过程中，还需要政府在相关的科研经费、规范标准制定、税收减免、政策保证等方面进行支持。同时要加强宣传和试点，改变人们的传统意识，充分认识钢结构的优点，让社会逐渐接受钢结构，社会的需求才是技术进步根本动力。人才的培养也是重要一方面，要在政府的支持下，形成科研设计部门为支撑体，企业为主力军的推广局面，促进建筑业的技术进步与发展。

3.1.7 虚拟建造技术及其应用展望

信息技术革命已对现代社会带来了巨大的冲击和影响，加快施工生产的信息化是改造和提升传统建筑业、促使施工生产进步与发展的方向。研究与开发土木工程施工技术的数字化与集成化，可促进我国建筑业的发展，改造和提升建筑业的生产水平。虚拟建造技术就是基于计算机与信息技术的应用和借鉴先进制造业的技术而提出的概念。

1. 虚拟建造的概念

虚拟建造(Virtual Construction，简称 VC)，是实际建造过程在计算机上的本质实现。它采用计算机仿真与虚拟现实、建模等技术，在高性能计算机及高速网络的支持下，在计算机上群组协同工作，对建造活动中的人、材、物、信息流动过程进行全面的仿真再现，发现建造中可能出现的问题，在实际投资、设计或施工活动之前便可采取预防措施，从而达到项目的可控性，并降低成本、缩短开发周期，在增强建筑产品竞争力的同时，增强各企业在各级建造过程中的决策、优化与控制能力。不难看出，虚拟建造技术是一种跨学科的综合性技术，它包括产品数字化定义、仿真、可视化、虚拟现实、数据集成、优化等。虚拟建造不消耗现实资源和能量，所进行的过程是虚拟过程，所生产的产品也是虚拟的。

从上述定义可以看出，借助虚拟建造技术，工程师能够像在真实环境下一样对建设过程进行分格和优化设计，在计算机中对建筑产品进行各种实时分析，如力学分析、工效分析、干涉分析、施工工艺分析等，然后迅速地修改建筑物的外观、结构、材质和施工工艺等。这种功能为建造商提供了前所未有的技术手段，使他们更快、更全面地了解想像中的产品施工过程，提高了他们的竞争力；还能使业主、设计者和施工者在策划、投资、设计和施工前能够首先看到并了解建造的过程和结果。

虚拟建造系统(VCS)是现实建造系统在虚拟环境下的映射，与真实产品的生命周期一样，虚拟建造产品的生命周期应覆盖规划设计和施工管理等过程，因此可通过统一建模，建立以设计为中心的 VCS(设计主导型)，以施工为中心的 VCS(生产主导型)以及以管理控制为中心的 VCS(管理主导型)3 个子系统，构成完整的虚拟建造系统。

以设计为中心的虚拟建造把施工信息引入到设计全过程，利用仿真技术来优化建筑和结构设计，从而在设计阶段即可对所设计的建筑甚至构件的制作、安装进行可实现性分析。该分析包括施工过程的工艺分析、力学分析、运动部件的运动学和动力学分析等以及工期、成本、质量等的分析，它主要解决“设计出来的建筑是怎样的建筑”的问题。以施工为中心的虚拟建造是在施工过程模型中融入仿真技术，以此来评估和优化施工过程，以便低费用、快速地评价不同的施工方案、材料需求规划、工期安排等，其主要目标是评价施工的合理性，它主要解决“这种组织施工是否合理”的问题。

以管理控制为中心的虚拟建造是将仿真以及其他管理应用软件加到控制模型和实际处理中，实现基于仿真的计划管理控制系统。它利用计算机软硬件的强大功能，将建造过程的相关管理要素进行计划和实施控制，使之和具体建造过程相对应，它主要解决“应如何去管理和控制”的问题。

从上述定义看，虚拟建造是对施工过程中的各个环节进行统一建模，形成一个可运行的虚拟建造环境，以软件技术为支撑，借助于高性能的硬件，生成数字化产品，形象地再现施工建造的全过程。它是数字化形式的广义建造系统，是对实际建造过程的动态模拟。虚拟建造具有高度集成、敏捷灵活、分布合作、高度并行等特点。

2. 虚拟建造的技术体系

虚拟建造涉及多个学科领域，是对这些领域知识的综合集成与应用，而其中虚拟现实技术、仿真技术、建模技术和优化技术是虚拟建造的核心与关键技术。

(1) 虚拟现实技术

虚拟现实技术首先应用于机械制造领域。迄今，虚拟现实技术在制造业已经有了多方面的发展，并取得了宝贵的经验。正是基于虚拟制造技术的基础和启发，才提出了虚拟建造理论。虚拟现实于20世纪80年代初提出，1992年才有对虚拟现实较系统的论述。它对未来的影响被视为仅次于因特网，对人们的生活、认识和实践方式都将产生深刻的影响。虚拟现实技术综合了计算机图形技术、计算机仿真技术、传感器技术、显示技术等多种学科的优势，它为人机交互对话提供了更直接的真实的三维界面，并能在多维信息空间上创建一个虚拟信息环境，使用户具有身临其境的沉浸感。正是这种特点，使虚拟现实技术成为“身体在知识探求过程中的能动作用得以保证的第一个智能技术”。

由于虚拟现实技术不但具有仿真技术的优点，还能提供真实的环境效果，因而在许多应用领域取得飞速发展，如军事、医学、海洋探测、博物馆珍品展示、虚拟样机制造等。国内外的土木工程界在“大坝安全在线监控系统”和建筑消防研究方面也已有一些尝试。

利用虚拟现实技术对城市、小区或者校园、建筑物的规划建设进行事先多媒体展现已在实践中得到大量应用。

(2) 仿真技术

计算机仿真(Computer Simulation，简称CS)，就是构造出一个“模型”，包括实际模型和虚拟模型：来模仿实际系统内所发生的运动过程，这种建立在模型系统上的试验技术称为仿真技术，或称为模拟技术。它是建立在系统工程学、计算机科学、控制工程学等学科基础上以概率论与数理统计为基础的学科。利用仿真技术可以缩短决策时间，避免资金、人力和时间的浪费，而且安全可靠。

从技术层次看，仿真分数值仿真(Numerical Simulation)、可视化仿真(Visual Simulation)、多媒体仿真(Multimedia Simulation)和虚拟现实仿真(VR Simulation)系统等。从技术进步看，VR仿真是虚拟技术与仿真技术的结合，是仿真的发展趋势。

仿真技术在土木工程中的应用主要表现在结构计算、施工技术与管理领域。施工过程的仿真一般采用离散事件建模分析，它涉及基础、结构和装饰工程施工等。在基础工程中，仿真系统主要针对土方施工、基坑支护结构施工、大体积混凝土施工等问题展开研究。在结构工程施工中，仿真系统主要包括施工方案、项目管理、机器人施工模拟等仿真系统，此外虚拟建造系统中的仿真还涉及到项目开发阶段。

(3) 优化技术

优化技术是将现实的物理模型经仿真过程转化为数学模型后，通过设定优化目标和运算方法，在制定的约束条件下，使目标函数达到最优，从而为决策者提供科学、定量的依据。它使用的方法有线性规划、非线性规划、动态规划、网络技术、运筹学、决策论和对策论等。应用优化原理进行建筑工程的规划、设计、施工、管理时，能全面、综合地考虑在技术、经济和时间上的最优，因此在建筑工程的各个阶段，推广应用优化原理和方法，能取得显著的技术效果和经济效益，这是构建仿真系统或虚拟系统的最终目的。

(4) 建模技术

产品建模方法是虚拟建造的核心问题。产品建模特别强调产品在计算机上的本质实现，强调对产品开发全过程的支持。适用于虚拟建造的集成模型必须满足以下三个要求：

1）必须保证建筑产品信息的完整性，能够对不同的抽象层次上的建筑产品信息进行描述和组织；

2）不同的应用能够根据它提取所需的信息，衍生出自身所需的模型，且能添加新的信息到建筑产品模型，保证信息的可重复使用性和一致性；

3）应该支持自顶向下设计，特别是概念设计和设计变更。

根据虚拟建造中对产品模型的需求，整个模型可分为核心模型和各种分析模型。从项目实施的角度来看，可以分为基础模型、设计模型及施工模型。其中施工模型将工艺参数与影响施工的属性联系起来，以反映施工模型与设计模型之间的交互作用。施工模型必须具备计算机工艺仿真、施工数据表、施工规划、统计模型以及物理和数学模型等功能。

（5）软硬件基础

目前，随着计算机技术水平的迅速发展，与虚拟建造对应的软硬件基础已开始发展起来。虚拟建造体系是已有的CAD技术与CS技术、数据库技术、计算机、网络技术、人工智能技术、虚拟现实技术等学科技术的综合系统集成，因此其相关软件也是多方面的。国外已经出现了一些类似软件，如EAI公司的PDV产品、Realax、Division、MultiGen、Deneb等，这些软件有一些共同特点——与已存在的CAD软件（如AutoCAD、UGI、Prom、IDEAS、CATIA等）有很好的接口，支持的外设、支持网络。目前国内市场出现的相关硬件主要有各种型号的SGI工作站、SUN工作站、HP工作站以及各种立体眼睛、显示器、头盔、手套等。在网络应用方面主要有VRML（Vidual Reality Modeling Language）语言，由于还属于新技术，许多大学和研究机构都在做这方面的研究，研究的层次和对象不同，使用的软硬件也各不相同。上海正大广场虚拟建造项目中用的软件为Deneb、AutoCAD R14、Pro-Engineer、Solid-edge；在硬件方面，采用了SGI(Onyx)。

3. 虚拟建造技术的应用意义与展望

（1）虚拟建造技术的应用意义

使用虚拟建造技术对施工过程进行模拟，可在施工前了解各种构件在实际结构中的相对位置及相互关系，实验多种施工方法，计算相应工况应力，制定施工计划并对方案进行优化，将奠定数字化施工的基础。目前，虚拟建造技术对施工生产的作用主要表现在建筑工程施工方案的选择和优化，施工技术革新和新技术引入，施工工艺过程模拟，施工管理，安全、生产培训，大型工程的规划和设计等。虚拟建造技术的广泛应用将从根本上改变现行的建造模式，对相关行业也将产生巨大影响。它运用软件对建造系统中的五大要素（人、组织管理、物流、信息流、能量流）进行全面仿真，使之达到前所未有的高度集成，为先进技术的进一步发展提供了更广大的空间，同时也推动了相关技术的不断发展和进步；加深了人们对施工生产过程的认识和理解，从而更好地指导实际生产，即对生产过程整体进行优化配置，推动生产力的巨大飞跃。同时，可以全面改进企业和项目的组织管理工作，真正实现信息化管理。

（2）虚拟建造技术的应用展望

虚拟建造本身是一门新兴学科，目前尚未形成体系，即使在西方发达国家，现阶段也只有关于它的一些零星的报道和文章，尚未形成独立的系统，其支撑技术的应用也只是刚刚开始，但各国的建造师们已经开始探索，这必将推动虚拟建造形成独立的理论体系并在工程实践中得到推广和应用。

国外对理论的研究主要集中在三个方面：首先是对建造理论的研究，它奠定了虚拟建造的理论基础；其次是建造领域的可视化仿真、精益建造、快捷建造等相关研究工作，它们构成了虚拟建造的技术支撑体系；第三类是虚拟现实技术在建筑行业的应用，主要涉及软件研制和系统开发。

国内研究大多还停留在理论上，真正把虚拟仿真技术用于工程施工的实例是上海正大广场，其施工虚拟仿真系统主要包括三大部分：①上海正大商业广场建筑外观与城市场景虚拟漫游，即在建筑物建成之前，虚拟显现建筑物建成后周围的环境；②钢结构施工方案及其优化；③桅杆起重机和钢构件内力及焊接变形分析。其中②、③是虚拟仿真系统的核心部分。该项目 2000 年 5 月在上海组织了技术评审和鉴定。会议给予此项目很高的评价：①该技术在正大广场工程中的应用达到国际先进水平；②是高新前沿技术应用到施工中的一种首创；③对于今后的意义是里程碑式的，是建筑施工中的一种革命。该项目的开发研制为虚拟建造的应用提供了重要的经验和尝试。此外，广州(新)白云机场的钢屋架施工也应用了这项技术。

虚拟建造技术能否在建筑工程施工领域得以推广和应用，取决于计算机硬件和相关软件本身的发展。同时建筑施工中应用虚拟建造技术是一个巨大的系统工程，需要政府、业主、企业、研究机构各方的协作。一方面，虚拟建造技术本身还在发展和完善中；另一方面，建筑业本身创新思维和机制的落后也是先进技术推进的一大障碍。结合目前的实际情况，推行虚拟建造，首先可从单个技术应用出发，以点带面，最终促成技术集成，进而实现完全的系统虚拟。例如从虚拟现实技术、仿真技术等的单项应用开始，到两者的集成应用——虚拟仿真技术的推广，不断促进虚拟建造的实现。

目前建筑工程施工中应用虚拟仿真系统，虽还存在一些技术和开发成本上的问题，但向前看，未来应用虚拟建造技术是一个必然的趋势。

首先从技术方面看，计算机硬件和各种软件技术的飞速发展，必将为 VC 技术在建筑工程施工中的应用提供广泛的基础。超高速的仿真计算机、更高速的通讯网络以及更经济的高分辨显示系统、更精确的传感器的诞生都推动着虚拟建造技术的发展。新型高速微机和多媒体系统将使仿真技术在微机上应用成为可能，各种建模、仿真软件的发展和完善也为虚拟建造技术的推广应用奠定了基础。通过开发通用和集成型施工软件(模块)，必将降低单项工程的开发造价和加快软件的普及，逐步推进自身企业的信息化建设和科技进步。

从企业的角度来看，我国加入 WTO 后，进行国际竞争是必然的，要树立自身品牌，提高竞争力，就必须加大科技投入、加快信息化，这是不容回避的问题。努力提高自身的技术进步和创造更高的劳动生产率，从而加速发展，用产生的效益去进行更大的投入创新，这是我国建筑业入关后面对竞争局面必须要走的路。

信息时代的到来对古老的建筑业提出了新的挑战，我们必须以开放的心态进行新概念、新思想、新理论的探索，吸收和借鉴所有行业的先进生产和管理的思想方法和模式，发展建筑业，缩小同其他行业的差距。通过在建筑工程施工中引入虚拟建造的工程实践证明，用虚拟技术研究建筑工程施工，将创造极大的经济性和促进技术的进步。虚拟建造技术将开创一个全新的数字化施工新时代，使建筑施工技术和整个建筑业进入一个全新的纪元。

3.1.8 科技创新与绿色技术在奥运场馆施工中的应用展望

人文、科技与绿色在奥运场馆规划、设计中的充分体现将为北京奥运会的硬件设施带来全新的形象，以一种什么样的模式完成奥运工程的施工建设，将决定着奥运工程的质量、进度、成本、形象以及最终的使用功能，而科技创新与绿色技术在工程施工中的体现就是要努力实现在奥运场馆的整个建设生命周期中，从规划、设计到建造以至于使用阶段都始终贯穿“科技”与“绿色”的理念。基于这个目标，通过总结以往的施工经验、做好施工技术储备、努力进行科技创新的同时在施工中树立绿色思想将是我们应用“科技、绿色”理念，完成奥运工程施工任务这一指导方针实现的基本原则和方法。

1. 我国大跨度体育场馆的主要施工方案及技术要点

大跨度建筑结构为体育场馆建筑的主要结构形式，其施工技术基本反映了体育场馆建筑的施工方法。从国内建设情况看，体育、休闲、展览、航空港、机库等设施的建设需求推动着大跨度建筑设计和施工水平的不断跃进；从形式上看，大跨度建筑利用了几乎所有的建筑结构形式来表现(见图 3.1-2)。

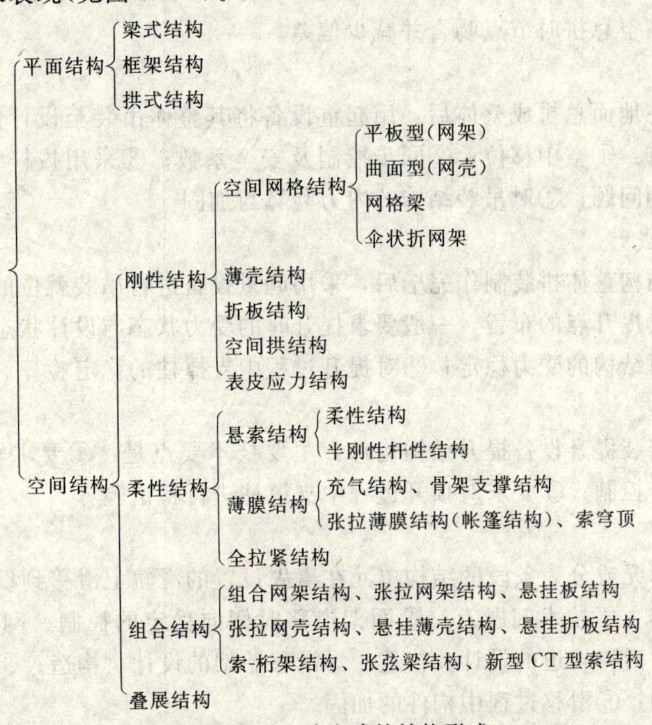

图 3.1-2 大跨度建筑结构形式

大跨度结构中广泛应用的是钢筋混凝土和钢材。由于钢筋混凝土结构自重大、抗拉强度低，在大跨度结构中受到一定限制。但现代空间预应力技术的成熟，大大拓宽了钢筋混凝土的应用水平，平面结构的 3 种形式、空间结构中的薄壳、折板等都可采用混凝土材料。钢材因其轻质高强而适宜于大跨度结构使用，各种型钢、管材、成材、预应力钢绞线、索等在大跨度结构中广泛应用。在我国，由于新型结构形式发展还不全面，使复合材料、纤维织物、结构用玻璃等材料的应用还不完备，此外耐久性的问题也限制了这类材料的应用。

(1) 大跨度钢结构

钢结构为适宜大跨度采用的主要结构形式，其施工技术的发展代表着空间大跨结构的主要方向。

1) 高空散装法

是指将网架等结构的杆件和节点直接在高空设计位置总拼成整体的方法，又分为全支架法(即搭设满堂脚手架)、悬挑法和逆作法3种。实施时考虑的主要技术问题是：①确定拼装顺序，并保持拼装精度和减少积累误差；②控制好标高和轴线位置，保证总拼装后的各项偏差指标符合标准；③悬挑法施工时须保证已施工部分的刚度和稳定性；④拼装胎架要有足够的强度、刚度，避免因胎架变形而影响拼装精度。

2) 分条或分块安装方法

又称小片安装法，是指将结构从平面分割成若干条状或块状单元，分别由起重机械吊装至高空设计位置总拼装成整体的安装方法。其主要技术问题有：①网架结构划分单元应具有足够刚度并保证几何不可变性，否则应采取临时加固措施；②由于网架施工时受力状态为近似平面结构体系，须考虑条状单元合拢后的标高一致；③单元拼装的尺寸、定位要求准确，以保证高空总拼时节点吻合并减少偏差。

3) 整体吊装法

是指将结构在地面总拼成整体后，用起重设备将其整体吊装至设计位置的施工方法。其主要技术问题有：①空中移位；②同步控制及安全系数；③采用拔杆整体吊升结构时，拔杆间的相互协调问题；④对吊装结构的内力验算与加固。

4) 整体提升法

在地面上将结构整体拼装制作完毕后，采用起重设备进行吊装就位的施工方法。其主要技术问题有：①提升点的布置，一般要求提升时的受力状态与设计状态一致；②同步控制，以保证提升时结构的受力稳定；③对提升过程中支撑柱的稳定验算。

5) 整体顶升法

在结构柱上安装提升设备提升结构构件，主要技术要点是：①要求轨道的设置垂直，布置牢固；②同步控制；③要求对顶升过程中支撑柱进行稳定验算。

6) 滑移法

将某个平面单元或分为条段的结构单元在事先设置的滑轨上滑移到设计位置拼接成整体的安装方法。其主要技术问题有：①网架滑移时侧向稳定的控制、网架变形及应力监测；②柱顶滑移时滑移轨道的设计、构造；③滑移胎架的设计、构造；④滑移牵引系统设计及滑移同步控制；⑤滑移过程中构件的加固。

7) 钢结构预应力的施加方法

① 直接张拉方式，如广州国际会展中心钢桁架屋盖的预应力张拉方式；广州白云机场飞机库工程通过张拉预应力筋，使整个屋盖结构起拱成型；②整体下压方式，其原理是利用屋盖桁架等整体下压在钢索上，使钢索受到横向压力而建立预应力的一种方式，如安徽体育馆、上海杨浦体育馆等就用此法；③整体顶升方式，是利用支撑柱等整体顶升索膜顶盖，使索膜受拉而建立预应力的一种张拉方式，如秦皇岛体育馆双层索膜结构等。

8) 其他施工方法

在实际工程中，结合具体情况，可采用甚至创造新的施工方法，如推进式吊装法、飞机穿索法、旋转桅杆法以及移动脚手架拼装网架法等。

(2) 混凝土结构

以预应力技术为代表的混凝土结构是体育场馆工程中的另一类主要形式，尤其在看台、挑台、基础等部分主要是预应力混凝土结构形式。中国建筑八局在武汉体育中心体育场施工中，成功地解决了Y形混凝土柱及阶梯式大斜悬挑混凝土梁的施工技术，达到了清水混凝土的要求，为混凝土结构形式的体育场馆施工提供了工程借鉴。混凝土结构体育场馆工程施工技术要点有：①预应力工程的施工问题，包括各种类型预应力的张拉、锚固等过程与控制；②高性能混凝土的使用，包括预拌、浇筑、防开裂等技术措施；③清水混凝土的要求，包括材料、工艺、模板、养护等方面的技术规定；④模板脚手架的应用，包括各类模板体系的选用、脚手架支撑体系的计算等；⑤大体积混凝土的浇筑及基础施工等。

2. 对大跨度体育场馆工程施工中技术创新的思考

在已有技术的基础上，不断创新，积极开发和应用新技术是进行奥运场馆施工时要坚持的方向，结合相关的工程实践和建筑业10项新技术推广政策，在工程施工中可以考虑以下创新方向：

(1) 信息技术的积极开发和应用

信息技术是改造和提升传统建筑业的有力手段，在工程施工中的应用除了传统的CAD、单项管理软件外，还包括了虚拟现实技术、结构仿真技术、内力及质量检测技术以及项目管理信息系统的开发和应用等。

现代建筑都呈现功能多样化、结构复杂化，通过运用虚拟现实技术，可以形象直观地表现建筑设计的形态，并为工程施工的方案制定提供直观的手段，奠定方案基础。中国建筑三局在此方面已有成功的经验，如上海正大商业广场施工虚拟技术等。

对于大跨度建筑中的非刚性结构体系，如索、膜、网壳、张拉结构等的施工，其施工方法、施工顺序和施工控制的每一方面都须严格依赖于精确的理论分析和结构计算，计算机结构仿真技术可以为施工过程提供精确的理论和力学计算依据，为施工方案的制定提供基础。此外，这些索、膜张拉结构的应力-应变检测也可借助计算机技术精确完成。中国建筑三局在广州体育馆工程施工中，面对复杂的索、桁架结构体系，利用结构仿真技术对施工过程进行全面模拟，取得了良好的效果。此外借助开发的频率法检测索力技术取得了应力应变检测的新手段。此外在深圳文化中心也成功地应用了结构仿真技术，对复杂树状结构施工的构件制作、现场安装等提供了计算依据，取得了很大的效益。

大跨度空间复杂结构的准确测量定位对于工程的质量有重要影响，努力开发以GPS为代表的准确定位技术可以大大提高测量的精度和效率。目前GPS定位技术直接用于建筑施工测量还不多见，中国建筑三局在厦门建设银行工程施工中成功地应用了该技术，建立了施工控制坐标间的转换关系，为施工中直接应用GPS奠定了基础。信息技术的应用是广泛的，需要我们在实践中不断启发，并使信息技术成为提高工程质量和效益的有力手段。

(2) 现代管理理念在工程实践中的应用

结合现代项目管理思想的发展，在工程实践中我们需要进行以下方面的管理革新：考虑全生命周期过程的项目管理；项目策划、项目控制；HSE管理；品牌形象以及从业主角度应积极推行的诸如项目总控；MC 或 CM 模式管理；新型的承发包模式等。

考虑全生命周期过程的项目管理要求承包商与业主建立合作伙伴关系而不是经常呈一种对立状态，使两者的利益目标一致，从而使承包商的项目管理融入业主的价值体系，使项目从开始立项、规划设计、拆迁、施工到维护各个阶段能有效兼顾，并取得最终项目和项目各方的价值最大化。

现代项目管理认为项目管理＝ 项目策划 ＋ 项目控制。努力作好项目策划，把施工中的种种风险、干扰、措施、目标预先地定义和分析完善，将会使项目控制有章可循，并取得可行和理想的效果。

与绿色奥运相对应的就是绿色施工，推行 HSE(Health；Safety；Environment)管理，就是利用绿色施工技术，减少对健康、安全、环境的危害。HSE 管理包括了制定目标和措施、加强控制与监督等过程，它对应安全施工和文明施工，并使其成为建筑施工活动与"绿色奥运"相关联的直接措施。

在奥运场馆施工中的形象品牌要展示奥运形象，在施工人员中要宣传奥运理念，使工程建设从形象上整体融入奥运热潮中。

从业主的角度看，建立多种模式的项目管理方式可以适应工程建设的不同需求，发挥各方的优势，取得工程建设的价值最大化。

(3) 优化技术及价值工程在施工中的应用

如前所述，在施工方案的多方案比较和应用中，利用种种优化技术将提高方案制定的科学性和经济性。优化技术包括了各种运筹学优化方法、专家系统(知识库)优化方法、人工神经网络及模糊优化方法等。这些优化技术的开发和应用将给工程建设带来巨大的效益，另一方面，价值工程的积极研究和应用也将给庞大的基建投资带来经济效应。

(4) 新型材料的开发应用

包括以节约使用状态下的能量为原则的新材料应用、以健康生态环保为原则的新材料应用和以轻质高强为原则的结构新材料应用和智能结构材料等，从结构体系的角度看，主要有各种高性能混凝土、饰面混凝土、智能混凝土，各种索、膜、耐火耐候钢等新型工艺和新材料。

(5) 各种新型机具、设备的开发和应用

主要包括适应各种新型结构形式施工的机具与设备，如高性能的起重设备，预应力张拉设备、微型施工机械、检测仪器等和适应环保需求的低噪声、低污染的施工机械设备等。

(6) 推行产业化，提高施工效率

包括建立相应的认证体系，提高预装配的施工比例，减少现场作业等措施。实践证明，为确保大跨度结构的安全、质量、进度和减少现场脚手设施，应尽量减少高空作业，将大量工作集中到工厂预制和现场地面组装。

3. 提升奥运场馆工程施工技术创新的保障措施

(1) 对政府方面工作的建议

奥运工程属于政府工程，除了对工程进行管理外，政府方面对技术创新的作用主要是加强引导和监督作用，促进工程建设各方协作，创造一个良好的科技创新环境。其具体的表现为：①建立严格的招投标制度和平等的市场竞争环境，保证有实力的先进企业得以发挥优势；②对工程质量、进度、安全方面的严格监督体系；③建立奖惩体系，对综合施工方面优秀和技术开发突出的企业给予奖励；④在技术创新方面给予支持，包括资金、政策、税收等方面的优惠。

(2) 建筑施工企业的准备措施

建筑施工企业应积极作好以下应对措施：①做好技术和管理储备、推行四新技术、实施精品战略、完成施工任务；②做好产、学、研工作，积极与相关院校、科研机构合作，做好技术创新；③以奥运工程为依托，提升企业的整体科技与管理水平，使企业在项目融资、工程咨询、大型设备和材料采购与国际项目管理接轨等方面取得全面的提升。

4. 结束语

奥运工程建设对中国建筑业是一个难得的机遇，需要施工企业认真对待。同时奥运工程建设更是一个挑战，它使中外建筑业在国内市场上的竞争提前到来，需要同心协力、扎实工作，不断在竞争的实践中发展壮大中国建筑业。

3.2 现代建筑施工技术的应用

3.2.1 辽宁、天津电视塔主体工程施工

1. 工程概况

辽宁电视塔(以下简称辽塔)和天津电视塔(以下简称天塔)外形相似，均为筒中筒结构，都是由塔基、塔座、塔身、塔楼和桅杆天线等五部份组成(图 3.2-1)。两塔工程特征见表 3.2-1。

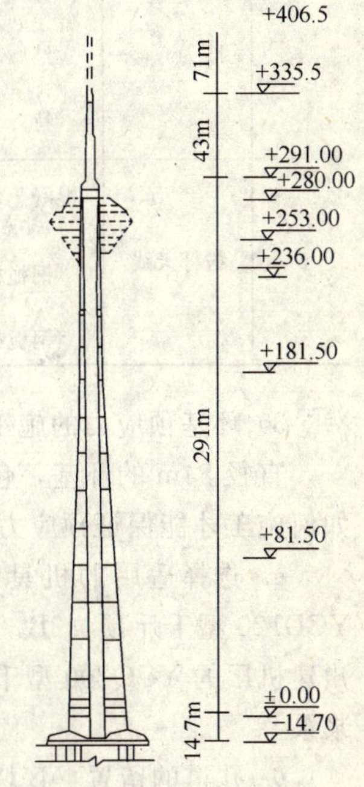

图 3.2-1 天津电视塔构造

2. 主要施工工艺

(1) 塔基施工

塔基施工的关键是桩基，大体积混凝土承台和预应力的施工。

1) 桩基

天塔桩基的施工，是采用柴油打桩机打桩。根据设计要求，选用 7.2t 桩锤。为减小送桩长度，采取先开挖部分土方，将桩机落至基坑内，使送桩长度不大于 5m。打桩顺序由中心向外辐射扩展。质量控制采用打入深度和最后贯入度同时控制。

2) 承台

天塔承台施工时，正值冬季，施工大体积混凝土，对水泥水化热造成的内外温差的控制尤为重要。要求混凝土有一定的入模温度，为此，我们采取留置水平施工缝，分三次浇筑混凝土，热水搅拌，使用 42.5 级普通硅酸盐水泥配制混凝土，掺加减水剂、防冻剂、F 矿粉和毛石等，利用混凝土输送泵运料，加快施工速度。气温最低时，用钢管、纤维布搭设暖棚保持环境温度，结合蓄热法，确保了混凝土质量，达到优良。

辽宁、天津电视塔工程特征表 **表 3.2-1**

序号	部位	特征	工程名称	
			辽宁电视发射塔(塔高 305.5m)	天津电视发射塔(塔高 415.2m)
1	塔基	地基	天然地基	桩基(钢筋混凝土桩 545 根、钢管桩 15 根)
		埋深	12.0m	14.7m
		结构形式	钢筋混凝土截圆锥壳上下加环和电梯井筒基础组成	钢筋整板结构，基础设环向预应力筋
		环板直径	40m	54m
		混凝土总量	4013m³	8800m³
		环板预应力筋	3 圈 7 层 42 环 126 束预应力钢绞线，包角 120°	2 圈 8 层 32 环 64 束预应力钢绞线，包角 180°
2	塔座		两层裙房钢筋混凝土框架结构	两层裙房钢筋混凝土框架结构
3	塔身	内筒	电梯井和楼梯间断面呈鼓形	电梯井和楼梯间断面呈切角矩形
		外筒		
		混凝土	截面为正圆环形的受力骨架 C40 级普通钢筋混凝土结构	9 度抗震设防，C40 级预应力钢筋混凝土结构，纵向沿周围均布 1080 根 ϕ36 非预应力钢筋
4	塔楼	标高	187.0～212.5m，7 层，高 25m	243.5 ～ 278.0m，8 层，高 34.5m
		结构	钢结构，总重 428t	钢结构，总重 1050t
		特点	最大层外径 43m，悬梁最大 17m	最大层直径 45.8m，悬梁最大 14.87m
5	桅杆天线	混凝土桅杆高	215.5～245.5m，壁厚 0.4m，圆环形断面	从 291.0 ～ 335.5m，壁厚 0.6m，矩形断面
		钢桅杆高	总高 67.4m，最大直径 2.0m	总高 71.0m，断面 5m×5m 及 3.8m×3.8m
		钢桅杆重	80t	130t

3）环基预应力的施工

直径 54m 的环基，包角 180°的预应力钢绞线施加预应力时，拉伸值长，摩阻力大，如何施工才能保证预应力均匀建立符合设计要求是一个难题。我们的作法是：

a. 选择适用的机具：辽塔设计采用 XM15-7 型锚具，我们选择大连拉伸机厂的 YCD120 型千斤顶、2B⁴/500 型电动油泵，天塔设计采用 QM15-7 型锚具，我们选用了柳州建机厂的 YCQ200 型千斤顶、2B⁴/500 型电动油泵。灌浆机选用杭州建机厂的挤压式灰浆泵。

b. 孔道的留置：辽塔和天塔分别使用内径 ϕ65～ϕ68 的金属软管和镀锌钢管。在浇筑混凝土时，须注意保护，以免被振动器损坏。预留孔道在埋设时，要求位置准确，支架牢固；灌浆管留置适当；接头处密封不漏浆。

c. 制束与穿束：钢绞线下料与编束都在平整场地上进行，按计算长度切断，以 7 根钢绞线按序排列成束，从一端起始，每隔 0.5～1.0m，用 18 号钢丝绑扎一道成束。穿束用网套式穿束器，以卷扬机牵引。

d. 施加预应力：张拉时，每束两端张拉，成组对称同步进行，两端头应力差值不大

于20%控制应力。张拉顺序是先内圈后外圈、先下层后上层。张拉控制应力，按设计为 $R_y^b \times 0.7$，即 $1470 \times 0.7 = 1029$MPa；实际张拉时，内圈超张3%，外圈超张5%。张拉质量的控制，严格按控制应力同步进行。测量伸长值与理论伸长值相比较，所用的摩擦系数 μ 值和弹性模量 E_g 均由实测确定。灌浆用灰浆，使用42.5级普通硅酸盐水泥配制，水灰比0.4～0.45，可掺用一定比例的膨胀剂，以便使孔道灌浆饱满。

(2) 塔座施工

塔座的施工分两部分进行。与塔身筒体相连接的部分，由于留孔洞较多，采用翻模。对其几何尺寸要严格控制，以便给塔身滑模施工创造条件；包在塔身外围的裙房，可后一步施工，因其是层数不多的框架结构，采用了一般常规支模现浇的方法。

(3) 塔身施工

1) 塔身几个分部施工方法的选择

a. 塔身外筒形似烟囱，内筒是从底到顶截面无变化的竖直井道。这样高耸的构筑物，最适宜采用滑模工艺。根据筒身每隔20m有一道隔板的特点，每到隔板处就需空滑一定高度以便安装隔板钢梁，或埋设相应的预埋体或预留洞。为保证空滑时的安全，除对支承杆加固外，我们采用了"内、外筒不等高整体同步滑升工艺"，用使内、外筒混凝土浇筑面高差76cm的方法施工塔身主体。

b. 塔楼部位的塔身筒壁埋件多、孔洞多，采取边停滑安装边滑升的方法。对施工缝的处理、埋件的安装及洞口的留置精度均需细心操作，否则会影响塔楼的安装。

c. 为维持内外筒的整体性，设计要求施工隔板与筒身滑模同步交叉进行，隔板滞后不宜超过两层(即40m)。为保证交插施工的安全又不影响滑模施工速度，我们采取在滑模平台超过隔板面上4m处停滑，利用吊脚手架安装钢梁、铺压型钢板。随后，开始滑模施工，隔板绑扎钢筋、安装管道、浇筑混凝土等留待上一层隔板压型钢板铺设后再进行。

d. 楼梯间的施工采用翻模方法。其支模、扎筋、浇筑混凝土与滑模同步进行。

e. 塔身压顶即塔身顶部支承桅杆的筒壁逐渐加厚的正锥形壳顶部分，载面变化大、配筋多(含钢量高达800～110kg/m^3)、埋件多、预留洞口也多，到此已不能继续滑模施工。我们是利用滑模平台，在高空支模现浇混凝土。

2) 塔身施工中的几个问题

a. 滑模平台的设计：塔身外筒是变径的正圆锥形筒体，在滑模过程中易发生扭转。内筒系电梯井道，为保证电梯高速运行，井道垂直偏差限制在50mm以内，扭转偏差不得大于40mm。这就要求滑模平台要有足够的整体刚度。经过研讨，最后确定平台辐射梁与内筒围圈的连接做成铰接，辐射梁设计成简支梁形式，外端通过井字形提升架、千斤顶、承重杆支承于外筒壁上，内端则通过钢围圈、H形提升架、千斤顶、承重杆支承于内筒壁上；辐射梁用槽钢成对相背组成，提升架可在两相背槽钢中滑动收分变径，环向以型钢钢圈与辐射梁连接成平台骨架，上铺脚手板构成操作平台，下挂两层吊脚手架。

b. 提升架与模板系统：提升架外筒开字形，内筒Π形，都设有调锥度用的紧定丝杆，外筒还设收分装置，每个提升架可同时安装1～4个千斤顶。模板系统与烟囱滑模模板基本相同，高度1.25～1.4m，也分固定、抽拔和收分模板三种类型，为减少扭转，外筒内外固定模板处设有防扭条。

c. 液压控制系统：采用江都建筑机械厂生产的GYD35型珠式千斤顶和YKT-36型液

压控制台。辽塔用了 146 个千斤顶和 2 台液压控制台；天塔用了 312 个千斤顶和 4 台液压控制台。油路设计成三级并联，由中央一台液压控制台统一控制，在每个承重杆上装限位卡，控制千斤顶上升同步。

d. 垂直运输系统：在电梯井道中设了两台建筑施工电梯，为满足滑模施工的运料要求，在另一井道中增设一台运混凝土的吊笼；在平台上对称设置 4 台扒杆，承担钢筋、钢管等料具的运输。

e. 水平运输：在辽塔使用了悬挂式水平运输系统，即利用钢管与内筒子架相连，搭成外挑悬臂架，在悬臂下环绕内筒以工字钢架设环形轨道。在环形轨道上安装两台起重量 500kg 的电动链环葫芦，配以相应的混凝土料斗，承担平台上的水平运输。

f. 测量控制系统

ⓐ 垂直度与扭转的监测：高耸构筑物滑模施工对垂直度与扭转的监测极为重要，我们选用了激光铅直仪和激光经纬仪来监测。为及时反映平台偏移与扭转情况，我们在内筒平台上设置了 4 个激光靶，平面布置见图 3.2-2。激光室设置在内筒基础上或±0m 平台。采用 BJ-84 型自动安平激光铅直仪和 JDY-2 型激光铅直仪。此外，还在远离塔身 80m 以外的地方设置了一个激光经纬仪施测点，在滑模平台外钢圈上安置一根钢尺，可随时利用 J2-JD 激光经纬仪观测扭转数据。内筒的 4 台激光铅直仪每提升一次模板，即观测一次，以便及时采取纠偏纠扭措施。

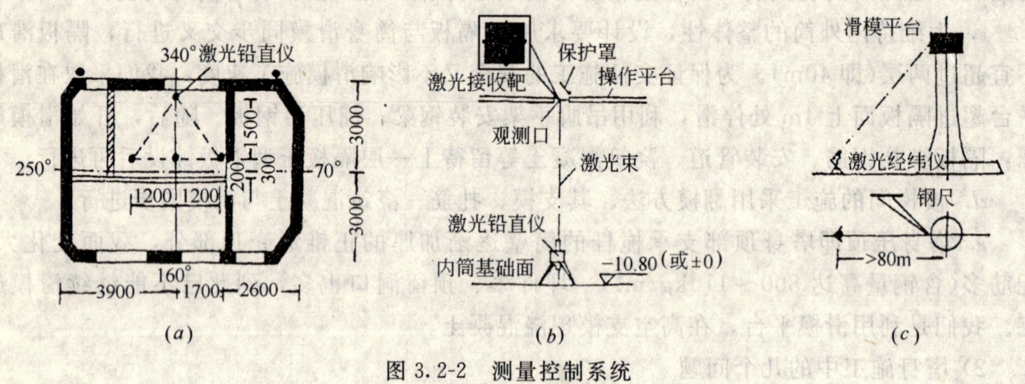

图 3.2-2　测量控制系统

(*a*)激光仪平面布置；(*b*)激光观测示意；(*c*)扭转观测示意

ⓑ 标高控制：在内筒+1m 标高处设基点，钢尺向上量度，每 40m 设置一换尺点，各段采取累计读数。滑模施工过程中，选择内筒两根竖向钢筋作度量标志，作为预留洞口的标高量度基准。钢筋上的标志每 3～4m 向上翻一次，每 40m 以筒壁上的换尺点校准一次。

ⓒ 平台水平度的观测与调平，可用下述三种方法进行：一是利用 FA-32 型自动安平水准仪找平；二是利用 BJ-84 激光铅直仪加水平扫描头找平；三是利用连通水管找平。三种方法都是在所有承重杆上画出一条水平线，以此为依据校准限位卡挡体的标高，从而控制平台水平度，利用此三种方法均须在停滑时进行。

ⓓ 沉降观测：辽塔是在上环板上设置 8 个观测点，自施工以来，总沉降量 24mm，沉降差值 0.3mm。

g. 钢筋接头：辽塔竖向主筋为 $\phi32$，采用绑扎搭接、电渣焊和气压焊连接方法。天塔竖向钢筋为 $\phi36$，使用套管冷挤压接头工艺。

h. 混凝土的施工：由于塔身高、滑模工期长、气温变化大，每个时期对混凝土的要求也不同。混凝土的配合比随滑升时间、温度、速度与部位的不同也会不同，需要随时调整。在天塔除用减水剂外还掺用了 F 矿粉、抗冻剂等。对混凝土的养护，使用了无水养生液。

i. 环形牛腿的施工：环形牛腿有两种，一为预应力筋锚固端，是由外筒壁向内挑进的牛腿，因其施工周期长，对滑模施工速度有影响，改为预留插筋，筒壁照常滑升不停滞，牛腿后作。另一种为塔楼部分沿塔体外筒的倒锥壳支承牛腿，当混凝土浇至牛腿根部停止浇筑，将模板空滑上去，利用下吊架或临时安装安全操作平台，安装环行牛腿的加筋，尔后支模现浇混凝土。

j. 防止偏扭及纠偏纠扭措施：在滑模施工中，引起偏扭的因素很多，在电视塔的滑模施工中采用了以下主要预防措施：①滑升时千斤顶同步，保持平台水平；②平台上荷载尽可能均匀布置；③拆下的模板、围圈等及时运下平台；④浇筑混凝土的方向、顺序严格按规定执行；⑤保持模板的清洁，停滑时要清理模板，必要时拆下清理并刷隔离剂；⑥在外筒固定模板上设防扭条。

在施工中必须加强观测，发现偏扭及时纠正，我们曾采取以下几种主要方法：①平台倾斜法：将偏斜一侧的千斤顶限位卡挡体提高 1～2 个行程，提升后使平台倾斜，在倾斜状态下，继续滑升施工，逐渐纠正。②顶轮纠偏法：见图 3.2-3。③千斤顶纠扭法：实际是承重杆导向法，即在外筒提升架中环向布置的千斤顶组中，将其扭转一侧的千斤顶限位挡体略提高 1～2cm，滑升时，使提升架因两千斤顶的高差，导致承重杆、提升架有倾斜之势，带动平台反向扭转达到纠扭目的。

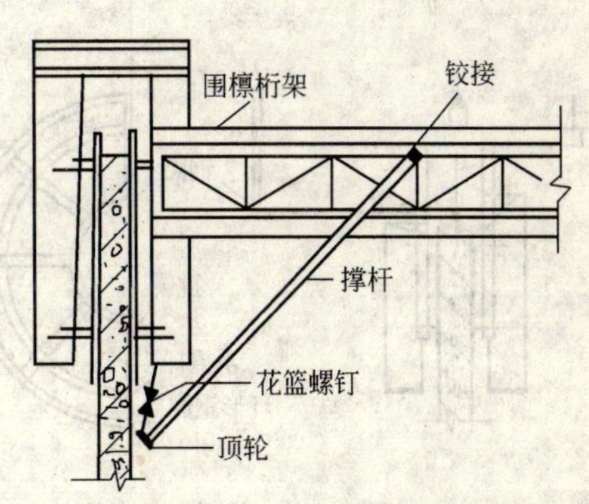

图 3.2-3　顶轮纠偏法

滑模过程中，准确的监测非常重要，纠扭纠偏措施一定要得当。辽塔整个塔身和桅杆的施工中，偏差始终控制在规定的范围内，垂直度最大偏差 24mm，内筒壁扭转最大 20mm，为电梯安装提供了良好的条件。天塔在滑升施工中，偏差值也基本上控制在允许数值之内。

k. 纵向超长预应力的施工：超长纵向预应力钢绞线长达 300m，这是国内第一次设计采用，为保证施工达到设计要求：①采用经过试验能满足重复张拉 20 次以上的 QM15-7 锚夹具和与其相应的张拉机具；②预留孔道采用镀锌钢管，随滑模施工埋入，用特制导向架维持钢管在滑升过程中位置的准确，接头采用焊接，在每层隔板面上 0.5m 和 1.5m 处留置灌浆管；③穿束采取自下而上，用慢速卷扬机通过穿束器牵引，将 7 根等长钢绞线连接好，穿出顶端后用锚具固定；④张拉采取两端张拉，分 2 组或 4 组对称同步进行；⑤开始张拉时以传感器测定摩擦系数；⑥灌浆自下而上逐层进行，最后一段进行二次灌浆。

(4) 钢筋混凝土桅杆的施工

钢筋混凝土桅杆是座落在塔身之顶端的两段钢筋混凝土筒体。以辽塔为例作一简介，辽塔钢筋混凝土桅杆位于标高 215.5～245.5m 的高空中，下段外径 4.5m，上段外径 4m，两段连续点及顶部均向内加厚似环形牛腿，此处内径最小为 2.4m，顶部环向埋件上有 96 根 $\phi36$ 螺杆与钢桅杆连接。

我们根据桅杆特点，用了一套“可变断面刚体平台滑模”工艺：

1）等分圆周布置 8 个 Π 型提升架和钢圈，外挑架组成刚性平台骨架，上铺木板及铁皮构成操作平台。提升架立柱可根据桅杆尺寸变化位置。

2）每一提升架(图 3.2-4)布置 4 只共 32 只 GYD-3 型珠式千斤顶与一台 YKT-36 型液压控制台并联控制提升。

3）垂直运输系统，是在滑模平台上设置一个井字架，高 5.5m，底部连接于平台(形内钢圈上，井架顶端设两组)16 作天梁，安装 4 只天滑轮，卷扬机设置在塔身 200m 平台上，使用两台卷扬机，钢丝绳“走双”为起重绳，吊笼可运料，也可乘人。

4）测量以控制中心偏移为主，用一台 BJ-84 型自动安平铅直仪设在圆心观测检查，而对平台的扭转，则以内筒两侧悬挂 5kg 线锤来检查。

5）230.5m 标高处，钢筋混凝土桅杆节点施工，采用停滑措施，空提变断面，见图 3.2-5 支模浇捣。

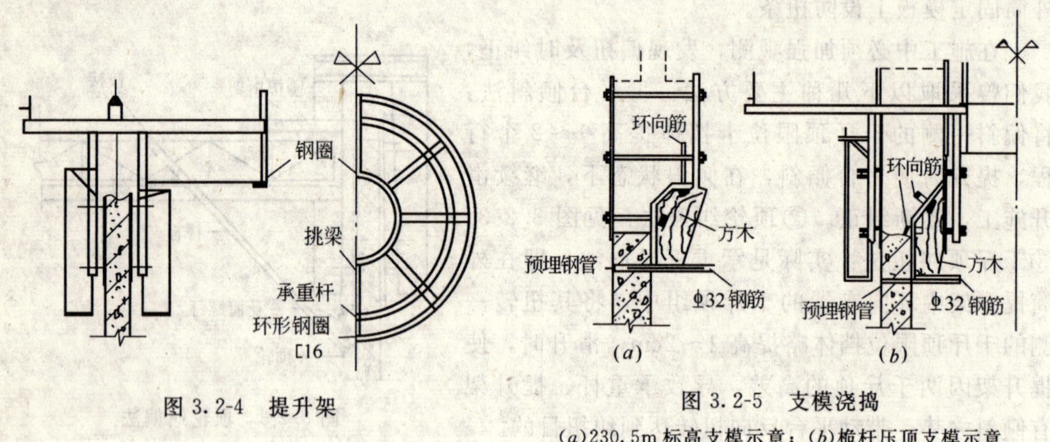

图 3.2-4　提升架

图 3.2-5　支模浇捣
(a)230.5m 标高支模示意；(b)桅杆压顶支模示意

6）245.5m 标高处钢筋混凝土桅杆压顶亦采用停滑支模，埋置预埋件螺杆，浇捣混凝土。

(5) 钢桅杆及天线的安装

目前国内外施工钢桅杆与天线的方法，大多是以下两种，其一是内提升就位法。即在塔身筒内地面上将桅杆拼装成整体，下部加配重，使重心降低到安装平面线以下，尔后用卷扬机整体提升到就位高度。其二是利用大型塔吊或直升飞机逐段外接安装。前者需加很多配重，塔筒也必须空通；后者需大型机具，且高空作业多。我们根据电视塔的特点，经过多次研讨，创造了“筒内分段提升倒序拼装成型，整体液压顶升天线同步安装”的新工艺。从地面试拼装至顶升就位，到天线安装、喷涂金属防腐装饰等全部工作的完成，历时 45 天。其中顶升就位(同步进行天线安装、喷涂装饰)仅用了 4 天多的时间，而且是在有 5～8级风(瞬时曾有 10 级风出现)的情况下安全作业。中心垂直偏差仅 30mm，钢桅杆与钢筋混凝土桅杆顶部连接处 16 个钢牛腿、96 根固定螺栓、192 个孔眼全部对准，无一修孔。其作法是：

1）桅杆分段制作，在地面试拼装，核准尺寸及孔洞位置，标出方向线。

2）从上部第一段开始，逐段由 40t 吊车运送到塔座 0m 平台运输轨道车上，以卷扬机牵引，送到电梯井门洞处。

3）用卷扬机将桅杆逐段吊运至标高 200m 的平台上，平行移位至塔中心位置。

4）每吊运一段，平移到塔中心后，即用卷扬机吊至高于下一段长度的位置，待下一段吊上并推移到中心位置后，落下拼接、施焊。

5）如上逐段拼接完毕，钢桅杆接长伸出钢筋混凝土桅杆上口 3～4m 时，便可在钢筋混凝土桅杆顶部平台上进行避雷针、航标灯、天线等安装及表面金属喷涂处理等工作。边顶升边同步进行安装等工作，并使安装等工作都在 245.5m 平台上进行，减少悬空作业。

6）顶升工作，系利用自行设计、制作的液压顶升装置，在 200m 平台上通过工具或标准节逐段顶升，在 245.5m 处设导向架以保证顶升准直方向。顶升示意见图 3.2-6。实践证明，此工艺是科学的、先进的。

（6）塔楼钢结构吊装（图 3.2-7）

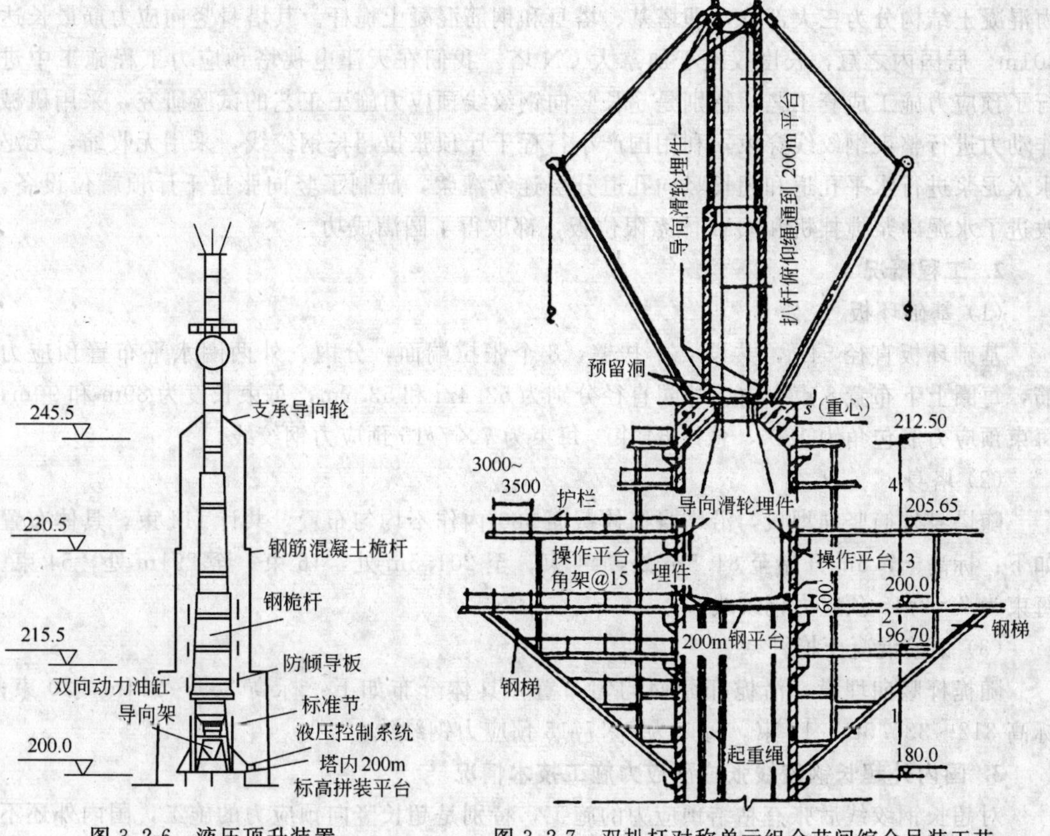

图 3.2-6　液压顶升装置　　图 3.2-7　双扒杆对称单元组合节间综合吊装工艺

数百吨以上的钢构件，安装在 200m 以上的高空，真可谓“高、大、难、悬”。施工方法是：将自行设计、制作的 2 台长度为 20m 扒杆，起重量为 6t 的桅杆起重机架设在塔顶，以钢筋混凝土桅杆为起重机的桅杆，以自制扒杆为吊臂，绕钢筋混凝土桅杆环向移动，进行吊装。塔楼是由若干榀钢构架分成若干节间，组成环绕塔身外挑悬空的多层框架(辽塔 24 个节间，7 层塔楼，天塔 18 个节间，8 层塔楼)。两台桅杆吊分置塔楼两侧，对称同时进行吊装，每台桅杆吊需移位三次承担 180°范围内的构件安装。每个节间的构件，依据结构特点和重量分成几个吊装单元(辽塔每榀纵向分 4 个吊装单元，天塔分成 7 个)，采取组合吊装法以加快进度。为保证安装精度，采用几何作图法复核构件就位尺寸，以钢丝绳牵引校正，从而使安装达到设计精度。辽塔 24 个节间合拢后，三层梯形环板的 3744 个高强螺栓位置准确，无一扩孔。从试吊开始，到吊完最后一个构件，使塔楼骨架合拢，只用了 42 天。这种超高多层大悬挑塔楼钢结构的吊装，在塔身顶面采用双扒杆对称单元组合综合吊装的施工工艺。

3.2.2 天津电视塔预应力施工技术

1. 前言

进入 20 世纪 80 年代，我国预应力混凝土技术有了很大的发展，已从单个预应力构件发展到预应力混凝土结构的新阶段。预应力混凝土技术在一般结构中的应用已相当普遍，而在特种结构中的应用也日益增多。天津电视塔采用后张有粘结钢绞线预应力技术，预应力混凝土结构分为三大部分，即塔基、塔身和钢筋混凝土桅杆。其塔身竖向应力筋最长达 301m，居国内之冠，长度仅次于加拿大 CN 塔。我们在天津电视塔预应力工程施工中进行了预应力施工成套工艺、特别是超长竖向钢绞线预应力施工工艺的试验研究，采用机械作动力进行整束钢绞线穿束，利用国产小行程千斤顶张拉超长钢绞线，采用无收缩，无泌水水泥浆进行水平孔道和超长竖向孔道分层连续灌浆，研制了竖向张拉千斤顶就位设备，改进了水泥净浆搅拌机和 QM 体系限位板，都取得了圆满成功。

2. 工程概况

(1) 基础环板

基础环板直径 54m，共设 4 个扶壁，8 个张拉端面，分内、外两圈水平布置预应力筋，每圈上下布置 8 束，内、外圈直径分别为 53.4m 和 53.7m，每束长度为 89m 和 90m，每束预应力筋包角为 180°，总计 64 束。每束为 $7\times7\phi15$ 预应力钢绞线。

(2) 塔身

随塔身外筒竖向埋设，沿塔身筒体截面 360°内作不均匀布置，共计 114 束，具体布置如下：标高−7.5m 开始至 81.5m 处，44 束；至 201.5m 处，16 束；至 291m 处，54 束。每束为 $7\times7\phi15$ 预应力钢绞线。

(3) 钢筋混凝土桅杆

随桅杆竖向埋设，沿桅杆截面均匀布置，具体分布如下：标高 289～314m，20 束；标高 312～335.5m，16 束。每束为 $7\times7\phi15$ 预应力钢绞线。

3. 国内外超长钢绞线张拉预应力施工技术情况

对超长钢绞线后张有粘结预应力的施工，特别是超长竖向预应力的施工，国内外还不多，与天津电视塔相似的预应力混凝土结构的构筑物有 1975 年建成的加拿大多伦多 CN 塔和我国北京中央电视塔，从我们已掌握的中央电视塔施工情况和我局考察加拿大多伦多 CN 塔施工情况得知，他们的预应力施工情况如下：

(1) 加拿大多伦多 CN 塔预应力施工情况

基础预应力筋呈三角形布置，采用半刚性套管成孔，结果，由于混凝土施工影响，有一些孔道无法穿进预应力筋，塔身采用刚性镀锌蛇形钢管成孔，结果，有四孔堵塞，后用软轴管金钢钻处理，仍有一个孔道堵塞而无法穿进预应力筋。

塔身竖向预应力筋穿束方法是，在塔身主体完工后，立即将整卷钢绞线(2500m 长)吊至上部平台，利用特殊机具，经锚板各孔逐根由上往下穿束，有 16 孔没有穿进所要求的钢绞线根数。

利用小行程千斤顶进行重复张拉来满足超长钢绞线张拉要求，张拉方法为单边张拉。

灌浆所用配合比是水灰比为 0.53 的纯水泥浆，试验时加入铝粉作彭胀剂，没有成功，施工时未完全采用。

(2) 北京中央电视塔预应力施工情况

采用机械作动力，进行整束穿束。采用国产 QM 和 XM 张拉锚固体系进行超长钢绞线的张拉。

灌浆料浆所用配合比为水灰比 0.41，加入膨胀剂和减水剂，对垂直孔道，因孔道较长，进行分段灌浆，每 20m 为一个高程，每段之间留有 80cm 灌浆缝，为避免倒灌，采用人工渗流的办法，即先由上孔人工灌入稠度较大的浆体，然后接高压泵进行上一段的正常灌浆。对顶部锚具部位孔隙排除方法是：在浆体泌水结束前 2h 内，每隔 15～20min 二次压浆一次。

4. 天津电视塔预应力施工技术试验研究

天津电视塔预应力施工时可借鉴的经验不多，虽说是加拿大多伦多 CN 塔建成较早，但他们所用机具、设备(加拿大)、锚夹具(瑞士)和材料都为国外产品，与我国的性能差异很多，不可能照搬照抄。北京中央电视塔比天津电视塔施工略早，但是在天津电视塔施工时，他们的结果还没有出来，效果如何，还是一个未知数，在这种情况下，我们对天津电视塔预应力施工技术进行了一系列的试验研究。

(1) 预埋孔道材料的选择

从材料性能对预应力值建立的影响看，波纹管比钢管、抽心孔的摩阻小，价格比钢管便宜。但是波纹管不易定位固定，且天津电视塔基础混凝土施工时，埋入大量毛石，对孔道成型影响大，不易保证成孔质量。在竖向埋设时，是随滑模一起进行，更不易保证孔道的垂直度，且不易连接，因此，选用了内径 DN68 的镀锌钢管成孔，钢管之间采用套管加焊接的方法连接。实践证明，我们的选择是正确的。从综合效益看，镀锌钢管比波纹钢管好。

(2) 张拉锚固体系的选择及试验

天津电视塔预应力筋最长 301m，如按规范计算，扣除摩阻损失的影响，单边张拉时伸长值达 1.01m 左右，从我国现有钢绞线锚固体系来看，有 QM 和 XM 两种，其千斤顶伸长量为 15cm，按拉伸钢绞线时每次 12cm 计算，则一端张拉时，需重复张拉 9 次，如果考虑实际的摩阻系数较小和一定的安全储备系数，我们要求天津电视塔所用锚夹具能满足 20 次反复张拉。通过调研，QM 体系能提供此项保证。如果进口设备和锚夹具，从经济效益和社会效益来看，都是不适宜的。因此，我们选定 QM 体系为天津电视塔的张拉锚固体系，虽说 QM 体系能满足 20 次反复张拉的要求，使用性能如何呢？我们又进行了一系列试验：

1）锚夹具——钢绞线组装件试验：试验测得组装件锚固效率系数 $\eta_a=0.95$，达到国际预应力协会(FIP)1981标准和我国《锚夹具技术标准》（报批稿)的标准，说明天津产钢绞线和QM锚夹具能配套使用。

2）钢绞线应力均匀性试验：试验测得，在经过20次重复群锚张拉后，同束中各根钢绞线应力偏差不超过±5%，说明钢绞线应力均匀性良好，满足质量要求。试验时，发现限位板安装时(按设计要求安装)，在满足夹片回缩要求的情况下，夹片刮削下来的铁屑埋塞在夹片齿缝内，这样有可能使夹片夹不住钢绞线而出现打滑的情况，为消除这一隐患，我们进行了试验，经调整限位板槽深，解决了这一问题。

（3）穿束试验

天津电视塔工程中，预应力钢绞线比较长，特别是竖向布置，用一般穿束机单根推送的方法是行不通的，采用多伦多CN塔的穿束方法也不行，一方面国产钢绞线的性能不如国外产钢绞线。另一方面，特别是在200m和291m平台，工作面很小、设备无法安置，而且受总体进度安排影响，钢绞线垂直运输无法解决。经多方论证和试验，确定用5t慢速卷扬机作牵引动力，采用专用穿束网套和夹具，由下往上整束穿束，试验表明，此法安全可靠，穿束效率高。

（4）灌浆用浆体特性和工艺试验

根据国标GBJ 204—83规定，参考美国ACI 359—86标准和FIP1981年颁布的《垂直灌浆施工指南》结合本工程的一些具体要求进行了浆体性能试验和同等条件下的灌浆工艺试验，取得了满意的效果。

浆体性能试验就是选择最佳灌浆配合比，使得浆体泌水量小，可泵性能好，强度达到要求，经多次试验，得出最佳配合比(表3.2-2)和浆体性能(表3.2-3)。

最佳配合比 **表3.2-2**

配合比编号	水泥(kg)	水(kg)	U型膨胀剂	减水剂(kg)
1	1	0.40	0.1	0.006
2	1	0.40	0.1	0.01

浆体性能 **表3.2-3**

配合比编号	流动度(cm)	3h泌水率	初凝时间	强度(MPa)		28d胀缩率(10^{-4})
				7d	28d	
1	20	0	27	40.4	61.6	0.8
2	>23	0	40	48.3	62.0	3.8

注：表中水泥为天津水泥厂产42.5级普遍硅酸盐水泥，U型膨胀剂为中国建材研究院研制。配合比1所用减水剂为河北省水利工程局混凝土外加剂研究试验厂生产的DH4A。配合比2所用减水剂为天津建研所研制的灌浆减水剂。

以最佳配合比2(见表3.2-3)进行了与实际孔道同条件的竖向孔道浆灌工艺试验，所用灌浆机为杭州建机厂产UBJ-2型挤压式灰浆泵，额定工作压力1.5MPa，用改进后的50L混凝土搅拌机搅拌水泥净浆，通过试验解决了以下几个工艺问题：

1）20m灌浆压力为0.6MPa，40m灌浆压力为1.1MPa，60m灌浆压力为1.7MPa，可满足每段20m灌浆工艺要求，并可在出现意外情况时，进行40m高灌浆。

2）利用浆体缓凝时间长，解决了上、下段浆体在灌浆口连接的工艺问题，并且不需要每一段都进行泌水排除工艺。

3）顶端锚具体部位的泌水，由二次压浆工艺排除，即进行20m高一次性二次压浆或1m高一次性二交次压浆即可满足密实要求。

4）每孔道20m设置2个灌浆孔，间距50cm，可进行任何一孔的连续灌浆，密实性良好。

5. 天津电视塔预应力工程施工情况

(1) 基础环向预应力工程施工

1）埋管、编束、穿束工艺：镀锌钢管进行定长下料→成型→定位→铺设，每隔1.5～2.0m设一支撑架，采用ϕ89钢管作套筒作为镀锌钢管之间及镀锌钢管和灌浆管之间的连接件，镀锌钢管内穿入ϕ6的钢丝绳作清孔和穿束用，镀锌钢管入端头喇叭管内3～4cm，由于工期紧，接头只用胶带纸密封，由于混凝土施工影响，使2个孔道进入少量砂浆，后经处理，达到了穿束要求。

钢绞线在放线场地按要求定长下料，用18号钢丝每隔1.5m将7根钢绞线绑扎在一起，用人工将编束好的钢绞线抬至孔道端头，采用5t慢速卷扬机牵引动力，利用专用穿束网套进行整束穿束，全部孔道一次穿束成功。

2）预应力张拉工艺：当混凝土强度达到设计强度100%时进行张拉。张拉用千斤顶和油泵进行配套标定，张拉前进行了孔道摩阻损失值的测定，测定方法为一端用千斤顶张拉，一端用压力传感器测定应力，通过两端的应力差计算孔道摩阻损失值，实测单边张拉摩阻损失率为58.1%，小于设计规范，按理论计算，伸长值为34～41cm。张拉时按先内圈、后外圈，自下而上逐层张拉，每一层同时张拉两束，合围成环，每一束均两端同时张拉，以减少摩阻损失值，为减少预应力松弛损失，采用1.0～1.03σ_k。张拉程序采用张拉力和伸长值的双控方法控制张拉质量，全部钢绞线张拉符合设计要求。

3）灌浆工艺：采用料浆性能试验时确定的1号配合比（见表3.2-3）进行灌浆，施工时，严格控制计量，经取样检验，料浆性能符合试配要求，灌浆时，从中间灌浆孔注入浆体，待两端出浆并冒出浓浆后，堵塞出浆孔，继续加到0.8MPa，然后停止灌浆。

4）封头：当灌浆浆体强度达到设计要求后，用砂轮切割机或气割切除多余钢绞线，切割位置距锚板距离大于5cm。然后按设计要求对混凝土封头。

(2) 竖向预应力工程施工

1）埋管、编束及穿束工艺：将镀锌钢管定长下料→预先成型→定位→铺设，与喇叭管连接处插入深度为3～4cm，镀锌钢管与镀锌钢管之间连接全部采用电焊焊接，孔道钢管随主体滑模随时埋设，每隔3m高用钢筋把孔道钢管固定在主体钢筋上，每6m高校核孔道钢管位置。

编束、放线与基础相同，采用5t慢速卷扬机用专用双保险穿束网套由下往上整束穿束，然后用专用“V”型夹具夹住钢绞线，取下穿束网套，换上锚夹具，施工时，所有孔道全部一次穿束成功。

2）张拉工艺：张拉前进行了摩阻损失率的测定，测定方法与环基相同，其值为81.5m段31.0%，201.5m段55.0%，291m段60.1%，都小于设计规范。经过理论计算，各段张拉伸长值为81.5m段41.8～48.4cm，201.5m段84.4～97 7cm，291m段

114～132cm。钢筋混凝土桅杆因长度短，而且按直线段布置没有进行摩阻损失率测定，只按理论计算伸长值，分别为289～314m段为12.8～14.9cm，312～335.5m段为11.9～13.8cm。

张拉时分两组在孔道下端沿塔身截面对称张拉，保证塔身对称受力，为减少摩阻损失，在下端张拉完后，再在上端进行补张拉。为减小应力松弛损失，采用1.0～1.03σ_k超张拉程序、采用应力和伸长值的双控方法控制质量，全部孔道张拉达到设计要求。

3）孔道灌浆：采用料浆性能试验得出的2号配合比(见表3.2-3)和工艺试验验证的灌浆方法进行竖向孔道灌浆。81.5m标高段孔道在1990年6月份施工，施工前进行孔道编号，底部锚夹具孔隙的密封，然后每20m段进行逐层分段连续灌浆，1天1层，每层44个孔道，在顶部进行1m段局部二次压浆，施工时，按要求严格控制质量。剩余竖向孔道在1991年6、7月份灌浆，施工方法与81.5m标高段相同，只是由于结构影响，291m标高段和钢筋混凝土桅杆部分采用当天整体二次压浆。

6. 施工质量保证措施及现场施工质量检测

由于预应力工程属隐蔽工程，施工好后，不能对施工质量进行检测，因此我们在施工前制定了各道工序的质量保证措施，主要内容包括如下：①所有原材料材料性能的检验；②锚夹具性能的检验；③预埋孔道的质量检验；④编束、穿束质量检验；⑤张拉质量保证措施；⑥灌浆质量保证措施；⑦综合施工质量评价。

7. 结论

天津电视塔预应力工程试验研究与施工，于1991年7月4日全部完成，利用国产材料、设备、机具进行超长水平和竖向钢绞线预应力施工取得成功，与国内、外有相似预应力结构的预应力施工技术相比，施工技术处于领先地位，表现在以下几个方面：

(1) 埋管材料选择适当，埋管质量好，没有出现堵管现象，且没有因孔道局部偏差太大引起摩阻损失超过设计规范的情况，保证了结构整体预应力值的建立。

(2) 孔道钢管之间采用套筒加焊接，安装简单，施工质量容易保证。

(3) 全部孔道采用机械作牵引动力，进行编束后整体穿束，竖向孔道穿束中自行研制了专用穿束网套和夹具，操作简便，安全可靠，工作效率最多达1天6束。

(4) 采用国产QM群锚张拉体系进行群锚张拉，改进了QM体系限位板的设计缺陷和自行研制了千斤顶就位设备，保证了施工质量。

(5) 采用微膨胀、无泌水水泥净浆进行孔道灌浆，质量超过国标和美国ACI标准。对竖向超长孔道，采用分段连续灌浆工艺，利用浆体的缓凝解决分段灌浆的连接和堵孔问题。每段接头和顶部沉降、泌水采用整体和局部一次性二次压浆工艺，工艺方法可塑性大，易保证质量。

(6) 进行了一系列有针对性的试验，如钢绞线束效率测定，重复张拉均匀性试验，孔道摩阻系数的测定等试验。不仅为施工质量提供了保证，也为预应力技术的设计和施工提供了宝贵的数据。

(7) 天津电视塔工程是天津市重点工程，也是国家重要工程。我们在天津电视塔预应力工程施工中，材料、机具、设备均选用国内产品，其工艺独特，取得了很好的经济效益和社会效益。特别是利用现有普通设备进行钢绞线整束穿束，采用微膨胀、无泌水水泥净浆进行孔道连续灌浆，其施工技术超过加拿大多伦多CN塔的施工技术水平，利用国产

QM 群锚张拉体系进行超长钢绞线的群锚张拉，为国产张拉体系进行了一次高难度的成功的实践，推动了我国预应力技术的发展，取得了很大的社会、经济效益。

我国预应力技术正处在发展时期，大吨位有粘结预应力更是一个主要的发展方向，天津电视塔超长预应力，特别是超长竖向预应力在国内更是罕见，国内尚无标准。我们结合天津电视塔预应力工程进行了整套的施工技术与试验研究。我们认为在机具配套方面，如灌浆设备、水泥浆搅拌设备方面有待改进和完善。

3.2.3 上海正大广场钢结构吊装施工方案虚拟仿真系统

1. 建筑施工虚拟仿真系统的基本概念

(1) 系统仿真技术

所谓“仿真”，就是构造出一个“模型”(包括实际模型和虚拟模型)来模仿实际系统内所发生的运动过程，这种建立在模型系统上的试验技术称为仿真技术或模拟技术。它具有经济、安全可靠、试验周期短等特点。

(2) 虚拟现实技术

虚拟现实技术(VRT)是在计算机图形学、计算机仿真技术、人机接口技术、多媒体技术以及传感器技术的基础上发展起来的一门交叉技术，它利用计算机产生具有高度真实感的三维交互环境，并通过多种传感设备使用户投入到该环境中去，实现以用户为核心直接、自然的人机交互。它具有交互性、沉浸性、自主性、多感知性等特征。

(3) 建筑施工方案的虚拟仿真

建筑施工方案虚拟仿真系统是将仿真和虚拟技术应用于建筑施工领域。利用 VRT 建立虚拟模型，对施工方案进行模拟、验证、对比和优化，进而采用数字化手段制定和修改施工方案，并逐步代替传统的施工方案编制方法。

2. 正大广场钢结构工程概况

正大广场位于上海市浦东陆家嘴、东方明珠电视塔下。建筑平面呈矩形，东西长约 260m、宽约 100m，地上 9 层(局部 10 层)，总高度约 50m，总建筑面积达 243000m^2，是一座集商业、餐饮、娱乐为一体的综合性建筑。该建筑由泰国正大集团上海帝泰发展有限公司投资兴建，地面以上工程由中国建筑第三工程局第三建筑安装工程公司总承包。正大广场主体结构为现浇框架结构，并采用了大量钢结构，主要包括屋面钢框架、钢结构天窗、观光走廊、钢结构大楼梯和钢结构天桥五大部分，不同类型的钢构件共计 3000 余件，约 5600t，由现场 6 台塔吊和 5 台桅杆起重机共同安装。整个钢结构工程由中国建筑三局四公司施工。

(1) 钢结构施工的特点及难点

钢结构施工的特点及难点在于：超长超重构件多(最大跨度 38m，最大重量 48t)，截面类型复杂多样，且多分布在建筑物的腹地和顶部，安装就位标高也极不统一；运输通道及吊装空间狭窄；工期紧。总的来说，主要难点集中在天窗屋架、天窗弧形梁和天桥主梁等超长、超重构件的吊装上。

(2) 施工方案的初步确定

通过对土建结构、钢结构及现场施工工况分析和研究，制定了钢框架屋面、观光走廊采用塔吊单机吊装或双机抬吊；超长、超重构件采用分段制作、现场拼装后用桅杆起重机吊装。构件分段的节点采用高强螺栓和焊接连接两种方式。

(3) 给虚拟仿真系统提出的课题和任务

1) 通过静态组装模型进一步深化钢结构施工图设计，校验装配尺寸，避免钢结构件制作、安装的错误。

2) 利用三维模型动态模拟吊装过程，进行实时干涉检测，确保构件的安装就位，对方案在空间上进行优化。

3) 采用多点同时施工，按实际吊装顺序模拟工程进展，对方案在时间上进行优化。

4) 对拔杆及钢结构构件的内力分析仿真。

5) 焊接变形的模拟仿真(4)、5)本文暂不讨论)。

3. 正大广场钢结构吊装工程虚拟仿真系统的实现

(1) 软、硬件平台

在硬件方面，采用了当前三维图形工作站中最杰出的代表 SGI(Onyx2)的 IRIX 平台。在软件方面，使用了 Deneb 公司的 Envision 仿真模块作为设计、分析和制定施工方案的交互虚拟环境的平台，它提供了一个高级的、基于物理的 3D 环境，能导入几乎所有格式的 CAD 数据，精确地代表了与真实系统相关的几何数据和运动特征，从而实现实时的运动学仿真和动力学仿真。3D 建模软件主要有 AutoCAD、Pro-Engineer、Solidedge。

(2) 建模及静态组装

1) 钢筋混凝土框架结构模型

对于造型相对简单的土建模型，我们利用了原有的二维施工图纸(AutoCAD data)建立各楼层的三维模型，利用 Envision 可以与 CAD 软件包无缝集成的能力，直接调用各楼层的三维图形数据。

2) 钢结构构件、塔吊和拔杆的建模

形状比较复杂的钢结构主要采用造型功能十分完备的三维造型软件 pro-e 完成，以 .slp的格式输入 PRO 文件中。塔吊和桅杆起重机的零件造型则利用参数化功能强大的 Solidedge，以 .wsl 的格式输入 Veml，最后在 Device 模块中将零件组装成机构模型。Envision本身自带的简易造型 CAD 模块，也可以进行简单的三维建模和修改。这样，灵活运用 Envision 与各三维造型软件的不同接口，充分发挥各造型软件的优点和长处，取得了很好的效果。同时，在建模时注意到：各模型的几何特征要力求简单，以减少系统计算的工作量，提高运算速度。组装好的静态模型如图 3.2-8 所示。

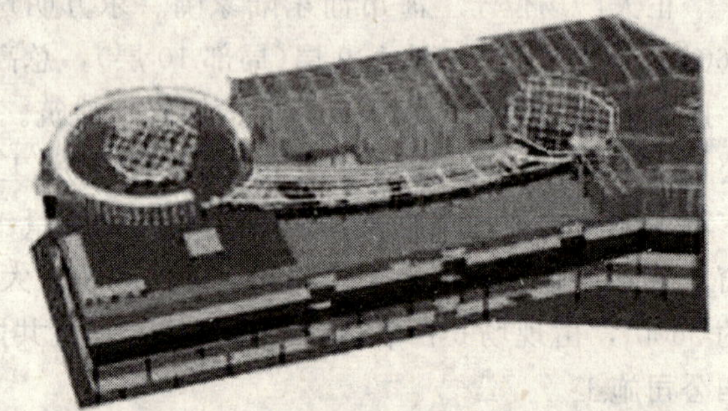

图 3.2-8 组装好的静态模型

(3) 运动模拟

1) 机构多自由度的定义

为塔吊和桅杆起重机等运动机构模型定义符合其功能的运动特征是进行运动学模拟的第 1 步，再将相应各部件的自由度和零件装配的逻辑关系结合起来，形成运动链。塔吊的运动链相对简单一些，主运动链为：塔臂转动(R_z)→变幅小车平动(T_y)→吊钩升降(T_z)。副运动是钢丝绳的伸缩，我们采用“General Kinematics”——Scale$Z$定义，它随着自由度 T_z，即 $dof_{(3)}$ 的变化而变化，其绝对值为 $dof_{(3)}/\mathrm{L}$。同理，桅杆起重机的主运动链为：副杆转动(R_z)→副杆变幅(R_y)→吊钩升降(T_z)。钢丝绳的伸缩为副运动，利用 Envision 内部的库函数，定义 Scale Z_1 为：

$$\text{Scale } Z_2 = \text{sass}(L_1, dof_{(2)}, L_2)/L$$

式中 L_1——主杆长度；

L_2——副杆长度；

L——$L_1 - L_2$；

$dof_{(2)}$——R_y。

$$\text{Scale } Z_2 = dof_{(3)}/L$$

为了便于计算，每个部件只有一个自由度，但是可以按装配关系继承其副构件的自由度，从而实现自由度的迭加。当构件数目不足以表达运动关系时，就应增添辅助构件。如：桅杆起重机上与吊钩相连的钢丝绳，既有伸缩变形，又要保持垂直，所以，必须增加 1 个辅助小球，并赋予它转动自由度 $R_z = -dof_{(2)}$，以保证在变幅过程中，钢丝绳始终垂直；再以此为副构件，在其上装配钢丝绳，定义其自由度为 ScaleZ_2，方可实现其运动功能。桅杆起重机的运动学模型如图 3.2-9 所示。

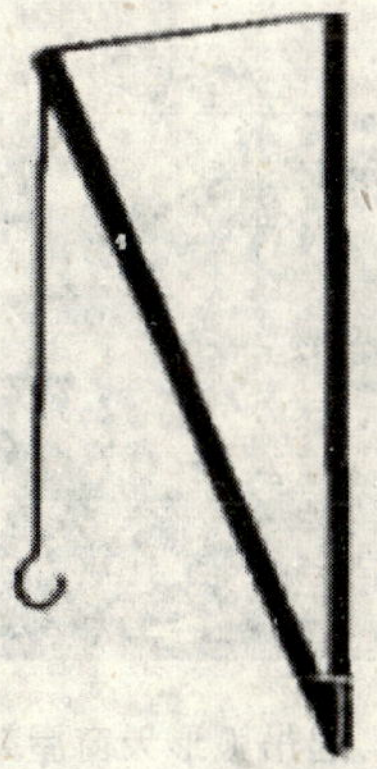

2）正运动传递与反运动传递

运动传递就是在运动模拟过程中，顺序地调用一系列的程序，主要包括：①反运动计算器，即用 4×4 阶方阵的坐标变换来描述反运动物体移动的位置坐标；②运动计划器，它利用反运动计算的结果(即一系列的位置坐标系)，计算出在当前的运动方式下，到达下一个位置坐标所需的时间；③运动模拟执器，它包括运动方向发生器和运动模型。运动方向发生器通过预估的时间和拟到达的位置坐标，计算出运动轨迹；而运动模型则反映模型的运动学特征。

图 3.2-9 桅杆起重机的运动学模型

当然，对于正运动而言，就可以直接根据运动副(joint)的运动参数产生各种运动模拟所需的信息。对于单机吊装，为了使仿真更接近于真实情况，我们采用正运动学算法。首先手动操纵塔吊或桅杆起重机各运动副的运动，在不断试验中寻找将构件吊装到位并能避开障碍的运动轨迹，并记录此轨迹上的每一个转折点，以及在此点上的塔吊或桅杆起重机的运动副的参数，以此作为后来进行运动模拟编程的依据。而对于双机抬吊，要通过调整 2 台塔吊的大臂的转角和小车的移动来操纵构件，使之协调运动，是比较困难的，因此采用了上述的反运动学算法。将整个抬吊机构的主动件设为钢结构主梁，通过主梁空间位置变化反向驱动 2 台吊臂的转角和小车的运动行程。当我们直接操纵主梁在吊装过程中避开障碍达到吊装位置时，整个机构保持协调运动。此方法可以减少计算量，并且使构件轨迹控制更加直观。

3）GSL 语言在工程动态模拟中的应用

GSL 即高级的图形模拟语言，是一种类似于 Pascal 的结构化程序设计语言。它用于控制机构的运动模拟，我们的整个吊装过程都是采用 GSL 编程实现的。

4）动态显示中的信息通道

为了能够按实际吊装顺序模拟工程进展，我们在相应的构件的运动程序中引入了相关的双向信号通道，以便把已实现的单个吊装动作统一协调起来。考虑到程序的可读性和易维护性，还特地设立了一个模拟吊装指挥的构件。它本身没有动作，只接受单个吊装动作完成的信号，并且发出下一个动作开始的信号，这样使整个程序模块化，易于调整修改。图 3.2-10 为起吊中间弧形天窗屋架过程中的动态模型。

(4) 实时干涉检测

在吊装试验过程中，单依靠视觉判断是否存在构件干涉是不够的，因为三维模型显示在二维屏幕上存在视觉误差。因此，我们加入了构件的实时干涉检测功能，当构件之间出现碰撞干涉时，相应的构件将呈警戒色。图 3.2-11 为桅杆起重机 A 与托架梁发生干涉时的图像。

图 3.2-10　起吊弧形天窗屋架过程中的动态模型　　图 3.2-11　拨杆 A 与托架梁发生干涉时的图

4. 施工方案虚拟仿真的成果

(1) 通过静态组装模型深化钢结构施工图设计，校验装配尺寸

1）西天窗钢柱 CF207、托架梁 WJA 205、06 原深化设计标高为 56.430m(50.07、55.40m)、55.40m，建立结构静态组装模型检验后，发现其天窗标高不在同一平面上，经过修订解决了此问题。

2）检验了跨越中部天井的 10 部天桥的结构尺寸与洞口长度、宽度、倾斜度的设计尺寸是否相匹配。

(2) 缆风绳的干涉检测及优化布置

在高空进行桅杆起重机吊装，作业面狭窄，不利于拉结缆风，很容易发生干涉。通过虚拟仿真系统，能很清楚、直观地看出缆风绳干涉的情况，及时进行缆风绳布置的优化调整。

(3) 吊装过程的干涉检测

利用三维模型动态模拟吊装过程，进行实时干涉检测，确保构件的安装就位，避免高空处理问题，对方案在空间上进行如下优化：①西天窗屋架吊装方案中，将桅杆起重机 A 支座高度由 35m 升至 40m；②西弧形梁吊装方案中，优化构件的绑扎点；③中部商业天桥安装中，桅杆起重机 C 的副杆长度由 17m 加至 22m。通过对施工方案的动态模拟，施工人员可以随意地选择观察的地点和角度，对吊装现场进行实时漫游，随时根据施工现场的具体情况调整施工方案。如前所述，由于通道狭窄，吊装时构件要避开障碍是比较困难的，抬吊时的协调也不容易做到，而实现了仿真后，可以输出相应的数据以指导吊装的施工。另外，在仿真中可以直观的观察到比较接近干涉的构件，提醒现场施工时应该特别小心。

(4) 按实际吊装顺序模拟工程进展，有利于控制工期

时间信道的引入，使多点施工的状态变得一目了然，有利于保障现场作业的安全。按时模拟施工进度，可以对工期进行比较精确的预测和控制，有助于人、材、物的统筹和调度。

5. 结束语

由于时间仓促，我们的吊装虚拟仿真系统还只做了初步的探索，在很多方面还存在不足之处。随着虚拟仿真技术的进一步发展，它在建筑工程领域的应用将更加普及。通过虚拟仿真在计算机上的反复试验，将使多变的工程实际问题变得更容易解决，使各方的技术交底更加清晰、明确和直观。虚拟仿真技术使概念设计成为可能。可以预见，在专门的施工虚拟软件中，将集成很多建筑施工专业模块(三维造型、机构运动、动力学分析和多种施工工艺)，工程师只需调用这些模块，就能轻松地实现方案编制和优化。

3.2.4 深圳市少年宫椭球形钢骨架制作安装

深圳市少年宫工程是深圳市重点工程项目之一，位于深圳市福田中心区，占地约 26352m^2，分水晶石、少年山和科学山 3 个部分。其中水晶石钢结构是整个工程的核心部分，大直径钢管骨架椭球体设计为国内首创。水晶石(见图 3.2-12)外筒半径 25m，由 16 根 ϕ860mm×25mm 钢管柱及环形箱梁组成；中部由 3 根钢管柱(1 根 ϕ1860mm×25mm，2 根 ϕ1660mm×25mm)支撑 18.45m 钢平台，钢平台托起整个椭球体；屋面由连接椭球体与外筒的辐射梁及圈梁组成。整体水晶石总重 1500t，其中椭球体钢骨总重约 267t，是水晶石大厅钢结构施工中的重点和难点。椭球体钢骨架为全钢管结构(见图3.2-13、3.2-14)，管径从 425～70mm 不等，椭球体三轴长分别为 36m、28m、15m，上部钢骨架共计纬杆 64 根、经杆 29 根，纬杆和经杆间有若干斜撑。下部球体骨架包括经杆 19 根及若干纬杆，全部由 ϕ70 钢管组成。

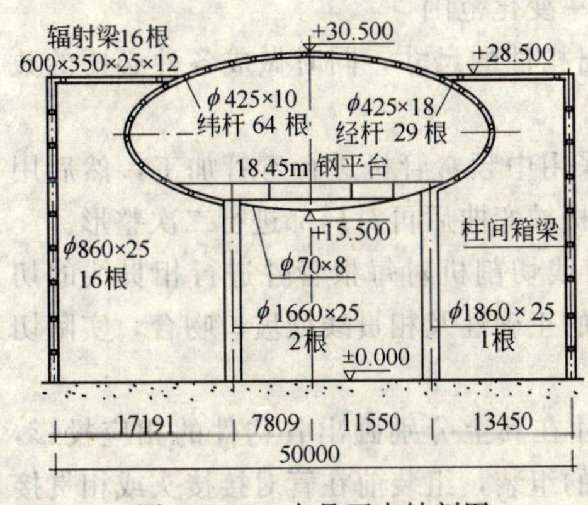

图 3.2-12 水晶石中轴剖图

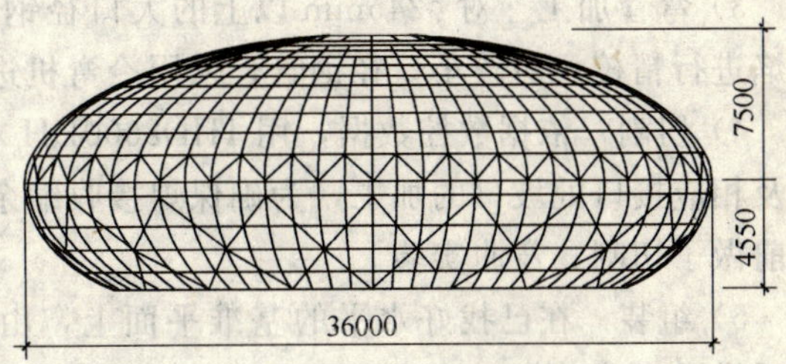

图 3.2-13 椭球体上部侧视

1. 施工难点

(1) 空间椭球体管结构中直径 425mm 钢管需煨弯成椭圆，弯管是难点。

(2) 须确保椭球体焊接完成后的几何外形。

(3) 椭球体空间定位和钢管对接时钢管口径的几何尺寸难以保证。

2. 椭球体的安装技术准备

针对以上难点，施工中采取了一系列措施保证施工质量，包括结构的分片安装、合理布置安装及焊接顺序等。

(1) 球体钢骨架分片

球体属于非标结构，整个椭球体钢骨架由纬度方向的 64 根杆件和经度方向的 29 根杆件交错连接组成繁密的蜘蛛网状结构。因杆件繁多、复杂，且交错连接处均为相贯焊接，最密处网格大小还不到 1m×1m，如按结构上的自然分段点对整个椭球体构件进行制作加工，不仅杆件数量多，而且在制作过程中对每根杆件的制作精度难以控制，从而会导致安装精度无法控制，因此，椭球体钢骨架的制作必须分片整体进行。

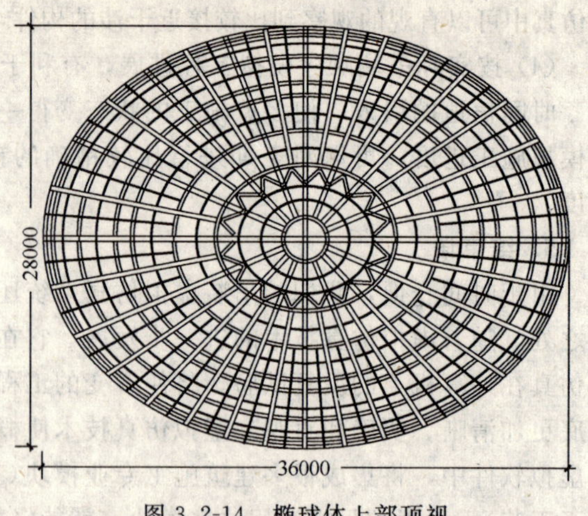

图 3.2-14 椭球体上部顶视

因椭球体纬度方向的杆件有 32 根为 ϕ425mm 钢管，且为直通杆，因此可以以两相邻 ϕ425mm 纬杆为界，将整个椭球体沿纬度方向划分为 32 块，其中 16 块各含有 2 根 ϕ425mm 纬杆，此 16 块成片制作，其余 16 块按其自然分段点散件制作。但椭球体球顶部分和球底部分因考虑其安装定位的需要，需以椭球冠的形式整体制作。分片整体制作的构件因运输条件的限制必须将其在工厂内分为 2～4 个单元体，然后在施工现场将其拼装复原后安装。

(2) 椭球体制作的主要工序和主要技术措施

1) 构件详图转化　采用日本软件 KASTL 及 AUTOCAD 制作大、小纬杆和经杆、斜撑的工作图，制作时首先根据设计图的有关数据建立椭球体的三维空间模型，并利用计算机求出各分段处各点的三维坐标和杆件的长度及曲率变化范围。

2) 原寸作业　使用数控管件放样软件，换算出构件的尺寸，同时做成各种必要的数控数据，主要是空间管件相贯线的加工数据。

3) 弯管加工　对 ϕ245mm 以上的大口径钢管采用中频弯管机进行弯管加工，然后用火焰进行精校；对较小口径钢管，采用冷弯机进行机械弯曲后再对局部进行二次整形。

4) 切割　依据数控数据，用 HID2600EH 相贯线切割机对每根管件进行相贯线的切割及相应接口处坡口的加工，为确保焊接收缩余量的正确性及相贯线处坡口吻合，实际切割前做了切割、弯曲实验。

5) 组装　在已找好水平的基准平面上，由原寸在其上分别画出各构件的相应投影，然后搭设安装胎架，按照投影尺寸进行纬杆和经杆的组装，组装前在管对接接头或相贯接头的两端用洋冲子在 0°、90°、180°和 270°的位置作标志。

6) 焊接　焊接前先对钢管焊接做焊接工艺评定，再根据焊接工艺评定制定焊接方案后施焊。

7) 校正　构件组装焊接完毕后，对其产生的焊接变形进行校正，以确保构件的尺寸外观。

8) 预拼装　将已组装好的分片单元体组合起来进行局部的预拼装，然后观察其准确度，重新校正直至满足精度要求后解体。

3. 椭球体钢骨架的安装

（1）各单元体的组装

因构件运输条件的限制，椭球体钢骨架出厂前不可能把分片件做得很大，而分片是沿纬杆方向进行的，所以单元体的组装主要是指将相邻分片件沿纬杆方向对接起来，组装对接前根据椭球体三维模型计算出组装对接后的组装体的有关数据，如弦长、弧长、拱高等，然后在已找平的平面上搭设相关的操作胎架进行组对并校正，直至各弦长、弧长、拱高等满足计算数据的要求。

（2）组装体的安装顺序

1）安装胎架的搭设　安装胎架主要是用于椭球体的球冠部分，搭设到一定高度后应形成1个支承平台，在平台上布设千斤顶，以便校正时调整球冠部分的标高。

2）椭球冠的安装　首先必须定位好球冠，椭球冠的定位精度通过全站仪控制。

3）主轴方向上组装体的安装　将球冠与18.45m钢平台之间椭球体主轴骨架安装定位，主轴方向上组装体的安装必须对称进行。

4）校正并焊接已安装构件　为保证已安装构件的稳定性，需将已安装好的球冠和主轴构件校正焊接好，这样也有利于其他构件的安装定位。

5）其他组装体的安装　也是对称进行的。

6）椭球体的整体校正　将各分片单元体安装完毕后对椭球体进行整体校正，通过全站仪将纬杆轴线、经杆标高等控制在精度允许范围内。

7）椭球体的焊接顺序　为减少椭球体在焊接过程中的变形，采用从上往下的焊接施工顺序。

4. 小结

该工程在成功地解决了二次曲线大直径厚壁钢管的高频弯管，椭球体的空间定位、安装和焊接等钢结构施工难题后，已于2000年12月18日顺利封顶。

3.2.5 信息技术在建筑施工企业的研究与应用

进入20世纪90年代以后，以计算机为核心的信息技术得到了迅猛发展，由此带来的全球信息化革命浪潮席卷而来，企业利用信息技术实现企业信息化已成为企业发展不可缺少的环节，能否利用信息技术改造企业传统的管理模式和生产方式，迎接信息化带来的挑战，已成为决定企业成败的关键因素。属于我国传统产业建筑业的建筑施工企业，素有施工项目分布点多、面广、流动性大和劳动密集型的特点，与制造业和零售业等行业相比，这些特点都不同程度地限制了信息技术在建筑施工企业中的应用。如何将以计算机为核心的信息技术成功地应用于建筑施工企业，提高企业效益和施工技术水平，已成为摆在建筑施工企业面前的一项重大课题。下面我们就以中国建筑第三工程局实施企业信息化工程的成功经验，来探讨如何将信息技术应用于建筑施工企业。

我们认为，建筑施工企业对信息技术的应用主要应包括两个方面的内容，一是利用计算机网络技术，构建建筑施工企业的计算机网络信息系统，进行信息资源的深入开发和广泛应用，不断提高施工企业的管理水平，进而提升企业经济效益和企业竞争力；二是利用以计算机为核心的信息技术对建筑施工企业传统的施工生产方式和施工技术进行现代化改造。

1. 构建建筑施工企业计算机网络信息系统，提高企业管理水平

建筑施工企业由于自身具有劳动密集、工程项目分布点多、面广和人员流动性强等特点，采用传统的信息交流手段往往造成企业横向与纵向的信息流通渠道不畅，阻碍企业各类信息的及时交流，制约企业的进一步发展。以计算机的通信技术为核心的企业计算机网络信息系统恰恰能够针对建筑施工企业点多面广和流动性强的特点，为企业创造一个新的工作环境，打破时间、空间和地域限制，让企业管理人员方便、快捷、及时、准确、全面地掌握企业信息和外部信息。

建筑施工企业所构建的企业网络信息系统，应当是一个局域网与广域网相结合的网络信息系统，网络的拓扑结构应当与企业的组织结构相适用，整个网络中的任何一台远程工作站，经过授权许可，均可通过拨号上网方式访问上级单位的服务器。中国建筑第三工程局近几年在企业网络信息系统的建设方面进行了有益的探索，目前已建立起了比较完善的企业网络信息系统(见图 3.2-15)。中建三局的整个网络体系是一个树型网络体系结构，一共有四级：一级网络为局总部信息网络，称为中心网络；二级网络为公司级网络；三级网络为分公司级网络；四级网络为项目网络。各层次网络在行政上是上下级关系，从网络架构的信息组织上属父子关系，所有共享信息保存在企业信息网的各级服务器中，各单位的服务器上保存有本单位的共享信息。如果父子网络在一个 LAN(局域网)内，则直接进行网络互连，如局总部信息网络与局总承包公司网络在一栋办公大楼内，即通过 LAN 实现互连，如果两者不在 LAN 内，则通过电话拨号网络进行授权信息访问，使整个信息网络的信息即可做到纵向交流，又可方便地进行横向交流，使信息的交流渠道更加灵活。远

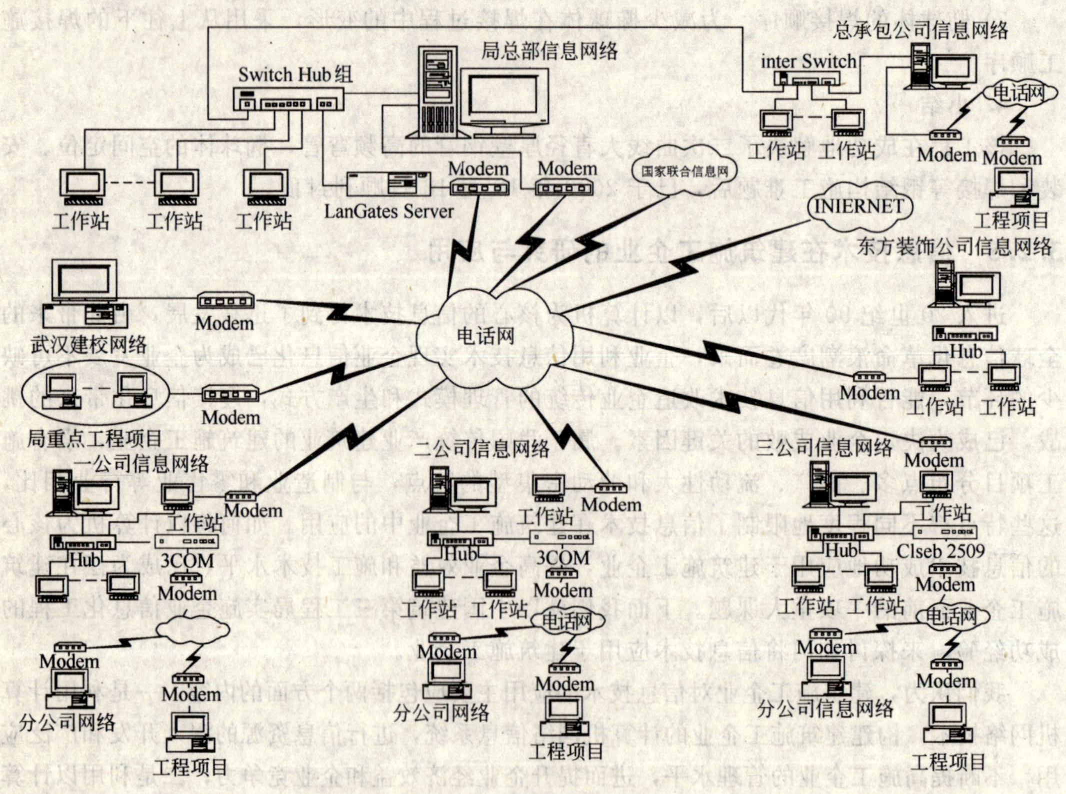

图 3.2-15　中建三局计算机网络体系示意图

程拨号网络采用 56K Modem(调制解调器)＋电话线，通过授权访问的方式，与各级信息网络服务器建立远程连接来进行信息的存取。这种方式简便灵活、管理方便、便于推广。

信息交流平台是整个企业网络信息系统的重要组成部分，目前，Intranet(企业内部信息网)作为一种利用互联网技术组建企业内部网络的成熟先进技术，已成为企业各部门之间信息查询的通用平台，是实现企业信息化最重要的途径。这种解决方案在实际应用中是切实可行的，尤其是计算机网络系统结构已从过去的终端/主机模式、客户/服务器模式发展到现在的浏览器/WEB 服务器模式。由于浏览器/WEB 服务器概念实现了开发环境与应用环境的分离，使开发环境独立于用户前台应用环境，便于用户的使用。通过 Intranet 网络平台，领导在办公室里只需用鼠标一点，便可以用 WEB(网页)浏览器清楚在了解企业生产经营情况、可以用电子邮件快捷地收发文件、可以召开网上会议等等，最终实现企业各部门纵向与横向上的信息资源交流与共享。具体地说，在业务应用方面，达到将企业各部门业务信息管理系统构筑到网络平台之上，帮助企业实现决策支持；在内部信息发布方面，达到企业的新闻消息、重大事件、生产行为、决策信息快捷准确地发布到内部网上，每一名关心企业发展的职工都可以在第一时间里了解企业的有关情况。中建三局的企业内部信息管理和交换的网络系统，正是采用这种基于 Internet(国际互联网)通信标准和 WWW 技术标准的 Intranet 技术构造的，并且将网络数据库技术与 WEB 技术进行了结合，通过网页浏览器就可以实现对企业数据库的查询。

中建三局的四级企业信息网络系统 2000 年通过了中国建筑工程总公司的鉴定，以中国工程院院士崔俊芝研究员为首的鉴定委员会认为：该系统技术先进、运行可靠、实用性强，在国内大型建筑企业实现如此的信息化系统尚属首家，其技术居国内同行业领先水平，具有很大的推广应用价值。该系统获得了中建总公司科技进步一等奖，并获得了全国工程建设企业第四届现代化管理成果一等奖。

对建筑施工企业而言，建立起企业的计算机网络信息系统，是为企业构建了一个发布信息和共享信息的信息网络环境，而作为建筑施工企业成本中心的施工项目，则是整个系统最重要的信息来源，因此必须建立一套适合企业管理模式的施工项目管理信息系统，实现以下目的：①通过计算机网络反映工程进度，从而实现工期控制计划；②通过计算机网络详实记录资源消耗台账及费用开支台账、合同造价、施工预算、计划成本与实际成本自动比较，为实现对项目成本的控制提供及时准确的信息；③通过计算机网络及时提供项目质量计划和实施记录，以保证工程质量目标的实现和质量记录的及时、准确与完整；④通过计算机网络全面掌握项目土建、安装乃至装饰工程的形象进度，从而使项目经理及上级主管，有效协调工序搭接，有效组织土建、安装、装饰之间的协调配合；⑤管理项目设计图纸、文档、设计变更、现场签证及技术资料。为现场施工、工程决算、竣工验收、申报奖项、上级检查等提供完备、规范的资料；⑥上级机关可通过计算机网络对试点项目施工的相关工作进行检查、评价与指导，从而全面实现对业主的合同承诺和项目承包合同的全面完成。施工项目的信息化应当作为建筑施工企业计算机网络信息系统建设的重点和最终落脚点，应当通过应用成熟的商业软件和自我开发相结合的途径来实施。

要实现企业和工程项目上述的管理目标与任务决非易事，需要有大量的人力物力的投入，还需加强工程项目各类管理人员的培训，提高他们的计算机应用水平。中建三局自 1995 年以来：

1）在计算机软硬件方面的投入累计达到2470余万元，随着基础投资的不断增加，中建三局的企业信息化水平也得到了很大的提高。

2）人才是推进企业信息化建设的重要要素，中建三局实行了计算机岗位培训合格证制度，累计举行各类计算机应用培训班100多期次，5000多人次接受培训，3600多人通过湖北省劳动厅的认证考试(见图3.2-16)，造就了一支企业信息化建设的主力军。

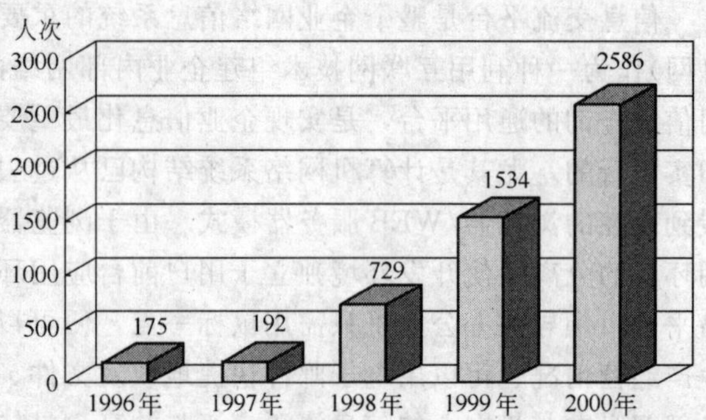

图3.2-16 中建三局“九五”期间计算机培训统计图

3）网络信息化建设过程中，中建三局制定了一系列管理规章制度，先后下发了十几个文件。在这些文件中，就企业信息化建设基本思路、基本方法、上网信息范围、数据管理、信息加密、技术要求、信息的更新与维护、工作进度安排、检查验收等作了规定与要求，保证全局的信息化建设从一开始就处于有序发展的轨道。

2. 利用信息技术对传统施工方式及施工技术进行改造，提高施工技术的整体水平

建筑施工行业是劳动密集型的行业，行业特点和传统的施工技术造成建筑施工企业在具体施工生产过程中应用信息技术不足。中建三局近几年在运用以计算机技术为核心的信息技术改造传统施工方法和生产方式上，进行了有益的探索和尝试，取得了一些成果，也积累了一些经验。

(1) 混凝土搅拌站计算机计量控制技术

计算机计量控制技术经过多年的发展，已广泛应用于工业生产的各个方面，建筑施工企业可以利用先进的工业计算机计量控制技术对混凝土搅拌站进行技术改造，实现配料、搅拌及检测等生产过程的自动控制和管理，保证混凝土的质量(见图3.2-17)。中建三局在武汉地区最先采用此项技术对其所属混凝土搅拌站进行了技术改造，此举大大提高了其商品混凝土的市场竞争力和市场占有率，创造了良好的经济效益和社会效益。

(2) 超高层及高耸构筑物施工中的垂直度偏、扭监测

在超高层及高耸构筑物的施工中，建筑物的垂直度偏、扭监测结果精确与否直接关系到施工质量和施工安全，在超高层及高耸构筑物施工垂直度偏、扭监测中，我们可以采用计算机控制的激光定位高新技术，它不仅可以把观测结果准确、直观地显示在屏幕上，而

图3.2-17 混凝土搅拌站计算机主控台

图3.2-18 计算机控制激光垂直度监测系统主控台

且可以实施连续观测的动态管理，以及预测垂直度偏、扭的发展趋势。中建三局在武汉国际贸易中心大厦施工中成功地应用此项技术进行滑模垂直度检测(见图 3.2-18)，取得了满意的效果。

(3) 大体积混凝土施工计算机自动测温技术

混凝土工程中应用微机自动测温新技术，利用计算机和传感器对混凝土的浇捣和养护过程中的温度及应力变化进行动态跟踪监控，对混凝土不同层面和深度的温度、温差进行分析，通过迅速、快捷、准确的信息反馈，及时指导混凝土施工和采取有效的养护措施(见图 3.2-19)。中建三局已在近 30 项工程的大体积混凝土施工中推广应在大体积用了此项技术，进行测温的最大混凝土量为 22000m^3，最大结构厚度为 6m，有效地保证了施工质量，防止了大体积混凝土有害裂缝的产生，创造了良好的经济效益和社会效益。

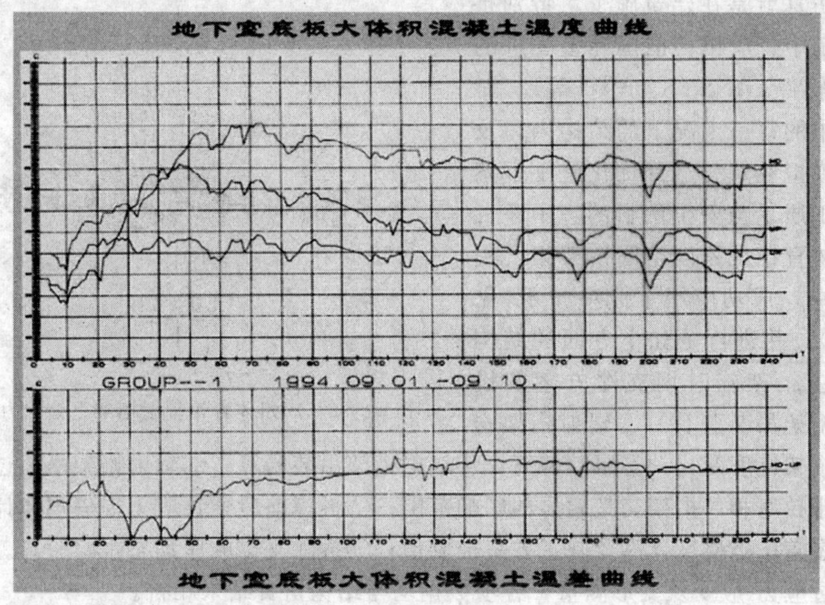

图 3.2-19 大体积混凝土施工中温度、温差曲线

(4) 建筑施工虚拟现实技术

虚拟现实是由计算机产生的具有高度真实感的三维交互环境，是以用户为核心的完善的人机交互的接口，它汇集了计算机图形学、计算机仿真技术、人机接口技术、传感技术、多媒体技术、人工智能技术和人的行为研究等多项关键技术，它给用户逼真的视觉效果，由于它是具有高难度的科技领域，中国目前在虚拟现实研究方面尚处于起步阶段。应用尖端的计算机虚拟现实技术可以模拟仿真施工全过程，事前发现和解决实施中可能会出现的各种问题，达到优化施工组织和施工方案的目的。中建三局与华中理工大学合作，在上海正大商业广场项目进行了建筑施工虚拟的研究，取得了成功(见图 3.2-20、图 3.2-21)。此举开创中国建筑施工虚拟仿真先河，被中国科学院和中国工程院的有关专家认为是中国建筑施工技术发展的里程碑，达到国际先进水平，中建三局成为国内首家将虚拟现实技术应用于建筑施工的企业。

(5) 结构仿真技术

图 3.2-20　上海正大广场钢结构吊装施工虚拟场景

图 3.2-21　上海正大广场钢结构吊装施工虚拟场景

结构仿真就是在建筑施工，特别是钢结构施工中，应用目前国际上先进的空间分析软件（ANSYS、SAP 等），对施工方案中的每一工况下的结构内力及形变进行模拟验算，达到优化施工方案和确保施工质量与安全的目的。中建三局在广州体育馆大跨度空间桁架组合钢屋盖施工中，成功应用了此项技术（见图 3.2-22），并进行了如下方面的结构仿真：①主桁架临时钢支撑方案及设计；②主桁架吊装验算；③辐射桁架安装过程主桁架挠度变化动态跟踪验算；④辐射桁架吊装验算；⑤辐射桁架吊装过程；⑥预应力拉索张拉对相邻桁架交叉索力的影响范围；⑦拆撑前后索预应力损失规律计算；⑧拆除支撑后屋盖中点挠度计算及施工方案控制值；⑨拆除支撑顺序动态跟踪验算。此工程完工后，经过应力-应变及变形测量，各项数据均与结构仿真结果相符。

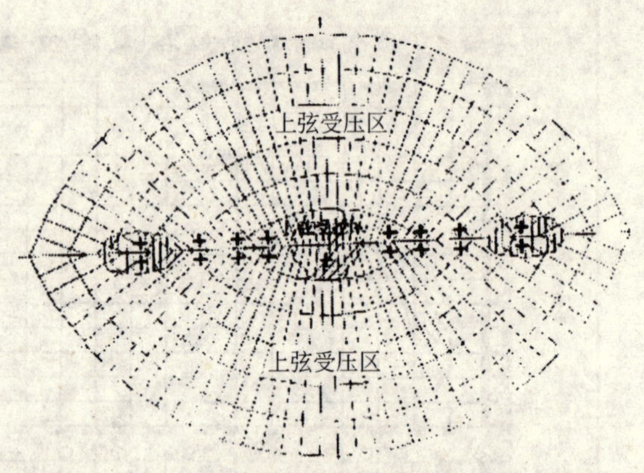

图 3.2-22　广州体育馆辐射桁架上弦内力分布图

当今世界，科学技术飞速发展，信息技术的发展更是日新月异，信息技术在建筑施工领域的应用前景是非常广阔的。江泽民主席曾经指出，创新是一个民族的灵魂。我们只要本着科技创新的科学态度，在建筑施工领域大力推广信息技术，并把信息技术与我们的建筑施工技术有机结合起来，必将在建筑施工领域产生一场革命。

3.2.6　行走式塔吊工作状态下地下室侧墙强度演算

厦门国际会展中心 3 区主体结构为 81m×81m 均布的 48 根“十”字形劲性柱及“H”形钢梁组合的框架结构，地上 5 层、地下 1 层，钢结构重约 6000t。3 区屋盖采用在 4 区、2 区楼顶及 3 区楼面拼组的巨型桁架双向外挑帽盖结构，平面尺寸为 69m×151m，钢结构重约 4000t。经反复比选和论证，钢结构施工拟采用双行走式 K50/50 型塔机吊装，布置如图 3.2-23所示。

根据施工组织计划，地下室及＋10.000m 层钢结构安装进度计划为：地下室底板施工及螺栓预埋→7 天后地下室钢结构安装→10 天后地下室侧墙混凝土浇筑→7 天后地下室顶板混凝土浇筑→3 天后＋10.000m 层钢结构安装。在进行＋10.000m 层钢结构安装时，塔吊轨道布置距离地下室侧墙很近，同时由于地下室底板、侧墙和顶板均留设后浇带，必然会削弱侧墙刚度。在行走式塔吊工作状态下，当地下室侧墙尚未达到强度设计值情况下，侧墙强度能否满足施工荷载要求，需进行演算，并应根据演算情况采取相应措施。

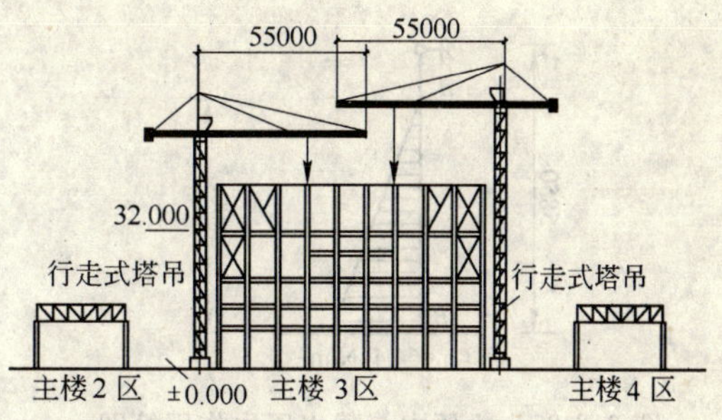

图 3.2-23 行走式塔吊布置示意图

1. 已知条件

（1）根据勘测资料，地基土天然密度及内摩擦角分别取 118g/cm³、28°。

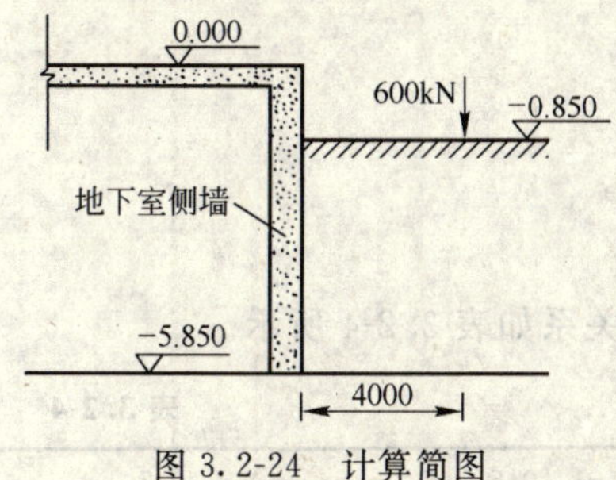

图 3.2-24 计算简图

（2）地下室侧墙厚 400mm，混凝土强度等级 C40，配筋为 ϕ16@150。

（3）K50/50 塔吊按照标准条件下要求地基承载力不小于 20kN/m²，由于现场地质条件限制，只能提供不大于 12kN/m²。通过采取措施加大轨道梁高度、加高路基垫层厚度和枕木宽度，由此折算最不利情况下行走式塔吊产生地面集中线荷载为 600kN。

（4）因 K50/ 50 塔吊吊装能力的限制，在进行 +10.000m层钢结构安装时，塔吊折算线荷载距地下室侧墙 4m（见图 3.2-24）。

2. 计算假定及过程

当进行地上部分钢结构吊装时，地下室侧墙、顶板混凝土已浇筑完毕，并达到一定强度。通过留盘现场取样检测，C40 混凝土在现场浇筑后，10 天可达 C35。考虑到此时地下室顶板仅浇筑 3 天，刚度相对于侧墙较弱。本计算中将地下室侧墙上端按铰支计算，结果明显偏于安全。

考虑到地下室侧墙回填土排水不畅的现场实际情况，在行走式塔吊进行地上部分钢结构吊装时，地下室侧墙将受到回填土主动土压力及由于排水不畅而引起的静水压力作用，同时行走式塔吊产生的地面线荷载也将对地下室侧墙产生水平压力。

（1）回填土主动土压力及静水压力共同作用

主动土压力系数 $K_a=0136$，土压力和静水压力作用产生主动土压力强度 $e_{al}=8\times5\times0.36+10\times5=64.4\text{kN/m}^2$ 计算简图如图 3.2-25 所示。此时地下室侧墙支座处最大弯矩 $M_{b1}=121.6\text{kN}\cdot\text{m}$。

（2）水平压力

由于塔吊在轨道上行走产生线荷载，而对地下室侧墙产生水平压力，根据加拿大规范的布悉尼斯(Boussinesq)公式，线荷载对地下室侧墙的水平压力计算简图，如图 3.2-26 所示。

$$m\leqslant0.4\text{ 时},\sigma_h\left[\frac{h}{Q_L}\right]=\frac{0.20n}{(0.16+n^2)^2},P_h=0.55Q_L \tag{3.2-1}$$

$$m\geqslant0.4\text{ 时},\sigma_h\left[\frac{h}{Q_L}\right]=\frac{1.28m^2n}{(m^2+n^2)^2},P_h=\frac{0.64Q_L}{(m^2+1)} \tag{3.2-2}$$

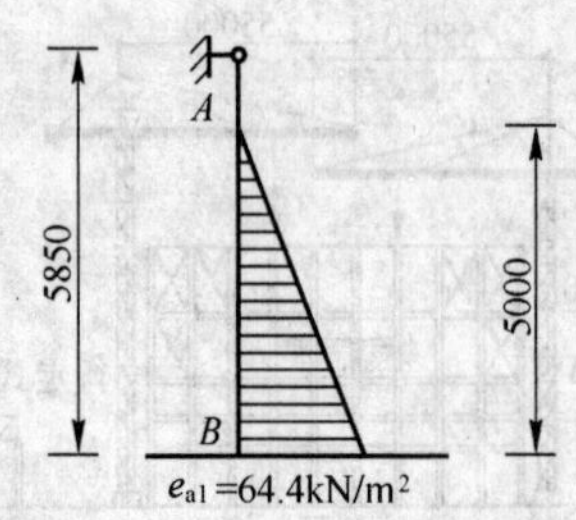

图 3.2-25 土压力与静水压力作用简图

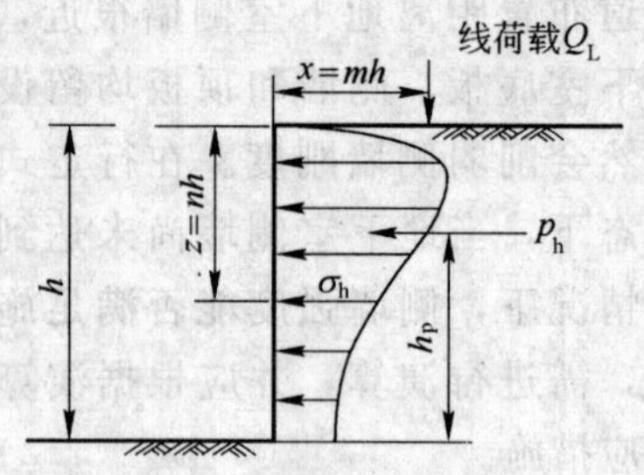

图 3.2-26 水平压力计算简图

式中 h——挖土深度；

x——线荷载距侧墙距离，用 mh 表示；

z——水平强度 σ_h 离地面距离，用 nh 表示；

Q_L——线荷载；

σ_h——不同深度的水平压力强度；

P_h——总水平压力；

h_p——总水平压力距挖土底的距离，m 与 h_p 对应关系如表 3.2-4 所示。

m 与 h_p 对应关系 **表 3.2-4**

m	0.1	0.3	0.5	0.7
h_p	0.60h	0.60h	0.56h	0.48h

据此计算得出：地下室侧墙支座处最大弯矩 M_{b2}＝26133kN·m。考虑动荷载动力系数并与 M_{b1} 叠加，可得地下室侧墙支座处最大弯矩 M_b＝158146kN·m。现有配筋不能满足强度要求，需进行加固处理。利用现场材料，在地下室侧墙和底板预埋支撑，由 3 组 3 根 ϕ100 的钢管组成桁架顶撑地下室侧墙。

3. 结论及建议

(1) 在上述工程条件下，按偏于安全的铰支考虑，在最不利情况下，采用加固方案后，能满足强度要求。

(2) 吊装过程中应尽量避免塔吊在后浇带处吊装作业。

(3) 在地下室回填土作业时，要做好泄水坡度以利于地面水排走。

(4) 该工程现已施工完毕，在施工中地下室侧墙未发现裂缝或过大变形。

(5) 现场施工根据施工荷载和强度增长实际情况对结构体进行强度演算，在某些特定情况下对消除施工安全隐患很有必要。

3.2.7 高层建筑施工 GPS 测量的误差分析

中建三局将 GPS 定位技术应用于厦门建设银行大厦工程，也是国内首次将其应用于高层建筑施工的工程。GPS 技术应用于高层建筑施工涉及到技术方案设计、外业实施计划、测量成果的误差分析等内容，本文拟对测量成果的误差分析方法进行讨论。

高层建筑 GPS 测量是通过地面接收设备接收卫星传送的信息，来确定建筑物上点的三维坐标。其测量结果的误差主要来源于 GPS 卫星、卫星信号的传播过程和地面接收设备。其中与建筑施工密切相关的是多路径效应误差和接收设备误差，本文拟对此进行分析。

1. 高层建筑施工 GPS 测量多路径效应误差分析

在高层建筑施工 GPS 测量中，如果测站周围的反射物质所反射的卫星信号(反射波)进入接收机天线，便将与直接来自卫星的信号(直接波)产生干涉，从而使观测值偏离真值产生多路径误差。

(1) 多路径效应误差

1) 反射波引起的多路径效应误差

在工程测量中 GPS 天线接收到的信号是直射波和反射波产生干涉后的组合信号。反射物可以是地面、山坡、所施工的高层建筑及其临近的建筑物等。如图 3.2-27 所示，天线 A 同时收到来自卫星的直接信号 S 和经地面反射后的反射信号 S'。显然这两种信号所经过的路径长度是不同的，反射信号多经过的路径长度称为程差，用 Δ 表示，则：

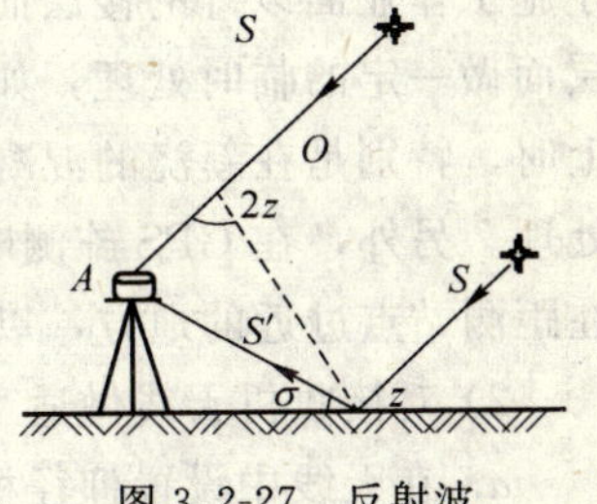

图 3.2-27 反射波

$$\Delta = 2h\sin z \tag{3.2-3}$$

式中 h——天线离反射面的高度；

z——反射波与反射面间的夹角。

反射波与直射波之间的相位延迟 θ 为：

$$\theta = 4\pi h\sin z/\lambda \tag{3.2-4}$$

式中 λ——载波波长。

由于反射波一部分能量被反射面吸收、GPS 接收天线为右旋圆极化结构，也能抑制反射波，因此，反射波除了存在相位延迟外，信号强度一般也会减少。

2) 载波相位测量的多路径误差

在 GPS 载波相位测量中，反射信号与直接信号经叠加后进入接收机，天线的实际接收信号为：

$$S = \beta u\cos(\omega t + \theta) \tag{3.2-5}$$

$$\beta = (1 + 2a\cos\theta + a^2)^{1/2} \tag{3.2-6}$$

$$\phi = \mathrm{arctg}(a\sin\theta/(1 + a\cos\theta)) \tag{3.2-7}$$

式中 ϕ——载波相应测量的多路径误差；

a——微波信号反射系数，其数值在 0～1 之间，0 表示信号完全被吸收不反射，1 表示信号被反射不吸收。高层建筑施工 GPS 测量的反射系数应根据施工现场实际情况，经测试获得。可以得知，对 L_1 载波相应测量中的多路径误差的最大值为 418cm，对 L_2 载波相应测量中的多路径误差的最大值为 611cm。

经理论与实践分析表明，可能会是多个反射信号同时进入，此时，其多路径误差为：

$$\phi = \mathrm{arctg}\{(\Sigma a_t\sin\theta_t)/(1 + \Sigma a_t\cos\theta_t)\} \tag{3.2-8}$$

多路径效应对伪距测量的影响比载波相位测量的影响要严重得多，此时多路径误差对 P 码最大可达 10m 以上。

(2) 多路径效应误差的处理

高层建筑施工 GPS 测量的多路径误差取决于反射物离测站的距离和反射系数(取决于反射的材料、形状及表面粗糙程度等)及卫星信号的方向等各种性质，迄今为止，尚无法建立准确的误差改正模型，较为有效的办法，一是选择恰当测点，避免信号反射物；二是对接收机天线做适当处理，以抑制反射信号的进入。

1）选择恰当测站点

在高层建筑施工 GPS 测量点，处于施工作业面以外的地面上的测点，要尽量远离大面积平静的水面，将其固设在灌木丛、草地及表面较粗糙的道路、广场等地方。若测点处于施工作业面以外的楼层面时，要考虑周围建筑物的反射状况，还要对反射系数较大的楼层面做一定的临时处理，如薄铺一层砂、炉渣、锯末等物质。若测点处于施工作业楼层面上时，特别是在新浇的混凝土楼面上或在安放压型钢板后即进行施测时，要做好反射面的处理。另外，在 GPS 施测时，要禁止电焊作业，避免电弧对信号的影响。汽车不要停放在距测站点过近的地方，以免车身及车镜产生信号反射。

2）对接收机天线做适当处理

a. 在天线中设置抑径板

为了防止从地面或楼面反射的卫星信号进入天线产生多路径误差，可在接线机天线下配置抑径板(图 3.2-28)。

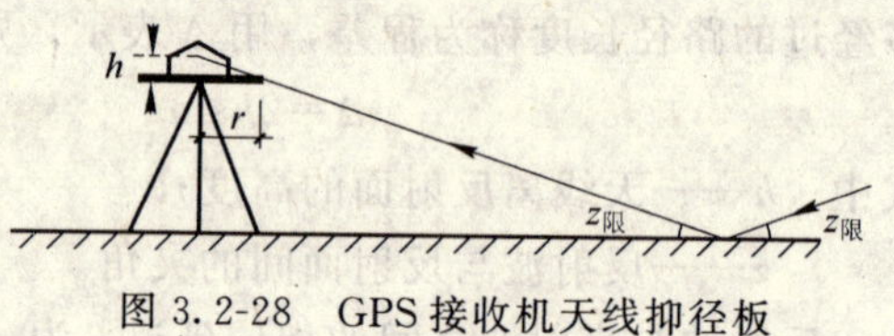

图 3.2-28　GPS 接收机天线抑径板

若观测时截止高度角为 $z_{限}$，则：

$$r = h/\sin z_{限} \tag{3.2-9}$$

式中　r——抑径板的半径；

h——抑径板的高度。

在高层建筑施工 GPS 测量时，若某一接收天线相位中心至抑径板的高度为 70mm，截止高度角为 10°，即当卫星的高度角小于 10°时便不观测，也就是说抑径板的半径必须大于或等于 70mm/sin10°=40mm。

b. 接收机天线对于极化特性不同的反射信号应该有较强的抑制作用

由于多路径误差不是时间的函数，所在静态定位中经过较长时间的观测后，多路径误差的影响可大为削弱。

2. 高层建筑施工 GPS 测量接收设备误差分析

在高层建筑施工 GPS 测量中，除了要考虑卫生系统误差和信号传播误差外，还应考虑接收设备误差。接收设备误差主要有接收机钟误差、接收机位置误差、天线相位中心位置误差等。

(1) 接收机钟误差分析

1）接收机钟误差原因分析

GPS 接收机一般采用高精度的石英钟，其稳定度约为 10^{-11}。若接收机钟与卫星钟之间的同步差为 1μs，则由此引起的等效距离误差约为 300m。

2）减少接收机钟误差的方法

a. 把高层建筑施工 GPS 测量的每个观测时刻的接收机钟差当作一个独立的未知数，在数据处理时将其与观测站的位置参数一并求解。

b. 认为各观测时刻的接收机钟差间是相关的，像卫星钟差那样，将接收机钟差表示

为时间的多项式，并在观测量的平差计算中求解多项式的系数。该方法可以大大减少未知数的个数，但这将涉及到在构成钟差模型时，对钟差特性所作假设的正确性。

c. 在定位精度要求较高时，可以采用高精度的外接频标(即标准时间)，如铷原子钟或铯原子钟，可以提高接收机时间标准的精度。还可以利用观测值求差的方法有效地消除接收机钟差的影响。

(2) 接收机位置误差分析

接收机天线相位中心相对测站标石中心位置的误差，叫做接收机位置误差。它包括天线置平和对中误差、量取天线高误差等。

1) 接收机位置误差原因分析

在高层建筑施工 GPS 测量中，由于施工操作面存在许多干扰因素，如机械作业、人员走动等，会造成天线置平和对中不准；在新搭设的模板等施工平台上进行楼板定位测量时，由于施工平台本身的刚度较差，这些都会对天线置平和对中产生影响，导致接收机位置误差，且该误差往往是无法准确计算的。由于施工平台本身的刚度较差、风的扰动、施测人员视觉差异等均会造成量取天线高误差。

2) 减少接收机位置误差方法

a. 在施工作业面上进行 GPS 测量时，接收机布设位置在满足测量要求的前提下，尽量布设在受施工影响小的部位，以免造成接收机位置误差。

b. 施工单位应做好施工进度安排，统筹 GPS 测量与高层建筑结构施工的进度。尽量保证 GPS 测量时，施工作业层上无其他工种作业，与测量无关的机械设备禁止在施测区域运行，与测量无关的人员禁止进入施测区域。

c. 若风力在六级以下时，应有防风措施；若风力超过六级时，应暂停 GPS 测量作业。

d. 施测人员必须仔细操作，以尽量减少接收机位置误差。

e. 在进行变形监测时，应采用有强制对中装置的观测墩。

3. 结束语

通过该工程的技术实践，表明 GPS 技术具有高精度、高效率和对基准点依赖性低的特点，取得了良好的效果。作为一种高新技术应用于传统产业，GPS 技术相对于传统的建筑施工定位技术，具有如下优点：

1) 施工测量控制网一次测定到位，无误差的传递和积累，定位精度高。

2) 数据测定和分析均使用计算机处理，避免了人为误差产生。

3) 其观测基准点主要用于确定起算点和起算方向，互相不通视，变换观测基准点均不影响观测精度。在建设银行大厦工程 GPS 测量实施过程中，曾发生一个观测基点完全破坏的情况，仍可正常建立楼层施工控制网。

4) 对楼层施工控制网基点的选择约束较少，各点之间可以不相互通视，点数和点位也可以根据实际要求变化，均不影响定位精度。该工程 39 层以上由于建筑平面变化，原控制网仅存两个基点，但使用 GPS 技术，可以利用地面观测基点与之实施闭合平差，确保了基点的定位精度。

5) 能准确测定建筑物的日照变形、振动变形，为高层建筑的施工测量与控制提供了一种全新的技术手段。

利用全球卫星定位系统进行高层建筑施工测量，目前在我国尚处于探索阶段，将其基本原理应用于高层建筑施工领域，对于提高建筑业的高技术含量，提高工程经济效益及工程施工质量均具有重要意义。

利用全球卫星定位系统进行高层建筑施工测量，目前在我国尚处于探索阶段，而高层建筑施工 GPS 测量的误差产生的原因比较复杂，本文仅对与高层建筑施工密切相关的多路径效应误差和接收设备误差进行了初步探讨，尚有许多理论和实践问题有待深入研究。

3.2.8 高层建筑施工 GPS 测量的外业实施

高层建筑施工 GPS 测量的外业实施包括测点的选择、标志的设定、现场观测和测量数据评价等内容。

1. 测点的选择

由于 GPS 测量观测点之间对相互通视没有要求，而且测量网的图形结构也比较灵活，所以测点的选择工作较常规控制测量要简便。测点的选择除了满足常规测量的基本要求外，还应遵循以下原则：

1）为避免电磁场对 GPS 信号的干扰，点位应远离大功率无线电发射源（如电视台、微波站等），其距离不小于 200m；点位要远离高压输电线，其距离不得小于 50m。同时，点位要远离电焊机。

2）点位附近不应有大面积的水域或电磁波反射（或吸收）强烈的物体，以减少多路径效应的影响。

3）点位应设在易于安装接收设备、视野开阔的且目标显著的地方（包括在已建成建筑物和在建的高层建筑操作层上的适当位置）。在视场周围 15°以上不应有障碍物（包括已建成建筑物），以减少 GPS 信号被遮挡或被障碍物吸收。

4）点位应选在交通方便的地方，并有利于用其他观测手段联测和扩展。

5）选点人员应按技术设计要求进行踏勘，在实地按要求选定点位。若所选点位需要进行水准联测时，选点人员应实地踏勘水准路线，并提出有关建议。

6）点位所构成的网形应有利于同步观测边、点连接。

7）点位所在地面基础要稳定，易于点的保存。当利用原有点位时，应对其稳定性、完好性以及觇标的安全可用性作逐一检查，符合要求后方可使用。

2. 标志的设定

高层建筑施工 GPS 网点应埋设具有明显而精准的标志。点的标志应能够保持到高层建筑施工完成且能够被有效地利用，特别是设在施工场区外的点，应保证在施工期间不被破坏。点名应与高层建筑施工单位协商后确定，以便于标志的保护。因施工期间，施工场区内施工人员众多，且施工工序往往由不同的施工队伍进行，除了将标志设在不易受施工影响的地方外，还应委托专人保护。每个点位标志设定工作结束后，应按表填写点之记并提交相应资料。

3. 现场观测

（1）观测工作的基本技术要求

GPS 观测与常规测量在技术要求上有很大的差别，特别是在高层建筑施工中，通常使用吊坠法、经纬仪法、激光铅直仪法、几何水准测量法等方法，其作业模式及主要技术指标的获得与 GPS 测量有许多不同，应按相应的规范执行。

（2）天线安置

1）在正常点位，天线应架设在三角架上，并安置在标志中心的上方直接对中，天线基座上的圆水准气泡必须整平。

2）在特殊点位，当天线需要安置在三角点觇标的基板上或回光台上时，应先将觇标顶部拆除，以防对 GPS 信号的遮挡，这时可将标志中心投影到基板或回光台上，作为安装天线的依据。若觇标顶部无法拆除，接收天线又安置在标架内观测，则会造成卫星信号中断，影响 GPS 测量精度。此时，可进行偏心观测。偏心点选在离三角点 100m 以内的地方，归心元素应以解析法精密测定。

3）天线的定向标志线应指向正北，并顾及当地磁偏角影响，以减弱相位中心偏差的影响。天线定向误差依定位精度不同而异，一般不应超过±3°～5°。

4）刮风天气或在高层建筑施工层上安置天线，应将天线进行三方向固定，以防倒地碰坏。雷雨天气安置天线时，应注意将其底盘接地，以防雷击天线。

5）架设天线不宜过低，一般距地面 1m 以上。天线架设好后，在圆盘大线间隔 120°的三个方向分别量取天线高，三次测量结果之差不应超过 3mm，取其三次结果的平均值记入测量手簿中，天线高记录取值 0.001m。

6）高层建筑施工 GPS 测量可不观测气象要素，但应记录雨、晴、阴、云等天气状况。

（3）开机观测

高层建筑 GPS 观测作业的主要目的是接收 GPS 卫星信号，并对其进行跟踪、处理和测量，以获得高层建筑施工所需要的定位信息和观测数据。在天线安置工作完成后，即可在离开天线的适当位置（地面或高层建筑楼面）安放 GPS 接收机，并接通接收机与电源、天线、控制器的连接电缆，经过预热和静置，便可启动接收机进行观测。当接收机锁定卫星并开始记录数据后，观测员便按照仪器随机提供的操作手册进行输入和查询操作，在未掌握有关操作系统之前，不要随意按键和输入。通常，在正常接收过程中禁止更改任何设置参数。

一般情况下，在高层建筑施工 GPS 观测的外作业工作中，操作人员要注意以下事项：

1）当确认外接电源电缆及天线等各项连接完全无误后，方可接通电源，启动接收机。

2）开机后接收机的有关指示和仪表数据显示正常时，方能进行自检和输入有关测站和时段控制信息。

3）接收机在开始记录高层建筑有关观测数据后，应注意查看有关观测卫星数量、卫星号、相位测量残差、定时定位结果及其变化、存储介质记录等情况。

4）在一个观测时段中，不允许进行下述操作：关闭又重新启动、进行自测试（发现故障除外）、改变卫星高度角、改变天线位置、改变数据采样间隔、按动关闭文件和删除文件等功能键。

5）每一观测时段中，气象资料一般应在时段始末及中间各观测一次，当时段较长（超过 60min）应适当增加观测次数。

6）观测过程中应特别注意供电情况，除在出测前认真检查电池容量是否充足外，作业中观测人员不要远离接收机，听到仪器的低压报警要及时予以处理，以免造成仪器内部数据的破坏或丢失。对观测时段较长的观测工作，应尽量采用太阳能电池板或汽车电瓶进行供电。

7）在观测过程中不要靠近接收机使用对讲机，遇雷雨季节架设天线要有防雷击措施，即雷雨过境时关机停测，并卸下天线。

8）仪器高度一定要按规定始、末各量一次，并及时输入仪器及记录测量手簿之中。

9）放置于高层建筑施工操作层上的接收机，架设点除了要满足 GPS 测量的基本要求外，还应保证施测时施工作业层的其他工作干扰最小，通常 GPS 观测应安排在楼面混凝土浇筑前后，且作业层上没有其他工种作业时进行。

10）观测站的全部预定作业项目，经检查均已按规定完成，且记录与资料完整无误后方可迁站。

11）在观测过程中要随时查看仪器内存或硬盘容量，每日观测结束后，应及时将数据转存至计算机硬盘或软盘上，并予以妥善保存，以免观测数据丢失。

（4）观测记录

在高层建筑施工 GPS 观测工作中，所有资料均需妥善记录。记录形式主要可采用观测记录和测量手簿等两种。

1）观测记录

观测记录有 GPS 接收机自动进行，均记录在存储介质（如硬盘、硬卡或记录卡等）上，其主要内容有：

a. 载波相位观测值及相应的观测历元；

b. 同一历元的测码伪距观测值；

c. GPS 卫星星历及卫星钟差参数；

d. 实时绝对定位结果；

e. 测站控制信息及接收机工作状态信息。

2）测量手簿

测量手簿是在接收机启动前及观测过程中，由观测人员随时填写的。其记录格式如《全球定位系统城市测量技术规程》（CJJ 73—97）中城市与工程 GPS 网观测记录格式表。

观测记录和测量手簿都是 GPS 精密定位的依据，必须认真及时填写，坚决杜绝事后补记或追记。外作业中存储介质上的数据文件应及时拷贝一式两份，分别保存在专人保管的防水、防静电的资料箱内。存储介质的外面，适当处应贴制标签，注明文件名、网区名、点名、时段名、采集日期、测量手簿编号等。接收机内存数据文件在转录到外存介质上时，不得进行任何剔除或删改，不得调用任何对数据实施重新加工组合的操作指令。

4. 观测数据的评价标准

在高层建筑施工 GPS 静态相对定位中，观测数据的评价一般分为四级，即良好、合格、存疑和不合格。各级的评价标准为：

（1）良好

1）测量基准点环境好，无施工振动、焊接作业及其他电磁波等干扰因素；

2）观测过程中大气状况稳定；

3）能观测到所有预报的卫星；

4）接收机运行正常，没有或偶尔发生短暂的失锁或故障报警，但很快得以排除；

5）测点上全部操作过程都符合规定，资料齐全；

6）实时绝对定位解的收敛平稳。

（2）合格

1）测点上有施工振动、焊接作业及其他电磁波等明显的干扰因素；

2）观测过程中大气状况有明显的波动(如有暴风雨过境、各方位的云量分布极不均匀和气象突变等)；

3）接收机运行不大正常，多次出现报警或卫星失锁，且由于未能及时排除或多次积累致使约有10%的观测数据无效。

4）测站上的操作过程基本符合规定要求；

5）实时单点定位解的收敛过程有波动。

（3）存疑(或部分合格)

1）测站上信号干扰因素比较严重；

2）观测过程中报警或信号失锁频繁，有约20%的观测数据无效；

3）单点定位解的收敛波动较大。

（4）不合格

1）由于多种因素(气象、仪器、高层建筑施工操作等)影响，致使无效数据多于30%；

2）观测卫星数少于4颗；

3）单点定时定位解的收敛很困难。

5. 工程应用

中建三局将GPS定位技术应用于厦门建设银行大厦工程，也是国内首次将其应用于高层建筑施工的工程。

（1）GPS测量基准的建立

GPS技术的实施，首先需建立大地坐标系(WGS-84坐标系)与工程施工坐标系之间的转换关系，以供各次施测层的测量基准传递使用。

厦门建设银行大厦的建筑施工坐标系，是参照92厦门坐标系建筑场地的红线坐标而建立的，它是建设银行大厦工程施工的独立坐标系。四个测量基点设置在主体建筑物内(图3.2-29)。

针对建筑施工场地较小、建设工期短、测量精度要求较高等特点，在本工程的施工围墙外设置了两个相对稳定的临时基准点XM01和XM02(图3.2-30)，以这两个临时基准点作为各次进行GPS基准传递的基准。这两个基点的主要作用在于：

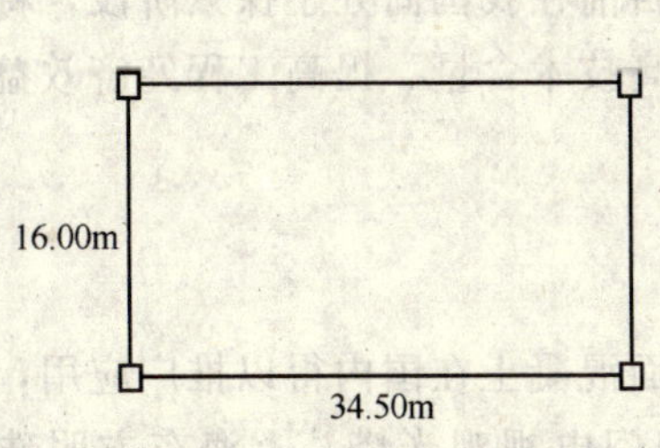

图3.2-29 建筑施工基准传递

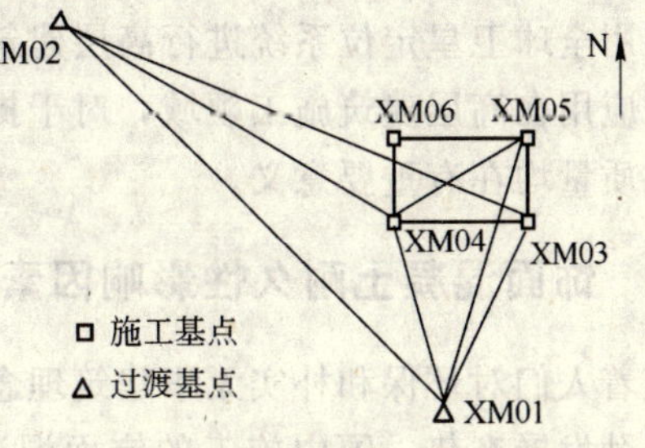

图3.2-30 GPS施工测量基准

1）每次测量时，固定其中的一点（如 XM01）作为起算点，固定该两点（XM01～XM02）的方位作为起算方位，以确保每次 GPS 测量的基线解算和网平差有统一的起算基准和方位。起算点的位置坐标和起算方位由首次 GPS 测量确定。

2）每次 GPS 测量成果的转换，采用统一的转换参数，以确保坐标转换成果的基准一致性，该转换参数由首次 GPS 测量确定。

（2）GPS 测量基准点的位置

XM01 点被设置在本工程外围的两层高的业主办公楼屋面上，该楼屋面便于设点、使用和保护。点位距离本建筑主体工程约 90m，天空通视状况良好。XM02 点被设置在本建筑工程施工围墙外的一混凝土路面上，点位基础牢固，受车辆交通干扰不大，且便于设点，天空通视状况也较好，点位距离建设银行大厦主体工程约 140m。

（3）GPS 测量基准传递

厦门建设银行大厦工程的 GPS 测量是高新技术用于传统产业的一次尝试，其测量方案设计与实施既参照了国家及测绘行业有关规范（规程），同时，又考虑了该技术是首次应用于高层建筑施工定位测量，鉴于尚无经验可循，为了保证工程的正常进行，仅在部分楼层进行了基准传递，以校核常规测量方法的结果，并与建筑施工有关规范进行比较，其结果很好地满足了要求。

6. 结束语

通过该工程的技术实践，表明 GPS 技术具有高精度、高效率和对基准点依赖性低的特点。作为一种高新技术应用于传统产业，GPS 技术相对了传统的建筑施工定位技术，具有如下优点：

1）施工测量控制网一次测定到位，无误差的传递和积累，定位精度高。

2）数据测定和分析均使用计算机处理，避免了人为误差产生。

3）其观测基准点主要用于确定起算点和起算方向，互相不通视，变换观测基准点均不影响观测精度。在建设银行大厦工程 GPS 测量实施过程中，曾发生一个观测基点完全破坏的情况，仍可正常建立楼层施工控制网。

4）对楼层施工控制网基点的选择约束较少。各点之间可以不相互通视，点数和点位也可以根据实际要求变化，均不影响定位精度。该工程 39 层以上由于建筑平面变化，原控制网仅存两个基点，但使用 GPS 技术，可以利用地面观测基点与之实施闭合平差，确保了基点的定位精度。

5）能准确测定建筑物的日照变形、振动变形，为高层建筑的施工测量与控制提供了一种全新的技术手段。

利用全球卫星定位系统进行高层建筑施工测量，目前在我国尚处于探索阶段，将其基本原理应用在高层建筑施工领域，对于提高建筑业的高技术含量、提高工程经济效益及工程施工质量均在有重要意义。

3.2.9 饰面混凝土耐久性影响因素分析

随着人们对环保和朴实无华建筑理念的追求，饰面混凝土在国内得以推广应用，并呈现出强劲发展态势。国内施工的饰面混凝土工程有澳门电视观光塔、上海东方明珠电视塔、上海浦东国际机场航站楼等。饰面混凝土是结构与装饰功能合一的新型混凝土，混凝土表面不再做保护层，以结构混凝土本身裸露于空气中。因此，对饰面混凝土的耐久性和稳定性就提出了更严格的要求。影响饰面混凝土耐久性的主要因素有混凝土的抗掺性、抗冻融性、抗风化(污染)以及抗裂性等。

1. 饰面混凝土的渗透性危害及提高抗渗性能的措施

(1) 渗透性危害

当空气中的有害气体或其他物质渗透到饰面混凝土中后，会在饰面混凝土中产生碳化、腐蚀、泛白(返碱)等危害。

饰面混凝土的碳化是空气中的 CO_2 在潮湿(或水)条件下，与混凝土中的 $Ca(OH)_2$ 起碳化作用，生成 $CaCO_3$，使混凝土碱度降低，钢筋失去保护作用。碳化部位的钢筋易锈蚀，锈蚀钢筋体积膨胀使混凝土表面产生裂纹；另外，铁锈随混凝土内的水由毛细孔或裂纹迁移到饰面混凝土的表面形成锈迹，严重影响其表面质量。饰面混凝土的腐蚀一般是由溶于水的酸根如 SO_4^{-2} 通过饰面混凝土的毛细孔渗透到混凝土内部与某些成分如 $Ca(OH)_2$ 发生化学反应，生成难溶性的盐类，吸水体积膨胀，使饰面混凝土产生裂纹或者破坏钢筋的氧化膜表面，使钢筋锈蚀，从而影响混凝土的表面质量和结构性能。

饰面混凝土表面泛白(返碱)是由于混凝土中的某些盐类、碱类被水溶解并随水渗透到混凝土的表面，水分蒸发后，盐、碱从水中析出而滞留于饰面混凝土表面，形成花斑和条纹，且长时间不能脱落。

(2) 提高饰面混凝土抗渗性能的措施

1) 在保证混凝土和易性的前提下，降低水灰比、降低混凝土空隙率、提高密实度、优化混凝土骨料的级配，提高混凝土抗分层、离析、泌水的能力。

2) 加大钢筋保护层厚度，粗骨料的最大粒径小于保护层厚度的 3/5。研究表明：粗骨料的最大粒径大于保护层厚度的 3/5 时，会导致砂浆与粗骨料界面上产生裂缝，抗渗性能显著减低。

3) 掺加不同品种和比例的超细矿粉。可以减少水泥用量，改善混凝土的和易性；超细矿粉还具有微观填充作用，能显著降低饰面混凝土的空隙率，提高密实度。

4) 掺加高效减水剂。降低水灰比，使水化作用更充分，改善饰面混凝土的微观结构，降低空隙率。

5) 采用聚合物水泥。水泥与聚合物复合，使水泥水化物和骨料表面覆盖一层水化物薄膜，提高饰面混凝土的抗渗性能。

6) 加强饰面混凝土浇筑管理。振捣器振动间距一般为 400mm，配筋较密时 300mm 左右。浇筑门窗洞口时，沿洞口两侧均匀对称下料，振动棒距洞边 300mm 以上，宜从两侧同时振捣，浇筑过程中可用小锤敲击模板侧面检查，避免漏振、欠振或过振。

2. 饰面混凝土的冻融危害及提高抗冻性能的措施

(1) 冻融危害

连续冻融循环会导致饰面混凝土开裂、破碎和剥落。混凝土的冻融损坏包括水泥石和骨料的冻融破坏。混凝土的抗冻性与混凝土毛细孔水分迁移路径、混凝土的孔隙结构、饱和度、冷却速度等因素有关。

(2) 提高饰面混凝土抗冻性能的措施

1) 引入适量的微细气泡

根据混凝土骨料的最大粒径、暴露状况引入适量的均匀、稳定且封闭的微气泡(气泡的间距系数应小于0.12mm)是大幅度提高混凝土耐久性，特别是抗冻性的有效措施。考虑到饰面混凝土的表面装饰要求，应严格控制气泡的直径小于1mm。参照美国混凝土学会有关规范并结合饰面混凝土骨料的粒径要求，其含气量如表3.2-5所示。

饰面混凝土的含气量 **表3.2-5**

骨料最大颗粒径(mm)		9.5	12.5	19.0	25.0
含气量(%)	恶劣暴露	7.5	7.0	6.0	6.0
	中等暴露	6.0	5.5	5.0	4.5

2) 控制水灰比

混凝土水灰比直接影响着水泥石的孔隙结构。根据国内外的相关规范和工程经验，饰面混凝土的水灰比应小于0.45。

3) 控制混凝土的饱水度

混凝土的含水饱和度愈大，受冻的危害愈大。在外界环境不能改变的条件下，饰面混凝土结构的外形、表面状况等因素可直接影响混凝土的饱水度。因此，饰面混凝土结构设计应考虑排水，排水路径不要流经混凝土表面，避免形成积水，保持饰面混凝土的干燥。

4) 加强养护期的管理

采取防冻措施，防止饰面混凝土在低于临界强度前受冻。

3. 饰面混凝土的风化、污染危害及提高抗风化、抗污染性能的措施

饰面混凝土的风化是由于空气中的酸性物质同 $CaCO_3$ 反应生成溶于水的 $Ca(HCO_3)_2$ 随水流失。饰面混凝土的污染机理是水泥石析出 $Ca(OH)_2$ 同含硫杂质化合生成 $CaSO_4$，$CaSO_4$ 吸附尘污，当墙面上有水流动时，随水一起流动到其他部位，附着于墙面造成不均匀污染。

提高饰面混凝土的抗风化、抗污染性能的主要措施是在饰面混凝土表面涂刷一层透明或半透明的、具有强耐候性、高防水性、吸附性低的涂层，把混凝土同空气隔离开来，从而有效控制饰面混凝土表面风化和污染。

4. 饰面混凝土的开裂及减少开裂的措施

(1) 沉缩裂缝

减少沉缩裂缝的主要措施有：①加强混凝土的浇筑质量管理，保证混凝土的密实度；②在满足混凝土工作性能的前提下，尽可能选用坍落度小的混凝土；③适当加大混凝土的保护层厚度；④保证模板的刚度，减少模板的变形。

(2) 塑性收缩裂缝

主要防治措施有：①拆模前、后应用湿润的保湿性强的覆盖物覆盖模板或混凝土，保证混凝土水化所需水分，防止混凝土失水收缩；②拆模后，在饰面混凝土的表面涂刷养护剂，并在其表面覆盖塑料薄膜；③在炎热的天气或干燥刮风时，用遮阳板降低混凝土表面的温度，设置挡风板防止风吹失水。

(3) 干缩裂缝

防治措施有：①骨料的内部约束作用可以有效降低水泥石的干缩，为此在满足饰面混凝土强度和工作性能的前提下，应尽可能用最大数量的骨料；②降低混凝土的水灰比，减少用水量；③合理布置收缩缝，在收缩缝上设分布钢筋；④根据具体情况，在饰面混凝土内掺膨胀剂。

(4) 碱-骨料反应(AAR)产生的裂缝

减少AAR裂缝的有效措施应从抑制AAR的发生入手：①严格控制水泥、外加剂中的碱含量，严格控制骨料中的碱活性物质；②在饰面混凝土中加入适量的天然沸石；③超细硅粉可以改变饰面混凝土的结构，减低渗透。

(5) 钢筋腐蚀产生的裂缝

防治措施有：①提高混凝土的抗渗性能；②在混凝土中掺加阻锈剂；③饰面混凝土表面涂层覆盖，阻断空气中酸性物质向混凝土内扩散的路径。

3.2.10 武汉电力学校图书馆托梁换柱设计与施工

武汉电力学校新图书馆紧贴老图书馆扩建，新老图书馆联合使用，新图书馆地下1层，地上12层，局部14层，建筑总高度约55m，总建筑面积7500m^2。为框架剪力墙结构，箱形基础。新图书馆与老图书馆基础发生干扰，必须进行处理。如图3.2-31所示。

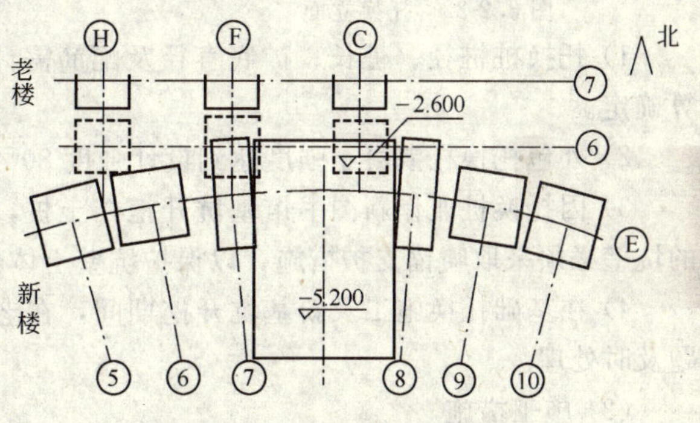

图3.2-31 新旧图书馆基础关系

1. 托梁换柱设计

(1) 方案的确定

考虑了3种可行方案：①改变新图书馆基础设计；②将老图书馆⑥～⑦轴线之间各层拆除；③采用人工挖孔托换桩加固老图书馆⑥～⑦轴线之间的基础，新图书馆⑥～⑧轴线基础承台和底板在老图书馆基础承台下安全施工。第1种方案需改变新图书馆基础设计，约增加成本60万元；第2种方案若拆除⑥～⑦轴线之间的房间，总计损失约33万元，且不能满足"新老图书馆紧密衔接的使用要求。因此选定第3种方案。

(2) 方案的设计

在老楼H、F、C轴线上，紧挨⑥轴线基础北侧施工人工挖孔托换桩，托换桩设计为扩底桩。托换桩桩顶设置桩帽，桩帽上设置托梁，托梁伸至框架柱底部，在其上设置包围框架柱的托换桩柱，托换柱柱顶至二层楼面框架梁底，使二层以上荷载经框架梁传至挖孔托换柱，再经托梁传至托换桩，如图3.2-32所示。托换桩同时承受了新图书馆基坑开挖时的侧向土压力，为减少托换桩桩顶的水平位移，同时在老楼房间内紧挨⑦轴线另设置2根人工挖孔锚拉桩，其桩长、桩径同托换桩。托换桩及锚拉桩桩顶用锁口梁连接，如图3.2-33所示。这样新图书馆基础施工时，即使将老图书馆基础底面挖悬空亦不会影响老图书馆安全，同时新图书馆基础施工完成回填土后，老图书馆基础底也不会有应力传递叠加至新图书馆基础上。

2. 施工技术

(1) 施工要求

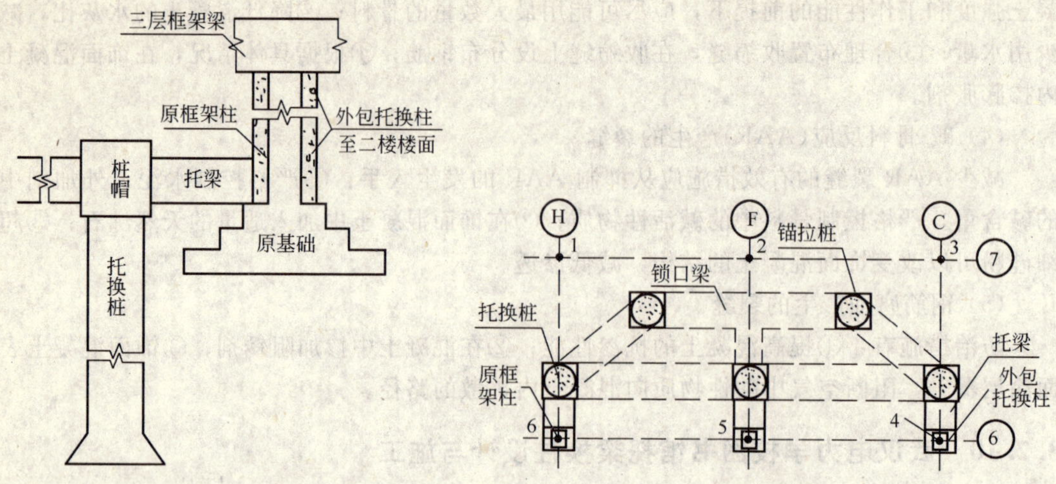

图 3.2-32 托换立面　　图 3.2-33 托换平面设置

1）托换桩桩径、桩长、扩底直径及配筋需计算确定，托梁、托换柱截面与配筋需计算确定。

2）外包托换柱混凝土强度达到设计强度 80%以上，才能进行新图书馆基础开挖。

3）因托换桩兼作新图书馆基坑开挖挡土桩，故新图书馆基坑开挖时，在老图书馆处的坑壁必须采取喷锚支护措施，以保护坑壁土体尽量不受扰动。

4）在基础托换施工及新基坑开挖期间，在老图书馆上设置监测点进行监测，出现问题及时处理。

（2）施工措施

1）先将老图书馆⑥～⑦轴线之间各层房间搬空，然后拆除⑥～⑦轴线之间底层房间的填充墙。

2）人工挖孔托换桩施工时，截断⑥～⑦轴线间 H、C 轴线上的基础连梁，连梁在托换桩桩帽制作时按原设计重新浇筑。

3）在浇筑外包托换柱时，应将原框架柱的外表面凿毛并钻孔，用环氧树脂植入 $\phi12$ 钢筋，将原框架柱和外包托换柱浇筑为一个整体，如图 3.2-34 所示。当浇筑到距梁底 300mm 的时候，加入 UEA 膨胀剂浇至梁底。以上施工须在新图书馆基坑开挖之前完成。

3. 沉降观测与分析

基础托换施工全部完毕 1 周后，新图书馆基坑开始开挖，开挖期间对老图书馆进行监测。老图书馆基础在新图书馆土方开挖 14 天后开始出现沉降，沉降曲线如图 3.2-35 所示。

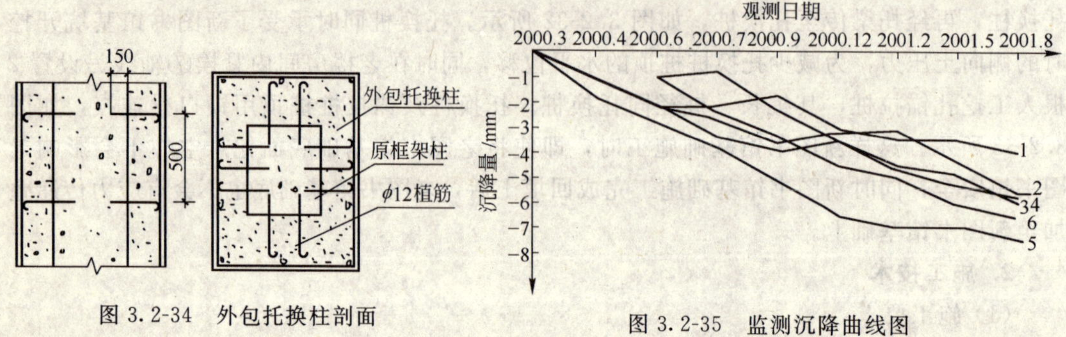

图 3.2-34 外包托换柱剖面　　图 3.2-35 监测沉降曲线图

从观测点沉降曲线图可以看出，从 2001 年 5 月至 2001 年 8 月，沉降趋于稳定。最大沉降量为 714mm，发生在第 5 点；最小沉降量为 410mm，发生在第 1 点。最大沉降量与最小沉降量差仅为 314mm，因此可以认为各点沉降为均匀沉降。新图书馆基础的开挖没有对老图书馆的安全构成威胁，保证了老图书馆照常开放。

4. 结束语

“托梁换柱”法的关键是对原建筑结构受力和结构荷载做出正确分析与计算，并在施工过程中对原建筑进行实时监控，以有效保证在基础加固过程中原建筑物的安全。该基础托换施工造价约 18 万元，且保证了新图书馆按设计正常施工，主体结构工期比原计划提前 20 天，得到业主和监理公司的一致好评，取得了良好的经济效益和社会效益。

3.2.11 虚拟仿真技术在钢结构预应力拉索施工中的应用

建筑施工过程必须通过施工控制，保证建筑结构及其构件经过建造过程逐步加载后形成的最终状态符合设计状态。传统建筑施工技术以经验分析为主，有一定局限性。开发应用以结构仿真技术为核心的虚拟建造技术指导建筑施工，对施工过程中各种工况的结构应力、应变进行分析，制定安全可行的施工方案日趋必要。

1. 工程概况

广州体育馆由主场馆、训练馆、大众活动中心三部分组成，可容纳观众 2 万名。每个场馆钢屋盖均采用钢支座、钢环梁、主桁架、辐射桁架、檩条、拉索等组成大跨度空间桁架交叉支撑拉索轻型钢结构体系，其几何形状均由圆锥体在对称轴两侧切去一部分再合并而成。主场馆跨度 160m×110m，屋盖上弦面间距 10m 设有环向主檩条，周边端开间设交叉钢索支撑，上弦面另有 4 道径向水平交叉钢索支撑。辐射桁架间在上弦主檩条位置加设环向垂直交叉钢索支撑，钢索在各种荷载作用下均保持受拉状态，并确保辐射桁架下弦平面稳定。主檩条采用 Q345 低合金钢，辐射桁架下弦采用 16Mn 钢，拉索采用镀锌高强低松弛预应力钢绞线，外包白色高密度聚乙烯膜，裸索直径 1512mm，整体直径 18mm，强度等级 1700MPa。主场馆拉索共计 836 根，其中垂直索 636 根、水平索 200 根。其结构如图 3.2-36 所示。

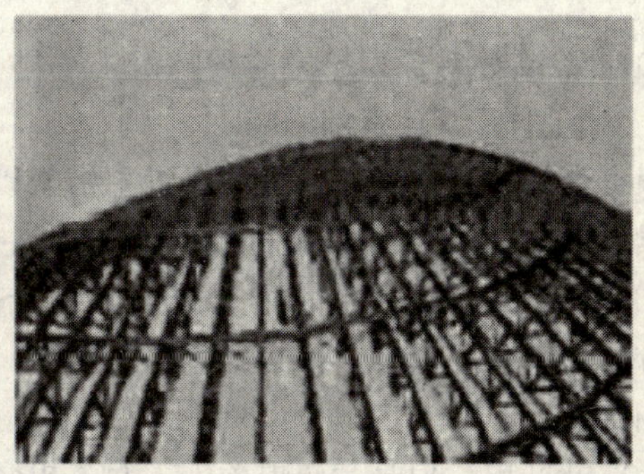

图 3.2-36 钢结构示意图

本工程索数量多，构件几何尺寸细长、刚度小、稳定性差，索力精确度要求很高，设计要求所有交叉钢索均施加 25～40kN 预应力，屋盖施工完成后，垂直交叉索应保持 15～40kN 以上的预应力，同时同一榀桁架的 2 根钢索垂直力差不得大于 5kN。而预应力拉索在张拉过程中会相互影响，要精确地确定拉索张拉力是十分复杂的。一方面，结构是一个具有大量单元的三维空间结构，在1/4平面内每根拉索内力都不相同；另一方面，施加预应力是多次进行的，导致相互反复影响，且张拉后还要经历主场馆拆除支撑对拉索的影响。因此如何确定拉索施工顺序和张拉力，是否存在索预应力损失规律，如何确保拉索最终拉力精度是施工中的技术难题。针对上述问题，确定了“事前施工全过程整体模拟分析，过程动态跟踪检测信息化施工”的施工组织思路，在工程施工方案研究中运用了虚拟建造技术的核心技术——虚拟仿真技术。

2. 预应力拉索施工虚拟结构仿真

鉴于本预应力拉索施工复杂、难度大，必须建立相应的模型进行分析，总结其规律，以此确定预应力拉索张拉顺序及方案。施工前模拟分析每对索张拉时对周边索拉力影响规律及张拉完一圈索对相临圈索力的影响规律，并模拟分析拆撑前后索力变化规律，拉索施工的关键是拆撑前终张拉值考虑此影响，拆撑后自然达到设计值。

(1) 张拉垂直拉索和拆除支撑对拉索拉力的影响(ANSYS分析)

1) 张拉一对垂直拉索对拉索拉力的影响

张拉一对垂直拉索时，对同一主檩条上相邻的两对拉索内力影响较大，拉索内力分别增加20%(6.0kN)和3.2%。而同一位置相邻主檩条上的拉索内力减少可达20%(7.2kN)。周围拉索拉力按辐射状变化，随距离增加逐渐减小。索内力与应变分析如图3.2-37所示。

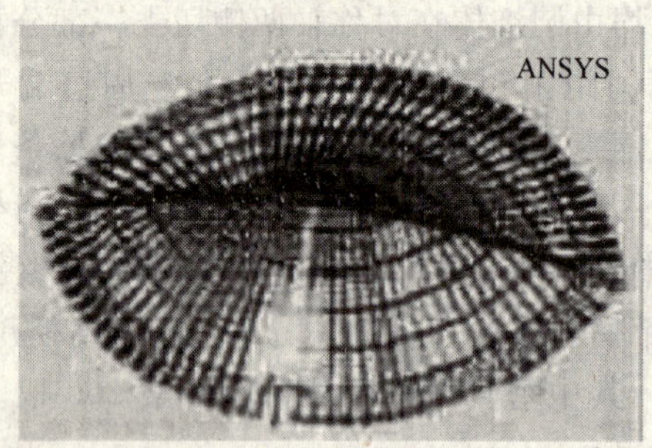

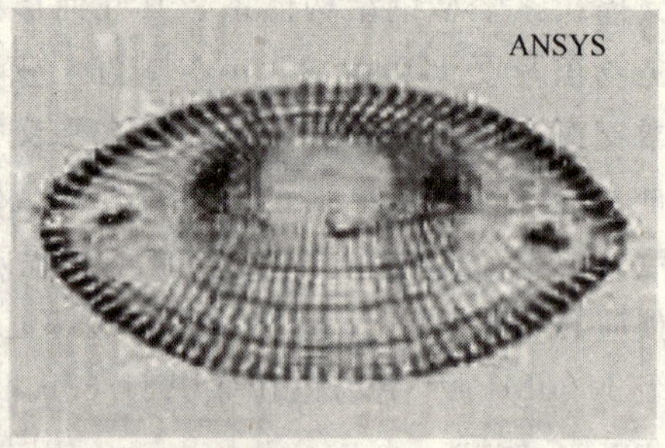

图3.2-37 索内力与应变分析

2) 拆除支撑对拉索拉力的影响

a. 对环向垂直拉索的影响

根据计算机分析结果，除了靠近主桁架以及与辐射桁架RT17相交的拉索外，环向垂直拉索内力变化不大。其中：①CB1环向主檩条上所有垂直拉索内力增加，一般增加2.0～3.5kN，靠近主桁架的两对拉索增加5～6kN；②CB2环向主檩条上的垂直拉索内力大部分增加，少数减小，但除了靠近主桁架一对拉索内力增大4.0～5.0kN外，其余的变化范围都在±3.0kN内；③CB3环向主檩条上的垂直拉索内力变化幅度较小，变化范围都在±2.0kN内，但是与辐射桁架RT17相交的一对拉索内力减少7.6kN；④CB4环向主檩条上的垂直拉索内力大部分较小，变化范围都在3.0kN内，但是与辐射桁架RT17相交的一对拉索内力减少了11.7kN；⑤CB5环向主檩条上垂直拉索，除了两对索的内力减少较大外，其余变化范围都在2.0kN以内，与辐射桁架RT17相交的一对拉索内力分别减少了7.4、8.5kN。

b. 对水平拉索的影响

拆除支撑引起水平拉索的内力变化比垂直拉索大，其中靠近环梁 CB6 的每对水平拉索中，有一根内力增加，而另一根内力减少。拉索内力变化大多在 5.0kN 左右，内力最大增加 10.2kN，最大减少 9.8kN。而 CB7～CB11 水平拉索中内力减少 3.0～4.7kN。

（2）按三维空间模型计算拉索张拉对拉索内力的影响（SAP 分析）

为找出拉索预应力变化大小并合理正确地施工，除了用 ANSYS 软件计算外，还利用 SAP 软件对主扬馆全场情况下三维空间模型作了一对拉索张拉对其余拉索内力影响的多种工况计算分析。以张拉 RT9、CB1 的一对钢索对其他钢索内力影响为例，一对编号为 4596、4599 钢索，张拉力为 32kN，对其他钢索内力的影响如图 3.2-38 所示。

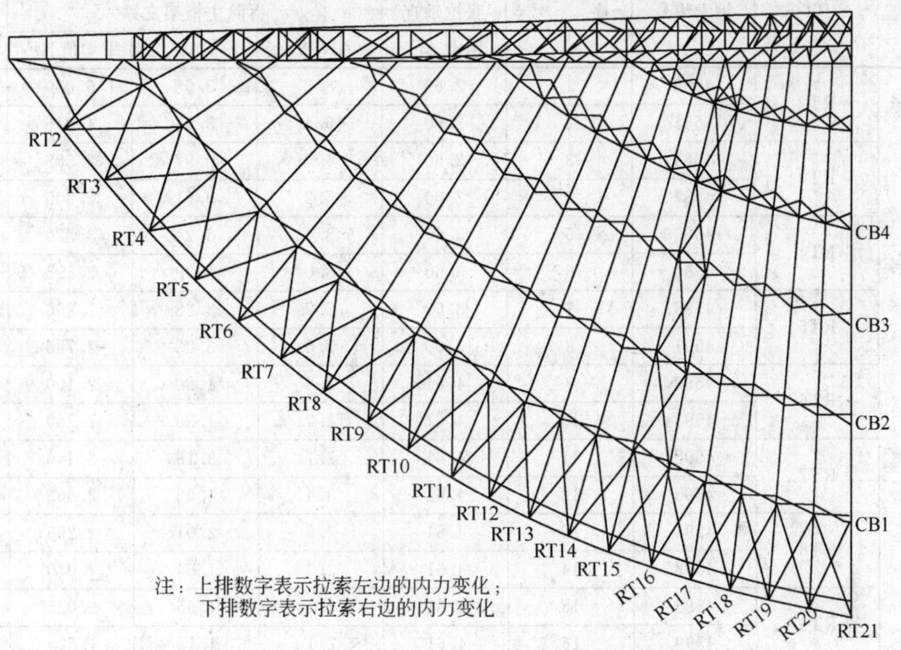

图 3.2-38　张拉 RT9、CB1 钢索后的索力增量

根据计算，可以得出以下基本规律：

1）只要拉索的张拉是对相连的一对拉索同时进行的，其余交于一点的各对拉索索力变化大小一般是非常接近的。对于水平拉索，在张拉垂直拉索时，一般其内力变化很小。

2）沿环向张拉垂直拉索时，对同一檩条一般在左右各三对垂直拉索影响大，更远处几乎无影响。

3）沿环向张拉垂直拉索时，对其他环向拉索（相邻檩条但不相邻节点或不相邻檩条）的索力影响一般不超过 1kN。因此，在简化计算时，可以不考虑这种影响。

（3）预应力拉索张拉力值建议

根据以上分析，每对拉索索力增量主要由两部分组成：①沿环向张拉拉索在垂直拉索内产生的索力增量 ΔF_1；②拆除支撑在拉索内产生的索力增量 ΔF_2，采用 ANSYS 和 SAP 分析值的平均值。

由于沿环向张拉拉索对其他环向拉索的内力影响很小，水平拉索的索力增量受垂直拉索张拉的影响也小，故采用综合系数 k 统一考虑。

于是，拉索张拉力值 F 可以按下式计算：

$$F=k[F]-(\Delta F_1+\Delta F_2) \quad (3.2\text{-}10)$$

式中 $[F]$ ——设计控制值，$[F]=25\sim40\text{kN}$。

根据不同的拉索拉力取值 CB1、CB2 取 $k[F]=36\text{kN}$；CB3、CB4 取 $k[F]=40\text{kN}$；CB5 取 $k[F]=36\text{kN}$。

通过以上分析计算，可以得出主场馆各钢索施工张拉力建议值(见表 3.2-6)。

钢索施工张拉力建议值 **表 3.2-6**

钢索类型	RT	钢索编号	序号	索力增量(kN)				张拉力(kN)
				张拉垂直钢索 ΔF_1	拆除主桁架支撑			
					ANSYS	SAP	平均值 ΔF_2	
CB1	RT2	4583	1	2.60	8.2	3.98	6.090	27.3
		4585	2	2.60	6.4	3.47	4.935	28.5
	RT3	4584	3	2.60	4.2	0.97	2.585	30.8
		4587	4	2.60	5.2	0.61	2.905	30.5
	RT4	4585	5	3.60	3.4	3.24	3.320	29.1
		4589	6	3.60	3.0	1.39	2.195	30.2
	RT5	4588	7	3.60	2.7	3.28	2.990	29.4
		4591	8	3.60	2.5	3.03	2.765	29.6
	RT6	4590	9	4.61	2.6	1.60	2.100	29.3
		4593	10	4.61	2.2	1.36	1.780	29.6
	RT7	4592	11	4.61	3.7	3.18	3.440	28.0
		4595	12	4.61	3.4	1.93	2.665	28.7
	RT8	4594	13	4.61	2.5	2.01	2.255	29.1
		4597	14	4.61	2.3	1.84	2.070	29.3
	RT9	4595	15	4.61	2.4	1.65	2.025	29.4
		4599	16	4.61	2.1	1.15	1.625	29.8
	RT10	4598	17	4.61	3.1	3.01	3.055	28.3
		4601	18	4.61	2.9	2.12	2.510	28.9
	RT11	4600	19	4.61	2.3	1.89	2.095	29.3
		4603	20	4.61	2.1	1.76	1.930	29.5
	RT12	4602	21	4.61	2.3	1.32	1.810	29.6
		4605	22	4.61	2.0	1.17	1.585	29.8

(4) 预应力拉索施工建议

1）预应力张拉　所有拉索在张拉前均考虑拆除支撑后拉索拉力的变化，预先调整张拉力，且每条拉索均分 2 级进行，第 1 级张拉 50%拉力，检测正常后，第 2 级张拉至 100%拉力。张拉必须遵守同榀对称张拉原则，采用力矩扳手进行。

2）拆除支撑施工完成后，应检查与辐射桁架 RT17 相交的垂直拉索内力，确保其在控制范围内。

3）拆除支撑施工完成后，应检查水平拉索的拉力，对拉力降低较多的索，复张拉一次，保证其内力合格。

4）张拉一对垂直拉索时，增加同一主檩条上相邻两对拉索的拉力，但减小相邻主檩条上拉索的内力，施工中应密切监测相邻主檩条上拉索的内力，防止其完全卸载。

5）张拉一对垂直拉索时，只是影响同一主檩条相邻两对拉索的拉力和邻近2个主檩条上垂直拉索的索力。在刚度较大的地点，张拉索力的影响较小一些，因此建议垂直拉索的张拉顺序是：①所有垂直拉索应对称张拉；②在1/4平面内张拉顺序为：CB1→CB5→CB2→CB4→CB3；③同一主檩条内的顺序为：RT2→RT3→……→RT20，RT40→RT39→……→RT21。

3. 预应力拉索施工效果

本工程从开始吊装到吊装结束，共84天，比合同工期提前6天；预应力拉索施工也顺利完工，检测预应力均达到设计要求，同榀桁架的2根钢索垂直力差最大仅为3.27kN。经应力、应变及变形测量，各项数据均与结构仿真结果相符，证明施工仿真是一种高效有用的方法，为实际施工提供了科学的理论依据，具有传统方式无可比拟的优势。

3.2.12 城市立交桥钢桥面SMA铺装层及其施工技术

随着我国经济的飞速发展，城市交通变得越来越繁忙，处在城市闹市区的城市立交桥逐渐增多。因为地处城市闹市区，为了减小施工期间对周围环境的干扰和缩短施工工期，政府对越来越多的城市立交桥选用钢结构，即采用连续钢箱梁的结构作为立交桥主体桥身。由于钢桥面自身结构和钢板的特殊性，铺装的好坏直接影响到立交桥使用性能和使用寿命，这就对铺装材料和铺装技术就提出了更高的要求。SMA因其特有性能逐渐引起国内外有关专家注目，已成为最具有广阔前景的铺装材料之一。

1. SMA混合料基本概念

沥青玛瑞脂碎石混合料(Stonemastic Asphalt，德国称为 Split Mastic Asphalt)产生20世纪60年代的德国，是一种热拌热铺的断级配骨架型密实沥青混合料。它由大比例碎石(粗骨料)构成坚固的骨架结构，并由丰富的沥青玛瑞脂填充骨架空隙进行稳定，如图3.2-39所示。断级配的概念在于通过碎石(粗骨料)间的直接接触和相互嵌锁来增强路面的强度和稳定性。

在SMA混合料中，粗骨料提供骨架结构，而细骨料作为玛瑞脂的一部分，基本上不参与构建骨料结构的作用。这与普通密级配沥青混合料(AC)中粗骨料基本处于悬浮状态，少有石料与石料相互接触不同，如图3.2-40所示。由于SMA混合料中加入了超量沥青结合料，通常采取加入纤维稳定剂的措施以防止在施工过程中发生结合料析漏。

图3.2-39 SMA的石料骨架示意

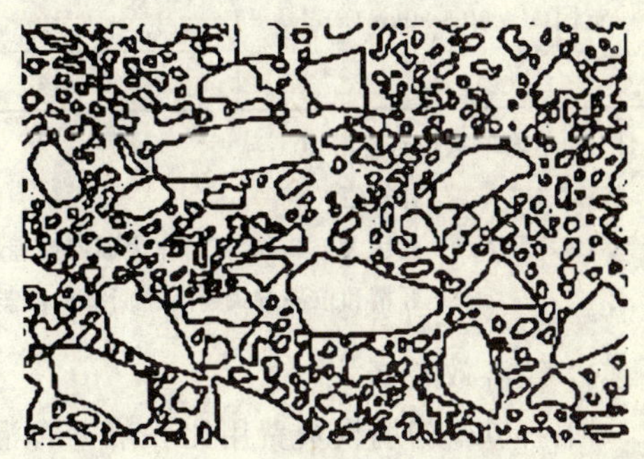

图3.2-40 普通级配沥青混合料示意

2. SMA 混合料的性能

城市立交桥钢桥面铺装层的施工条件远比一般路面、机场道路严酷，钢桥面铺装与立交桥结构紧密相关。SMA 因其具备以下基本性能：①良好的疲劳抗开裂性能可以承受反复复杂变形；②优良高温稳定性能，以满足高达 70℃的高温使用条件要求；③完善的防排水体系，保证钢板不被侵蚀；④铺装层间及铺装层与钢桥面板间良好的层间结合力，保证铺装与桥面板的协同作用；⑤对钢板变形良好的追从性，以适应钢板变形。混合料成为城市立交桥钢桥面的铺装的理想材料。

（1）抗滑性

SMA 路面的抗滑性来源于石料抗磨耗、耐磨光的表面微观构造和路面表面的宏观构造。微观构造表现为集料具有砂纸般粗糙的表面，宏观构造表现为路面混合料中富有棱角的粗骨料相对于路面平整表面的均匀突显。

（2）车辙与平整度

由于 SMA 坚固的骨料结构，压缩性比常规沥青混凝土小很多，且具有高度抵抗永久变形能力，所以 SMA 路面具有很高的车辙抗力，从而使路面平整度得到了保证。

（3）明视度与减噪性

SMA 路面具有开式构造意味着雨天表面水存在于路面构造之中，而不在路面上，这就使得夜间因对向行驶车辆灯光引起的眩目光减少，道路标线明视度增加，同时前方车辆引起的水雾减少，从而增加了行车的安全度。同时由于 SMA 路面表面良好的表面构造，同表面相对平滑的沥青混凝土路面相比，降低噪声效果好，减少了噪声污染。见表3.2-7。而且施工方便，对交通流量影响小，薄面层细骨料还可以用来做预防性养护和维修。

部分国家 SMA 路面降低噪声效果调查表 **表 3.2-7**

国　　家	SMA 类型	报告减小值(dB)A	参 考 路 面
德国[a](V＝50km/h)	0/5，0/8	+2.0～-2.0[b]	AC0/11
意大利(V＝110km/h)	0/15	+5.0～+7.0	AC0/15
荷兰(V＝60～100km/h)	0/6	+1.4～+1.6	AC0/16
	0/8	+0.2～+0.6	
		+0.0～-2.0[b]	
	0/11	+0.8～-0.5	
		+1.0～+3.0	
英国(V＝90～90km/h)	0/6	+5.3～+5.2	HRA[c]
	0/10	+3.5～+3.2	
	0/14	+2.7	

注：负值表示噪声水平增加。

表中　a——计算值；

b——使用大于 2mm 石屑作表面层处理后结果；

c——开槽和拉平方式提高路面抗滑性能后的热压式沥青混合料路面。

（4）经济效益高

尽管 SMA 初期投资费用比一般沥青混凝土路面高 20％～25％，但 SMA 使用寿命较一般沥青混凝土大大延长，欧洲一般认为 SMA 使用寿命比密级配混合料路面延长 20％～

40%，德国等国家早期所铺筑的SMA路面，不需大修已使用达20～30年，平均使用寿命增加7年左右。而且道路使用期间维修和养护工作量小，降低了维修费用和因路面维修中断交通、车辆绕道而行带来的社会经济损失。所以采用SMA作为城市立交面层桥铺装材料，社会经济效益显著。

3. SMA混合料施工技术

SMA沥青混合料较常规沥青混合料(如密级配沥青混合料)增加了粗骨料、矿粉和沥青用量及纤维稳定剂。城市立交桥钢桥面的特殊性和SMA混合料结构特点决定了混合料的拌合、摊铺、碾压施工要求与普通沥青混合料有较大的区别，科学、严格和特殊的施工工艺操作，是SMA路面的获得优良性能的保障。

(1) SMA混合料的生产

1) 纤维稳定剂的添加

稳定剂可分为木质素纤维、矿物纤维与聚合物有机纤维3类。由于木质纤维防露效果显著，能保持更多结合料，而且价格合理而得到普遍采用。SMA纤维稳定剂添加可人工添加，但为确保添加数量的精确性和可靠度，纤维稳定剂添加建议采用专用添加设备，使其充分拌合，均匀分散，防止在混合料中集中。我国现在已研制出SMA纤维稳定剂专用添加设备，并在一些工程中成功应用。

2) 拌合温度的控制

由于SMA结构所需矿粉数量达常规用量一倍以上(10%左右)，冷矿粉数量的增多，要求其他骨料烘干温度相应增加，施工实践证明，SMA混合料拌合温度宜增加10%～20%，不使用改性沥青时，SMA混合料出料温度宜控制在160～170℃，使用改性沥青时，SMA混合料出料温度宜控制在175～185℃。

3) 拌合时间的控制

由于SMA混合料增加了纤维稳定剂的使用，混合料生产拌合时间宜相应增加。①采用颗粒状纤维，纤维应在粗细骨料投料后应立即加入，干拌时间较常规混合料生产增加5～10s，喷入沥青后搅拌时间较常规混合料生产至少增加5s。②采用纯纤维，纤维随沥青喷入后，由专用设备打散、喷入，搅拌时间较常规混合料生产至少增加5s。

(2) SMA混合料的铺摊

在钢桥面钢板的喷砂涂装完成后SMA混合料铺装施工前，应将材料检测、配合比设计、取样试验等各项准备工作落实好。骨料、矿粉、胶粘剂、沥青和改性沥青等材料在现场或送有关部门进行检验，同时对混合料中沥青用量进行试件取样检验。另外要对设备认真检修，杜绝在工作中产生故障。特别是漏油等现象等，要严于防范。由于钢桥面的特殊性，返工将直接影响立交桥的使用寿命。

1) 铺摊机的预热控制

铺摊前应对铺摊机进行预热处理，预热的时间根据施工现场气候条件确定，预热时间过长将会使熨平板变形，预热时间太短将会产生粘料拉裂摊铺路面。一般施工前20min开始预热。

2) 铺摊速度的控制

根据钢桥面SMA上下层铺摊温度的设计，结合现场拌合工艺，测算拌合楼的生产速度，再根据铺摊宽度和铺摊厚度确定铺摊速度。

3）铺摊设备的控制

由于摊铺作业下承为钢桥面一般为经过防腐处理后进行富锌漆涂装，防腐漆的好坏直接影响大桥的寿命。在摊铺过程中，严禁运料车在桥面调头。摊铺机和卸料车配合时，严禁运料车在摊铺过程中紧急制动，否则会导致摊铺机履带打滑损坏钢桥面的油漆层。

(3) SMA 混合料的碾压

SMA 碾压控制指标主要为压实度、平整度。SMA 路面碾压一般采用钢轮压路机，初压 1～2 遍，复压 2～4 遍，终压 1 遍的组合方式。SMA 路面压实度应控制在不小于马歇尔标准密度的 97%或理论密度的 94%，同时也要防止过度碾压，破坏结构内部骨架结构。此外，施工实践证明：SMA 面层施工禁止使用胶轮压路机或组合式压路机，以防止胶轮压路机或组合式压路机胶轮的搓揉作用，将结构内部沥青“泵吸”到路表面，使路表失去纹理和粗糙度。

1）碾压温度的控制

钢桥面 SMA 碾压过程要求有较高温度，因为 SMA 内含有大量沥青玛琋脂胶浆，黏度大，温度低时很难压实，当温度降低到一定程度时碾压遍数的增加对压实的影响微乎其微，控制碾压温度对确保路面质量至关重要。

2）碾压长度的控制

SMA 混合料摊铺开后的散热快，碾压必须紧跟进行，一般碾压长度控制在 30m 左右，而且在碾压长度与摊铺机之间预留 10m，防止摊铺机和压路机的重压下钢桥面变形叠加从而影响摊铺平整度。

3）碾压频率、振幅的控制

实践证明：压路机的振频为主要影响沥青路面压实度的因素，振动压路机的振频比沥青混合料的固有频率高，可获得较好的压实效果。

(4) SMA 桥面接缝施工

当桥面宽度在 12m 以内时，可以进行全幅铺摊，从而可以避免两台铺摊机梯形作业时形成的热接缝。当桥面宽度超过 12m 时应在纵向设置热接缝或冷接缝，横向设置施工缝。

1）接缝设置原则

SMA 上面层的纵向接缝应与规定的车道线位置一致；不同层次纵向接缝之间的距离应至少为 15cm；不同层次横向接缝之间的距离至少为 1m；SMA 上面层跨越接缝的高差不应超过 3mm。

2）纵向接缝施工

a. 纵向热接缝

铺摊机烫平板部分重叠先前铺摊的混合料至少 5cm 宽的条带。局部重叠于先前铺摊条带的混合料，推回到先前铺摊条带的边缘，并除去多余材料。钢轮压路机紧跟铺摊机对热接缝部位优先进行压实。

b. 纵向冷接缝

切除冷却铺面边缘厚度不足部分的混合料，切割宽度最小为厚度的两倍或大于 100mm，切割垂直面达层的全部。然后清除所有灰浆与松散材料，并用沥青乳液涂覆切割面，但乳液不应超过接缝边缘。

3）横向接缝施工

在施工结束时，铺摊机在接近端部前约 1m 处将烫平板稍稍抬起驶离现场，端部混合料用人工铲齐后进行碾压。趁尚未完全冷却时，将端部混合料厚度不足部分沿横向垂直刨除，以便下次施工时与新铺层成垂直连接。

4. 结束语

从 1996 年首都国际机场跑道首次使用我国自行研制的 SMA 混合料面层以来，SMA 混合料在河北、江苏、广州等省已得到了运用。但还缺少系统的理论研究和必要的规范指导，特别是对钢桥面铺装 SMA 混合料的研究还处于初步阶段。要获得 SMA 桥面的最佳性能，SMA 混合料还必须做到精心设计、精心生产和精心铺筑。

3.2.13 城市钢箱梁结构立交桥的特点及钢箱梁安装施工技术

随着我国城市化的日益发展和道路交通需求的增加，城市高架道路系统得到了飞速发展，由高架道路组成的城市快速路或主干道在城市交通中发挥着举足轻重的作用。目前在国内的城市立交工程当中，混凝土结构立交桥的数量居多，其中大中型跨径的立交桥多采用预应力混凝土技术以获得大的跨越能力。而钢结构立交桥随着我国钢铁工业和钢结构技术的发展其数量也在不断增加，箱形截面抗扭刚度大、整体性好的特点使得钢箱梁结构在钢结构桥梁设计及建造过程中得到广泛的应用，现已成为主梁形式的首选。由于钢材价格偏高的原因，钢结构立交桥在我国的城市立交工程中所占的比重偏低。随着越来越多的钢箱梁结构立交桥的建成，其在设计及施工过程中的优势越发得以凸现。

1. 钢箱梁结构立交桥的特点

钢筋混凝土和预应力混凝土梁式桥具有可就地取材和工业化施工、耐久性好、适应性强、整体性好以及美观等特点，预应力混凝土梁桥则更兼有节省钢材、跨越能力强和耐久性好的长处。但其施工方法大都采用设立支架进行现浇和施加应力，造价较高、工期较长；与国外立交桥梁的状况相比，预应力混凝土连续梁桥未能显示出经济的优越性，其所用的钢材长期处于高应力状态，对机械操作和腐蚀高度敏感，给设计、施工及后期的维护造成了一定程度上的困难。

与混凝土和预应力混凝土结构桥梁相比较，钢箱梁结构立交桥除具有抗扭刚度大、强度高、重量轻、整体性好和外形简洁流畅等特点外，还有如下特点：

（1）钢结构设计方便。在进行匝道曲线段桥梁的设计时，主梁所受力矩很不规则。由于钢材是以一定的尺寸供应的，钢梁是由一张张钢板通过对接焊缝拼接而成；对于不规则的主梁弯矩，完全可以通过顶、底板板厚的调整使钢板应力控制在合理范围之内，这对设计和施工几乎不增加难度，钢材用量增加也不多。但是对于预应力混凝土结构桥梁，当主梁弯矩不规则，用预应力来调整时，会给设计、施工带来相当的难度。相比较而言钢箱梁没有必要象混凝土连续梁那样讲究跨径的合理布置，有较大的灵活性。

（2）施工快捷、迅速。在城市闹市区进行立交工程施工，难免会阻隔路面交通，对周边环境造成较大的影响，所以城市立交工程对工期和施工期间交通组织的要求尤为苛刻。钢结构立交桥所用的钢箱梁节段可在钢构件加工工厂进行预制加工和防腐喷涂，待加工完成后再运至现场进行焊接安装，可大大缩短工期；与混凝土结构立交桥的施工过程相比较简化了施工工序。

从某种程度上来说，钢箱梁结构立交桥在设计和施工中所体现出来的特点正顺应了未来城市立交桥梁设计和施工的发展趋势：在便于维持原有交通的前提下，加快施工进度、提高工程质量、有效地缩短工期，使城市立交工程建设向预制装配化和快速施工方向发展。

2. 钢箱梁安装施工技术

钢箱梁安装施工是钢箱梁结构立交桥施工的重中之重，最后成桥的工程质量与钢箱梁安装过程中每一项施工工序的质量密切相关。鉴于城市立交工程与其他桥梁工程的不同之处，其钢箱梁安装过程也有着独特的特点。

(1) 钢箱梁安装方案的确定

在钢结构施工进行之前，首先要明确安装方案。由于立交工程的特殊性，其钢箱梁安装方案应以最大限度地减小对道路交通的干扰为基础，以“高效、经济、质优、安全”为目标来进行确定和实施。以下是确定安装方案的几个要素：

1) 钢箱梁分段分块设计

钢箱梁的纵向分段横向分块，既要充分考虑起重机械的性能及吊装现场的情况，又要符合设计图及有关规范的要求。根据钢箱梁分块形式和重量，可确定分段分块的吊装器具和起重机械的性能参数。

2) 施工场地环境

在选择钢箱梁安装方案时，应充分考虑场地环境对施工可能造成的影响。

3) 钢箱梁分段支撑形式

由于城市立交工程的施工场地大都比较狭窄，出于经济上的考虑，钢箱梁分段分块多采用在现场设立支架进行临时支撑，然后拼装成桥的方法进行施工。而钢箱梁节段能否获得精确的定位和拼装较大程度上取决于临时支撑的设置合理与否，支撑方案的选择是明确钢结构安装方案的关键。

(2) 钢箱梁安装施工技术控制要点

1) 钢箱梁焊接

在钢箱梁制作及安装过程中，焊接质量是工程成败的关键。钢结构不象钢筋混凝土结构那样由多种材料分担受力，往往在传力方向上只有一道钢板，如果这道钢板由于焊接质量差而失效，则整个结构就会失效。多座钢结构桥梁的破坏实例表明焊接质量存在问题是桥梁破坏的主要原因。焊接量大、焊缝质量要求高和焊接变形控制难度大是钢箱梁焊接施工的主要特点，同时箱形结构的设计相应增加了焊接的难度，在施工中应采取以下措施对焊接过程实施控制：

a. 在对钢箱梁进行加工和安装过程中必须进行焊接工艺评定试验，选派焊接技术高、有类似工程施工经验的技师级焊工严格按照焊接工艺要求进行施工。

b. 合理安排焊接顺序。由于钢桥为全焊接箱形梁，现场焊接又是重要的对接焊缝，质量要求高。合理地安排焊接顺序以防止焊接扭曲变形和减少应力集中是非常必要的。

c. 焊接过程中要始终进行钢桥标高、水平度、垂直度的监控，如发现异常，应及时暂停并进行改变焊接顺序和加热校正等特殊处理。对于应该完成焊后收缩的未完成和本应收缩值很低的产生较大收缩的情况，采取促使收缩、释放和固定等措施，避免结构安装超差。

2) 钢箱梁安装的测量

施工现场环境狭小、桥体的成桥原理复杂、安装施工精度要求高是钢箱梁安装的难点，为保证预制的钢箱梁片体完美无缺地按设计曲线(面)精确安装，现场安装控制测量十分重要。现场安装控制测量可分为以下几个阶段：

a. 安装前的测量

测量出桥墩顶部及支架顶部钢箱梁就位控制点的坐标，并做好标记。测量出各控制点的标高，并调节千斤顶或垫块将控制点处的标高调整到设计标高。根据各控制点的坐标放出钢箱梁的就位控制线，对于钢箱梁吊装的起始端还应放出钢箱梁就位的端部控制线。

b. 安装中的测量

检查吊装就位的钢箱梁是否与就位控制点和控制线相符。复核吊装就位的钢箱梁坐标是否与设计图相符。复核吊装就位的钢箱梁标高(主要是钢箱梁翼缘边)是否与设计标高相符。

c. 安装后的测量

复核钢箱梁坐标和标高、了解焊后变形情况。桥体施工完毕后，将拆除临时支架。在拆除临时支架前后，用水准仪和经纬仪(或全站仪)测量桥体的标高和控制点坐标，通过对比了解桥体沉降情况。

(3) 工程实例

以武汉市解放大道香港路立交工程为例。该工程为直通式立交桥，上部桥梁结构采用全焊接连续钢箱梁，桥跨采用 4×30m＋2×37m＋3×30m 不等跨径布置，钢箱梁全长284m，全宽 16.5m(下部宽 14m)。

在确定钢箱梁安装施工方案时，首先明确了钢箱梁的分段形式。根据构件运输、吊装和设计的要求，将钢箱梁划分成由顶底板、腹板、横隔板及加劲肋组成的节段单元块进行加工。由于该工程地处闹市、施工现场狭小，现场无法堆放构件和进行现场拼装，所以制作好的钢构件运至现场后必须立即吊装。考虑到工厂制作、运输和现场施工的方便，钢箱梁按桥长度方向分段，每 6m 为一段，分段后尺寸为 16.5m×6m，每段最大重量 60t，最大起重高度 7.6m。

在对钢箱梁进行合理分段的基础之上，确立了安装方案。钢结构安装施工程序为：钢支撑和满堂脚手架搭设→构件运输→单元块吊装、校正与临时固定→焊接→焊缝检测防腐修补。箱梁钢桥采用设立钢支架、分块吊装法进行安装，为保证焊接质量，所用钢箱梁节段全部在工厂加工制作。将钢箱梁节段运至吊装位置后，用吊车对其进行吊装。在安装位置搭设钢支架对分段块进行临时支承，另搭设满堂脚手架以做操作平台和辅助支撑，借助千斤顶、倒链、钢楔等校正工具来实现各分段块的精确就位。从场地环境、经济性以及施工单位的实力等多方面综合考虑，确定吊装设备采用两台 50t 履带式起重机，进行双机抬吊，钢梁分段钢支撑形式及吊装过程如图 3.2-41 所示。

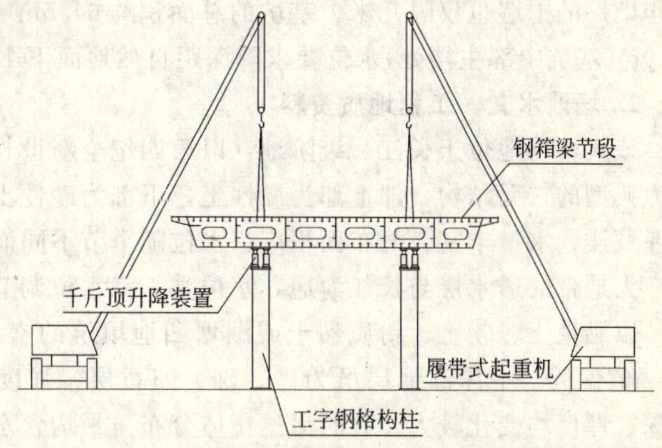

图 3.2-41 钢梁分段钢支撑形式及吊装过程图

为确保工程质量、减小安装

误差，钢箱梁安装次序为由中间向两边依次进行安装。在吊装过程当中，需结合测量仪器的观测结果对钢箱梁安装位置进行精确定位和调整。

钢箱梁吊装完成后，对其进行焊接。运用自动埋弧焊和CO_2气体保护焊、电渣焊等多种成熟焊接技术，采用多焊头自动焊接设备进行焊接。现场焊接顺序为：从钢桥中部向两端对称进行，先内部焊缝，后外部焊缝；先内部横隔板贴角焊，后腹板、纵肋对接焊；先腹板焊接，后翼缘板焊接；采取切实可行的加固措施；焊后对主焊缝进行100%超声波探伤检测。

3.3 基坑工程施工中的现代科技应用

3.3.1 深井降水新技术在武汉国贸工程中的应用

本文通过武汉国际贸易中心工程降水实例，阐明了抽取上层潜水与抽取下层承压水质的区别，它们分别采用了不同的降水思路和降水方法。通过对试验获取准确数据、计算机动态预测、合理有效的成井技术、科学的维护运作及降水对周边环境的影响五个方面论述，重点说明该技术在软弱土、深基坑、大面积深井降水成功的原因。同时，提出了试验、经验、理论三结合解决基础工程的方法。

1. 工程概况

武汉国际贸易中心大厦工程(以下简称武汉国贸工程)位于汉口建设大道与新华小路交叉口东南角，处于武汉市繁华闹市区。北临建设大道，西与新华饭店毗邻，该工程占地面积3502m^2，建筑总面积120 419m^2，建筑物总高约为194.5m，现浇钢筋混凝土筒中筒结构。外筒平面长63m，中部宽37m，端部宽32m，是一座集商场、酒店、办公、会议、娱乐、健身为一体的综合性超高层建筑。地上50层，地下2层。

该工程由武汉市建筑设计院设计，中国建筑第三工程局总承包施工任务，该局二公司负责主承建。该局建筑设计研究院与中南勘察设计院联合承担在软弱土、深基坑、大面积开挖和地下室施工过程中，降低地下水位的任务。工程主楼底板距自然地面下15.7m，局部为16.8m(两消防电梯井道)，被誉为“楚天第一坑”。降水基坑位于场地东侧，其西端和已建成的10层楼高的展厅相接；北距建设大道人行道15m，东侧距围墙不足10m，南与印染厂的围墙也仅隔几米。基坑的总面积约64.5m×80.0m(约5100m^2)，其中45.0m×80.0m(基坑中部主楼处)水位要求降深距自然地面下18m，两侧稍浅，为2～6m。

2. 场地水文、工程地质资料

该大楼场地位于长江一级阶地，以第四纪全新世长江冲洪积地层为主，且第四纪覆盖层为典型的二元结构，即上部为黏性土，下部为砂性土。其阶地赋存于砂卵石层内的承压水埋藏浅、水量丰富、分布面积广、水位随季节不同而变化。透水层中愈往下K值愈大，且广大地带的透水层与长江沟通，水位受长江水位调节。

以黏性土、粉土、粉质黏土或湖塘凹地填筑的素填土、杂填土为主的浅部地层，其c、φ值偏低。中深部地层虽为砂、砾、卵石层，强度较高却又富水。降水层分布不均，埋深、厚度均变化较大，有时呈透镜体分布。平均含水层顶板厚约13.6m，以黏性土为主构成。含水层厚31m左右，主要赋存于砂层及砾、卵石层。地下水水位较高，丰水期时仅距自然地面下 0.5～0.7m，枯水期也仅为地面下 1.40m 处，水位年变幅 4m 左右。

工程地质概况表 **表 3.3-1**

土层名称		土层描述	厚度范围(m)(平均厚度)
人工填土		主要为建筑垃圾充填，呈松散状态	1.10～1.90 (1.50)
一般黏性土	黏土	灰黄一灰褐色，流塑状态，属高压缩性土	2.20～3.40 (2.85)
	淤泥质黏土	灰一灰褐色，流塑状态，夹有薄层粉砂	7.10～7.50 (7.30)
	粉土	灰色，带有粉砂及粉质黏土薄层	2.00～2.50 (2.25)
粉细砂		灰一青灰色，中密状态，呈松散状态	28.8～30.6 (29.7)

颗粒分析表 **表 3.3-2**

粉细纱	补 1 号、3 号孔颗粒分析(mm)							
	2.0～0.5	0.5～0.25	0.25～0.1	0.1～0.074	0.074～0.05	0.05～0.01	0.01～0.005	<0.005
饱和松散			26	33	21	10	2	8
饱和少密		17	73	2	2	6		
饱和中密	1	8	80	4	2	5		

3. 上层潜水的降水处理

工程地质勘察报告表明，施工现场的地下水按其性质的不同可以分为三种：上层地下水存在于主要填充物为建筑垃圾的人工填土中，其水源主要为地面大气降水及生活污水，属于重力水性的无压潜水；中层地下水存在于软塑状态的黏土及流塑状态夹有薄层粉砂的淤泥质亚黏土中，为地下水长期渗透而形成的土中滞流水，土中的含水量大，但在土方开挖及地下室结构施工期间可视为无补充水源；下层地下水存在于粉土及细粉砂中，具有承压性质，水源补充较为丰富且与长江水系相通。根据各层地下水性质的不同，武汉国贸工程施工的排水与降水措施分别采用上层潜水的排水处理及下层承压水的深降方案。

(1) 上层地下水采用堵、截、引、排的方案

总厚度超过 10m 的黏性土及淤泥质亚黏土，由于渗透系数小，在土方开挖及地下室施工期间可视为不透水层。上层地下水难于透过黏土及淤泥质亚黏性土层渗流到粉土及细砂层中，而只能在地面的杂填土中作水平方向流动。因此，上层地下水只能采用堵、截、引、排的方案。具体做法是：在土方开挖之前，沿护坡桩的外侧开挖一条排水明沟来堵、截住基坑周围流向基坑的地面大气降水及部分上层地下水。顺排水沟按一定的间距设置一个集水井，使明沟内的水引流到集水井内再由水泵抽走。排水明沟及集水井用红砖砌铺，砖与砖之间留有 10～20mm 的缝隙，以利于地下水透过砖缝流入排水明沟及集水井排走，在护坡桩间隙处埋入缠网塑料花管，将桩间土体中的中层潜水引入基坑内；在土方开挖过程中，沿护坡桩的内侧随着每一个开挖层，先开挖一条低于开挖层底标高的排水沟及集水坑，使地面排水明沟在底面以下，通过护坡桩之间隙流入基坑的地下水由排水沟引入集水坑后再由水泵抽走(图 3.3-1)。

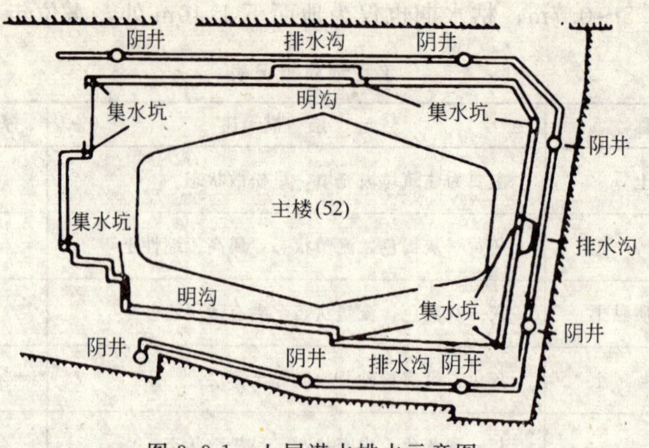

图 3.3-1 上层潜水排水示意图

(2) 中层地下水采用黏土球封堵、砂井回灌的方案

抽取地下水必然会引起降水区域土体固结，致使周围建筑及道路沉降。采用深井降水，降水曲线呈漏斗型，这就势必引起周围建筑物及道路的不均匀有害沉降，造成建筑物及道路的开裂。武汉国贸工程降水面积大、降深大，为使不利沉降减少到最低限度，决定主要抽取承压水，对中层地下水采取封堵不抽取方案，即在抽水井通过的中层地段井壁四周及以上土层内回填黏土球，防止土层滞水由井管四周渗入管内而被抽出；同时考虑因基坑开挖，中层地下水会沿护坡桩周壁渗入基坑而失水沉降，故采用砂井回灌术，以确保中层地下水保持原有的平衡状态。

4. 软弱土、深基坑、大面积深井降水

由于土方开挖的深度已经进入细粉砂层，细粉砂层中的地下水不仅量大，而且具有相当的水压。同时降水深度是到自然地面下 18m，降低承压水与降低地表潜水有质的变化。因此，再沿用旧的降低地下潜水的方法已不能满足工程的需要。武汉国贸工程率先将新技术引入到深井降水中，成功地解决了软弱土、深基坑、大面积深井降水这一技术难题。

(1) 试验数据的准确获取

基础工程虽经几十年的实践探索与理论研究，但对于每个建筑工作者来说仍是一个新的领域，仍有大量问题值得探索。对于施工在第一线的工程技术人员要想解决武汉国贸工程这样一个软弱土、深基坑、大面积的深井降水问题，只能是依据三分之一的试验、三分之一的计算、三分之一的经验，而这三分之一的试验又是取胜的第一步。

武汉国贸工程首先试打了几口试验抽水井，通过一段时间的试抽水，总结出许多成败的经验和教训。井的结构设计的指导思想应当是力求在抽水时水跃值小、含砂量极小，不仅能使水流极畅通地流入井内，而且能防止粉细砂进入井内。

1) 因采用钢筋笼成井满足不了承压力的要求，而改用钢管成井。若采用钢筋笼成井，深到承压含水层中，由于深度的增加，井底滤管段受水压及土压的作用，势必会由于强度不足而被压变形，这样就使外层的滤网破坏，抽取的水含砂量较大，而达不到降水的要求。如果加上井周有载荷作用或支护桩的偏位，就更易加速这种破坏的到来。采用钢管成井就从根本上解决了这个问题，这实质就是不能延用降上层潜水的方法处理深层承压水。

2) 滤网结构的选用不甚合理，而改用滤丝加缠网的滤网结构。试验井中原先采用钢丝网、尼龙网、纤维布及外包棕丝，这种滤管结构透水性较差、水跃值大，抽水后的降深满足不了设计要求，故改用图 3.3-2 所示的滤管结构。实际应用证明这种结构效果甚好，不仅抽水量满足设计要求，而且含砂量小于二万分之一。

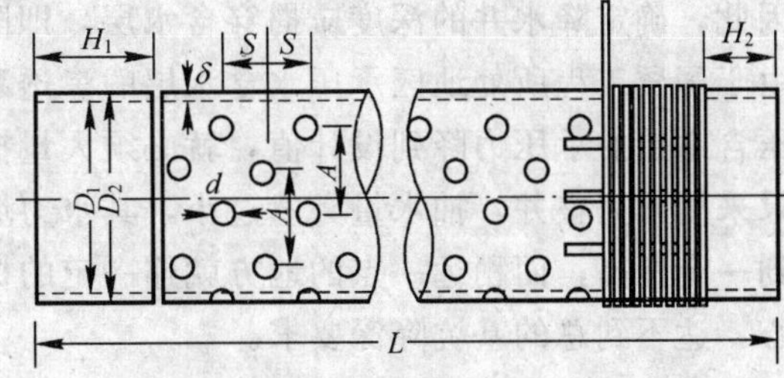

图 3.3-2　钢制圆孔过滤器结构示意图

3）井深选在自然地面下 28m 的非完整井理论满足不了降深的工程要求，故改为井深至自然地面下 42～45m 的完整井理论。一般来讲，在均质含水层，降水井的井深为所需下降水位值的 2～3 倍或者采用完整井，而中华人民共和国行业标准《建筑与市政工程降水技术规范(征求意见稿)》规定：大厚度含水层揭露深度至少是降水深度的 2～3倍或揭穿含水层。故试验过程中采用的 28m 井深的非完整井理论还是混淆了抽取土层潜水与抽取承压水之间的质的区别。

4）通过采用多孔抽水、群井干扰抽水，并以稳定流理论加以评价，得出了现场有关降水的第一手资料，对水文资料不清楚的地方加以补充。诸如：渗透系数 $K=20\text{m/d}$，日降水 $30000\text{m}^3/\text{d}$，单井出水 $80\text{m}^3/\text{h}$，引用影响半径 $R=250\text{m}$。

在抽水试验中，单井抽水作两个落程，多孔抽水和群井干扰抽水作一个落程。同时布设观察井，观察管井的降水情况。其中，布设潜水观测井 9 个，承压水观测井 8 个(图 3.3-3)。在观测井的施工中，自 4m 开始，每隔 3～4m 取土样一件进行土工试验，以弥补有关降水参数在水文地质资料中的不足。抽水试验时，水位和水量应在同一时刻观测。观测时间宜分别在 1，3，5，15，20，30，40，50，60，70，80，90，100，120 分时各观察 1 次，然后每隔半小时 1 次，累计时间达 4h 后每小时 1 次，直到稳定延续时间停止。稳定延续时间定为 8h。

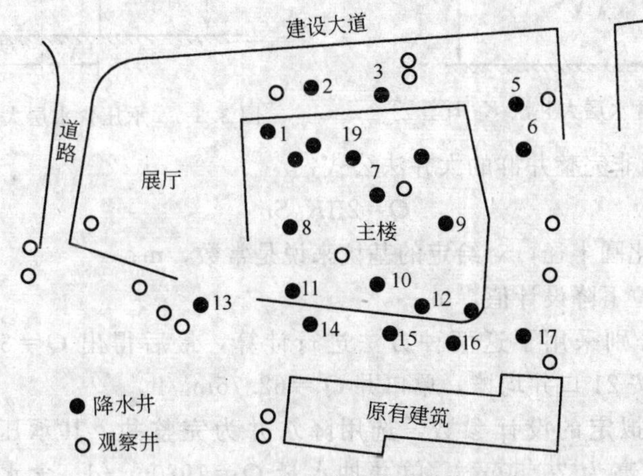

图 3.3-3　降水井与观察井布置图

(2) 计算机动态预测

根据中华人民共和国行业标准《建筑与市政工程降水技术规范(征求意见稿)》的规定，由于武汉国贸工程承压水含水层分布范围广、厚度大，承压水头高、渗透系数 K 也较大，结合降水基坑和降水深度均较大的特点，深井井点降水采用坑外与坑内相结合的方案。

1）根据规范要求，大厚度含水层揭露深度至少是降水深度的 2～3 倍或揭穿含水层。

因此，确定降水井的深度应揭穿含水层，即降水井为完整井，井深坑内42m，坑外47m。由于国贸工程所处地区承压水含水层的渗透系数由上向下逐渐增大，为了使场地范围内承压含水层的承压力降到设计值，就必须大量抽取地下水，这只有完整井才能满足要求。如果采用非完整井，抽水量必然过小，其水力坡降较大、影响范围小，只能在局部范围内达到一定标高，而稍远一点的地方就连一定的标高也达不到，形成一个又一个小下降漏斗中心，达不到总的基坑降深要求。

2）根据试验井获取的准确资料，依据大井法理论估算基坑的降水量。对于渗透系数 K，除采用试验井所得数据外，还采用经验公式所得数值（非完整井估算排水量用）：

$$K_0=\frac{S+0.8L}{H}K \tag{3.3-1}$$

式中 K_0——估算基坑排水量所使用的渗透系数，m/d；

S，H，L——如图 3.3-4 所示，m；

K——完整井抽水试验所得渗透系数，m/d。

对于总排水量，将方型基坑假定转化为圆型基坑，根据环型排列完整井群的大井法公式：

$$Q=2.732KM\frac{H_0-H_C}{\lg R-\lg X_0} \tag{3.3-2}$$

式中 M——含水层厚度，m；

H_0，H_C，R，X_0——如图 3.3-5 所示，m。

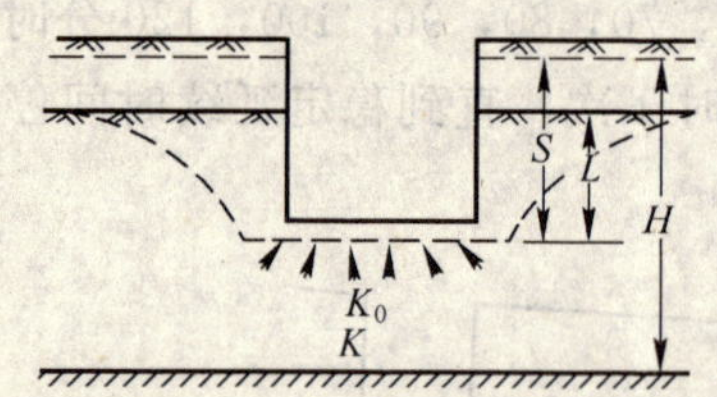

图3.3-4　承压含水层大井法 K_0 计算

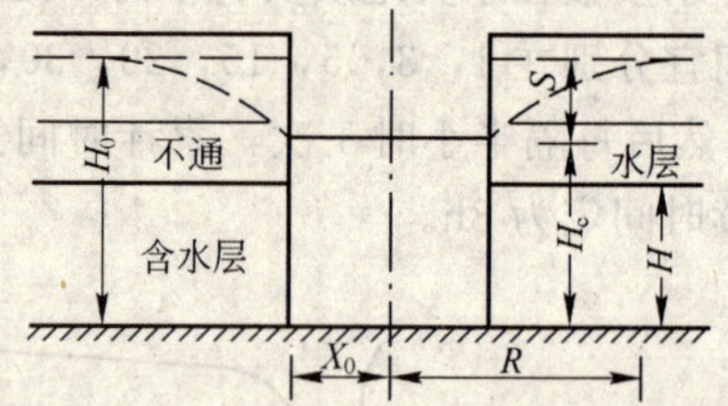

图 3.3-5　承压含水层大井法 Q 计算图

也可用环型排列非完整井群的大井法公式：

$$Q=2\Pi K_0 Sr \tag{3.3-3}$$

式中 r——基坑概化圆半径，对给定的基坑来说是常数，m；

S——承压水位下降设计值，m。

在国贸工程中分别采用了这两种方法进行计算，最后得出 $Q=31624.28\text{m}^3/\text{d}$，即 $Q=1317.68\text{m}^3/\text{h}$。按21口井均摊，单口井 $Q'=62.75\text{m}^3/\text{h}$。

3）根据试验所拟定的设计参数，选用降水井为完整井，其承压静止水位标高为19.50m（自然地面标高为20.50m），单井抽水量 $Q=1920\text{m}^3/\text{d}$，含水层渗透系数 $K=20\text{m/d}$，含水层厚度 $M=31\text{m}$，引用影响半径 $R=250\text{m}$。用计算机分别计算21口井、17口井、13口井3种方案，具体数据见表3.3-3。

国贸工程3种降水布井的比较　　**表3.3-3**

项　目	13 口 井	17 口 井	21 口 井
水位相关系数 S_A-S_D	0.6～0.9	0.95～1.05	1.259～1.401
降水漏斗中心情况	基坑四周	基坑四周	基坑中心

规范规定相关系数大于1.5。因单井抽水量 $Q=80m^3/h$，比估算得出的21口井单井抽水量 $Q=62.75m^3/h$ 大，相关系数＝80/62.75＝1.275，再通过降水动态曲线分析，最终选定21口井方案(实际只施工20口井)。

4）由于基坑宽64.5m，长80m，基坑两端已建有建筑物，所以，井点间距按20m左右布设，共计布设21口井，其中坑周13口井，坑内8口井。通过计算机程序计算，得以绘出几种方案下降水水位等值线预测图(图3.3-6～图3.3-8)，除为选定最终降水方案服务外，还为今后在土方开挖和地下室施工的各个时期调节抽水井数和井点，动态预测和控制抽水以及维护运作等提供了科学的保证。

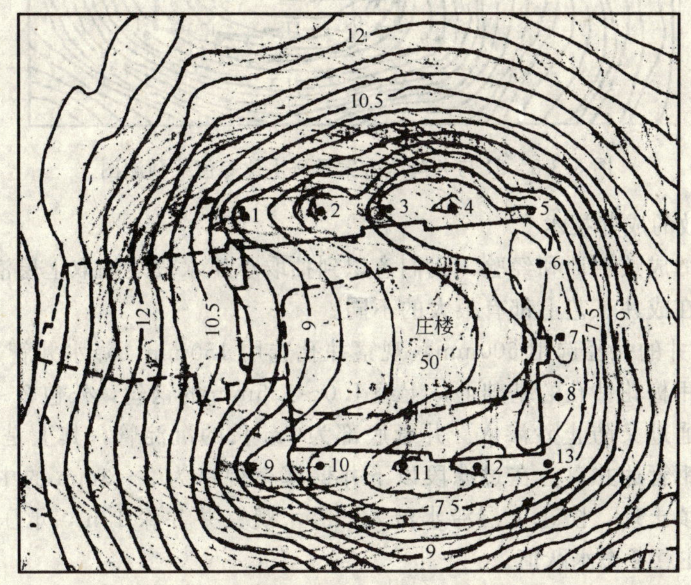

图3.3-6　13口井降水方案承压水位等值线预测图

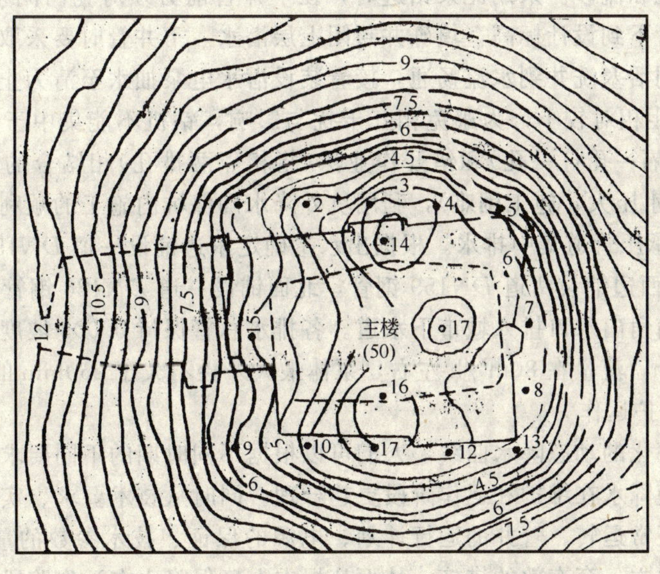

图3.3-7　17口井降水方案承压水位等值线预测图

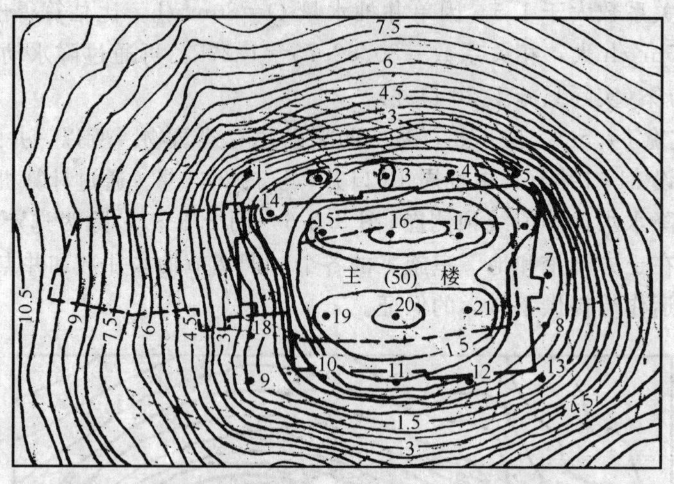

图 3.3-8 21 口井降水方案承压水位等值线预测图

(3) 合理有效的成井技术

根据试验井的成败教训和经验，我们意识到抽取承压水较之抽取上层潜水，无论在计算理论上，还是在成井工艺上都有很大的不同。

1) 对降水管井的孔径选用 600mm，观察井孔选用 150mm，降水井管采用 325mm 钢管，过滤段在采用梅花钻孔的基础上，上缠 1.0～1.5mm 的钢丝，外包 2～3 层 40 目尼龙网布，既保证水通过又防止砂渗入。井管底部为 3m 长的沉淀管，其上是 20m 长的过滤管，再上是密封钢管达井口。在过滤段以下井壁填充规格为 2～3mm 的中粗砂，过滤段以上井壁四周回填土球，防止上层滞水流入。潜水观察井井深 12m，承压水观测井井深 35m，观测时要注意考虑水跃值。

2) 在施工过程中，要求井孔直正、管井垂直。井孔采取冲击清水或泥浆钻进，以保证钻进时不致塌孔和流砂。采用泥浆钻进时，在下井管前必须对孔内泥浆采取淡化措施，并连续作业将井管下到设计标高，填砾并封闭上层潜水。下井管时要采取扶正器，以保证井管居中。然后用活塞洗井到水流畅通，接着装设潜水电泵抽水至清为止。

3) 降水井间距相对较小，为避免相互干扰与影响，钻机不能集中于一片施工，须采用间隔作业法(即隔一孔打一孔)和错开作业法(指相邻两排孔)相结合的施工方法，先坑外、后坑内(防止水压大，施工困难)，利用坑外降水确保坑内施工的顺利进行。

4) 排水采取承压管道集中排水。根据出水量确定东边铺设一道 *DN*159 钢管，南面铺设 *DN*426 钢管，西边铺设两道 *DN*159 钢管，北面铺设一道 *DN*426 钢管，分别从现场已有的东北角和西南角出水口排入城市下水道。各排水总管保持 0.003 坡度。潜水电泵采用总扬程不低于 45m，流量在 $80m^3/h$ 左右，泵体最大外径不大于 250mm 的类型。

(4) 科学的维护运作

通过微机程序化的动态降水曲线，人们可以根据不同时期的不同要求，决定具体抽水的井点和井数，使降水在维护和运作阶段更趋合理。同时从技术要求、实施组织和工作制度、降水设备的正常运转、管井的运行计划、电源的保证、技术参数的量测和环境监测、技术分析等方面建立一套有效的措施，从而从根本上确保降水在运作阶段的科学性。

在以上运作阶段的各个方面必须确保：采取有效的措施，配备合理的人员，保证 24h

抽水设备正常运转；根据不同时期的不同要求，确定泵的扬程及抽水量，使抽水的含砂率控制在1/20000以下；保证有足够的电源，应有降水专线，并制定出一系列应急措施；坚持抽水运作阶段的技术参数量测及环境监测，及时将所测数据交给微机计算，同时请具有丰富经验和坚实理论基础的专业高级技术人员进行技术分析，以确保降水运作万无一失。

(5) 降水对周边环境的影响

地基中的土体是水、气、土颗粒的混合物，大量抽取地下水，必然会引起土体固结，导致降水区域土体沉降。如果抽取上层滞水，因黏性土渗透系数较砂土小，势必产生较陡的降水漏斗，造成较大的不利沉降(指同一井深的前提下)，给周围的建筑物及道路带来严重损害。为解决这一难题，使周边的不利沉降减小到最低限度，武汉国贸工程采用封堵上层潜水、抽取下层承压水的方法，使降水漏斗变大变缓，不利沉降减小。

由于承压水水位下降，破坏了地下水运动的均衡和地基土体的受力状态，一方面使承压含水层顶板减少了顶托力，并相应地增加了对其下卧层(含水层)的垂直压力，产生土体的附加沉降值；另一方面由于承压水水位降低，使上层滞水产生越流补给，在对上层滞水没有水力补给的条件下，土层滞水也要相应降低，这也会带来淤泥质黏土或填土中的水产生向下垂直运动，造成土体的缓慢固结，并增加对下卧土层的压力，使其也缓慢固结。但因越流补给而造成的地面附加沉降很小，故忽略不计。因此，地面的附加沉降主要由承压水水位下降引起，其计算式为：

$$\Delta S_W = m_S \times \sigma_W \times \sum_{i=1}^{n} \frac{\Delta h_i}{E_{si}} \quad (3.3\text{-}4)$$

式中 ΔS_W——承压水水位下降引起的地面沉降，cm；

m_S——经验系数(0.5～0.9)；

σ_W——承压水水位下降引起的附加压力，MPa；

Δh_i——下卧层各层厚度，cm；

E_{si}——下卧层各层的压缩模量，MPa。

经验系数根据基坑大小和水位降深确定，往往可以通过沉降观测的资料加以确定。

任意两点由于承压水水位下降而引起的地面不均匀沉降的斜率为：

$$S_{1-2} = uI \quad (3.3\text{-}5)$$

式中 u——承压水水位比降值，$U=\Delta S_W/\Delta S$；

I——承压水水位流网的水力坡度。

根据计算，承压水水位每下降1m，可能引起的附加沉降值8～10mm。由21口井的降水方案所绘制的承压水位等值图可以看到，在坑周边15m范围内，水位下降的水力坡度约为20%～25%，15～60m范围内为10%～20%。

依据以上数据可以推断：由于降低承压水引起的附加沉降值在坑周边15m范围内约为15～20cm，其不均匀沉降斜率为1.8‰～2.5‰，在15～60m范围内的附加沉降值为6～15cm，其不均匀沉降率为1.2‰～1.8‰。

以上仅是降水引起的沉降。此外，由于基坑开挖所引起的坑周土体的附加值，也是从坑周向外逐渐减小，这些值的叠加使坑周土体的沉降值及不均匀沉降率增大。为此，必须严格区分这两类不同性质的沉降。

最后，将两种不同性质的沉降叠加起来列于表3.3-4。

武汉国贸工程基坑四周沉降数据表* 表 3.3-4

地点		降水引起的不均匀沉降率(‰)	总不均匀沉降率(‰)	降水引起的最大沉降值(mm)	总最大沉降值(mm)
南侧丝绸印染厂南北方向		2.5～3.0	4.0～5.0	150	≥250
北侧	建设大道人行道	1.0	≥1.5～2.0	150	230～250

* 北侧东西方向的不均匀沉降率为 0.5‰。

由以上数据可以看到由于抽取地下水引起的不利沉降与支护位移引起的不均匀沉降基本上是 1∶1 甚至更小(支护位移引起的坑周土体不均匀沉降有一部分未考虑在内)，这说明在降水对周边环境影响这点上降水是成功的。当然，砂井的回灌术，只抽取承压水是致胜的原因。同时，成功也建立在 $R=250$m 范围内淤泥质粉质黏土没有形成“透水性天窗”的风险上。

5. 结束语

通过武汉国贸工程的成功降水，我们得出：抽取承压水和抽取上层潜水有质的区别；采用堵、截、引、排地表滞水及封堵上层潜水、抽取下层承压水、回灌砂井的方法，从根本上解决了降水及降水对周边环境的不利影响。新技术、新工艺，尤其是计算机的引入，为降水的科学性提供了保障。试验、经验加理论的三结合，创出了解决基础工程的新路子。

3.3.2 大体积混凝土温度实时测控

本文运用计算机实时监测大体积混凝土浇筑所形成的温度场，提出控制裂缝发生和发展的技术方案，并以武汉国贸工程实例，介绍测控超厚大体积混凝土的施工技术。

1. 工程概况及主楼底板混凝土特点

武汉国际贸易中心工程地处武汉市繁华闹市区，北临建设大道，西与新华饭店相邻。该工程占地面积 3502m^2，建筑总面积 120419m^2，地上 50 层，地下 2 层，建筑物总高约 194.5m，现浇钢筋混凝土筒中筒结构，是一座集商场、酒店、办公、会议、娱乐、健身为一体的综合性的超高层建筑。

图 3.3-9 所示，主楼底板平面呈纺锤形，中间大，两头小。东西向最大距离为 72m，南北向最大距离为 44m，建筑面积约 3100m^2。底板中间主楼部分厚度 3.1m，四侧边缘 3.7m，两侧消防电梯井处的厚度达到 4.2m。底板混凝土强度等级采用 C40/P8，混凝土总量为 11000m^3，钢筋总量为 886t。底板混凝土要求一次浇筑成功，且施工期间正值武汉高温季节。因此，对超厚大体积混凝土的浇筑，必须控制由于温差所引起的裂缝。

2. 计算机测控超厚大体积混凝土温差裂缝

(1) 大体积混凝土裂缝控制方法

高层建筑工程基础底板大体积混凝土的特点是施工技术要求高，水泥水化热使温度升高，会发生因温差变形而引起的开裂。因此，大体积混凝土经常出现的问题是如何控制混凝土温度变形裂缝，从而提高混凝土的抗渗、抗裂、抗侵蚀性能及提高建筑结构的耐久性。

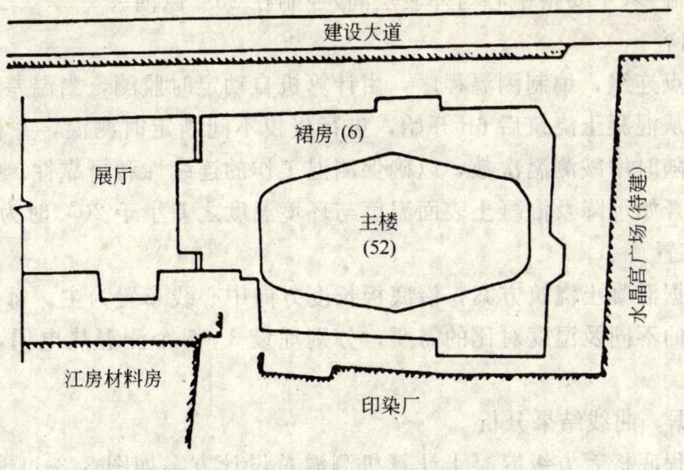

图 3.3-9　武汉国贸工程总平面示意图

大体积混凝土内出现的裂缝，按其深度不同，一般分为贯穿裂缝、深层裂缝及表面裂缝三种。深层及贯穿裂缝切断了结构断面，可能破坏结构的整体性和稳定性，其危害性较严重。因此，大体积混凝土裂缝控制主要是杜绝贯穿、深层这两种有害裂缝，同时减少或避免表面裂缝。

大体积混凝土施工阶段所产生的温差裂缝，一方面是混凝土由于内外温差而产生应力和应变，另一方面是结构物的外部约束及混凝土各质点间的约束阻止这种应变。一旦温度应力超过混凝土能承受的抗拉强度时，即会出现裂缝。这种裂缝只发展为表面裂缝，影响结构的耐久性，不影响强度，但若混凝土降温过程中外部养护措施不得力，造成较大内外温差，加之混凝土外部又受有约束，那么这种表面裂缝就会发展为有害的深层和贯穿裂缝。

裂缝控制就是减少混凝土的外约束，降低混凝土因降温和收缩所产生的拉应力，提高混凝土相应龄期的抗拉强度，保证抗裂度要求。

裂缝控制的方法主要是采取温差小于某一界限或温度应力小于同期混凝土抗拉强度的方法，避免结构物出现温度裂缝，同时调整混凝土表面温度以防止表面干缩裂缝。

(2) 计算机测控大体积混凝土温差裂缝

计算机测控大体积混凝土温差裂缝主要是检测混凝土水化热温度，通过热电偶在不同温度下产生不同的电势差，将埋在混凝土中的热电偶的电势差，经过检测器的放大及模数转换后，输入计算机中进行运算、分析、处理。在检测器中一次可同时检测若干个热电偶检测点，通过分组在计算机的屏幕上分别显示各个热电偶的温度值，并计算同组不同层面上热电偶的温度差及越线报警，同时打印选定组所检测的数据，或图形显示选定热电偶组的当天数据图或若干天的数据总图。

3. 武汉国贸工程计算机测控实例

(1) 监测的目的、内容及测点布置

1) 测温的目的

为了随时了解和掌握各部分混凝土在硬化过程中，由于水泥水化热产生的温度和温差变化情况，防止混凝土在浇筑、养护过程中出现内外温差过大而产生的有害裂缝，以便于采取有效措施使温差(主要指中心与外表层间)控制在25℃以内。

2）测温的内容

测温通过埋点连线，编制测温程序，由计算机自动定时监测，当温差达到警戒线自动报警。测温时间从混凝土浇筑后6h开始，进行昼夜不间断定时测温，并根据混凝土内部的温度变化情况随时增减测温次数，以确保测温工作的连续性和可靠性。测温持续时间到混凝土内部温度开始下降及混凝土表面温度与环境温度之差小于20℃时为止。

3）测点的布置

测点主要依据混凝土浇筑方案，沿底板长度方向中心线布置为主。每个测温点又根据混凝土浇筑厚度的不同及温度对比的需要，分别埋设3～5个测温热电偶，测温点布置如图3.3-10所示。

(2) 测温数据、曲线结果分析

武汉国贸工程底板万方级混凝土计算机测温总设计方案如图3.3-11所示。经过近一个月的昼夜测温，各测温点主要实测温度结果如表3.3-5所示，实测温度及温差曲线如图3.3-12所示。

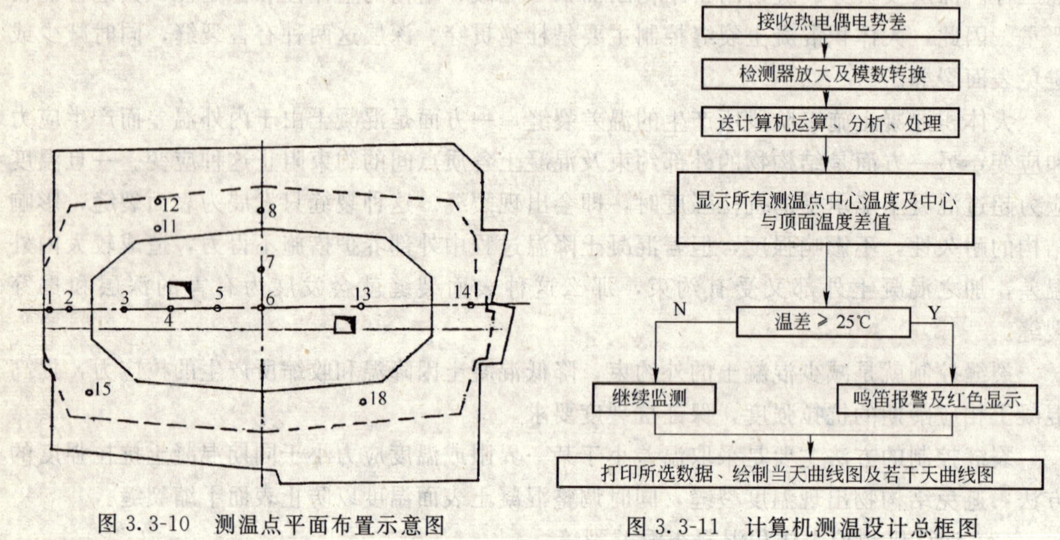

图3.3-10　测温点平面布置示意图

图3.3-11　计算机测温设计总框图

武汉国贸测温点混凝土最大温升与最大温差实测表　　**表3.3-5**

温测点		1	2	3	4	5	6	7	8	11	12	13	14	15	18
最高温升	量值	70℃	79℃	75℃	75℃	76℃	78℃	76℃	78℃	74℃	76℃	75℃	76℃	71℃	78℃
	时间	3d	5.5d	5d	4.5d	5d	3d	3.5d	4d	3d	3.5d	5.5d	5.5d	5.5d	5.5d
最高温差	量值	22℃	28℃	24℃	25℃	28℃	28℃	26℃	29℃	23℃	25℃	27℃	26℃	27℃	27℃
	时间	5d	6.5d	6d	4d	6d	6d	5.5d	5.5d	5d	6d	6.5d	6.5d	6d	5d

由图3.3-12及表3.3-5可知，武汉国贸工程万方级超厚大体积混凝土最高温度值为75～80℃(底板中心温度)大约发生在混凝土浇筑后的3～5天左右；混凝土的中心温度与表面温度之差为25～29℃，大约发生在混凝土浇筑后的5～7天。虽然温差超过了规范规定的25℃，但由于温差所产生的温度应力小于同期混凝土的抗拉强度，因此，混凝土浇

筑半年后仍未出现任何裂缝。

(3) 计算机测温与人工测温的对比

计算机测温与人工测温相比具有以下几方面优越性：

1）科学、准确性　采用先进的电子软、硬件测温，消除了人工测温带来的人为误差，使数据及曲线既科学又准确。

2）灵活实用性　计算机测温信号采集快，程序计算快，显示报警迅速，信息反馈及时，直观便捷，提高工效。例如：以往人工测温从信号采集到温度求出需 0.5～1h，而今用计算机只需 2.5～3min，因此，对指导施工，尤其是特别环境下的施工指挥，具有很大实用性。

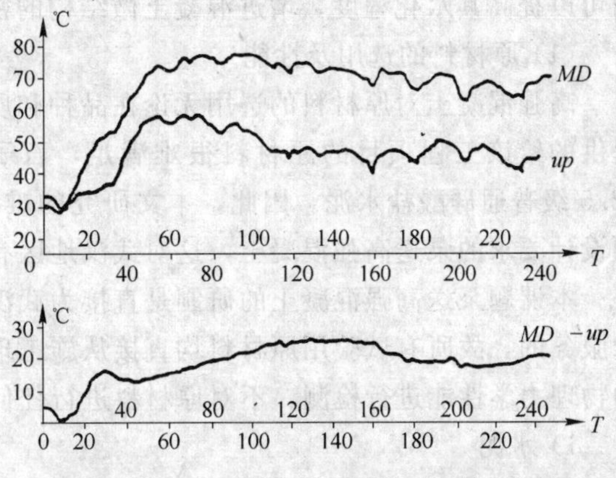

图 3.3-12　武汉国贸测点温度及温差曲线图

3）社会效益性　武汉国贸工程计算机的测温应用在中南地区尚属首例，因此，它的成功应用引起了建筑界同行及社会各方面人士的关注。

4. 对计算机在大体积混凝土施工中的展望

武汉国贸工程大体积混凝土计算机的测温应用，仅是在温度信号的采集、数据的计算显示、温差、温度曲线的绘制上作了尝试，但计算机仍有很大潜力有待开发，大体积混凝土计算机自动测温的专家系统研制将是有待研究的课题。

3.3.3　武汉国际贸易中心大厦泵送高强混凝土的应用研究

本文是根据武汉国际贸易中心大厦工程结构的需要，采用与现场施工条件相适应的生产工艺，利用现场原材料配制混凝土，解决混凝土的强度和工作度，以及研究混凝土适应施工需要的其他性能，最终提出了既能满足高强又能满足泵送要求的 C60、C65 混凝土配合比，并在本项工程地下室得到初步应用。

1. 工程概况

武汉国际贸易中心大厦地处武汉市汉口建设大道与新华路交叉路口西南隅，地上 50 层，地下 2 层，计 52 层；该大厦地上总高 194.5m，地下室埋深 16.8m，总建筑面积超过 12 万 m^2，是一座集商业、餐饮、娱乐、办公为一体的多功能现代化超高层建筑。此大厦为钢筋混凝土筒中筒结构，主楼地下室及±0.000m 以上根据结构要求分别使用 C60、C65 泵送高强混凝土。

2. 泵送高强混凝土的研制

高强混凝土要求配制拌合物时用较小的水灰比，而泵送混凝土则要求有较大的坍落度，使混凝土拌合物能够提供一定的水份在管道壁上形成一层连续的润滑水膜，使泵送摩阻力减小，同时要求混凝土拌合物有一定的稠度，使其在泵压力下不会发生组份分离造成堵塞现象。这便是研制泵送高强混凝土时要解决的一对主要矛盾。武汉国贸泵送高强混凝土是通过在配制混凝土时加入高效减水剂来实现的。高效减水剂的掺入，一是可以明显降低混凝土的水灰比，二是即使在水灰比不变的情况下，它能改善水泥颗粒的分散程度，从而可以提高其水化程度，增进混凝土微结构的密实性，因而能提高混凝土的强度。

(1) 原材料的选用及性能

高强混凝土对原材料的选用无论在品种和质量上都有较高的要求，但武汉市当地所能提供的给该工程项目的原材料很难满足，石子强度不高，颗粒形状级配较差，水泥为42.5级普通硅酸盐水泥。因此，本文研究的难点在于如何充分利用当地原材料前提下达到设计要求的泵送高强混凝土，这对武汉地区有明显的经济效益和社会效益。

本课题泵送高强混凝土的研制是直接为武汉国际贸易中心大厦这一实际工程的施工生产服务的，故所有试验用原材料均直接从施工现场取用，试验前出于工程意义只对原材料的物理力学性能进行检测，不对原材料进行任何额外特殊处理。

1) 水泥

配制高强混凝土一般采用硅酸盐水泥，一是 C_3A 含量少，二是活性较高，容易配制出较高强度的混凝土。但该工程开工期能够购得的较高强度等级的水泥为普通硅酸盐水泥，其品种及性能指标如表 3.3-6。

普通硅酸盐水泥品种及性能指标表 **表 3.3-6**

水泥品种	产地厂家	标准稠度(%)	安定性	凝结时间		抗压强度(MPa)		
				初凝	终凝	快测	3d	28d
42.5R	湖北华新水泥厂	26	合格	3：25	5：15	53.8	25.7	55.1
42.5	湖北光化	25	合格	2：50	4：35	58.8	27.9	58.9
42.5R	江西万年青	25	合格	3：35	5：05	60.1	31.8	61.9

2) 粗骨料

选用武汉市汉阳蔡甸区侏儒石场石灰岩机制碎石，其主要指标如表 3.3-7。

粗骨料主要指标 **表 3.3-7**

表观密度 (g/cm^3)	堆积密度 (kg/m^3)	空隙率 (%)	压碎指标 (%)	含泥量 (%)	级配(累计筛余%)					
					25.0	20.0	15.0	10.0	5.0	2.5
2.65	1460	44.9	8.13	0.8	24.2	45.7	67.1	83.2	97.9	99.7

3) 细骨料

选用浠水巴河中粗砂，其主要指标如表 3.3-8。

细骨料主要指标 **表 3.3-8**

表观密度 (g/cm^3)	堆积密度 (kg/m^3)	细度模数 M_x	含泥量 (%)	级配(累计筛余%)					
				5.0	2.5	1.25	0.63	0.315	0.16
2.58	1680	2.85	/	6.0	16.3	29.2	62.7	91.7	97.7

4) 高效减水剂

选用湛江外加剂厂 FDN 型高效减水剂，其推荐掺量为水泥用量的 0.85%。

(2) 试件制作

每种配合比的混凝土，配料 25L，用 50L 强制式搅拌机搅拌 3min 后，测定其坍落度，在标准振动台上成型后，静置室内24h拆模，然后放入标准养护室中养护至龄期后进行各龄期抗压强度试验。

(3) 泵送高强混凝土基本配合比的确定

武汉国贸泵送高强混凝土的整个研制过程以解决混凝土的强度和坍落度为中心，通过前期试配，确定出既能满足高强度，又能满足泵送要求的混凝土基本配合比。

混凝土的试配强度按混凝土的工程设计要求强度1.645倍现场混凝土标准差来考虑，根据现场提供的混凝土标准差为4.0MPa，则C60、C65的试配强度如下：

C60：60＋1.654×4.0＝67MPa

C65：65＋1.654×4.0＝72MPa

混凝土坍落度按入泵时混凝土坍落度大于160mm的要求，考虑40mm的坍落度损失，试配时按200mm考虑。

1) 水泥用量的选择

用42.5级普通硅酸盐水泥来配制泵送高强混凝土，势必会使水泥用量偏高，试配时，每立方混凝土中选用530kg、550kg、560kg三种水泥用量，以观察水泥用量对强度的影响。

2) 水灰比的确定

水泥用量为550kg/m^3，砂率为0.34，选用0.30、0.32、0.34三种水灰比进行试配，观察不同水灰比对混凝土强度和坍落度影响。

3) 砂率的确定

水泥用量为550kg/m^3，水灰比为0.32，选用0.32、0.34、0.36三种砂率进行混凝土试配，以观察砂率对混凝土强度的坍落度的影响。

4) 高效减水剂掺量的确定

根据湛江外加剂厂高效减少剂FDN的推荐掺量为水泥用量的0.85%，选用0.7%、0.85%、1%三种掺量进行混凝土试配，以观察高效减水剂用量对混凝土强度和坍落度的影响。

以上各组的配合比列于表3.3-9，试配结果列于表3.3-10。

各组试配配合比 **表3.3-9**

组号	编号	水灰比	砂率	配合比(kg/m^3)				
				水	水泥	砂	石	FDN
1	1	0.32	0.34	170	530	595	1155	4.51
	2	0.32	0.34	175	550	587	1138	4.68
	3	0.32	0.34	180	560	581	1129	4.76
2	4	0.30	0.34	170	550	588	1142	4.68
	5	0.32	0.34	175	550	587	1138	4.68
	6	0.34	0.34	180	550	585	1135	4.68
3	7	0.32	0.34	175	550	552	1173	4.68
	8	0.32	0.34	175	550	587	1138	4.68
	9	0.32	0.34	175	550	621	1104	4.68
4	10	0.32	0.34	175	550	587	1138	4.68
	11	0.32	0.34	175	550	587	1138	4.68
	12	0.32	0.34	175	550	587	1138	5.50

各组混凝土配合比试配结果　　表 3.3-10

组　号	编　号	坍落度 (mm)	抗压强度(MPa)		
			3d	7d	28d
1	1	180	35.5	55.0	67.9
	2	200	55.1	67.5	71.4
	3	210	56.8	64.9	71.9
2	4	150	52.9	69.8	74.1
	5	190	53.8	67.2	73.2
	6	220	44.1	54.9	67.2
3	7	170	37.1	53.9	63.4
	8	210	59.2	68.6	71.9
	9	220	50.1	62.4	65.8
4	10	185	59.7	65.9	68.0
	11	210	63.4	69.2	71.2
	12	215	61.4	67.7	71.3

对照表 3.3-9、表 3.3-10，可知：①C60 混凝土水泥用量以 530kg/m^3 为好，C65 混凝土水泥用量，以 550kg/m^3 为好，其各自的强度和坍落度均能满足要求，而混凝土水泥用量大于 560kg/m^3 时，则混凝土的强度和坍落度并无明显的增长。②当砂率为 0.34，水灰比为 0.32，FDN 高效减水剂掺量为水泥用量的 0.85%时，则混凝土的强度和坍落度都较好。

由此可得出 C60、C65 泵送高强混凝土的基本配合比如表 3.3-11。

C60、C65 泵送高强混凝土基本配合比　　表 3.3-11

混凝土强度等级	每立方混凝土材料用量(kg/m^3)				
	水	水　泥	砂	石	FDN(水泥用量%)
C60	170	530	595	1155	0.85%
C65	175	550	587	1138	0.85%

(4) 泵送高强混凝土力学性能及拌合物性能的研究

根据泵送高强混凝土的基本配合比，对混凝土的力学性能和拌合物的性能进行了大量的试验研究。

1) 混凝土拌合物性能：

坍落度：160～220mm；

坍落度损失：经过 90min 小于 20mm；

凝结时间：初凝：6～10h；

终凝：7～12h。

2) 混凝土的力学性能：

立方抗压强度：C60 61～70MPa，

C65 67～76MPa；

平均立方抗压强度：C60 67MPa，

C65 72MPa；

弹性模量：C60 4.20×10^4MPa，

C65 4.27×10^4MPa；

强度发展规律：f_{cu}，3 天达设计强度的 85%左右，

f_{cu}，7 天达设计强度的 95%左右，

f_{cu}，28 天达设计强度的 110%左右。

3. 泵送高强混凝土的现场应用

根据 C60 混凝土配合比，1994 年 10～12 月在武汉国际贸易中心工程地下室结构两层施工中进 C60 混凝土的泵送，应用结果如下：

(1) 混凝土的泵送性能

施工时环境温度为 19～25℃，混凝土出搅拌机时的坍落度为 180～210mm，经过混凝土罐车运到现场入泵前测定混凝土坍落度，基本上不损失，个别有损失的也不超过 20mm，与试配结果十分吻合。混凝土在泵压 160～180P 下未发生堵泵现象，泵送十分顺利。

(2) 混凝土的强度

地下室 C60 混凝土施工，由中建三局二公司试验室武汉国贸项目实验站取样 62 组，28 天立方抗压强度试验结果如下：

混凝土平均强度：62.1MPa；

混凝土最低强度：58.3MPa；

混凝土强度标准差：1.9MPa。

经检验，符合《混凝土结构工程施工质量验收规范》(GB 50204—2002)的规定。

因此，C60 泵送混凝土符合设计与施工要求，工程应用良好。

4. 结论

(1) 强度可以满足要求：C60 混凝土的平均抗压强度为 67MPa，C65 混凝土的平均抗压强度为 72MPa，均为各自设计强度的 1.1 倍以上；

(2) 混凝土坍落度为 160～220mm，经过 90min 坍落度损失小于 20mm，可以满足泵送的需要。

(3) 工程实践表明，混凝土凝结性能，强度发展规律均可满足施工的需要。

因此，本文所提供的 C60、C65 泵送混凝土基本配合比，已作为施工配合比，成功应用于武汉国贸中心大厦工程。

3.3.4 万方级超厚基础大体积混凝土裂缝控制技术

1. 概述

近年来，超高层建筑在我国发展十分迅速，由于受力的需要，这此建筑的基础底板也变得越来越厚大，其混凝土通常具有以下特点：①厚大：厚度一般在 3.0m 左右，方量一般都有好几千方，有少量超过万方的；②混凝土强度等级高，混凝土强度等级一般都在 C40 以上；③抗渗性能要求高，混凝土抗渗等级一般在 P8～P10；④施工工期紧，有的正值高温季节。这些都会使基础底板大体积混凝土的内部绝对温度和内外温差较普通的大体

积混凝土增大，从而给大体积混凝土的温度裂缝控制带来较大的困难，如何有效地解决这一课题？武汉国际贸易中心大厦主楼底板 $11000m^3$ 超厚大体积混凝土施工采取了较为成功的技术措施。

武汉国际贸易中心大厦主楼高 52 层，其中地上 50 层，地下 2 层，地面以上总高 190 多 m，地下埋深 17m 多，其底板平面呈纺锤形，中间大，两头小，东西向最大距离 72m，南北向最大距离 44m，底板面积 $3100m^2$，厚度为：中间 3.1m，边缘 3.7m，北部边缘还有一厚 4.8m、宽近 2m 的承台梁，结构设计上不留后浇带。混凝土的强度等级为 C40，抗渗等级为 P8，混凝土总量为 $11000m^3$，此底板混凝土为万方级超厚大体积混凝土。

2. 大体积混凝土浇筑方案的确定

大体积混凝土中水泥在水化过程中要产生大量的水化热。所以为了有利于水化热的扩散，一般大体积混凝土都采取分层分段的浇筑方案；而武汉国际贸易中心大厦由于楼高，基础底板受力较大，要求其整体性好，又由于汉口地区地下水位较高，地下室防水性能又要求高，为严防开裂、渗漏，都不宜留设施工缝，又加上施工工期紧(整楼形象竣工合同工期仅 24 个月)，故采取了一次连续浇筑的施工方案。由于事先的技术论证，加上施工过程的严格技术控制，从 1994 年 8 月 28 日起用了 5 个昼夜完成了 $11000m^3$ 混凝土的浇筑，经过严格的技术检查，至今未出现任何裂缝。

3. 万方超厚大体积混凝土的裂缝控制技术

大体积混凝土中水泥在水化过程中会释放出大量的水化热，从而产生较大的温度变化和伸缩作用，这就会使混凝土产生较大的温度应力，当温度应力超过混凝土的抗拉强度，一般都会使混凝土开裂。如何有效地控制大体积混凝土开裂是大体积混凝土施工的关键，武汉国际贸易中心大厦主楼基础底板万方级超厚大体积混凝土的成功施工，主要采取了以下技术措施：

(1) 严格控制砂、石等原材料的质量及规格，砂选用浠水巴河中粗砂，细度模数为 $M_x=2.67$，含泥量控制在 2%以内。

石子粒径为 5～40mm，针片状含量少于 10%，含泥量控制在 1%以内。

(2) 采用新材料，优化配合比，减少水泥用量，降低水化热。

1) 选用 CAS 微膨胀剂及低热水泥：水泥水化热的大小主要与水泥的品种与用量有关，因而选用发热量较低的 32.5 级矿渣水泥，并采取新型微膨胀剂 CAS 来减少水泥用量。微型膨胀剂 CAS 改善了混凝土的应力状态，膨胀转变为自应力，使混凝土处于受压状态，从而提高混凝土的抗裂能力，它还能替代一部分水泥，并能提高混凝土的强度(特别是矿渣水泥)，在保持混凝土强度不变的情况下，可节省水泥，从而降低混凝土的绝对温升和内外温差。由于采取了 CAS 微膨胀剂，武汉国贸底板 C40 混凝土，每立方水泥用量仅 360kg。

2) 采用 HN-01 型缓凝剂：由于武汉国贸工程底板采用泵送混凝土一次整浇技术，按照泵送工艺的要求，配制的混凝土坍落度为 160～180mm，浇筑后混凝土流淌斜面坡度为 1∶8～1∶10，为防止出现斜面冷缝，采用 HN-01 型缓凝剂，使混凝土的缓凝时间为 8～10h。而且，缓凝能使水泥的水化速度减慢，有利于水化热的扩散。

3) 采用高效减水剂，提高混凝土的早期抗拉强度，从而增强混凝土抵抗温度裂缝的能力。

(3) 严格控制混凝土的入模温度：武汉国贸工程主楼底板施工期间环境温度偏高(一般都在35℃左右)，如不采取措施，必将会使混凝土的入模温度偏高。为此，施工前在搅拌站附近打了一口专用深井，利用深井水来淋洒石子及搅拌混凝土而降低混凝土的入模温度，从而降低混凝土的绝对温升值及减小混凝土的内外温差。

(4) 采用蓄热法养护混凝土：混凝土浇筑后，在混凝土表面覆盖两层塑料薄膜、三层麻袋进行保湿、保温养护以减小温降速度，控制混凝土中心与表面温差，确保水泥充分水化，使混凝土强度正常增长。

(5) 利用计算机进行温控；大体积混凝土温控主要是控制混凝土中心温度与外表温差不超过一定限度，规范规定限度为25℃。

1) 测温点的布置：武汉国贸主楼基础底板以沿长度为方向中心线布置测温点为主；第一个测温点根据其浇筑厚度的不同及温度对比的需要分别埋设3～5个测温热电偶，测温点具体布置图见图3.3-13。

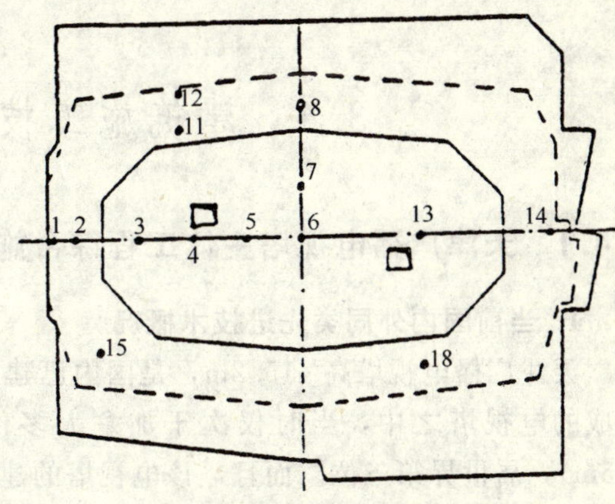

图3.3-13 测温点平面布置图

2) 计算机自动温控：埋设于混凝土中的热电偶在不同的温度下，产生不同的电势差，电势差经过检测器的放大及模数转换后，输入计算机，经过计算机的温控程序处理，最后输出各测温点上各热电偶处混凝土的温度及每个测温点上两个热电偶处混凝土的温差，如果温差超过25℃则计算机鸣叫而自动报警。另外，还可通过计算机进行数据处理，有选择地输出温度变化、温差变化图，从而能够迅速、及时了解和掌握各部位混凝土温度变化趋势，为施工技术人员在混凝土浇筑及养护过程中采取应变措施提供了快捷可靠的依据。

4. 测温结果及分析

各测温点主要实测温度结果如表3.3-12：

各测温点混凝土最大温升与最大温差实测值 **表3.3-12**

测温点		1	2	3	4	5	6	7	8	11	12	13	14	15	18
最高温升	温度	78℃	79℃	75℃	75℃	76℃	78℃	76℃	78℃	74℃	76℃	75℃	76℃	71℃	78℃
	时间	3	5.5	5	4.5	5	3	3.5	4	3	3.5	5.5	5.5	5.5	5.5
最大温差	温度	22℃	28℃	24℃	25℃	28℃	28℃	26℃	29℃	23℃	25℃	27℃	26℃	27℃	27℃
	时间	5	6.5	6	4	6	6	5.5	5.5	5	6	6.5	6.5	6	5

由表3.3-12可知，3.0～4.0m厚C40混凝土最高温度值为75℃～80℃(中心温度)。大约发生在混凝土浇筑后3～5.5天；混凝土的中心温度与表面温度之差为25℃～28℃，基本上超过了规范规定的25℃，但由于C40混凝土的抗拉强度较高，而且采取措施提高混凝土的早期抗拉强度，故混凝土浇筑后已过半年未出现任何裂缝，这说明：温差所产生

的温度应力小于混凝土的抗拉强度。

5. 结束语

武汉国际贸易中心大厦主楼底板万方超厚C40大体积混凝土的一次连续浇筑成功，可以说明：

(1) 只要采取各种相应的技术措施，对超厚高强度等级大体积混凝土是可以一次连续浇筑成功的。

(2) 对于厚度为3.0～4.0m的大体积混凝土，其中心温度峰值发生在混凝土浇筑后的3～5.5天。

(3) 混凝土中心温度与表面温度之差超过规范限定25℃时，但只要混凝土在此时的抗拉强度大于温差所引起的混凝土温度应力，混凝土有害裂缝是可以避免的。

3.4 建筑施工技术应用成果介绍

3.4.1 天津广播电视塔主体工程综合施工技术

1. 当前国内外同类先进技术概况

天津广播电视塔高415.2m，是国内已建成的第2座300m以上的高塔，在世界上已建成的电视塔之中，当时仅次于加拿大多伦多塔（高553m）和莫斯科奥斯坦金塔（高535m），居世界第三位。而且，该电视塔的建成，仅用了三年零一百天时间。

天津广播电视塔地处软土及高震地区，设计要求9度抗震设防，施工条件困难，高难施工技术密集，列为中建总公司新技术推广重点工程，确定10余项新、难、高工艺作为技术攻关内容，推广了30多项新技术。天津广播电视塔主体工程施工，在许多方面有独到之处：与国内已经完成的电视塔相比，具有工期短，质量优良的特点；与国外同类型电视塔相比，排除了直升飞机吊装，超高塔吊等昂贵的施工方案，具有无可比拟的经济性，特别是竖向超长钢绞线预应力混凝土施工技术，灌浆饱满，无一堵孔或废孔现象，取得了具有国际水平的突破。

2. 项目的主要内容

(1) 与国内外已有同类技术全面综合对比情况

天津广播电视塔施工技术密集，施工难度很大，在主体工程施工中，对一系列施工难题进行攻关，大量推广应用新技术，保证了主体工程施工的顺利进行。主要施工难题有：

1) 严冬进行承台的超厚(2～5m)大体积钢筋混凝土结构施工，其浇筑总量9000m^3左右。问题的焦点在于防止承台浇筑后早期受冻和过大温差应力造成承台贯穿性开裂，克服高强度抗渗混凝土、超厚大体积混凝土、冬期施工混凝土和泵送混凝土各自对水泥品种、对混凝土配合比的要求不同等多种因素交叉困难。采用暖棚法辅以蓄热法进行承台施工，混凝土以商品混凝土为主，自搅拌为辅；混凝土布料以泵送为主，辅以塔吊；由于技术措施合理，工程进行得很顺利，用了半个月时间浇筑完毕，被评为天津市优质分部工程。

2) 塔身施工采用“内外筒不等高整体同步滑模”施工工艺，从外筒标高＋10.8m，内筒标高＋11.4m开始，针对塔身内外筒予留梁洞较多，274m处内筒空滑而外筒滑模施工，偏扭控制等技术难点，采取一系列对策措施，进行有效的防范和监测管理；为了加快滑模施工进度，提高液压滑模工艺水平，大胆采用了内筒、外筒、隔板、楼梯和予埋预应力管 5 种工艺同步的技术措施，设计了简单有效的 4212 垂直运输系统，即四台甩扒杆，一台双笼电梯，一台混凝土提升专用吊笼和两台塔外井架，顺利地承担了垂直运输，取得了重大的经济效益和社会效益，为发展我国滑模工艺做出了贡献。

3）钢塔楼的钢构件高空吊装运输和高空高精度安装是塔楼安装的难度所在，本工程推广应用辽塔塔楼的安装技术，根据天塔具体要求，制订了天塔塔楼的吊装和安装方案，在一新的高度——243m 的高空，成功实现了总重 1560t、构件总数 2230 余件的高精度安装，主构架一次闭合成功。

4）超长竖向钢绞线预应力张拉是该工程技术难度最大的项目，长达 301m 的竖向预应力工程在国际上也不多见。中建三局科技发展中心承接该项任务后，以严谨的态度和科学的方法，精心制订施工方案，并做了大量模拟试验。在取得适用机具、科学而合理的张拉工艺步骤、试验数据等基本经验情况下，制订了操作规程。由于严格的管理和精心组织，在 301m 超长竖向钢绞线预应力张拉施工中，编束、穿束、张拉、灌浆均一次完成，张拉应力控制得当、灌浆饱满、无空鼓现象、孔道无一堵塞，在安全、质量、工期方面可以与国际上同类工程相比。在此之前，尚无一例国内外无废堵孔、无空鼓现象的钢绞线竖向预应力工程，标志着我国竖向预应力施工技术达到国内外先进水平。

5）钢桅杆

高空安装是一世界难题。“天塔”的钢桅杆一体化天线总长 82.5m，总重约 180 余 t，根据“天塔”钢桅杆安装的要求，成功地推广应用了“辽塔”桅杆天线顶升安装的经验，采取分段垂直运输、倒装法高空组装、整体液压顶升工艺，仅用 7 天时间，在寒冷的一月份将钢桅杆一体化天线顶升到位、安装调试完毕，再次创造了具有中国特色的钢桅杆天线顶升工艺，使高深莫测、耗费极高的工艺技术难题得以顺利解决，在国内、外均居于独创而先进的行列。

与辽宁电视塔相比，施工难度有一定增加，如冬期大体积混凝土施工，301m 超长竖向钢绞线预应力工程，应用微机参加现场管理，采用电视监控，在吊装高度、顶升高度和自身吨位均对安装工艺提出了进一步要求。天津电视塔的建成，标志着我国建造电视塔技术达到新的水平。

与国外电视塔相比，其建塔工期略短，但天津广播电视塔排除了奥斯坦金塔采用超高塔吊吊装塔楼、桅杆的办法，也排除了多伦多塔塔楼采用内爬吊，钢桅杆采用直升飞机吊装方法，节约了昂贵的投资；采用简易有效的“4212”垂直运输方案，即 4 台扒杆，2 个电梯吊笼，1 个专用井架，2 台塔外井架，保证了垂直运输的需要；同时采用国产机械吊装安装钢塔楼，倒装顶升钢桅杆一体化天线，在技术水平、降低费用、保障安全、保证安装质量等方面，具有明显的优越性。尤其值得一提的是：301m 竖向超长钢绞线混凝土预应力工程，不仅张拉长度罕见，而且钢绞线全部孔道满穿，无一堵孔、废孔，灌浆饱满、无空鼓现象。

而多伦多塔废一孔、堵二孔、16 孔钢绞线不能满穿，这一对比，说明天津电视塔竖向超长预应力施工技术达到国际先进水平。

综上所述，天津广播电视塔主体工程施工技术达到国内、外先进水平。

(2) 项目的技术关键

1) 塔身滑模采用液压滑模方法，解决了内外筒予留孔洞较多、内筒空滑、内外筒不等高整体液压滑模技术问题，尤其是采用内筒、外筒、隔板、楼梯及埋设预应力管5种工艺同步施工和简便有效的4212垂直运输系统，保证滑模高速顺利进行；

2) 301m竖向超长钢绞线预应力采用由下向上穿束工艺，灌浆配合比合理，张拉应力控制得当，灌浆饱满；

3) 钢塔楼吊装、安装推广和发展了辽塔所采用的办法，运用自制的国产机械，安全地解决了高大悬难的施工难题；钢桅杆安装在推广辽塔经验基础上，根据具体情况增大了油压千斤顶，采用分段组装、倒装正顶，做到钢桅杆、天线、装饰三同步安装工艺，准确安装钢桅杆一体化天线；

4) 冬期9000m^3大体积混凝土施工，采用暖棚法辅以蓄热法进行承台施工，合理安排布料，成功地解决配合比、温差应力和防止混凝土早期受冻等技术难题，保证承台施工顺利进行。

5) 引进微机参加施工的管理工作，特别是预应力管埋设定位参数计算，钢绞线优化下料，不仅提高了施工现场文明程度，而且取得了经济效益和社会效益。

3. 项目的经济效益和社会效益

天津广播电视塔总高415.2m，是我国当代建筑科技荟萃，施工中遇到一系列国内首次实施的高难施工技术。我局参加施工的工程技术人员和工人以聪明的才智和自身的技术优势，巧妙构思，采取国产或自制设备，顺利解决塔身垂直运输、钢塔楼吊装、钢桅杆天线一体化同步安装、竖向超长预应力施工等一系列公认的施工技术难题，保证天津广播电视塔高速优质建成，充分说明了我国已创出一条建设电视塔的新路子，表明我国建成电视塔达到了国际先进水平。

由于天津广播电视塔施工组织管理严格，安排得当，同时推广应用了科技成果42项，产生了明显的经济效益，具体情况如下：

ϕ36钢筋冷挤压连接节约钢材388.18t，折合90万元；

掺用F矿粉，节约水泥1403t，折合22.15万元；

大体积混凝土投毛石　节约16万元；

压型钢板配制　节约2万元。

共计节约130.15万元。

3.4.2 中建总公司第一项科技示范工程——天津广播电视塔工程综合介绍

随着我国广播电视事业的高速发展，广播电视塔在我国被越来越多、越来越高地建造起来。

天津广播电视塔(以下简称“天塔”)，于1988年4月破土动工，1991年10月1日竣工开播，历时3年4个月建成。“天塔”设计高度405m，实际塔高415.2m，在世界已建塔林中，仅次于加拿大的多伦多塔、俄罗斯莫斯科的奥斯坦丁塔和我国新近落成的上海“东方明珠”塔，居世界第四、亚洲第二。

“天塔”位于天津市八里台立交桥南，津盐公路与紫金山路交汇的三角地带“天塔湖”中央、是世界上惟一的“水中塔”。该塔东西向座落在“水上公园”东大门的中轴线上，与“龙潭绿翠”的“水上公园”交相辉映，构成一奇景，是“津门十景”的前景，称做“天塔旋云”。

建成后的天塔形体美观、配套设施齐全、设备先进。可播放 7 套电视节目，9 套立体声调频广播；塔内装有 4 部高速电梯、行速 5m/s、上下兼程不足 2min，十分便捷；还可为旅游观光、通讯、环保、气象、交通、公安、消防等提供多种综合服务，是天津市政府为改善城市人民生活的 10 件实事之一。

1.“天塔”的构造情况

“天塔”由中国广播电影电视部设计院设计，按结构和使用功能，塔体共划分为塔基、塔座、塔身、搭楼和桅杆、天线 5 大部分。结构设计时塔身按风压 $75kg/m^2$(塔楼幕墙按风压 $300kg/m^2$)和地震烈度 9 度、并以地震荷载为主进行设计。在当今世界，“天塔”又是抗震设防等级最高的电视塔。

(1) 塔基

“天塔”总重约 10 万 t，座落在软土地基上。为保证沉降值不大，且沉降均匀，设计采用了深基大承台，支承在 482 根长 29.4m，断面 450mm×450mm 的钢筋混凝土预制摩擦桩上(实际 560 根，包括 15 根钢板桩)，桩尖进入第二海相层(细砂层)。承台为盆形环板式钢筋混凝土结构直径 54m、厚 2～5m，混凝土总量 $9000m^3$，埋深－14.7m，沿承台周边设计有 64m 长，7×74.5 钢绞线，包角 180°环向有粘接后张拉，是国内少见的超厚大体积抗渗预应力钢筋混凝土承台。

(2) 塔座

承台以上，附属于塔身根部周围的建筑，由塔身筒体和裙房组成。除地下环廊外，地上 5 层：一层正门内设大厅，其余空间为游览厅；二层设贵宾厅、会议室、卫生间及工艺用房；三、四、五层为办公用房，普通钢筋混凝土结构。塔座周边为玻璃幕墙围护，幕墙外设有 11 榀“V”形廊柱，均匀分布在幕墙外的圆圈线上，建筑面积 $5100m^2$。

塔座是整个塔体与周围环境的结合部，通过行廊、环廊、塔座周围的三层跌水、涌泉与周围精心规划的环境完美融合。

(3) 塔身

地上高 291m，钢筋混凝土筒中筒结构。

外筒为变径圆柱台筒体，－9.5m 处(基础顶面)最大直径 36.5m，＋240m 以上最小直径 12.5m。每 10m 变坡一次。壁厚由－9.5m 处的 1800mm 厚渐变到＋40m 处的 600mm 厚，直至＋140m 后，再由 600mm 厚渐变至＋170m 以上的 700mm 厚。筒体含钢量很大，竖向主筋从承台开始至＋253m 采用 $\phi36$ 钢筋，配筋由 1084 根逐渐减少到 780 根，筒体断面配筋最密处为 $\phi36$、71.7mm，＋253m 以上采用 $\phi32$。

内筒为矩形截角断面，内设 2 个电梯井道和 1 个消防梯井道。除现浇钢筋混凝土消防楼梯外，电梯井道各设 2 台高速电梯。筒体壁厚在－5.6m 和＋40m 各突变一次，从＋40m～＋280m电梯机房均为 200mm 厚。

内外筒之间净距在－9.5m 处为 11.65m，到＋240m 以上时缩小到 0.91m。为构成塔身整体性，除在塔座和塔楼区段设钢筋混凝土隔板外，其余塔身从＋20m 开始每隔 20m 高设内隔板一层，隔板采用钢梁、压型钢模钢筋混凝土复合楼盖。

在塔身外筒＋236m、＋240.2m 标高，各设微波天线挑台一层，采用钢结构、预制钢筋混凝土楼板，分别挑出塔身外 2.4m 和 3m。

塔身外型设计为避免视觉上的笨重、呆板、取得完美流畅的轮廓线，共提出 6 个设计方案，根据分区功能和受力情况，反复进行计算和测试，最后选定为多折线塔身曲线方案，在视觉上感到两条多折线对称、优美，婉若少女婷婷玉立。

(4) 塔楼

设在＋248～＋278m 区间，全钢结构，总重约 1200t，挑出塔身外最长 16.97m。塔楼外形，状如“飞碟”，塔楼上、下方全部采用银灰色铝合金幕板封闭，中部为铝合金窗框，镶嵌钢化中空玻璃。

塔楼设计 7 层，从下而上分别为微波层、观景层、旋转餐厅、电视发射层、广播发射层、高空配电层和综合层，总建筑面积 4450m^2。

(5) 桅杆和天线

＋291～＋415.2m 之间部分。其中，在＋291～＋335.5m 为两节钢筋混凝土桅杆，每节长 21.5m，下节外包尺寸 5m×5m，壁厚 600mm；上节外包尺寸 3.8m×3.8m，壁厚 550mm，竖向主筋 ϕ36；＋335.5～＋415.3m 为钢桅杆和玻璃钢一体化天线。钢桅杆由方形和圆形各一节组成，与天线合长 853.3m，总重约 180t，嵌入钢筋混凝土桅杆内 8m。最顶端为航空警示灯及避雷针。

为满足结构抗震需要，除采用钢筋混凝土环形截面塔身和筒中筒结构造形外，为增强塔身抗折断和变形后的恢复能力，以及钢筋混凝土桅杆和鞭端效应下的抗折断和变形恢复能力，塔身和钢筋混凝土桅杆设计都采用了国内外少有的有粘接竖向预应力钢绞线双向后张措施，以保证整个塔体建立起预应力，保证塔体的结构安全。其中：塔身：从－7.5～＋291m 共分段设预应力钢绞线束，分别为：－7.5～＋80m，114 束；－7.5～＋200m，70 束；－7.5～＋291m，54 束；钢筋混凝土桅杆：下节共 20 束，上节共 16 束。每束钢绞线为 7×7ϕ15。

综上所述，“天塔”集高、大、深、新、重、悬、秀特点于一体，是一项施工技术高难度的工程项目：高——包括地下承台，施工总高度达 430m；大——盆形环板式预应力钢筋混凝土承台，直径 54m、厚 2～5m、施工面积 2290m^2，混凝土总量 9000m^3、而且正值严冬期间施工；深——承台埋深－14.7m，且座落在三面环水的湖塘中央的软土地基上，地下水位高，补充水源十分丰富；新——按 9 度抗震设防，是世界上抗地震能力最强的电视塔，设计采用了国内外少见的 300m 竖向超长钢绞线有粘接预应力后张措施；重——塔体总重 10 万 t；塔楼钢结构 1200t，最长钢梁单位重 9t；桅杆和一体化天线重 180t；悬——塔楼高悬于塔身标高＋248～＋278m 之间，钢梁悬挑塔外最长达 14.87m，钢构件总数达 2230 件；钢桅杆和一体化天线安装在＋335.5～＋415.2m 之间，超高空悬空作业量大，困难而危险；秀——天塔多折线型塔身收分得当、曲线匀畅、挺拔秀美。圆形塔楼，状如“飞碟”，外装经过砂面处理的铝合金幕板和玻璃幕窗，银装素裹，但在太阳光下无反射光线，保证了整体色泽均匀，而且同塔身混凝土原色相互协调，相得宜彰；越过桅杆是红、白色相间的天线，直刺苍穹，蔚为壮观；夜间，塔楼底层的装饰灯，透过玻璃幕窗映向室外，形成琳琅璀灿的观感，恰似“飞碟”高悬，给人以神秘和无限遐思；在塔身根部接近水面的塔座周围，有三层跌水和两环喷泉，在跌水和喷泉之间装有霓红灯和红、绿、蓝三色彩灯，在塔座周围还装有 18 组擎天投光灯，每到节假日，华灯齐放，擎天灯自下而上形成巨大光束抱住塔身，照彻全塔，显现出天塔苗条秀美的造型，水面上灯光倒影、波光荡漾与四周环境构成完美结合；在天线顶端安装的航标灯、呈朱红色、昼夜点缀无尽苍穹，更是全塔的点睛之笔，使整座塔除苗条秀美外，更显得挺拔庄重。

2. 优质高速创奇迹

经过激烈的招投标竞争，中建三局以成功建成沈阳辽宁电视塔的良好信誉，取得承建从承台至＋415.2m主体的总承包施工任务。由中建三局二公司任总包、并担任从承台至＋335.5m的钢筋混凝土塔身和桅杆的施工；中建三局机施公司承担塔楼、桅杆钢结构的加工和安装任务；中建三局科技发展中心承担全部预应力工程的穿束、张拉及灌浆工作。

为了优质，高速地完成建塔任务，从一开始，局和公司就高度重视这项工程的建设，被列为局和公司第一位的重点工程，相继成立了“中建三局建塔领导小组”和“中建三局天塔技术攻关组”给予了人、财、物的极大支持。天津市政府自始至终十分重视“天塔”的建设，在1988年8月4日就成立了由11人组成的“天塔工程领导小组”进驻施工现场办公，统盘领导和协调现场施工。继而，“天塔”工程相继被列为天津市和中建总公司“第一号的重点工程”。可以说这项工程的建设自始至终都受到李瑞环同志、建设部、广电部、天津市政府、中建总公司以及天津市人民和各界的广泛关心和支持，这是我们优质高速完成建塔任务的强大驱动力。

中建三局从1989年1月13日插入承台垫层施工开始，至1990年8月23日钢筋混凝土桅杆施工完；11月10日完成塔楼钢结构安装；1991年1月10日钢桅杆和一体化天线安全、准确顶升到位，整个主体工程只用了24个月时间，比在“加快天津广播电视塔施工进度研讨会”上认可的施工进度计划提前10天主体形象全部完工。

在“天塔”施工期间，我们认真开展科技工作，进行科技立项：针对施工中的技术难点和关键技术积极组织技术攻关；针对工程实际，大力推广应用先进、成熟、适用、有效益的科技成果；积极引进现代化管理手段和方法、强化施工现场管理，取得了丰硕的成果，是中建总公司推行的第一项科技示范工程。共组织完成技术攻关32项(见表3.4-1)；推广应用科技成果16项(见表3.4-2)；引进和推行现代化管理的手段3项(见表3.4-3)。共节约水泥：1430t、钢材：388.812t，实现科技进步效益据不完全统计达130.15万元。同时该工程竣工后相继获得以下荣誉：

组织完成技术攻关项目 **表3.4-1**

序　次	技术攻关项目名称
1	超厚大体积预应力抗渗钢筋混凝土承台冬期施工
2	塔身滑模五同步施工工艺
3	适用于不同气候情况和滑模工艺要求的C40混凝土试配和施工质量控制
4	采用钢套管冷挤压接头连接ϕ36竖向钢筋的研制
5	预应张拉墩处的滑模施工
6	倒锥牛腿处的空滑施工(内筒滑模，外筒空滑3.7m)
7	塔楼区超大、超高、超重预埋铁件的高精度埋设
8	＋274～285m段塔身空滑(外筒滑模、内筒空滑11m)
9	＋285～291m塔顶正锥超厚大体积钢筋混凝土结构施工

续表

序 次	技术攻关项目名称
10	钢筋混凝土桅杆超高空不加固施工技术
11	钢筋混凝土桅杆变截面施工技术
12	钢筋混凝土桅杆顶部变截面及大型高精度预埋铁件施工
13	钢筋混凝土塔楼现浇环梁施工方法
14	超高构筑物施工中垂直运输设备的合理配置
16	承台环向预应力钢绞线的穿束，张拉及灌浆试验及施工
17	300m 超长竖向预应力钢绞线的穿束，张拉及灌浆试验及施工
18	塔楼钢结构及超大型方、圆形钢桅杆加工工艺
19	塔楼钢结构采用两台塔桅起重机分段组合单元对称安装高强螺栓连接和焊接流水作业施工工艺
20	钢桅杆安装采用分段垂直运输、倒装法高空组装、整体液压顶升施工工艺
21	栓钉及栓钉熔焊机用于钢梁、压型钢模板施工
22	自升式塔式起重机用于承台和隔板施工
23	激光铅直仪用于监测塔身中心线偏差
24	激光经纬仪用于监测塔身扭转
25	超高(312.5m)自升附着式双笼建筑电梯用作垂直运输
26	大吨位(6t、12t)离心式液压千斤顶用于滑模施工
27	商品混凝土技术
28	散装水泥应用
29	防水膨胀胶条用于地下、环廊施工
30	自动埋弧焊机用于钢结构加工
31	二氧化碳气体保护焊机用于钢结构加工
32	钢筋混凝土管井人工降低地下水

应用科技新成果项目 **表 3.4-2**

序 次	应用科技新成果项目
1	无粘接和有粘接预应力技术
2	QM 群锚张拉体系
3	搅拌站集中搅拌混凝土
4	双锥反转出料混凝土搅拌机
5	臂架式混凝土泵车
6	电动平板式振动器
7	电动软轴行星插入式振动器
8	拖式混凝土输送泵
9	YM-84 型混凝土养护剂
10	混凝土复合抗冻剂用于冬季施工
11	混凝土早强剂
12	混凝土减水剂
13	混凝土膨胀剂用于孔洞灌浆
14	在混凝土掺 F 矿粉
15	钢套管冷挤压接头技术用于 $\phi36$、$\phi32$ 竖向钢筋接长
16	钢套管冷挤压接头技术用于 $\phi36$、$\phi32$ 竖向钢筋接长

采用先进管理方法统计 **表 3.4-3**

序次	先进管理方法名称
1	闭路电视系统用于施工现场监视和激光靶中心线监视
2	程控电话系统建立以滑模施工为中心的通讯网络
3	长城微机系统进行现场跟踪管理，包括：①绘制和调整网络图计划；②计算分层、分段工程实物量；③进行钢筋翻样；④进行材料统计管理；⑤对钢绞线下料进行优化计算；⑥按塔身的坡度、直径进行收分计算

1）中建总公司科技推广优秀工程；

2）中建总公司科技进步一等奖；

3）建设部科技成果推广应用二等奖；

4）天津市重大工程采用新技术科学技术进步一等奖；

5）1993 年度国家建设部优质样板工程；

6）1992～1993 年度国家建设工程鲁班奖。

3.4.3 武汉国际贸易中心大厦综合施工技术

武汉国际贸易中心大厦(以下简称武汉国贸)是一幢地下 2 层、地上 55 层的钢筋混凝土筒中筒结构超高层综合写字楼高 211.80m，总建筑面积超过 13 万 m^2。

武汉国贸标准层为长 61.40m、中部宽 38.60m、两端宽 32.40m 的纺锤形平面，建筑面积 2300m^2。外筒由深梁、密柱及四个角筒组成，内筒由电梯井道、楼梯间的若干道纵、横剪力墙组成，内外筒之间采用预应力密梁楼盖结构连接，密梁间距分别为 0.80m 及 0.85m，密肋中分别配有 4 束或 10 束 7ϕ5 无粘结预应力钢绞线，武汉国贸采用钢筋混凝土钻孔灌注桩基础，地下室底板兼作桩承台，厚度为 3.10～4.80m，底板埋置底标高以－15.60m为主，局部加深为－16.70m。

武汉国贸综合施工技术的主要内容由以下三个部分组成：

1. 预应力密梁楼盖结构与墙、柱同步的大面积整体液压滑模施工技术

滑模工艺是一种相对比较成熟的施工技术，在我国较多地应用于烟囱、油罐、筒仓、水塔等筒壁结构构筑物的施工。在高层建筑的施工中，滑模工艺通常仅用于墙、柱等竖向结构的施工。同时，根据滑模工艺施工特点，为控制混凝土的出模强度，滑模施工的混凝土通常采用强度等级 C45 级以下的普通混凝土浇筑。在武汉国贸滑升面积 2300m^2 的预应力密梁楼盖结构与墙、柱同步整体滑模施工中(见图 3.4-1)，通过对原有滑模施工技术的攻关与创新，解决了楼盖结构密梁等水平结构采用滑模工艺与墙、柱竖向结构实施同步整体滑升及高强度等级混凝土应用于滑模工艺施工等一系列滑模施工技术难题，促进了我国滑模施工技术的发展，使我国滑模施工的技术水平进入了国际先进水平的行列。

根据中国施工企业滑模工程协会的评议和建设科技信息研究所对国际、国内 40 篇有关文献资料的检索查新，武汉国贸的滑模施工技术在规模与难度上具有“三个之最”，在施工技术上具有“六项创新”，即在滑模施工的建筑高度、每层的滑模面积、滑模施工的技术难度等三个方面均为当前我国高层建筑滑模施工之最，在国际上，也没有同类工程的施工实例。滑模施工技术的六项创新内容是：

(1) 采用大吨位千斤顶和 48 钢管支承杆在结构体内与结构体外同时滑升及结构体外

图 3.4-1　滑模平台全景

采用工具式钢管支承杆(见图 3.4-2)。

图 3.4-2　密梁滑模平台布置实景

滑模施工通常采用 3.5t 的千斤顶配以 ϕ25 圆钢的支承杆作为提升系统。为考虑最大限度地提高支承杆的承载能力，通常采取降低支承杆的自由高度把支承杆布置在结构体内。采用 6t 千斤顶取代 3.5t 千斤顶，在承载能力上可以使千斤顶的数量减少一半，增加了滑模施工的操作空间，支承杆用 ϕ48×3.5 钢管取代 ϕ25 圆钢，在不增加用钢量的条件下，使滑模施工的承载能力提高一倍，不仅节约了大量钢材而且加大了滑模施工的空滑高度，给支承杆设置在结构体外提供了条件。工具式支承杆的应用，使支承杆周转重复使用，大幅度地减少支承杆钢管的投入。

(2) 采用工业电视、激光技术和计算机技术相结合，实现滑模施工的精度控制监测。

高层建筑采用滑模工艺施工的垂直度控制，通常采用激光铅直仪用人工方法进行观测，然后根据观测滑模平台相对控制点已经发生的偏移、扭转值采用相应的纠偏、纠扭技术措施进行纠正。武汉国贸在采用激光铅直仪进行滑模施工的垂直度偏、扭监测工作中引入计算机技术，研制开发光、机、电与计算机技术相结合的SH-DJD计算机激光定位高新技术，对滑模施工的垂直度偏、扭控制实施自动监测的动态管理，并应用工业电视技术，在滑模平台的激光接收靶下方安装闭路电视摄像装置，对计算机测得的偏移、扭转值进行校核监测。

SH-DJD计算机激光定位系统由光学成像物镜、CCD光电传感器、视频发生器、图像采集器及系统主控机组成。设在滑模平台的激光接收靶由光学成像物镜及CCD光电传感器组成，CCD光电传感器具有自动扫描、高分辨率、高灵敏度及像素位置准确等特性，当激光束的光斑在激光接收靶上成像后，CCD光电传感器驱动电路进行自动扫描，视频发生器在控制电路下将CCD光电传感器输出的扫描信号进行视频信号滤波、放大及A/D模数转换电路的图像数字化数据处理，图像数据可以进入帧存储器内储存备用，也可直接经过D/A数模转换电路的图像像变及照度补偿与数字滤波的图像处理后，在计算机显示器的屏幕上连续显示帧存图像，以测量控制网的图形方式及测量基准点直角座标数据方式，直观、真实地反映各测量基准点在滑模施工中已经发生的偏移情况（见图3.4-3）。

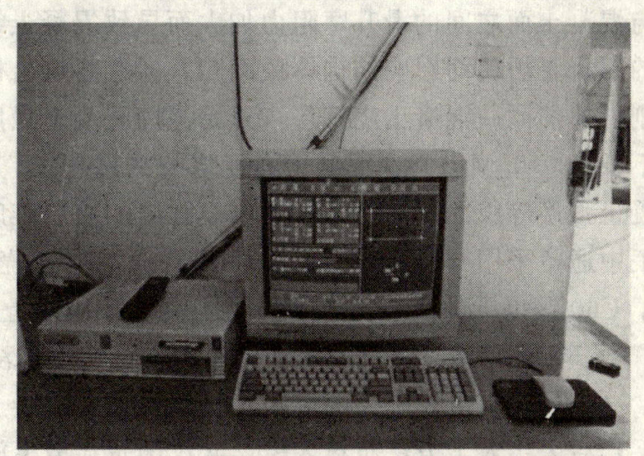

图3.4-3 计算机技术应用于滑模施工垂直度监测

激光测量技术与计算机技术的结合，不仅使观测的速度加快，观测的结果反映实观、可靠、准确，而且可以实施连续观测的垂直度控制动态管理，根据已观测的偏移轨迹预测垂直度偏、扭的发展趋势。只要开启激光通道接通激光铅直仪电气路，激光接收靶上的CCD光电传感器立即实施自动扫描，并输出视频信号，计算机显示器的屏幕上也随之显示经过技术处理的测量控制网激光光斑及各测量基准点激光光斑的偏移方向、偏移值。如果计算机软件中输入光斑偏移报警值，则当激光光斑的偏移值超过光斑偏移报警值时，计算机就会实施声、光自动报警，提醒施工人员及时采取有效措施进行纠正，确保偏移值控制在一定范围内。计算机所显示的图形、数据是根据输入信号，并经过软件编制程序进行自动处理后取得的，可以避免观测判别、记录等操作程序人为因素引起的差错，通过计算机的技术处理又可以自动消除由于建筑结构自振、风振及观测时间差所引起的测量误差，对于由日照、温度变化所引起的测量误差也可以通过软件的程序编制予以修正。

（3）采用大面积楼盖结构密梁和墙、柱同步整体浇筑的滑—浇—施工工艺。

武汉国贸标准层面积为2300m^2，内外筒之间楼盖结构共有密梁144根，密梁总长度达1400m。在竖向结构滑升阶段，墙、柱的混凝土浇筑面积为200m^2，浇筑混凝土的模板长度为720m（见图3.4-4）；在楼盖结构滑升阶段，梁、墙、柱的混凝土浇筑面积为650m^2，浇筑混凝土的模板长度为3760m（见图3.4-5）。滑模施工由竖向结构进入楼盖结构后，每一浇筑层的混凝土量及模板与混凝土面之间的滑升摩阻力都以几倍的幅度增加，这不仅给混凝土的供应增加难度，而且由于每一浇筑层浇筑时间的延长，给混凝土出模强度的控制也相应加大了难度。

图 3.4-4　竖向结构滑模施工混凝土浇筑

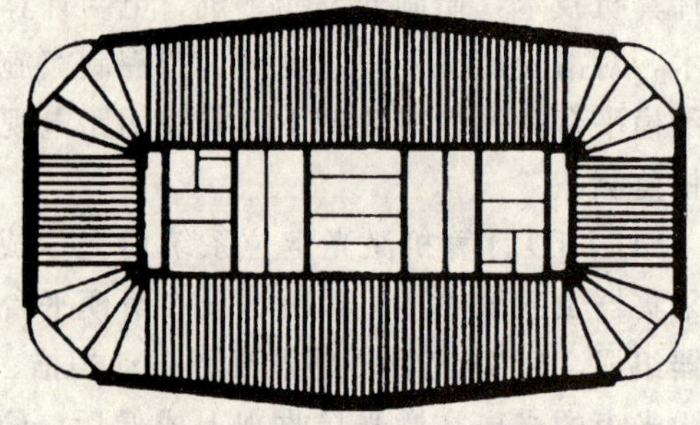

图 3.4-5　楼盖结构滑模施工混凝土浇筑

(4) 高强度等级混凝土应用于滑模施工。

混凝土出模强度对滑模施工的质量控制起着极为重要的作用，出模强度过高会使模板与混凝土面之间的滑升摩阻力加大而导致混凝土结构体拉裂，出模强度过低又会使刚出模的混凝土坍塌而影响结构体截面积，通常要求出模强度控制在 0.05～0.3MPa 范围内，即刚出模的同一混凝土浇筑层，开始浇的混凝土强度不超过 0.3MPa，最后浇的混凝土强度不低于 0.05MPa。在混凝土强度增长的过程中，对应出模强度要求的时间范围，随着混凝土强度等级的提高而缩短，出模强度的控制难度也随之相应增加。在高层建筑的滑模施工中通常采用 C45 强度等级以下的普通混凝土浇筑，武汉国贸的滑模施工中成功的应用了 C60 级以下的高强度等级混凝土及 C45 级以上的普通混凝土。

(5) 采用垂直泵送和水平机械布料，实现了浇灌混凝土全盘机械化。

高层建筑滑模施工的混凝土浇筑，通常混凝土由混凝土输送泵从地面泵送到滑模施工平台后采用人工方法布料入模。武汉国贸在滑模施工平台上设置了两台布料机，混凝土泵送到滑模施工平台后通过布料机直接泵送入模，使混凝土从配料搅拌→水平运输→垂直泵送→入模，实现了全盘机械化(见图 3.4-6)。

(6) 采用无粘结预应力钢绞线与滑模同步施工工艺。

武汉国贸楼盖结构的 144 根密梁都配有无粘结预应力钢绞线，根据无粘结预应力钢绞线张拉工艺的需要，预应力钢绞线需伸出外筒外墙面，外筒的外侧模板在预应力钢绞线处断开而无法形成一个封闭的整体(见图 3.4-7)，使模板的侧向刚度严重削弱，在滑升过程

图 3.4-6　布料采用布料机

图 3.4-7　预应力密梁之钢绞线张拉端

中，外筒模板在承受不均匀荷载的情况下就会发生变形而产生位移，从而使结构平面各部位的几何尺寸与相对位置在滑升过程中的控制难度大为增加。武汉国贸通过滑模施工平台设计和结构处理采取了一系列有效措施，成功地解决了这一个滑模施工技术难题。

根据建设部科技信息研究所提供的检索查新报告显示，武汉国贸一次滑模面积 2300m² 为滑模面积全国第一，密梁楼盖结构采用滑模工艺施工及滑模施工采用大吨位千斤顶、支承杆在结构体内与体外混合布置等技术均为我国之首创，在高层建筑滑模施工中应用计算机技术和激光技术相结合的垂直度偏扭控制技术在国内、外尚属首例(见《建设部科技信息研究所的检索查新报告》)。中国施工企业滑模工程协会 1995 年的技术交流会上对武汉国贸的滑模施工技术给予了高度评价，认为武汉国贸的滑模施工反映和展示了近年来我国滑模施工技术的新发展，武汉国贸的滑模施工技术已经达到了国际先进水平(见《中国施工企业滑模工程协会的评价意见》)。

2. 二元结构地层在无防渗帷幕措施下的大面积超深基坑承压水降水技术

武汉国贸场区的土层自上而下分别为：人工填土、黏土、淤泥质粉质黏土、粉土、粉细砂、卵石，在粉细砂层及卵石层中存在有以长江为补充水源、有水力联系的承压地下水，承压水的水头标高在－8.0m 左右，随着长江水位的涨落而上下波动。武汉国贸地下室底板的埋置深度为－16.80m，基坑土方开挖需进入含有丰富地下水的粉细砂层(见图 3.4-8)，底板施工需将基坑内承压地下水的水头标高降到－18.50m以下，业主为了减少地下结构工程施工的资金投入，要求在不采取防渗帷幕措施的条件下进行基坑开挖的施工降水，根据场区勘察的地质资料分析，本工程有在不采取防渗帷幕措施的条件下进行深基坑降水的可能性。在具体的实施中，主要采取了以下几项技术措施：

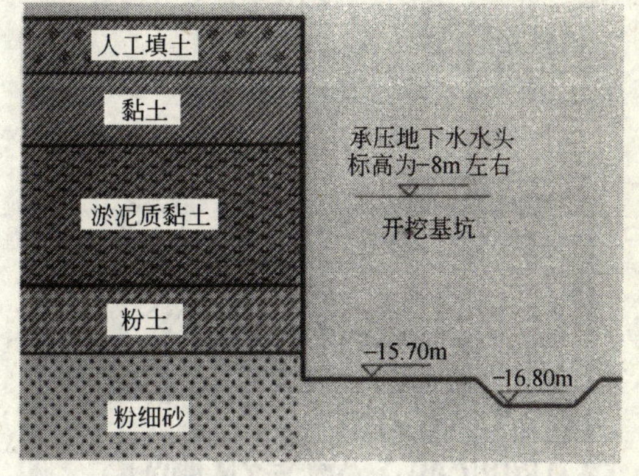

图 3.4-8　开挖基坑剖面示意图

(1) 不同性质的地下水分别采用不同的方法处理，降水的重点是深层的承压地下水，采用保留上层潜水的前提下进行完整井抽降深层承压地下水的降水方案。在黏土层及淤泥质粉质黏土层的井孔内井管四周回填黏土球予以封堵，阻止上层潜水与土层中的滞留水沿着井管四周下渗流入粉细砂层而引起土层压缩固结沉降(见图 3.4-9)。在黏土层及淤泥质粉质黏土层的护壁桩之间，采用钢板网水泥抹面堵水与塑料花管引水相结合的方法，减少土层失水挠动土体而引起的沉降。

(2) 开发降水设计软件，应用计算机技术辅助设计对降水井的数量和布置进行优化设计，并对降水效果及降水引起的土层附加沉降进行预测(见图 3.4-10～图 3.4-12)。通过对降水井数量与布置的比较，使设计的降水漏斗中心控制在基坑内，沿基坑周壁的承压水位值基本在同一等值线上，从而在满足基坑降水要求的前提下，确保环境的地面沉降减少到最低限度。

(3) 改进降水管井的构造，降低抽水的含砂率。在降水井管的滤管部分严格控制缠丝的直径与间距，并严格控制滤管部位降水井管与深井井壁之间回填绿豆砂的粒径，确保抽

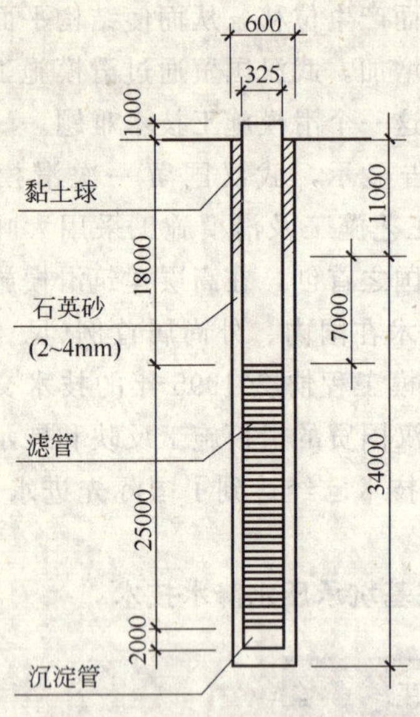

图 3.4-9 降水井构造剖面图

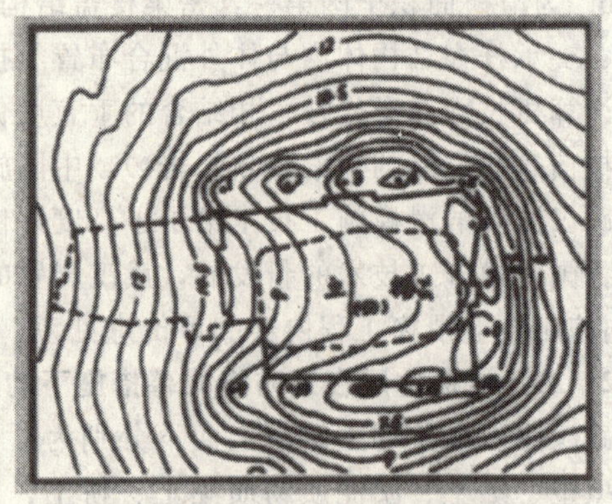

图 3.4-10 13 口井的降水方案承压水水位等值线预测图

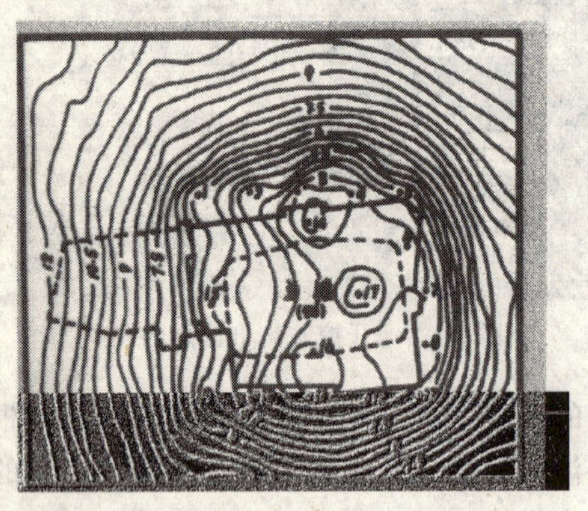

图 3.4-11 17 口井的降水方案承压水水位等值线预测图

图 3.4-12 21 口井的降水方案承压水水位等值线预测图

水的含砂率控制在五万分之一以下，避免抽水含砂率过高而引起砂的流失挠动土体。

武汉国贸在地面环境沉降得到有效控制的前提下，实施了日出水量 3 万 m^3 的大水量深井降水，通过降水引起的沉降观察资料整理，降水引起的最大沉降值为 150mm，其位置在距基坑 15m 的范围内(见图 3.4-13)。根据国内、国外 41 篇有关资料的检索查新，在有承压水的降水地质中，没有采取防渗帷幕等防护措施，利用计算机布井及预测水位，日出水量达 3 万 m^3，抽水含砂量小于二万分之一的大面积深基坑深井降水工程在国内外尚属首例(见《建设部科技信息研究所查新部的科技情报查新报告》)。

3. 其他新技术

(1) 高强混凝土的配制

国内已有部分工程应用 C60 及以上等级的高强混凝土，由于粗骨料的颗粒强度、粒径大小、颗粒级配在高强混凝土的配制中对混凝土的强度起着极为重要的影响，高强混凝

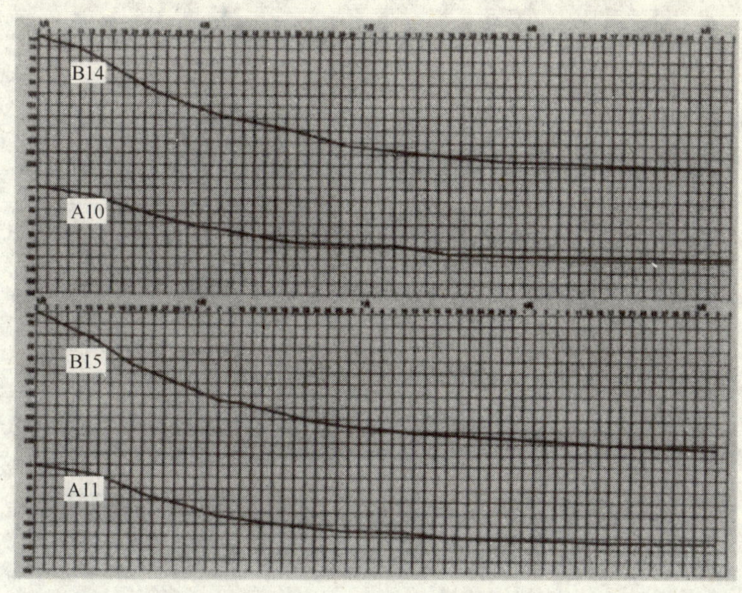

图 3.4-13　建设大道路侧沉降曲线

土通常采用花岗岩、致密的石灰岩等高强度、高弹性模量的碎石配制，但武汉地区的花岗岩资源相对贫乏，为满足工程需要并进一步在武汉地区、湖北省推广应用高强混凝土，本工程采用武汉地区颗粒级配差、强度离散性大的普通石灰岩机制碎石配制 C60 及以上等级、适用于滑模工艺与泵送要求的高强混凝土。经选用四种水泥、两种机制碎石、五种外加剂进行十三项系统试验，成型试块达 800 组，通过采石场的选择、机制碎石粒径与颗粒级配的控制、外加剂的选用以及施工现场配制的计量控制，成功地配制了 C65 级高强混凝土，并应用于地下结构工程的翻模施工与上部结构的滑模施工。

采用武汉地区普通机制碎石配制 C65 级高强混凝土的成果已经通过湖北省建设厅组织的科学技术成果鉴定(见《湖北省科学技术成果鉴定证书》)，鉴定意见认为：此项技术填补了省内空白，达到了国内先进水平。

(2) 超厚大体积混凝土施工技术

武汉国贸地下室底板厚度为 3.10～4.80m，混凝土总量达 10500m^3，设计要求采用 C40 级混凝土一次连续整体浇筑，并以 28 天的标准强度作为工程验收强度。大体积混凝土施工技术的关键在于控制混凝土的绝对温升值、降低混凝土的内外温差，从而控制混凝土温度变形裂缝的产生与开展。武汉国贸在施工中以降低混凝土绝对温升值、减缓混凝土温降速度为核心，通过 1m^3 体量试块的大体积混凝土配合比对比模拟试验，择优选用强度增长快、水化热低的混凝土配合比，提高混凝土自身的抗裂能力，利用深井地下水控制混凝土的出机温度与入模温度，混凝土面覆盖塑料薄膜、麻袋进行保温、保湿养护来提高表层混凝土的温度、缩小混凝土的内外温差，底板与基坑支护桩之间安装聚苯乙烯泡沫塑料板改善底板结构的外约束。同时，在应用铜—康铜热电偶进行温度监测的工作中引入计算机技术，实施大体积混凝土温度、温差的动态监测，有效地控制了表层混凝土的温降速度及混凝土内外温差，避免了温度裂缝的产生，确保了地下室底板工程质量(见图 3.4-14)。

(3) 现代化管理技术在施工现场工程质量控制中的应用

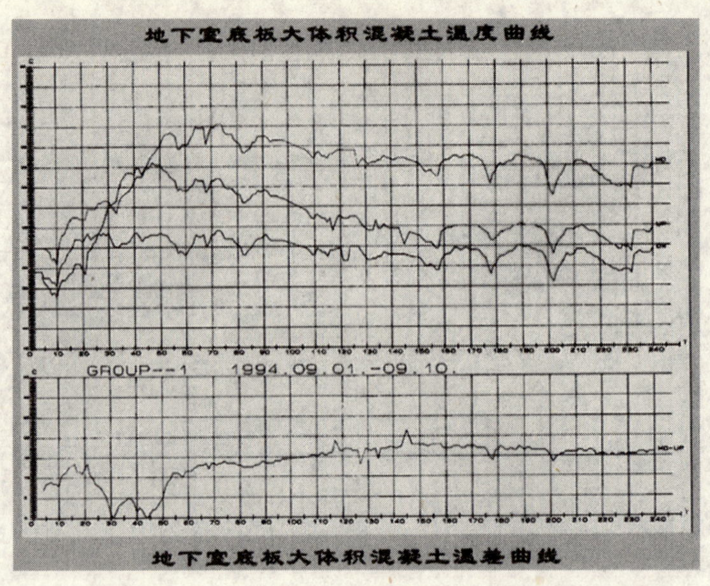

图 3.4-14 地下室底板大体积混凝土温度、温差曲线

计算机技术在建筑施工领域中已经普遍使用，但主要用于施工组织设计编制、计划编制与调整、材料、财务、人事、工资等管理工作及工程预决算与投标报价，武汉国贸除了在以上计划、工程预决算等工程中应用计算机技术外，还结合工程开发计算机软件扩大应用于工程施工的质量控制工作中，实施工程质量的信息化动态管理。在地下室底板施工中，开发了大体积混凝土温度、温差自动监测软件，通过计算机显示器屏幕可以及时反映混凝土内部的温度、温差检测数值与已检测数值的曲线变化；在上部结构的滑模施工中，开发了滑模施工垂直度的偏移、扭转监测软件，通过计算机显示器屏幕可以及时、直观地反映各测量控制网点在滑模施工中已经发生的对应偏移值与已发生对应偏移值的轨迹曲线。在质量控制工作中应用计算机技术实施动态监测，不仅检测速度快，还可以及时获得需检测数值的发展趋势，有利于及时采取有效技术措施对大体积混凝土的内外温差与滑模施工中出现的垂直度偏、扭实施有效控制。同时，通过计算机软件的编制程序运算，提高检测数据的精度；通过最大控制值的输入实施计算机超值声、光自动报警，对提高工程的施工质量起了一定的积极作用。

在滑模施工平台的两端分别安装水平观察范围 270°，俯仰观察范围 90°的有线遥控闭路电视摄像装置，通过闭路电视可以随时掌握、录制滑模施工平台的施工作业情况，对滑模施工的生产调度实施全方位的动态管理。

通过施工技术的攻关创新和建筑业新技术的推广应用，武汉国贸取得了显著的经济效益和社会效益，对推动建筑业的技术进步起到了一定的积极作用。

4. 主要经济效益

(1) 从技术创新与新技术推广应用上已经取得直接效益 475.35 万元，技术进步效益率达 2.8%。

(2) 密梁楼盖结构采用滑模工艺施工省去了常规方法施工的测量定位放线工序及密梁侧模板安装工序占用的施工时间，混凝土施工机械化程度的提高使混凝土浇筑所占用的时间缩短，从而加快了工程的施工速度，已经取得业主给予的工期提前奖金200万元。

(3) 在降水工程中未采用防渗帷幕等技术措施，为业主节约资金投入1000万元(见《业主对降水工程的评价》)。

(4) 提高了我局的社会知名度，武汉国贸是我局参加工程招投标的业主重点考察项目，尤其是国家科技进步奖的获得，为我局的投标经营工作起了积极作用。

武汉国贸的主体结构工程经武汉市建筑工程质量监督站组织有关人员的验收评定，工程质量达到优良等级。在此基础上，取得了社会效益及对建筑施工技术起到了推动作用：

1) 武汉国贸的综合施工技术及高强混凝土的配制已经分别通过中国建筑总公司及湖北省建设厅组织的专家评议鉴定(见《中国建筑总公司和湖北省建设厅的科学技术成果鉴定证书》)。认为武汉国贸以滑模技术与降水技术为代表的综合施工技术已经达到国际先进水平，高强混凝土的配制填补了湖北省的空白。其中应用计算机技术进行大体积混凝土的温度、温差监测已经在中建总公司范围内普遍推广，以C60级为代表的高强混凝土也在武汉地区推广使用，我局在原成功配制C65级高强混凝土的基础上，现已成功地配制了C80级高强混凝土。

2) 武汉国贸是建设部确定的首批全国建筑业新技术应用示范工程，也是中建总公司科技推广示范工程与湖北省建筑业新技术应用示范工程，现已通过以上示范工程的联合验收。验收意见认为：武汉国贸的新技术应用数量多、科技含量高、技术难度大，应用中有创新，应用新技术取得了很显著的社会效益和经济效益。从而，验收给予武汉国贸工程推广应用新技术的整体水平达到了国内领先水平的最高荣誉。

3) 在施工期间，建设部、中建总公司、湖北省、武汉市的领导多次到施工现场检查工作，中国施工企业滑模工程协会、中国土木学会、武汉工业大学、武汉水利电力学院、武汉煤矿设计研究院、中建总公司下属各工程局等学术团体、学校、设计院、施工企业组织等来施工现场参观学习，总数达6千人次以上。

4) 在施工期间，中央和地方的新闻媒介对武汉国贸的施工情况都作了广泛的报道。其中，人民日报、中国建设报、湖北日报、长江日报、武汉晚报等报刊累计报道了32次；湖北电视台、武汉电视台、湖北人民广播电台等电视、广播累计报道了22次。另外《建筑》、《施工技术》等杂志刊登了有关武汉国贸工程施工管理与施工技术的稿件10多篇。

5) 武汉国贸工程的施工技术与施工管理经验多次参加全国性及地方性的学术会议进行技术交流，把该工程向参加会议的代表作了详细的介绍，并进行了研讨。

6) 武汉国贸的深基坑施工成套技术与成功经验为武汉市的地方技术标准《武汉地区深基坑工程技术指南》的编制提供了依据，并可作为武汉地区深基坑设计与施工的借鉴、参考之用。

4 建筑施工管理

4.1.1 建设充满生机与活力的企业科技发展中心

中建三局为使科技工作适应生产力发展的需要，根据走科研、设计、施工一体化总承包道路的设想，在1988年以原总工办、科研所、技术处为基础，组建了科技发展中心。

科技发展中心成立后，把原靠上级拨款单纯搞科研的单位，变为了局内部的独立核算的科研经营和科技开发机构，负责新技术开发研究，推广“四新”应用及计量检测等业务。三年多来，专业技术人员由组建时的30人左右发展成现在近80人；固定资产净值由组建时的25万元左右增值到现在的75万元；获局级以上科技成果18项，占全局总数的四分之一，其中天津电视塔竖向预应力的试验与研究获局特等奖，中心被武汉市批准为首家施工企业的高科技单位。

1. 紧密结合施工生产开展科技攻关

科技发展中心成立以后，认真贯彻“科学技术工作必须面向经济建设”的指导方针，探索科学技术尽快转化为生产力的路子。紧密结合局承接“高、大、新、尖”的经营开拓特点，在工程上开展科技攻关。如三局承接的天津彩色电视塔301m长的钢绞线竖向预应力工程在国内是首例，在国际建筑史上也不多见，科技中心承接了这一施工任务，积极组织强有力的技术骨干先后到加拿大多伦多塔及国内各地调研预应力张拉设备及有关技术，探讨大吨位长线钢绞线预应力施工工艺，编写了科研试验方案和施工方案，并与广播电视部设计院和天津市广播电视局联合进行竖向超长预应力张拉的科技攻关，使301m竖向超长预应力施工质量和施工技术达到了国际先进水平。

2. 发展以科技为核心的多种经营，使科技成果产业化

科技发展中心通过经济投入和科技投入办起了一个“新建筑材料中间试验厂”，引进了奥地利系列混凝土外加剂及其他配方，如超塑化剂、养护剂、脱模剂、抗裂剂等若干品种，与兄弟单位联合成立了预应力施工技术咨询公司。开拓了深井降水、地基流沙处理、轻型井点降水、碎石桩软弱地基处理等业务，并在实际工程中结合技术难点承担了实际的专业技术工程任务，为科技成果产业化进行了有益的尝试。

3. 开展施工工艺研究、积极推广“四新”成果

中建三局改革的目标是要将局建成处于国家建筑队伍龙头地位的技术密集型总承包公司，在这个技术密集型的总承包公司中，科技发展中心占有重要的地位。针对这种现实，中心组建了“施工工艺研究室”直接承接了工程任务，在武汉市同济医院外科大楼工程中，推广运用了BW止水条、沸石矿粉、混凝土塑化剂、缓凝剂、抹灰抗裂剂等一系列新工艺、新材料。最近在三局湖北地区工程质量大检查中，在受检的70个单位工程中，得分为全局第一名。

4. 改革人事制度、打破铁饭碗、破除职务终身制

首先改革人事制度，强化决策与指挥系统，实行经理负责制。组成由经理、副经理及总工程师、职工代表等有关人员参加的七人承包集团，共同承担局下达的承包指标。对职工的使用安排实行聘任制，根据工作需要聘任中层干部、科技人员和其他职工，破除工作岗位、工作职务终身制。同时，为增强科技力量和施工力量，还外聘了社会的专业技术人才和部分劳务来单位工作，共同完成科研、科技产品生产、科技攻关及施工任务。科技中心还与华中工学院、武汉工业大学、武汉市建筑设计院、中南建筑设计院等有关院校和设计单位建立起了松散的横向联合、互相支持，搞活人才的来源和使用，通过多种形式多种渠道来补充我们的人才不足。

5. 全面实行承包、改革分配制度

科技发展中心在内部全面实行经济承包责任制，对管理部门实行责任目标承包，对专业室实行经济指标承包，经理和各部室负责人签订了经济责任状，承包内容充分体现社会主义各尽所能按劳分配的原则，把工作成果与职工收入挂钩。在奖金分配上，实行“个人申报、群众评议、领导批准”的办法，拉开档次多劳多得、少劳少得。个人经济收入该多少就多少，不折扣、不眼红，但也绝不讲照顾，没有就没有，“闹”也没有。由于作法“过硬”，透明度高，领导收入又只居于职工平均水平，因此做到了“取信于民”，从思想上解决了职工的信任感问题，充分地调动了职工积极性。

4.1.2 加强科技意识，重在计划实施

1994 年 8 月，建设部颁布了《关于建筑业 1994、1995 年和“九五”期间重点推广应用 10 项新技术的通知》，提出了 2000 年前建筑业重点推广应用商品混凝土等 10 项新技术的主要内容和推广目标。这是建设部有关领导在深入基层进行大量调查研究后的决策，要将建筑业的发展从过去依靠扩大队伍为主转变到依靠科技进步的轨道上来，对提高我国建筑业整体科技水平、密切科技工作与经济的关系以及增强国际间的竞争实力都具有重要意义。

中国建筑第三工程局作为我国建筑业的一支生力军、国家队，必须具有强烈的“科技兴业”的意识，承担为推动我国建筑业不断进步的重任。因此，进入 20 世纪 90 年代，中建三局开始实施将科技推广工作作为科技工作的主要内容，实现科技工作重点的转移。并取得了一定经验，我们的作法主要有：

(1) 扩大科技推广示范工程推广面，形成建设部和总公司、局、分公司三级科技推广示范工程网络。

中建三局是在 1990 年中建总公司试点推广科技示范工程时，推出天津电视塔和武汉阳逻电厂一期工程作为中建总公司的首批试点，从提高推广项目的技术含量入手，大力推广建设部、总公司所推荐的推广项目各三十多项，包括 10 项新技术的主要内容，不但提高了项目的施工速度和质量，直接经济效益也很可观，仅天津电视塔科技推广效益就达 130 万元。到目前为止，我局已有建设部科技推广示范工程 3 项，中建总公司科技推广示范工程 5 项，每年都有一批工程列入局级、公司级科技推广示范工程，形成三级科技推广示范工程网络，为我局每年 2000 多万元以上科技推广效益发挥了骨干作用、保证作用。

(2) 从管理制度上，规范科技工作。如：投标时，必须注重施工技术含量，明确先进的技术措施、科技推广项目及其内容。

施工组织设计必须将投标时的技术措施具体化，不积极采用先进技术措施和科技推广内容的施工组织设计不予审批，更不能推荐参加优秀施工组织设计评选。

(3) 点面结合，落实 10 项新技术推广工作

科技推广示范工程无可置疑地为科技推广工作起了样板作用，但面上的工作量更大，决定着 10 项新技术推广工作的成效。全方位地抓好面上的科技推广工作，年初建立公司——分公司——工程项目层层技术工作指标分解体系，责任层层落实，特别是工程项目必须制定严格而现实的推广计划，付诸实施，保证总体科技推广工作的完成。

(4) 检查考核，每半年公司向局汇报科技推广工作情况，每年年底全面检查，给出结论，并提出整改意见。科技推广工作效果与公司经理工作责任目标挂钩。

(5) 激励机制

中建三局下发文件，规定对于科技推广工作做出贡献的工程技术人员，局根据推广效益按比例提取奖金，进行奖励，对科技推广的优秀项目可以申报局科技成果，二等奖以上的可以申报建设部、中建总公司科技推广奖，并与本人职称评定、工资、职务晋升等挂钩。

通过几年实践，中建三局 1993、1994 年技术经济效益率已达到 1.15%和 1.3%，科技推广效益分别达到 1219 万元和 2282 万元，10 项新技术推广面越来越广，到 2000 年，技术进步效益率将达到 1.8%以上，充分体现科学技术是第一生产力的作用，沿着科技兴局的道路，前途将更加光明。

4.1.3 议深基坑施工成功的关键

深基坑的施工，就其技术复杂程度、对周围建筑物和环境的影响以及对工程的工期和质量的影响，都是整个工程项目施工的最重要环节。在长江北岸的汉口地区，地质条件复杂、地下水丰富，属典型二元相结构；又因地处老城区，人口稠密，不明地下管网纵横交错；旧建筑物结构差、基础弱，近年来深基坑施工多次发生基坑突涌、翻沙、冒水甚至支护桩倾斜，从而导致多起事故发生，建筑物、道路的严重开裂，通讯、供电、煤气等设施遭到破坏，影响群众生活，造成国家经济损失。究其原因，主要有两方面的问题：一是深基坑施工方案选择不当；二是缺乏经验施工管理混乱。

根据我们工程实践经验表明：抓好方案论证优化，实施总承包管理是深基坑施工成功的关键。方案论证优化工作就是对方案通过反复论证、比较，进行优化，选择技术先进、安全可靠、经济合理的最佳方案。同时，由于深基坑施工涉及面广、专业性强，而任何施工单位都不可能包罗万象，因此，深基坑的设计、施工就需要一个具有总承包资质、有丰富施工管理经验的施工单位对各分项工程实施单位进行统一协调管理，即总承包管理。目前，我们在君安房地产商业综合楼工程深基坑施工中，再一次证明方案论证优化工作的重要性和实施总承包管理的必要性和优越性。

君安房地产公司在合作路与洞庭街交汇处先后投资兴建一栋还建楼和一栋商业综合楼。在还建楼深基坑施工中名义上由我中建三局总承包施工，实际上业主直接决定方案并选择分项工程施工队伍，致使所谓总承包管理名存实亡，而深基坑施工单位多达 6 家。由于方案论证、优化不够及施工管理上经验不足，缺乏互相衔接和协调，造成开挖仅 6m 多

的基坑多处流沙、漏水，甚至导致了周边建筑物的破坏。鉴于还建楼深基坑施工的教训以及一段时期内武汉市多处深基坑施工出现或多或少的问题，业主将综合楼深基坑发包给我局总承包施工，实行费用和风险一次性包干。

该综合楼距长江仅200多m，地质条件复杂，两面临街，另两面为毛石混凝土浅基础的红军楼(最近处距基坑仅1.5m)，基坑开挖深度为10.2m。虽然我局具有高层、超高层建筑和深基坑施工技术以及丰富的施工管理经验，但作为总承包单位，在这特殊的地理位置及复杂环境条件下施工，深深地感到责任的重大，给予了高度重视。尤其是武汉市正在编制《武汉地区深基坑工程技术指南》，而且深基坑开挖管理的有关规定也即将出台，准备将深基坑工程施工纳入规范化管理，中建三局作为参与指南编写的单位，更加感到此举具有重要的现实意义。

为此，中建三局组成以局总工程师为首，中建三局岩土工程公司的高级工程技术人员为主体的方案编制组，根据以往深基坑施工经验，结合工程的具体情况，通过周密科学的计算，编制了细致的方案。为了确保工程万无一失而又经济合理，我们本着严肃、认真、负责的科学态度，同时也是贯彻执行即将出台的《武汉市高层建筑深基坑开挖管理和监督的若干规定》的精神，三次邀请武汉市基础协会有关专家对方案进行反复比较、论证、优化，最终确定采用钻孔灌注桩护壁加钢管内支撑的支护体系，侧壁采用深层搅拌止水帷幕(与支护体系完全脱开，形成独立的止水体系)，并由中建三局岩土工程公司为主进行具体的实施。

目前，该深基坑已顺利开挖，地下室施工正常进行。通过对支护体系周边建筑物、道路监测，结果表明：深基坑状况良好，深基坑支护止水十分成功，在2月8日举行的深基坑技术交流会上，专家们认为该工程在武汉市深基坑施工中是一个成功的范例。该工程所以取得了如此良好的效果，我们认为主要有以下两个方面的经验。

首先是重视方案论证优化工作。深基坑施工的成功，首先要有一个最佳的基坑支护和止水设计方案，我们编制的方案经过了论证、修改；再论证、再修改，三次反复论证优化过程。由于这些专家大都是某一方面的技术权威和具有相当丰富的施工经验，因此请专家组对方案进行论证，可以集百家之智，使方案更加完美和科学，例如在综合楼深基坑方案论证过程中，专家组提出了对红军楼的基础(距离基坑仅1.5m)进行托换的方案，经过认真实施，原建筑物沉降仅2mm，有效地保证了原有建筑物的安全和正常使用，且费用很少，业主称之为“花小钱、办大事”。在基坑封底止水中，关于是否预留土层的问题，我们曾有过不同看法，经过专家组讨论，最后确定采用预留覆土层3.0m，这样既大大减少了工作量、缩短了工期，又降低了造价，仅此一项节约资金97万元。专家组不仅对方案的可行性进行了论证，完善了方案，而且对施工提出了许多详细、具体的宝贵意见，这就为工程施工提供了科学的依据，为工程质量的保证奠定了坚实的基础。

其次是实施总承包管理。由于实行了真正的总承包管理，我们可以处处以全局观念来考虑问题，在方案设计上不仅综合考虑支护体系与止水体系，而且还兼顾土方开挖及土建施工。如在基坑封底止水中采用有利于支护体系的台阶式封底，即在基坑周边封底厚度为5.0m，基坑中部厚度为2.5m，这样大大改善了支护桩底土体的力学性质，使原来的双层支撑改为单层支撑，既节约了资金，又方便了土方开挖及地下室施工，同时也有利于与侧壁止水帷幕的有效结合。由于总承包具有丰富施工管理经验，在施工过程中，可以对各分项工程施工单位统一协调管理，无论是流水作业，还是交叉施工都在总包统一管理下，严格按照方案及有关规范井然有序地进行施工。这样无论在方案上还是在施工中都避免了无总包管理时存在的“各自为政”、“局部观念”，一旦出现事故又相互扯皮、推诿等弊病。同时，由于总承包实行全面管理和承包，因此总承包既是施工单位，又是各分项工程的“监理”单位，也有利于工程质量的保证。实践证明，实施总承包管理是新形势下搞好深基坑施工的一项重要措施。

现在《武汉地区深基坑工程技术指南》及《武汉高层建筑深基坑开挖管理和监督的若干规定》已相继出台，它们对方案论证工作及深基坑施工都作了明确的规定，我们通过工程实践也说明只有认真贯彻《规定》精神，抓好方案论证工作，才能最大限度地预防事故发生；只有选择具有丰富施工经验的单位实施总承包管理，才能使方案的实施得到有力的保证。把这两者紧密地结合起来，必将会大大地提高武汉地区深基坑施工的技术水平，使武汉地区的深基坑施工逐步走向成熟。

4.1.4 坚定不移地实施“科技兴企”战略

作为国有大型骨干施工企业，中建三局坚定不移地实施“科技兴企”战略，下大力气推进科技成果向现实生产力的转化，不断强化企业的技术优势和竞争实力，有效地推动了企业向智力密集型的现代化跨国集团目标迈进，以谋求更高质量的发展。

近年来，中建三局出征开拓，足迹遍及国内22个省、市、自治区及中东、南亚、东南亚地区，先后承接了一批国家和地区的重点工程或标志工程。其中，许多工程在当时均属“全国之最”、“亚洲之最”。

承接这些“高、大、新、尖、险、难”工程，技术风险相当大，三局决策者坚定信念：搞科技攻关，就要敢于承担科技风险。一方面，这是国有大型企业的历史责任，是“国家队”展示其主导作用和示范作用的有效载体；另一方面，通过这些“最”字号工程的建设，可以推动企业技术手段不断升级，形成“拳头型”的技术优势，从而缩短与世界先进水平的差距。

天津电视塔的施工就是一个典型的例子。该工程高415.2m，在当时为亚洲第一、世界第四高塔(现排在上海东方明珠塔之后)，施工之难令许多建筑企业不敢问津。三局组织科技骨干进行攻关，先后解决了超高构筑物滑模、超高空钢结构安装和超长竖向预应力钢铰线施工等13道技术难题，仅用20个月的有效工期就使天津电视塔傲立于渤海之滨，被称赞为“创造了世界建塔史上的奇迹”。目前，电视塔等特殊构筑物的施工，已成为中建三局的代表作和“拳头产品”。

中建三局在确立发展思路时，始终高度重视科技这个“龙头”，建立依靠科技进步推动企业发展的运行机制，致力于新技术、新设备、新材料和新工艺的推广应用，有效提高经济增长的速度、效益和质量，加快经济增长方式从粗放型、外延型向集约型、内涵型转变。

首先是加大科技投入、大力添置技术装备，并积极引进、吸收和消化国际先进适用的技术和科技成果，增强自主创新能力，提高企业的科技含量。中建三局建立和完善科技装备投入机制，仅“八五”期间就投入2.26亿元购买了大型塔吊、高扬程的混凝土输送泵、快速施工电梯、自动弧焊机等先进设备。

其次是将科技进步渗透到企业经营生产的各个方面，加强技术与生产、技术与经济的有效结合，使之成为提高施工质量和内涵挖潜的重要手段。在科技成果的转化中，中建三局先后推广应用了整体提升脚手架、快拆模板体系、竖向钢筋连接技术、预应力混凝土技术等30多项新技术、新工艺，以保证工程质量和安全，促使建筑产品缩短工期、提高质量、降低成本，大大提高了劳动生产率和科技进步效益率。

进入20世纪90年代，面对新的机遇与挑战，中建三局大力构筑跨地区、跨行业、跨所有制、跨国经营的现代化集团，充实和加强科技系统的力量，培养高素质的科技人才，全面提高企业的整体竞争力。

4.1.5 科技与创优结合、提高工程质量

中国建筑第三工程局始终坚持"百年大计、质量第一"方针，认真贯彻执行GB/T 19000—ISO 9000系列标准，完善质量保证体系，建立和落实工程质量责任制，将科技与创优结合，广泛开展科技示范工程活动，坚持用先进的施工技术确保高质量，强化基础管理工作，全局工程质量一直保持着良好发展势头，不仅竣工工程合格率长期为100%，而且优良率也持续、稳定地保持在较高水平。"九五"以来，我局有4项工程获鲁班金像奖，有60项工程获省部级优质工程奖，连续三年工程质量优良率达80%以上，局和公司多次荣获全国质量效益先进企业等称号，仅1998年我局就荣获"全国质量效益先进企业"、"全国实施用户满意工程先进单位"、"全国质量管理小组活动优秀企业"称号，局属2家企业荣获"湖北省质量效益先进企业"、4家企业荣获"湖北省用户满意企业"称号，我局施工的深圳地正商业大厦被评为"全国用户满意工程"；有2项施工技术成果获国家科技进步三等奖，获省部级科技进步奖9项、科技推广奖1项、科技推广优秀工程3项，获一级工法1项、二级工法10项；武汉国际贸易中心大厦、深圳鸿昌广场、武汉世界贸易大厦3项全国新技术应用示范工程通过了建设部组织的验收，其推广应用新技术的整体水平达到了国内领先水平，均获"金牌示范工程"称号，另获得2个全国建筑业新技术应用先进集体和1个先进个人，在同行业名列前茅。

1. 强化认识，明确目标，注重落实，确保完成

"九五"以来，我局各级领导的质量意识进一步得到强化，各级领导和管理者，以对历史、对社会、对人民、对企业高度负责的精神，把工程质量作为头等大事来抓，做到质量宣传工作常抓不懈，使国家和企业有关工程质量的法规、标准、办法深入人心，从而形成了一种人人关心质量、重视质量的良好企业氛围。

在坚持确定年度质量目标，高起点、高标准、高科技含量制定年度质量工作计划的同时，局和公司还分别配套制定了"创优质工程滚动计划"、"创优质工程先进分公司目标计划"，将创优目标列入企业年度承包经营责任合同中，具有一票否决权。为确保计划的实现，分公司每月一次、公司每季度一次、局每半年进行工程质量大检查，年终由局组织检查考评，使全局的工程质量始终处于受控状态，较好地完成了每年的质量指标。

2. 科技与创优结合，开展科技示范工程活动，运用先进技术提高工程质量

(1) 适应市场竞争的需要，坚持科技与创优结合，开展科技示范工程活动，运用先进的施工技术提高工程质量，是我局不断提高质量管理水平的重大措施，也是我局能够抢占市场竞争制高点的真正实力。"九五"以来，我局正是由于积极开展技术创新活动，不断

增强企业的技术创新能力，创造和发展了具有三局特色的、在国内处于领先地位的超高层建筑、大型钢结构建筑、高耸构筑物、大型电厂、高级装饰、复杂深基坑等施工技术优势，使企业的整体科技水平不断提高。

深圳地王商业大厦总高384m，在施工之时，是世界第四、亚洲第一高楼，主楼为钢结构，钢结构总重为2.45万t，压型钢板14万m^2，溶焊栓钉50万个，高强螺栓50万颗，焊缝延长米60万m，其中七分之一为立焊和斜立焊。该工程工期短(合同工期仅14个半月)、工程量大、质量要求高，焊接采用美国AWSD1-1标准，安装采用美国AISC标准。我局根据工程特点，在施工中采用了大量的新技术、新工艺、新设备，并组织技术攻关，钢结构的安装采用先进的测量仪器和跟踪测量技术及科学的管理，使安装精度高于美国AISC规范要求，仅为美国规范容许偏差的三分之一；钢结构的焊接成功地推广应用了CO_2气体保护焊，并改革工艺，创造性地把CO_2气体保护焊应用于立焊、斜立焊取得了成功，焊接速度是手工焊的4倍，焊接质量得到了可靠保证，焊缝100%合格，其中93%达到优良标准；压型钢板的焊接采用引进的CO_2气体保护焊点焊机，一个焊点只需3s，劳动强度低，工效是手工电焊的5倍，采用进口的溶焊栓钉机，一颗栓钉只需4～5s，工效是手工电焊的6倍，科技攻关和科技成果的推广应用为地王大厦钢结构安装工期仅用一年零12天，创造二天半一层楼的新深圳速度提供了可靠的保证。深圳地正商业大厦综合施工技术荣获国家科技进步三等奖，并荣获“全国用户满意工程”称号。

武汉国际贸易中心大厦工程地下2层，地上55层，建筑高度211m，建筑面积13万m^2，钢筋混凝土筒中筒结构，我局敢为天下先，大胆创新，组织科技攻关，其主体结构采用大吨位千斤顶墙、柱、梁整体液压滑模工艺，不仅在建筑高度、每层滑模面积、滑模施工难度等均为当前我国高层建筑滑模之最，而且在滑模施工中，综合创新地采用了我国近年来多项滑模新技术成果，其中包括：大吨位千斤顶、$\phi48\times3.5$支承杆体内与体外布置相结合和体外采用工具式支承杆；采用工业电视与计算机监控相结合；大面积密肋梁和墙、柱整体“滑一浇一”施工工艺；C60高强度等级的混凝土滑模施工；垂直泵送和机械布料相结合使混凝土浇灌全盘机械化；无粘结预应力钢绞线与滑模同步施工等，以及深基坑支护技术、二元结构承压地下水的深井降水技术、大体积混凝土温度控制技术措施及计算机温差监测自动报警技术等，提高了施工技术水平。武汉国贸中心大厦综合施工技术荣获国家科技进步三等奖，并荣获全国建筑业新技术应用“金牌示范工程”称号。

(2) 中建三局大力开展科技示范工程活动，建立了全国、省部、局和公司四级网络体系，完善了科技示范工程的管理办法，以点带面，推动了全局的科技推广工作，提高了工程质量。“九五”以来，中建三局有3项全国建筑业新技术应用示范工程，均荣获“金牌示范工程”称号，有11项省部级科技示范工程，有20项局级科技示范工程，还有一批公司科技示范工程，凡列入科技示范工程的项目，均以国内、外建筑施工水平的高起点为目标，采取研制开发与推广，引进与创新相结合的方法，大胆采用新技术、新工艺，通过大打“科技战”确保工程质量，创建名牌工程，现所有科技示范工程，其工程质量均达到优良标准，科技进步效益率均达到1.8%以上。

深圳鸿昌广场地下4层，主楼地上63层，建筑面积13万m^2，主楼为钢筋混凝土筒中筒结构，附楼为柔性抗震墙体系，地下室底板−17.2m，被列为首批全国建筑业新技术应用示范工程，该工程开发和推广应用了一批新技术成果，包括10项新技术中的9项，在深基坑施工中攻克了“桩墙合一”支护新技术，主体结构施工采用自行研制的导轨式整体外爬升架带模板施工工艺，开发并首次在深圳地区使用了C60级高强泵送混凝土，该项施工技术经专家鉴定认为达到国内先进水平，其成果获广东省建设科技成果二等奖，该工程通过推广新技术节约钢材357.2t，节约水泥2575t、节约木材130m^3，取得技术进步效益323.12万元，技术进步效益率为3.23%，建设部验收后认为其推广应用新技术的整体水平达到国内领先水平，荣获“金牌示范工程”称号。

3. 坚持高标准的工程项目管理，以“过程精品”铸“精品工程”

工程质量的核心是过程，要害是管理，管理的关键是落实责任制。高质量的工程来自于高标准的管理，任何时候，我局都按照局《项目法施工》条例的要求组织施工，坚持“四个严格”，即：严格要求、严格制度、严格管理、严格责任，把强化质量管理作为企业各方面、各层次的共同职责和基本任务，坚持“严”字当头，强调“认真”两字，敢抓敢管、务求实效，同时按企业贯彻GB/T 19000—ISO 9000系列标准的要求，规范施工过程的程序化、标准化管理，不断完善项目管理制度，逐步形成了“过程精品、动态管理、目标考核、严格奖罚”的质量保证体系。所谓“过程精品、动态管理”就是要求在工程建设的全过程中都始终把质量放在首位，要求每一道工序、每个部位必须是上道工序为下道工序提供精品，把质量责任分解到各个岗位、各个环节、各个工种，使严格的质量管理贯穿于不断变化的施工全过程，做到有章可循，凡事有据可查、有人负责、有人监督，通过全方位、全过程的质量动态管理来保证实实在在的高质量。所谓“目标考核、严格奖罚”就是按照“过程精品、动态管理”的要求，明确各层次、各环节的质量责任和目标，以建立健全质量责任制为主线，认真实行“质量一票否决权”，执行严格的奖罚制度。这四句话中，核心是过程，要害在管理。只有很好地运用“控制论”的原理，把严格的质量管理贯穿于不断变化的工程建设的全过程，才能保证每一道工序、每一个部位都达到标准，从而保证工程的最终质量目标——精品工程。一句话就是以“过程精品”铸“精品工程”，即以现行有效的规范、标准和工艺设计为依据，通过全员参与的管理方式，对工序全过程进行精心操作、严格控制和周密组织，进而最终达到优良的内在品质和精致的外观效果。

4. 加强质保体系组织建设，强化基础管理工作，为工程质量稳步发展奠定了坚实基础

“九五”以来，中建三局和公司都相继成立了以企业法人代表为主，分管生产领导和相关职能部门负责人参加的“质量管理委员会”，主持制定企业质量长远规划、审定“年度质量工作计划”、评审计划执行情况；局属各单位设置了质量管理部门，负责日常质量管理工作；工程项目配置了专职质检员，负责项目质量的监督、检查，从而逐步建立了企业从上至卜的较为完善的质保体系组织，日前我局专职质量管理人员已达570人，其中具有中专以上文化程度和技术职称的占85%以上。在加强质保体系组织建设的同时，局和公司配套建立和健全了各项质量管理的规章制度，并认真贯彻执行，对人、财、物、工序过程等实现了有效控制。

为提高各级质量管理人员的业务素质与工作能力、更新知识结构，中建三局和公司狠抓了技师管理人员的继续教育，做到了计划具体、层次分明、形式多样、针对性强，使工程质量管理者和施工技术操作者的素质有了较大提高。加强对职工进行全面质量管理教育，广泛开展QC小组活动，提高和强化全员质量意识，是我局取得工程质量良好效果的又一法宝，“九五”以来，被评为全国优秀QC小组16个，被评为省、部级优秀QC小组94个，局被评为“全面质量管理活动优秀企业”。

本着对国家、对人民和对历史高度负责的精神，坚持以社会责任为重，把提供高质量的建筑产品作为自己的光荣使命，正确处理好我局外部质量监督与内部质量管理的关系，无条件地、自觉地接受政府主管部门与质量监督机构、建设单位、监理单位、新闻媒体和社会舆论的监督，从而把外部监督的压力转化为抓好内部质量管理的动力，促进了质量管理水平的不断提高。

当前，质量问题已经成为举国上下关注的热点和焦点之一，质量责任重于泰山，这既是机遇也是检验和挑战，我局将坚持把质量与市场、质量与管理、质量与科技、质量与发展更加紧密地结合起来，把严格的质量管理贯穿于不断变化的工程建设的全过程，创出工程质量的新水平。

4.1.6 钢结构主承建项目管理的策划

1. 现代工程施工中的项目管理

随着我国建筑业体制改革和各种新兴技术及相关学科的发展，我国工程建设管理也逐渐开始步入现代化。现代工程施工中，人们对管理工作的认识有了新的深化，逐渐从单因素的管理走向多因素的管理，从单项管理走向综合的整体的管理。这些因素是物质(包括材料、设备、能源、资金等)、信息(包括设计文件、施工方法、计划、控制、情报、决策、指令、新技术等)、人(包括人员的专业结构、知识结构、人的积极性、人与人之间的关系等)和环境(包括自然条件、市场状况、社会环境等)。同时现代科学技术手段的广泛应用，也使管理工作面貌一新，工程建设管理正日益向深度和广度发展。现代工程施工中的项目管理主要体现在下面几个方面：

(1) 计算机广泛地应用于工程项目管理

各种软件系统、集成软件系统、专家系统等的开发和应用，大大地提高了项目管理的效率。比如可用专家系统、集成网络技术、计算机模拟技术等来表现复杂系统的管理规律，帮助进行管理决策，建立对工程项目的智能化管理方法。

(2) 信息管理的重要性更加突出

现代化管理认为项目是一个系统，项目管理是动态、全面的系统工程。信息反馈方法是系统科学方法论中的基本方法，对信息的收集、整理、反馈是项目管理控制方法的依据。项目信息化的水平从某种程度上反映了施工项目管理现代化的水平。

(3) 普遍重视新技术、新工艺、新型机械设备的开发与应用

这既有工程本身因建筑、结构复杂提出的要求，也有企业自身参与市场竞争的要求。“科学技术是第一生产力”在实践中得到印证。

(4) 更加重视人的作用

不论是管理工作还是具体技术工作，对人的素质要求都是第一位的，现代项目管理需要复合型的管理人才，要求项目管理人员既有深厚的专业知识，同时又能对现场各个工作程序有所了解。基于此，企业开始重视智力投资和人才培养。

(5) 更加重视与环境的协调

在施工过程中，注意环境保护，控制噪声、废水、灰尘、垃圾等。把不扰民作为文明施工的重要内容。搞好与周围社区的关系，创造一个良好的和谐的施工环境。

现代工程施工项目管理的模式体现在下面两个方面：

1）从施工项目管理的阶段上分析。项目管理（PM）＝项目策划（PP）＋项目控制（PC）项目策划是对工程项目预先进行评估、分析、预测、计划的过程。通过策划，确定项目预期目标，用以指导管理。

项目控制就是针对策划的内容，在具体工作中对各项指标进行控制，以保证预期目标的实现。项目控制包括：成本控制（CC）、质量控制（QC）、工期控制（PRC）和安全控制（SC）。项目控制的完成是通过信息管理来实现的。

2）从项目管理的内容看，包括了四个内容：现场管理（SM）、要素管理（FM）、合同管理（CM）、信息管理（IM），这四项内容是有机统一的，为项目的最终目标而服务。现场管理，具体就是做好现场的安全文明施工，为施工创造一个有利的环境；同时对现场的空间做好统筹安排，满足人员、机械、材料等各要素的合理位置和施工要求。要素管理，就是将项目生产的各种要素合理组织起来，以使其各尽所能、优质高效地发挥作用，创造最大效益。合同管理，合同是整个项目管理的大纲。做好合同管理，这是项目生产最终被甲方承认的重要保证，合同管理的内容是一切以合同为准，按合同办事。信息管理，现代化项目管理特别强调信息管理。信息是策划的依据，信息是控制的根本。信息不仅包括项目内部各要素之间的信息，还包括企业层次的信息、项目生产外部的信息以及国内、国际间的信息。利用现代化的技术手段，这些信息的收集、整理、分析与应用构成了信息管理的内容。除了上述四项内容外，整个项目管理过程还始终穿插着各关系的协调（Coordinate）。

现代项目管理的模式可用图 4.1-1 表示，图中说明，通过信息的反馈，项目管理对预测的各项指标进行控制，而项目 4 个方面的控制的实现要靠 4 个方面的管理和各方关系的协调来完成。

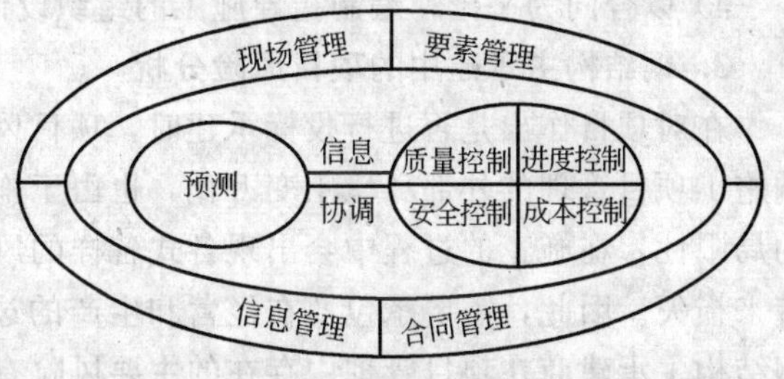

图 4.1-1　现代项目管理的内涵

2. 项目策划的内容

施工项目管理的策划如前所述是施工企业在对想要承建的项目进行分析论证后做出决策，并为项目施工生产预先进行计划的过程。这不由得使人们想起了基本建设中的可行性研究，项目管理策划当然也可以理解为项目的可行性研究。不过这种可行性研究主要是从施工承包商的角度，仅对项目的施工过程所做的研究，是从施工过程来看待项目的效益的。

现在，人们对基本建设中的可行性研究已十分理解并广泛接受了，但施工企业在对想要承建的工程项目进行投标或签署合同时，却往往缺乏仔细的技术经济效果研究和制订详细可行的计划。一方面，决策盲目，是工程就上、是项目就接，往往花费巨大，甚至受骗上当，使承建的工程项目风险巨大，得不偿失。另一方面，承接到的工程没有制订详细可行的计划，企业对项目的盈利与否，盈利水平比较模糊，目标控制和管理缺乏依据，从而使项目管理出现混乱。这些都不是现代化项目管理所需要的。

施工项目管理策划的作用：

(1) 保证企业决策的科学性和合理性

大型的工程项目，只有进行了详细、可靠的市场预测、成本分析和效益估算，才能对项目所面临的主要技术经济问题作出客观的评价和分析，使企业对项目的承建建立在科学和合理的基础上。

(2) 保证施工方案的优化

工程的施工，都存在众多可供选择的方案，方案不同，所获取的效益也就不同。通过项目的策划，对各方案进行比较和选择，才能尽可能选出最佳施工方案。

(3) 项目施工的有序性

项目策划，也就是对项目施工过程进行周密安排的过程。这包括对项目施工总体技术经济效益的要求、施工中的四大控制目标和实施手段的制定、项目四大管理内容的目标要求以及项目法施工组织过程等等。通过项目策划，保证项目施工顺利进行，为施工中的各项工作提供依据，达到业主要求，创造最佳效益。项目管理中的策划与控制没有明显的先后关系，控制中还有新的策划，策划中也含有新的控制。但从开始对钢结构工程进行跟踪接触到最后合同签订，制订完施工过程的组织设计文件及各种技术方案措施并开工这一阶段，基本上是对项目的各种策划过程。这一阶段的最终成果是签订好一份有利的合同和制订好一个切实可行的施工组织设计文件及施工技术方案。围绕这个目标，策划过程主要包括以下内容：

1) 收集各种信息，进行各种风险分析，做好项目投标的决策。

2) 编制好标书，以取得中标，并为签订合同作好准备。

3) 加强谈判，签好合同。

4) 以合同为基础，编制指导施工的组织设计文件和施工技术方案。

3. 钢结构主承建中的项目风险分析

在对项目作出是否进行投标承建时，项目风险分析是项目策划中的重要内容。由于影响施工项目管理的外部环境千变万化，也由于施工项目本身的复杂性，以及人们预测能力的局限性，在施工的过程中会出现各式各样的风险。这些风险一旦发生，就会给主承建商带来损失。因此，需要承包商在经营和生产的过程中，加强风险意识，正确地辨识风险。钢结构主承建商在项目管理中存在的主要风险有以下几个方面：

(1) 来自主承建商外部的不可预测的风险

1) 业主的资信风险。业主的资信情况，说明了业主对总承包合同及其合同网络的履行能力和履行态度，这其中充满着风险。我们不能准确预测工程建设过程中业主的变化，但我们可以通过对业主的背景、历史、发展以及主管部门、银行、工商等方面信息的收集对其进行资信评判。

2) 承包商的资信风险。总承包商的信誉与资金直接影响到钢结构主承建商的利益所得，同样，我们也可通过相关方面的信息，对其进行评判。

3) 设计风险。设计单位的工作质量会给主承建商带来风险。比如设计内容不全，有重大漏项、错项，设计粗糙，没有具体施工的可能性或者拖后设计进度，设计出图不及时等等。这些都是施工项目管理中的常见风险。

4) 施工风险。这主要表现在现场条件复杂，干扰因素多，自然环境特殊，场地狭小，气候条件恶劣，水电、建材供应不能保证等。

5）监理风险。这主要是指由于监理工程师工作效率低或过于苛刻，使主承建商蒙受损失。

6）主承建商内部分包商风险。内部分包商比如构件制作商的业务、技术水平低，造成的构配件质量差、供应慢，材料供应商的供货质量差，内部劳务队的技术水平低等方面的风险。

7）其他社会性风险。比如社会动荡、政策变化等造成的不确定性风险。

（2）来自主承建商内部的风险

1）由技术原因引起的风险。这包括内部的施工力量、技术力量、设备装备的水平低等造成的技术风险。

2）由非技术原因引起的风险。这包括主承建商的资金、项目管理水平等方面不足引起的。此外，安全、环境污染的影响也属此类。

3）合同风险。这既表现在合同内容上会隐含着对主承建商不利的条款，还包含着合同执行过程中出现的纠纷等风险。此外，合同风险不仅包括对总包商签订的主承建合同风险，还包括与内部分包商签订的各项合同风险。

4）配合风险。施工项目管理牵涉面广、涉及因素多，要求项目管理各部门、项目内部与外部的方方面面互相配合和通力合作。如果主承建商与总包商、业主、设计方、监理方及其他分包商协调不好，甚至与外部的街道、城管、公安、卫生、工商、劳动、消防等等处理不好，都会招致麻烦和风险。这些风险统称为配合风险。

对风险进行辨识后，就要对风险进行评估。风险影响是由其出现的概率和风险造成的损失的乘积决定的。风险的评估就是通过确定各种风险所造成损失的大小和其概率来决定最主要的风险，并想法给予消减。风险评估有定性评估法和定量评估法。定性风险评估法适用于风险后果不严重的情况，通常是根据经验和判断能力进行评估，它不需要大量的统计资料，所采用的方法有风险初步分析法、系统风险分析问答法、安全检查法和事故树法等。定量风险评估法需要有大量的统计资料进行数字运算，所采用的方法有可靠性风险评估法、模糊综合评估法等。

4. 钢结构主承建中的风险对策

识别和评估了风险，现在可以考虑减小风险的途径了。减小风险的方法主要有三个：避险；风险转移；不可预见费。避险：比如钢结构安装与天气关系密切，下雨或大风都会对其施工质量造成影响，所以就要在施工中合理布置交叉作业，避开大风、大雨天气。风险转移：①通过保险，将风险转移到第三方，由第三方以保险金为代价接受一个纯粹风险。比如钢结构安装工程高空作业多施工人员的安全风险较大，就要考虑对职工进行人身安全保险；构件材料的运输任务大，有时运距还很长，就要对运输过程中的汽车、设备进行保险等等。②通过联合，联合各方风险共担。合同双方共同出资存一笔一定量的资金，当他们中的任何一方遭受风险时，可以从这些资金中得到补偿，这也就是互助共济思想。在钢结构工程中，这主要在于技术开发过程中，使用这种方式。比如，在超高层巨型复杂结构中，要开发一套机器人智能焊接方法，这需要施工单位与相关的研究机构合作开发，如果开发不出来，就是风险。两者可能共同出资建立风险转移机制。③通过合同契约，风险在业主、总包商和主承建商之间分担，这是一种常见的风险转移方式。不可预见费，一般常见的情况是业主在正常施工情况上增加一个费用预算，用于对出现的风险进行补偿，不管风险的大小，一次性包死。

施工项目管理的风险是客观存在的，一些风险是我们可以提前努力预防消除的。但项目管理水平再高也不可能消除项目中的所有风险，关键是由谁来承担。面对施工项目管理中存在的各种风险，应采取有效的控制手段：

(1) 对于主承建商内部的风险应采取避险为主的原则。即消除这种风险，尽量降低风险的影响。这包括对技术因素中的不确定性，加强技术力量，进行技术合作开发，采用各种技术措施减少这种不确定性。比如采用科学方法，对施工组织方案进行充分的比选和论证，对风险大的工作，要制定严格的作业程序，由技术人员与工人组成专项小分队进行工作，同时，加强与设计单位、构件制作单位以及工程技术咨询单位的联系，确保工程技术的经济可行。对非技术原因，则努力提高管理水平，选派优秀项目班子，加强管理，用现代化管理方法，消除管理中的风险。合同风险和配合风险则应注意收集各方资料信息，签订有利的合同，并处理好工程实施中的各种配合不确定性因素。总的说，一个优秀的企业，拥有强大的技术力量、先进的机械装备、雄厚的资金和先进的现代化管理水平，这些承建商内部的风险是可以降到最低的。

(2) 对主承建商外部的风险主要是采用风险转移原则。这主要通过合同契约来进行，具体就是加强合同谈判，签订一个有利的合同，使风险得以转移。风险出现与否，何时出现是随机的，但主承建商应有预测和准备，充分考虑合同实施过程中可能发生的各种情况，在合同中予以详细地具体规定，防止意外风险和独立承担风险。比如，对于设计、监理、施工风险、社会性风险等在逐一进行分析的基础上，在主承建合同中应加以明确，使这种风险出现后能合理地转嫁给业主或总包商。合同关系是一种法律关系，对业主、总承包商作出接受的资信评估后，在合同中，就可加强合同违约的各项约束条件，以减小这种违约风险。对于主承建商内部分包商的风险也同样，通过保证金、担保及合同相关条款监督其按合同履行义务，尽量消除不确定性风险。

要使这种风险发生后能真正得到转移，一份好的、有利的合同是前提，这要对合同的签订进行足够的重视和进行详细研究分析。同时，在工程实施中，加强索赔是关键，通过索赔来最终实现风险的转移，这要在合同管理中引起重视。

(3) 不可预见费的采用。采用不可预见费来抵御风险时，不可预见费的多少是关键。报价太低，一旦出现风险，会造成主承建商不利；报价太高，则业主不能接受。所以要在详细分析的基础上提出报价。

(4) 工程保险。这包括有关人身安全、运输安全、施工安全等方面，保险是风险转移的另一种形式。现在有关工程保险的内容也很多，分包商要认真研究，争取以小的代价获得最大收益。

(5) 合理地将风险转嫁到下属分包商。钢结构主承建商在对风险进行详细分析后，可将一些风险分散到下属的各分包合同中去。比如将进度工期中的一些风险转移到构件制作商、材料供应商，以共同承担因工期延误的风险；用工程保函的形式进行风险费用转嫁等。

5. 钢结构主承建施工组织设计及施工方案的编制

在进行完投标报价，并中标后，就要马上进行项目合同的签订，在现代项目管理中合同的重要性是不言而喻的，它是项目策划的一个重要内容，是指导项目施工的根本性文件。我国已于1999年3月15日由全国人大通过了《中华人民共和国合同法》，自1999年10月1日起施行，同时旧的合同法作废。在新合同法中，特别在第十六章列出了建设工程合同的内容，这是我们制订和执行建筑工程合同的法律依据。同时其他相关经济合同的规定也为我们依法施工提供了基础，需要我们认真研究。有关合同的签定是合同管理的基础，在合同管理中会重点讲述，这里从略。

签订完合同后，就要进行施工组织设计和技术方案的制订。施工组织设计和技术方案是指导施工的具体纲领性文件，是项目策划的主要内容，要有指导性和操作性。具体要求如下：

(1) 要对项目施工作出统筹安排

钢结构主承建施工是一项多工种、多专业的复杂的系统工程，一定要作出周到的施工部署，协调各个工种、各个专业之间的施工过程，对各个施工过程的前后衔接作出统一的安排，并与混凝土等工程紧密配合。这不仅能够提高整个工程的施工进度，而且对保证建筑结构和设备安装的质量都十分有利。如果施工中各工种配合不好，各行其道，将会影响工程施工进度与质量。

(2) 以控制施工质量、进度和成本为主要目标。钢结构的施工组织设计和施工方案必须以质量、进度和成本的控制为主要目标。技术方案可靠，可以保证施工质量的提高，反之，则可能影响施工质量。施工现场的施工质量管理从属于施工技术方案和质量保证体系，可以说施工技术方案是提高建筑工程施工质量的内在动力，而施工现场的质量管理是提高建筑工程施工质量的外部动力。

如期竣工是反映一个施工企业信誉的重要标志，能否履行合约的关键还是在于施工技术方案和施工组织设计编制得是否科学、优化，在保证质量、降低成本的基础上尽可能缩短工期是施工技术方案研究的重点。

钢结构工程施工过程中的资源(劳动力、材料和机械设备以及能耗等)消耗指标必须得到控制。合理地使用资源，科学地实施劳动力、材料和机械设备以及能源的合理配置，制定合理的工期和质量标准，可以有效地控制成本，保证工程的顺利完成。

(3) 尽量采用高新技术，注意在施工中对技术的革新

推广和采用高新技术，一方面能体现企业的水平，另一方面又能给企业带来效益，增加企业的竞争力。基于我国目前工程造价体制中的一些不合理做法和对新技术应用的激励体制不健全，使新技术推广往往不能自觉进行，影响我国钢结构施工技术的发展。在我国建筑业十项新技术中，钢结构技术部分是指导今后一段时间内钢结构技术的纲领，在编制施工方案时应结合自身情况加以应用。

(4) 必须包括安全施工、文明施工的各项措施

安全施工包括保卫、消防、施工安全措施和设施。现代化的文明施工，要求尽量做到无尘、无噪声、无振动、无污水、无废气、工地文明美观，这些应编入文明施工要求。

可行性研究对于基本建设的作用是不言而喻的，同样，项目的策划对于项目的施工也具有重要的指导作用，对项目投标与否作出决策、对项目的总体作出规划、签订有利的合同、制定有效可行的组织设计方案，这是钢结构工程施工和盈利的重要前提和保证。做好项目的策划具有重要意义，这是现代化项目管理的一个基本观点。

4.1.7 钢结构主承建项目管理中的控制研究

1. 钢结构主承建中的成本控制

(1) 内部定额系统的制定

钢结构施工是属于专业性、技术性比较强的施工，所以钢结构工程的投标报价并不是按传统的施工图套定额所得，大部分情况下是按照施工难度、市场行情、投入设备、业主的要求等具体情况而确定的，定额只是起参考作用。所以钢结构工程报价有很大的个体差异，与自身的技术管理水平和经验判断有很大的关系。为了总结自己的报价经验，为后续工程提供依据，钢结构公司结合自身实力建立自己内部定额，对于成本控制很为必要。此外，基于我国现行的造价制度的不合理，一些人提出了在投标报价过程中不采用施工图预算套定额的方法，而是按国际惯例，采用工程量清单的方法，请投标单位在清单上填报各分项工程的单价。在这种情况下，企业内部定额的编制就更为重要。

内部定额编制的原则：内部定额标准的编制应体现自身企业的水平，其资料数据的来源，主要以过去项目核算后的有关资料整理而得，并不断扩充修改。建立内部定额数据库，公司项目完工后的成本核算资料应汇聚到数据库，由内部定额人员用计算机进行统计整理。

(2) 钢结构主承建中成本的全面控制

1) 成本全面控制的概念

成本的全面控制，除了全过程的控制，还有一个全方位的控制问题。其中成本与质量、成本与时间、成本与风险等等都应进行考虑，即质量成本、时间成本、风险成本的概念。成本从另一个意义上讲等于生产成本＋质量成本＋时间成本＋风险成本。

2) 生产成本的控制

生产成本，指完成某工程项目所必须消耗的费用。比如消耗的各种材料、物资，使用的施工机械、生产设备产生的磨损，从事施工生产的职工工资以及支付必要的管理费用等。生产成本控制主要从以下几方面进行：

a. 材料控制

钢结构工程所需材料很多，这些材料往往具有专业性强、价格贵、用量多的特点，显然做好材料的控制对成本的降低有很大意义。材料的控制分采购阶段控制，仓储阶段控制，实施阶段的控制。必须结合材料的性质决定成本控制方法。

ⓐ 采购阶段控制

对于一般性材料，很多厂商都能供应。对这类挑选范围比较大的材料采购，应采用招投标方法决定厂商。对于一些专业性材料，只有少数几家才能供应，就须与厂商进行认真协商，以求获得供货的最小成本。

ⓑ 仓储中的成本控制

这里面有两层涵义：一是仓储量的控制，二是仓储中的管理。仓储量的控制是指合理规划，根据资金和进度计划相应地安排库存。仓储中的管理是必须强调的，因为钢结构施工安装中，要采用一些特殊规格的材料，比如焊条就有酸性、碱性、低氢型等几种，这些焊条对环境条件要求很高，仓储中保管不善就无法使用。此外，CO_2 气体保护焊、高强螺栓、防水防腐涂料等的仓储保管也需要比较良好的环境条件。

ⓒ 实施中的成本控制

这是很容易想到的，要建立一套方法杜绝浪费，比如采用用工领料制度、包干制度、奖罚制度等；要将成本控制切实落实到人；成本与工资相结合的成本工资制度，是一种很有效的方法。

b. 机械设备管理

钢结构工程施工是一种机械化、工业化施工过程。装配式施工，现场需要大量的机械设备，比如塔吊、吊车、顶升设备、卷扬机、运输汽车、焊机以及测量仪器等机械种类很多。机械设备管理主要是控制机械台班利用率，提高施工效率。这里有一个重要的配合问题，要与其他比如混凝土土建部分的配合，共用机械设备，以节约资源等。

c. 人力资源的成本管理

这主要是签好与分包劳务队伍和构件制作商的合同，加强合同管理，防止人工费超出合同价费。

3）质量成本的控制

在钢结构施工中，质量成本与工程成本关系极大，高层建筑钢结构一旦出现质量事故，其造成的经济损失和付出的代价极大，所以质量成本在工程成本中占重要地位。成本控制在于成本核算、统计核算等方法，这其中对质量成本的数据收集是关键。因此，建立健全原始记录，保证数据的正确性、及时性则是首要条件。质量成本的数据资料可以从以往各项目的会计系统中获得，通过计算机联网或集成系统，可以很方便地建立相关数据库。质量成本分析的一般方法有：指标分析法、排列分析法、趋势分析法、投入产出效益分析法等。通过分析，可以评估各种质量成本的比重，以便为成本控制提供基础。对于质量成本控制，一般可采用以下步骤和方法：

a. 事前确定质量成本控制的标准。根据质量成本计划分解的指标，对分部分项费用，实行阶段的限额使用，以便对费用开支过程进行检查和评价。

b. 事中控制监督质量成本的形成过程，这是控制的重点。在钢结构工程施工中，切实贯彻全面质量管理的各种管理手段，从抓分部分项工程及产品一次合格率入手，抓分部分项质量费用，从而保证总的质量成本费用得到控制。

c. 事后查明造成实际质量成本偏离目标质量成本的原因，然后在此基础上提出切实可行的措施，开展 QC 小组活动，运用各种方法，优化质量成本目标。

4）时间成本的控制

工程的正常进度计划与项目要求的工期总是不太一致的。如果计划的进度工期长于要求的工期目标，就要调整网络计划，合理组织安排，以便追赶工期。同理，如果项目中因业主资金原因或其他因素使要求的工期延长，或使工程进度受阻，钢结构工程项目开工不足，进度缓慢，则造成效率降低，费用增多。时间成本的概念就是考虑因要求工期进度的改变对其所造成的意外增加成本。

钢结构工程一般施工较快，如果不受业主资金或其他方面的限制，在工业化施工的条件下，工期进度进展得会很快。一般工程的延期对其损失影响较大，因为要造成机械设备台班费的增加，同时，增加项目的机会成本。研究时间成本就是如何使因服从要求工期而造成的成本费用最小，这包括工期提前所造成的成本费用和工期延误所造成的成本费用。

对于时间成本的研究，结合钢结构的特点，作者有以下观点：

a. 钢结构主承建中的项目工期目标受整个工程工期目标的控制。总承包商要根据工程的总体进度下达各个分项工程的控制目标，所以一味地研究、追求最优化工期是没有多大意义的。控制好关键线路上的费用，可以在调整工期时，使费用降低，所以要加强动态控制。施工项目中“累计成本——工期”曲线，即S型曲线或香蕉图，将计划成本和工期结合起来，从一个方面反映进度，它被人们称为项目的成本模型。计划成本累计曲线通常在网络分析及各事件计划成本确定后得到，而实际成本累计曲线则由实际施工进度安排和各事件实际成本得到。通过分析二者的偏差，可以掌握合同实施情况和发展趋向。这在项目控制中有很大作用，可以直观地反映成本与进度的关系。

b. 因为钢结构施工基本上属于工业化施工，所以工期滞后所带来的时间成本费用会大量增加。特别是当前国家对建设投资管理不严，出现大量的“胡子工程”，工期有时一拖几年，甚至十几年，这对钢结构施工极其不利。研究和控制工期延误条件下的时间成本费用显得极为重要。主承建商在出现工程长时间拖延时，如何合理调配人力、机械资源，避免人力、机械设备闲置，做好已购材料的保管等，是时间成本管理的重要内容。

c. 研究钢结构施工的进度计划要考虑同其他工程的配合影响。比如在劲性混凝土结构中，就要考虑同混凝土浇筑的关系，所以不能孤立地考虑自身进度，要将自身置于整个工程中。

5）风险成本的控制

风险成本的定义可理解成两个涵义：一是为减少或避免风险而需要的成本费用，比如各种人身保险费、减少技术风险而花的技术咨询费、为避免雷击而采取的避雷措施费，这类风险成本可理解为对风险的预防费。二是由于不可预料风险的发生而造成的损失，比如由于工期紧迫，可偏偏出现大风、大雨不能工作而造成延期罚款等等。

第一类风险成本的投入就是为了减少第二类风险成本的损失。比如为了人员安全而投的保费可能只花了几千元，但可能会避免出现人员伤亡所造成几万、几十万元的支出。我们不能忽视第一类风险投入。事实上，第一类风险成本投入往往不确定，比如采取了避雷措施，但却没有出现打雷天气，此时就不应理解为就不进行避雷措施（在沿海多雷雨的季节）。

减少和消除风险的措施就是控制风险成本的方法。这主要包括在策划过程中的预测和执行过程中的索赔与协商两部分，这在项目策划和管理中是一个重要内容。

（3）价值工程在钢结构主承建成本控制中的应用

具体地讲，价值工程在钢结构主承建施工中的应用主要有以下几个方面：

1）在施工组织设计中的应用

在工程施工组织设计阶段充分运用价值工程的有关原理，提倡突破创新、求实的精神，激发企业的创造热情，可以使施工过程合理化，科学化，提高施工质量，降低施工消耗，加快施工进度，使投资项目尽量地发挥投资效益。

2）在材料管理中的应用

由于价值工程本身产生于研究产品所用材料的功能与成本的最佳匹配之中，所以在优选建筑材料时运用价值工程的思想，不但可以解决建筑业消耗高、浪费大，技术上不求进步等问题，而且还增强了技术与管理人员的经济观念，有利于促进建筑业经营管理水平的提高。同时，在材料的采购过程中应用 VE 工程，还可以降低材料的采购成本。

3）在施工机械设备中的应用

在施工机械设备选择中应用价值工程，可以系统地分析施工机械的功能状况，根据项目施工对施工机械设备的具体功能要求合理选择施工机械设备，从而提高施工机械设备的利用率及投资效果，促进项目对机械设备管理水平的提高及项目整体管理水平的提高，以促进项目效益。具体讲，就是分析各种机械设备的功能，充分利用已有的和便于就近使用的机械代替价格昂贵、台班费用高的机械。比如有些钢构件重量大，需要大吨位吊车，就可以采用双吊甚至三台吊车联合作业的方式进行，从而代替大吨位吊车。当然，具体的工作情况还要进行具体的价值功能分析。

2. 钢结构主承建中的质量控制

（1）钢结构工程的施工质量特点

1）质量受影响的面广，例如：设计、材料、机械、气象、施工工艺、操作方法、操作技能、技术措施、管理制度等方面都将直接影响钢结构工程项目的施工质量。

2）质量波动容易产生，如材料差异、焊机电压、电流变化、操作与环境的改变、仪表失灵等均会引起质量的波动，产生质量事故。

3）钢结构工程质量控制分为两步：一是构件制作控制；二是安装控制，其控制过程分散，实施比较复杂。

（2）钢结构工程施工质量控制系统

钢结构工程项目质量控制系统见图 4.1-2。

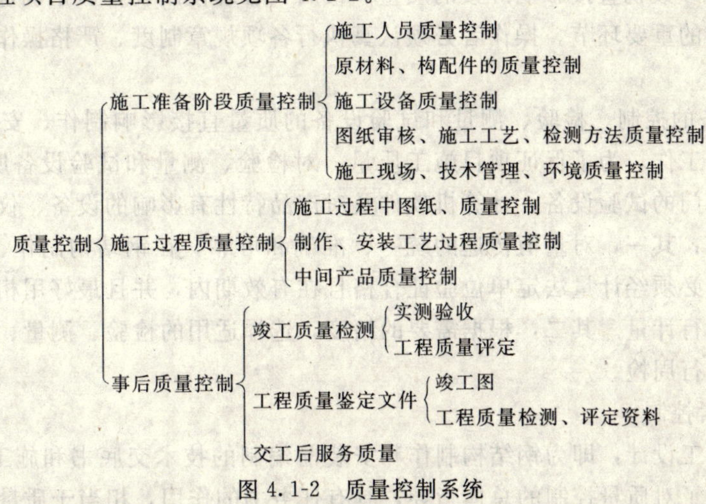

图 4.1-2　质量控制系统

（3）施工中质量控制因素

对于施工中的质量控制，主要从影响工程质量的因素下手，做好质量因素的控制，从而进行质量控制。质量因素控制主要有以下几方面：

1）人员因素控制

这包括人员的技术水平、责任心和质量管理条例。人员的技术水平，要求从事施工的人要有相应的技术资质。比如从事钢结构的各类焊工，要取得资格等级证书，重型构件的起吊工要有特殊工种上岗证，无损检测人员要经考核等。责任心指人的质量意识，要教育职工树立质量第一的思想。质量管理条例是现场对施工人员的一种纪律要求，对质量的一种保障。

2）材料因素控制

钢结构工程项目的材料主要分主材、辅材和围护材料，主材为钢材（钢板和型钢等），辅材为连接材料（焊接材料、螺栓和铆钉等）和涂刷材料（防腐、防火涂料），围护材料为金属压型板。

a. 工程的主要材料进场时必须具备正式的出厂合格证和材质证明书，必要时进行抽样复检，检验结果达到国家标准才能使用。

b. 工程中所有的钢构配件必须有出厂合格证和有关质量资料。对于运输安装中出现的构件质量问题，应进行分析研究，制订纠正措施，落实实施步骤。

c. 对于进口材料应进行商检，满足工程需要。

d. 加强材料的管理，注意材料的贮存条件，以保证材料贮存过程中的质量稳定；对于时效性物资，应注意时效管理，防止失效。

3）机械因素控制

施工机械设备（包括各种工具、仪器）是现代化施工的重要物质技术基础，钢结构工程项目质量水平在很大程度上直接取决于施工和检验工序采用的设备质量。

a. 施工机械设备的控制。这主要是从施工机械设备的选择上，机械设备的主要性能参数上和使用与操作要求上进行。首先，是要有良好的满足使用的机械设备。其次，是所用的施工机械设备的性能参数能满足施工工艺的需要和保证质量的要求。比如对于焊接机械设备，其各种参数就直接影响焊接的质量。最后，合理使用设备、正确进行操作，是保证项目施工质量的重要环节。操作者必须认真执行各项规章制度、严格操作规程，以防止质量事故。

b. 试验设备的控制。检验、测量和试验设备的质量直接影响制作、安装过程的质量检验工作和鉴定工作。为了保证项目施工质量，对检验、测量和试验设备所使用的量具、仪器、探测、专门的试验设备、计算机软件及对产品特性有影响的设备、仪器等应加以控制。这主要包括：其一，对量值传递的统一、准确和可靠。在钢结构制作、安装过程中，使用的计量器具必须经计量法定单位验证合格且在有效期内，并且最好用相同的仪器对制作和安装过程进行计量。其二，根据需要的精度，选择适用的检验、测量、试验设备，同时按国家规定进行周检。

4）指导因素控制

这主要指施工设计，即为钢结构制作和安装前编制的技术交底书和施工组织设计等。这两个文件构成了对质量控制的总体指导，具有任务书的作用，相当于质量目标。编制好这两个文件是质量控制的前提，这需要在项目的策划中给予重视。

5）环境因素控制

影响工程项目质量的环境因素较多，有工程技术环境，如天气等；工程管理环境，如质量保证体系文件等；劳动环境，如劳动组合、作业场地等。环境因素对工程质量影响具有复杂而多变的特点。如气象条件就千变万化，温度、湿度、大风、暴雨、酷暑、严寒都直接影响工程质量。又如前一工序往往就是后一工序的环境，前一分部、分项工程就是后一分部、分项工程的环境。因此，根据工程特点和具体条件，应对影响质量的环境因素，采取有效措施加以控制，使其满足工艺技术的要求。如下雨或下雪时，不得露天施焊；构件焊接区表面潮湿应加热除潮湿后，才能施焊，一般的 CO_2 气体保护焊风速大于 2m/s 时，应采取挡风措施后方可施焊等等。

对于高层建筑钢结构施工的质量控制，作者有以下观点：

a. 高层建筑钢结构施工的质量问题主要集中在就位尺寸、焊接质量、构配件质量上，这三个方面制约着钢结构的质量，这是质量控制的重点。

b. 钢结构的质量控制在工序间是非常紧密的，一环紧扣一环，要求在施工中，不断地调整，不断地改进，以满足质量要求。上一工序质量不满足要求，下一工序不能施工。

c. 与上相对应，在钢结构施工中，质量问题没有大小，因为一旦出现质量事故，其损失极大。比如在高层建筑中，下部小小的偏差会造成上部的很大倾斜，调整很困难。所以对待质量问题，事无大小，都要严格对待。

d. 气候对钢结构施工有很大的影响，在抢工期时，一定要注意。另外，钢结构的后期维护费用一般较高，而施工中高的质量要求会使维护费降低，要处理好它们之间的关系。

3. 钢结构主承建中的进度控制

(1) 钢结构主承建施工进度控制的特点

进度控制是指按合同工期要求编制的网络图为基础，在工程施工中对实际工程进度进行调节，在满足工期条件下，使资源分配均衡，费用较小。事实上，这是一种理想化的模式。在实际工程施工中往往因干扰因素较多，工期进度控制比较复杂。

1) 在主承建合同中，钢结构工程只相当于一个分项工程。如前所述，钢结构工程的安装进度受工程总进度的制约，要服从总工程进度要求。同时，还受到相关配合工种工期的影响，工期进度控制复杂。

2) 钢结构工程安装进度受天气影响极大，一些超常的坏天气会带来进度的极大受阻。

3) 钢结构工程安装受钢构件和材料供应的影响很大，物资进度计划是其控制的重点。

4) 钢结构工程安装具有即装即成的优点，工业化施工使工程建设很快，如果组织得当，工期控制可以很快达到目标。

(2) 钢结构主承建安装工程进度的控制

在钢结构工程进度网络图中，如前所述，其工期目标经常发生变动是其一个特点，受诸多因素干扰，总承包商或监理工程师会随时对钢结构工程进度目标提出调整，这样，要求用计算机随时进行工期动态调整，以适应总体要求。在钢结构主承建施工中，干扰工期进度的因素有：①与工程建设相关的单位影响。比如政府有关部门、业主、设计单位、总包商、其他分包商、内部分包商、物资供应单位、资金贷款单位以及运输、通讯、供电等部门，这要求充分发挥协调组织的功能，协调各相关单位之间的进度关系；②物资供应进度的影响；③资金的影响。如果没有及时给足预付款、进度款，会拖延工期；④设计变更的影响。会导致返工或工期延长；⑤施工条件的影响。好的施工条件是工程快速进展的保证；⑥各种风险因素的影响；⑦施工单位自身管理水平的影响。比如施工单位的施工方案不当，计划不周，管理不善，解决问题不及时等。

主承建商的进度控制不能脱离总包商和其他分包商的进度计划，要按照总包商的要求来进行。施工进度主要是三种形式：其一是比正常情况落后，其二是比正常情况提前；其三是正常情况。工期延长对于钢结构施工并不是好情况，要造成工效降低。此时进度控制主要是合理安排人工、机械，把窝工的损失降低。工期提前，进度控制主要是做好影响进度的各因素的准备落实，为抢进度提供基础，同时减少施工干扰，保证工程质量。

(3) 钢结构主承建中的物资供应进度控制

钢结构工程物资供应包括钢结构工程所需的各项材料、构配件、制品、各类施工机具和生产使用的一些设备。钢结构工程施工是工业化施工，其安装进度受物资供应极大。合理有效的物资供应，对保证施工进度具有重要的作用。钢结构施工时物资供应的要求如下：

1) 按规定的要求，材料和构件应规格齐全、配套、零配件齐备，且与工程所需对应。

2) 按照规定的地点供应物资。如果卸货地点不恰当，会造成二次搬运，增加费用。

3) 按照计划所规定的时间供应各种物资。供应时间过早会增大仓库和占用施工场地的面积，并给管理带来麻烦，过晚则会造成停工待料，影响施工进度计划实施。

4) 按规定的质量标准供应物资。如果低于标准则会降低工程质量，而高标准则会造成浪费。

对钢结构物资供应的控制是指在项目实施过程中，经常定期地对供应计划的目标值与实际值进行比较。发现偏离、纠偏、再偏离、再纠偏，直到物资供应目标的最终实现，是一个配套循环渐进的过程。

4.1.8 钢结构主承建中的合同管理研究

1. 钢结构主承建项目合同管理特点

合同管理的主要任务有两个：一是通过投标竞争，战胜竞争对手，承接工程，签订一个有利的合同；二是在合同规定的工期和预算成本范围内完成合同规定的工程施工和保修责任，全面正确地履行自己的合同义务，获得价款、争取盈利。同时，通过双方圆满的合作，为将来在新的项目上的合作和扩展业务奠定基础。从这个意义讲，项目管理中的一切活动都可最终归属于合同管理中，合同问题是项目管理中的重要方面。钢结构主承建施工合同是主承建商施工的依据，因钢结构主承建商所处的合同地位和技术管理特点，钢结构主承建施工合同管理有其自身的特征：

(1) 钢结构工程体积庞大，结构复杂，技术标准、质量标准高，要求相应的合同实施的技术水平和管理水平高。

(2) 合同条件复杂。由于主承建商处于分包地位，除了与总包商的直接关系外，还要向上涉及到业主与监理，对内有自己的分包商、材料供应商、劳务、租赁、保险、运输以及技术咨询等等。他们之间存在极为复杂的关系，形成一个严密的合同网络。

(3) 大型工程，参加单位和协作单位多。除了与业主、总包、监理、设计、自己内部的分包外，还有许多平行的单位，诸如，混凝土结构分包、装修工程、预应力工程、水、电、气等分包单位，各方面都属不同的经济核算单位，相对独立，他们在总包的管理下共同工作，各方之间是通过相互的合同关系来约束的。这要求详细进行责任界限划分，加强时间和空间上的衔接和协调等等。

(4) 合同的实施过程复杂。从投标到合同谈判签约到最终合同结束，要经历许多过程，在整个过程中，既有内部合同管理，又有对外合同履行，十分复杂。合同是整个工程施工的依据，每项工作都与合同目标息息相关。研究合同、执行合同、以合同为准是合同实施的原则。

(5) 合同管理受外界影响大、风险大。高层钢结构工程技术要求高、技术性风险大。同时，其专用性材料多，一些材料甚至要进口，外界涉及因素多。且其处于分包状态，相对于总包，其面临的风险更大。另外，高层钢结构工程一般投资大、建设时间长，若业主资金不足，会造成拖延工期，对主承建商十分不利。

国内的一些超高层钢结构工程，有时业主是外资企业，总包商也为外资建设商，比如地王大厦就是如此。这样在进行施工时，还要认真研究 FIDIC 合同条件和国际惯例，认真组织进行不同国籍间施工管理方式的交流和合作，以适应国外的管理方式。

2. 钢结构主承建项目施工合同的签订

(1) 合同各种关系的研究

钢结构主承建承包合同一般是采用固定总价合同，在签订分包合同时，需按照固定总价合同的条件，认真进行合同的起草。在这之前，要做以下的工作：

1) 需认真研究总承包合同的内容，主要是明确：①总承包的施工项目范围、内容；②工程的总价款及付款方式；③对工程项目的进度、质量要求；④对工程的材料、设备采购事项；⑤现场文明施工、安全以及总承包商承担的义务和权力等。

明确了总承包合同，才能据此理解总承包商的利益与义务。需要着重指出：总承包商与分包商作为施工主体是统一的，其利益是一致的，分包商只有充分理解总包商，帮助总包商完成工程的施工，自己也才能获得最大的利益。没有总包利益，就没有分包利益，这是十分明确的。

2) 了解其他分包商合同

在总承包管理下，分包商不仅仅一个，还有其他分包商，比如装修工程、幕墙工程、预应力等。分包商与分包商互相协作、配合，统一在总包商的管理下合作，只有分包商与分包商的良好合作，才能相得益彰，获得更大利益。

了解其他分包商的合同，可以明确自己的职责，知道对方所享受的权利与义务，为自己制定的合同作参考。研究分包商合同的内容主要有：①其他分包商的工程范围、内容；②分包商的总价款及付款方式；③其他分包商在项目的文明施工、安全管理等方面所承担的义务与权利；④对于一些材料、设备商，了解其材料、设备等的质量、性能情况等。

3) 对监理合同的了解

要了解监理单位的人员、技术、管理水平，以对施工监理单位有全面的认识。在对施工监理合同进行研究时，要研究监理合同中监理的职责、权利与义务，做到心中有数，以便在与监理的工作中，有章可循。

4) 要详细考察自己下属的分包协作单位情况

钢结构分包商必须明确自己内部的队伍情况。如果工地附近有自己的钢结构构件加工厂，则最好。如果没有自己的构件加工厂就需要认真考察，选择质量好、信誉佳的厂家。很多情况下，钢结构安装公司都有自己良好的构配件合作伙伴。有时候，本身的钢结构工程就是由钢结构安装公司与构配件加工厂联合进行承包的，这样就更能协调好内部利益，壮大自己的实力。钢结构工程还有一个问题是材料的采购。大宗的材料采购，需要与良好的材料商合作，以保证工程的进展；同时，材料的费用与合同总价款的关系极为密切，建立自己良好的材料采购关系会使自己在合同签订时有很大的自由度。此外，对内部的机械设备情况，工人的现状等，也需清楚。

(2) 钢结构主承建合同内容

钢结构主承建承包合同一般常采用协议定标的办法在确定价款后签订的，在合同条款的制订中，应特别要求按固定总价合同的条件，认真进行合同的起草。

1) 需明确所分包的工程范围、内容及为承建工程所承担的一些义务和权利；对于各专业的工程界面应有明确的划分和合理的搭接。

2) 分包价格的协调。总包合同中对业主的价款包括了各个分包合同的报价，所以分包的报价水平常常直接影响总包合同的造价和竞争力。在签订总包合同时，对业主所报的价款是总包商和分包商的利益所在，此时分包商应协助总包商争取最有利于总包的价款。只有有了总包商的利益，才能有分包商的利益。但分包合同的签订一般是在总包合同签订后再签订的。在总包合同签订后，等于对分包合同有了总的制约。作为总包商，此时显然是要尽量压低分包商的价款，而作为钢结构主承建商应本着充分理解总承包商尽量为自己创造好的效益前提下，与总包商进行价款谈判。价款谈判包括总分包价款和进度款(有条件争取预付款)、保证金、保修金等方面。因为总包商和分包商在对业主方面利益是统一的，分包商在保证必要的分包总价下，要尽量争取在预付款、进度款等方面获得方便。同时，在保证金、保修金等方面，也要尽量争取压低这部分。很重要的一点是，钢结构主承建在结构主体施工中是非常重要的部分，作为总承包，往往实力比较雄厚，资金比较充裕。分包商要尽量与总包商合作，这样在分包商遇到困难时，比如资金周转不便等时，还可获总包商的帮助。

3) 钢结构主承建合同，需要在合同内容中强调工种间的技术协调，这是非常显然的要求。各工种或各分包合同所定义的各专业工程(或工作)应能共同构成符合目标的工程技术系统。

4) 钢结构主承建合同，需要合同中明确时间上的协调。在总承包合同中，若规定了工期目标要求，则必然也对分包合同进行时间要求。主承建合同在保证自身的同时，要强调在与其他工种配合上的时间关系，明确因其他原因造成工期延误的责任等。

5) 其他方面。建筑施工承包合同往往都具有风险。一般地，总承包商在对其自身合同分析时，往往会将这些不利的施工风险分散于下属分包单位，钢结构施工单位要注意这一点，分析所面临的种种可能风险，以提前有所准备。同时，钢结构施工经营除了与其他一般施工经营相同的风险外，还因其专业性有其自身的专业技术风险，这些都要在合同中给予体现。

另外，在文明施工、安全保护、企业形象设计(CI)等方面也要给予注意。

6) 必须强调的是，在建筑工程施工中，往往会有大量的设计变更，这在特大型项目中是常见的。工程变更，会带来新的合同关系，合同中要注意这一条，就是进行工程索赔或额外利润的主要方面，在因工程变更进行工程索赔时，分包与总包单位的合作是非常必要的，因为变更所得价款，两者是利益共享，要明确两者共享的分成问题。当然一份好的分包合同还会有其他内容，要在标准合同的基础上，结合主承建分包关系和钢结构工程的特点给予完善。

当然，签订合同的过程是非常艰难的谈判过程。

(3) 钢结构主承建商内部合同的签订

合同管理不仅仅是专对主承建合同而言，而是对整个合同网络的每一个合同的研究与管理。钢结构主承建商在签署了主承建合同后，还要马上进行内部的合同签署：

1）与钢结构构件制作商合同的签订

有了主承建合同，在进行内部核算后，就可以与构件制作商进行加工合同谈判。在加工承揽合同中，应注重标的物的质量、规格、交货时间、地点等。钢结构安装速度，与钢构件关系很为密切，要保证不出现违约。如前所述，一般许多承包商周围有固定的加工商合作伙伴，可以保证质量和供应的稳定性。

2）材料、设备采购合同签订

材料、设备是大宗货物，在工程建设中，资金比重很大，大约占60%～70%，根据主承建合同的约定，对自己所要购买的材料、设备提前进行协商。获得质优价廉的材料供应是主承建商取得效益的根本。

3）其他合同的签订

诸如劳务合同、保险合同、技术合同、货物运输合同、仓储保管合同等的谈判与签订。

在钢结构主承建承包中，从业主到总包商到钢结构主承建商，合同关系形成了一个多级网络，这个多级网络应是有机的统一体，应相互配合协作，在业主与总承包商的管理下为完成工程这一最终目标而工作。

3. 钢结构主承建合同的履行

（1）合同管理中的关系协调

合同管理如前所述是一个全面全过程的管理，从合同的签订到合同的终结，都要时刻研究合同，动态地指导施工。项目合同的履行，包括对主承建合同中向业主和总包商的各项承诺的完成和对内部合同的履行监管。在合同的履行中，除了与自己的甲方——总承包商的联系外，还应注意与几个关系的协调。

1）与业主的关系

一般分包商不与业主直接联系，但因为钢结构工程的重要性和其技术难度性，主承建商要与总包管理人员一起合作制订施工计划，常常与业主发生关系。在与业主的交往中，要建立起业主对自己的信任，为后续的合作奠定基础。

2）与监理的关系

搞好与监理的关系是不言而喻的，主承建商通过监理建立对总包商和业主的信誉是很为重要的。同时，监理工程师的各种工作对施工承包商的影响是显然的，直接关系着主承建商的工作与利益。业主与监理直接面对的对象是总包商，是通过总包商来管理工程的，但主承建商不能因为他们不是自己的直接上级而怠慢或者缺少主动，在对外关系上，总包和分包应是一致的。

3）与设计勘察部门的关系

一般地，钢结构主承建施工项目都是一些特大型的建筑，技术难度大、施工条件复杂。在钢结构工程设计中，如果设计人员不太了解施工过程，一些施工荷载等情况没能有效模拟，会造成施工中的困难。施工条件的一些变化及施工方案的变化都要求与设计人员进行联系、磋商，以保证可行。施工中大量的工程图细化还要求加强与设计单位的合作。基于此，设计单位与施工单位的合作是很重要的。实际上，一些大型构件的安装往往是施工人员与设计人员共同努力完成的。一些工程中的钢结构，比如网架，本身就是由施工单位自行设计安装。

重视与设计部门的关系是十分有意义的：设计部门对施工方案的制定有重要的参考意见。同时，通过设计部门可以进行施工优化，为承建商带来很大的方便和效益，这是十分有益的。

此外，工程量的变更与他们也有很大的关系，通过他们的一些工作，承建商可以获得一些额外收益。

4）与其他分包商的关系

搞好与其他分包商的关系，可以使工作得以协调进行，同时取得经济效益。这在前面已有所述，应尽量为其他工种主动让出条件，共同协作完成任务。

（2）施工阶段的合同管理

工程施工中需控制的内容有：成本控制、质量控制、进度控制、安全控制等。在这几个控制实施中，合同管理是其基础。因为主承建商在任何情况下都要完成合同责任，成本、质量、进度和安全是合同中规定的目标，所以合同管理是其他控制的保证。合同管理的目的是按合同规定全面完成承包商的义务，防止违约。合同目标是合同规定的各项义务，其管理依据是合同范围内的各种文件、合同分析资料。

由于钢结构工程主承建合同涉及到业主、设计、总承包、监理等各环节，且与再分包合同中的材料供应、构件制作等因素有密切的关系，在合同实施中存在众多干扰因素，而这些干扰因素的作用，常常使工程实施过程偏离目标，同时由于工程庞大、设计复杂，合同目标本身也不断地变化，比如设计内容的更改，使合同中的工程量及其他要求发生变化，所以合同管理其最大特点是其动态性。值得说明的是，合同管理不仅仅只是钢结构主承建商对总包商的合同管理，而且包括了与下属分包商之间的合同管理。

（3）钢结构主承建施工中的索赔

钢结构主承建施工中引起的索赔，应将其区分为两类：一类是由于业主监理人员的责任引起的索赔；另一类是由于总承包商或其他分包商的责任引起的索赔。

第一类索赔事件主要有以下几种：

1）业主没有按合同规定交付设计资料及变更图纸等，使工期延误。

2）业主或监理工程师发布指令改变原合同规定的施工顺序，打乱原施工部署。

3）工程变更。在合同履行过程中，业主或监理工程师指令增加、减少或删除部分工程。

4）附加工程。在施工合同履行过程中，业主指令增加的附加工程项目。

5）由于设计变更、设计错误、业主或监理工程师错误的指令造成的工程修改、报废、返工、窝工等。

6）业主拖延合同责任范围内的工作，造成工程停工，比如延付进度款等。

7）由于业主直接采购的材料、设备不能按期、按质到达引起的误工等。

第二类索赔事件主要有以下几种：

1）总承包商的原因，没有按期提供作业面造成误工等。

2）总承包商无故拖延支付工程款。

3）在各工种的协调中，总承包商对主承建商提出的额外要求。

4）由于其他工种对已建工程的破坏引起的索赔。

区分第一类索赔与第二类索赔很有意义：

对于第一类索赔事件，总包商与分包商的利益一致，可以共同协作向监理工程师和业主进行索赔。此时总包与分包应最大地配合，提供证据，进行谈判，以获得索赔费或工期。在获得了业主支付的索赔费后，才开始与总包进行索赔费用分成或支付的谈判。

对于第二类索赔，属于总包商与分包商内部的争执，因为总包是分包的甲方，总承包单位是不会随随便便地多付分包商价款的。对延误工期，总包商更是不能让步，总包商总是尽力按照自己的总体网络指挥施工的。这要求分包商拿出足够证据，据理力争，同时注意策略。很大程度上，总包商与主承建商共同处于对业主的乙方地位，基本上对外是协作关系，很多索赔问题是求得问题的解决，所以对一些影响不大的事件，可以采取灵活的态度，不能因为内部索赔引起总包商总体施工速度受阻和业主对总包商的不满。另外，总包商对分包商支付索赔款，很多情况是从另外分包商上转接过来的。所以第二类索赔就应该注意策略，本着减少损失，解决问题的原则而不是盈利的目的。

对钢结构主承建商，除了与业主总包的索赔外，自己内部的合同同样有索赔与反索赔问题。内部合同主要指钢结构构件制作商和材料供应商。材料和构件的有序供应、良好的质量保证是对下属分包商的要求。达不到分包合同的要求，造成工期延误和费用增加，主承建商就要向分包商提出索赔。当然，这种索赔的进行主要是扣减应支付分包商的加工款或材料采购款。有些钢结构工程，构配件加工厂离工地很远，甚至远在国外，从加工制作到运输现场，中间有许多过程，必须认真研究加工合同和运输合同，制订详细的条款，以明确责任，否则会在事故发生后，造成索赔困难。对于主承建商的反索赔，主要是基于下属分包商提出的索赔。比如，对于构件加工，业主、总包商、主承建商都要派驻厂代表对构配件生产进行质量等方面监督，如果因为驻厂代表的原因，使加工制作的构配件不能满足施工要求，而造成返工或额外矫正费用等，加工制作商就会对主承建商提出索赔。出现这种情况，除了认真核对损失数额，进行有关索赔协商外，还应分析原因找出责任。如果是因为业主(监理)或总包的责任而造成的，就应该收集证据，将内部索赔进行转嫁。此外，对内部分包商提出的其他不合理索赔要求，应认真搜集证据，提供反索赔依据。

总的说，对内部的索赔和反索赔，其原则应是共同努力合作，减少损失，保证工程的顺利进展，所以各方应努力遵守合同。如前所述，内部索赔是求得问题的解决而不是主要为了盈利。

4. FIDIC 合同条件下的钢结构工程施工

随着我国的进一步改革开放，以及进入 WTO 步伐的加快。建筑市场也将逐渐对外开放，一些大型国外总承包公司将到我国市场上开拓业务，一些外商也将直接投资房地产。就高层钢结构工程来说，有一批是外商直接投资的。同时，随着我国钢结构施工水平的扩大，我们也将更多地进入国际工程承包市场进行业务。在这种条件下，国内的钢结构施工公司必须提高自身的管理水平，按照国际惯例进行工程项目管理。土木工程施工合同条件是国际咨询工程师联合会(FDDIC)制定的，在进行国际招标的工程施工中被人们广泛地推荐使用，并且也同样适用于国内的合同。基于钢结构主承建施工是一种分包施工形式，这其中，《土木工程施工分包合同条件》是主承建商一个重要的合同参考文本。此文本被推荐与《土木工程施工合同条件》(1987 年第四版，1992 年两次修订复印)配套使用，并且稍加修改，同样适用于分包商由雇主指定的情况，文本由第一部分通用条件和第二部分特殊条件两部分构成。两者共同决定了分包合同各方权利和义务。

我国的建筑施工企业进入国际承包市场较晚，对外开放打入国际建筑市场的时间不长，与发达的资本主义相比还有很多差距。就国内工程而言，外商直接投资的房屋还不太多，与外商直接合作的机会还很有限，造成我国钢结构施工国际化水平还很不足。我们的不足不是反映在施工技术和质量水平上，主要表现在不熟悉国际工程项目的管理，工程技术人员缺乏国际金融、国际合作等有关法律方面的知识，对于 FIDIC 合同条件和所签订的工程承包合同理解得不够深入，有时还反映在对实施过程可能出现的风险估计不足。我国目前总的说，钢结构工程数量比重还很低，主要分布在沿海和经济发达地区，而在国外高层建筑已大量地使用钢结构。面对这种情况，国内钢结构公司应积极开拓市场、走向世界。而作为走向国际市场的前提就是要提高管理水平，熟悉国际惯例，按国际准则办事。运用 FIDIC 合同条件，要从项目的投标报价、合同签订、合同执行，到最后的竣工验收，一整套都要适应。钢结构施工公司应具有这方面的意识，在工程实践中逐步适应，以壮大自己。从目前来看，主要是做好以下策略：

(1) 加速培养国际承包方向的专业人才，他们要不仅懂技术和管理，还要懂得国际惯例，熟练掌握外语，具有开拓精神，这是首要的。

(2) 要建立完善的信息网络通道，能准确及时地了解国际钢结构工程的建设信息，为获取工程承包奠定基础。

(3) 采取施工联合体或钢结构主承建商的形式与国内大型的承包公司合作，利用大公司的名望与势力，进军国际市场。

(4) 基于我国钢结构公司的国际承包经验少，我们可以采取先为别国大型建筑公司作分包商，比如构件制作商、劳务分包商等形式，由小到大、由低到高，逐渐适应国际承包惯例，学习国外大型钢结构公司的管理经验，慢慢壮大自己。

(5) 充分抓住在国内与国际大公司合作的机会，增加交流、建立信誉，以期长久合作。国内一些外资工程往往由国际大承包公司总包，钢结构主承建商在与其合作中要建立信誉，为争取更大范围内的合作奠定基础。

4.1.9 如何提高总监理工程师对项目目标控制的预见性

工程建设监理是监理单位接受业主委托和授权，根据国家批准的过程建设文件、有关法律、法规和工程建设监理合同以及其他工程建设合同，对工程建设实施的监督管理。其中心任务是控制工程项目三大目标，努力实现预定目标。总监理工程师作为监理公司在工程项目上的代表，行使工程建设监理合同赋予的权力，并履行合同所规定的义务，全面负责受委托的监理工作。对内向公司负责，对外向项目业主负责。他是整个项目监理机构的策划者、组织者、协调者和监督者。因此，项目总监理工程师所具备的基本素质不仅仅会影响到项目监理机构工作的有效性，甚至会影响到整个工程项目建设目标的实现。

对项目三大目标的控制，我们历来提倡在预先分析目标偏离可能性的基础上，采取主动控制，因为主动控制是一种面对未来的控制，它可以解决传统控制过程中存在的时滞影响，尽最大可能改变偏差已经成为事实的尴尬局面，从而使控制更为有效。既然对项目实施主动控制如此重要，那么如何提高项目总监理工程师对目标控制的预见性呢？

首先，要求总监理工程师必须具有高度的责任心、良好的职业道德和敬业精神，注重提高自身的职业道德修养。监理工作的职责和项目总监的独特地位要求其在廉洁自律、公正严格方面做出表率。“守法、诚信、公正、科学”是监理工程师的执业准则，作为项目总监更应该带头模范执行。目标控制的预见性是建立在详细调查分析外部环境条件以及各种有利和不利因素，认真识别目标风险的基础之上，这就必然要求目标控制者本着为国家负责、为工程负责、为本人负责的态度正确运用好手中的权利，采用科学的方法、高质量地作好每一步工作。

第二，坚实的专业知识和丰富的实践经验是提高项目总监理工程师对目标控制预见性的基础条件。工程监理工作本身是一个挑战性极强的工作，他要求从业人员要具备较高的素质，比如组织、协调和综合能力，要有一定的政策、技术和业务水平等等。但是，由于监理工作所针对工程建设过程的本身是一项技术性很强的工作，因此对总监理工程师的专业知识和工程实践经验要求很高。只有同时具备了专业知识和实践经验，才有可能未雨绸缪。以××教学楼工程为例，该教学楼工程近 10000m^2，项目投资总额约 1300 万元，基础设计以中风化砂岩为持力层，基础形式包括独立柱基、带形基础和桩基。其中人工挖孔桩基础区域下有一人防洞室，从业主提供的勘测资料情况来看该洞室纵贯整个教学楼南北方向，长约 50 余 m，最宽处约 5m，设计单位所设计桩基距离洞室侧壁最近处约 1.1m。在组织审核施工单位呈报的施工组织设计中，没有涉及该部分人防洞室和桩基间相邻关系的措施论述，也没有引起业主和施工单位的足够重视。而作为总监理工程师，从一接触该工程开始就敏感地意识到桩基施工和对人防洞室的安全保护极有可能是影响整个工程进度和投资的重点所在，稍有不慎就有损坏人防洞室的危险。为避免此类现象的发生，从一进场开始就组织人员对现场作了大量实地踏勘和走访工作，发现该洞室的位置、尺寸大小与原地形图和勘测情况出入较大，如果按照施工单位原定方案贸然开挖，必然会毁及洞室而无法满足人防办提出的要求。经与业主和施工方反复交换意见，也引起几方的充分重视。经充分协商，决定对人防洞室的现状和洞室与桩基的位置关系重新委托勘测单位实地勘测，在没搞清楚之前决不允许仓促开挖。勘测结果与实地踏勘结论完全一致，如果贸然开挖，大部分桩基将直接穿入人防洞室，不仅无法满足设计、人防的要求，而且会对洞室造成极大破坏，从而引起工期、费用索赔等一系列问题，必将对项目目标的实现造成极大的障碍。而通过第二次勘测不仅避免了上述难堪局面的出现，而且针对人防洞室确切情况请设计人员重新调整桩的布置和跨越梁数量，使桩基数量和跨越梁数量均有所减少，仅此一项为业主节约投资十余万元，同时也避免了洞室毁坏情况的出现，赢得了业主和施工方赞誉。

第三，熟悉工程建设中相关的法律知识，有较强的合同意识。项目监理机构的工作是以委托监理合同为依据开展的，工程实施过程中的各种行为又都与合同有关。合同管理是项目总监的一项重要职责。在实际工作中，由于合同和法律意识淡薄，而造成项目目标失控现象时常发生，这种行为一方面影响监理服务质量和项目目标的实现，另一方面很可能引起法律纠纷。熟悉项目建设相关合同对总监理工程师总体把握参建各方的工作范围、相应的权力和义务有很大裨益。总监理工程师应利用自己掌握的法律知识，帮助参建各方进一步在合同或补充条款中明确相关内容，避免由于合同条款不齐全、含义模糊而造成甲乙双方在合同执行过程中的争执，从而集中各方主要精力于工程项目建设。比如在某工程中，甲乙双方在施工合同中对人工费的调整方式以及是否调整均没有涉及，专用条款中的可调整情况描述也极其含糊，很容易引起双方歧义。为避免以后施工过程中不愉快争执的发生，总监理工程师应郑重提出必须进一步对该条款进行明确，以防患于未然。

第四，不断地学习和充实自己。在不断地学习过程中提高自己对项目目标控制的预见性，随着《工程建设标准强制性条文》的贯彻实施，新的工程建设标准将不断出现，新的施工质量验收标准也将不断提出，这就要求作为总监理工程师必须要注意把握国家规范、规程和新标准的动向，及时组织项目部人员学习、充实。而本行业的新技术、新材料、新工艺和新设备更是随着中国进入 WTO 而会层出不穷，要想把握住“四新”在项目中能否使用以及使用后效果，这也要求总监理工程师在日常工作中要注意了解“四新”技术的动态，在各专业监理工程师的配合下，完成对施工组织设计和施工方案的审批。

第五，善于总结和吸取经验、教训。总结、吸取自己和他人的经验、教训是每一个人成长进步的必由之路，通过学习和总结，可以事先避免同样问题的出现，提高对目标控制的预见性。例如，在外墙装饰中常常有玻璃幕墙工程，隐框和半隐框幕墙使用的结构硅酮密封胶，必须有与接触材料相容性试验合格报告(接触材料包括铝合金型材、玻璃、双面胶带和耐候硅酮密封胶)。所谓相容性是指结构硅酮密封胶与这些材料接触时，只起粘结作用，不发生影响粘结的任何化学变化。因此结构硅酮密封胶与接触材料的相容性问题是至关重要的问题，关系隐框、半隐框幕墙的使用安全。而结构硅酮密封胶相容性检测试验需要较长的时间(45 天左右)，一旦试验不合格，只有更换材料重作。由于试验周期较长，重作试验必然会影响项目工期目标的实现，在工程中也出现过此类情形。作为项目总监理工程师就应该善于总结和吸取自己和他人的经验、教训，提前要求施工方尽快完成结构硅酮密封胶相容性检测，尽力避免因结构胶重复检测而造成工期延误，以保障项目目标的实现。

第六，健全项目监理机构的管理制度并使之有效的运转。对项目目标的预控仅仅依靠项目总监理工程师事事亲历亲为效果恐怕不会理想，一名优秀的项目总监应该团结和带领项目监理机构的全体成员充分发挥各自的才能和团队精神，以取得卓有成效的监理业绩，项目实施前，项目总监应依据监理规范，委托监理合同及监理公司有关的管理制度，结合本工程特点制定出项目管理机构的管理制度和工作程序，如监理岗位责任制、巡检制度、考勤制度、工地例会制度、业务学习制度、监理日志、奖罚制度、工程质量验收程序、工程计量与计价程序、隐蔽工程验收制度、监理资料收集与整理制度等，使项目监理机构的成员各负其责、有章可循、有规可依。在运转过程中，项目总监应以身作则、办事公正、奖罚分明、注重团结，使整个监理机构有条不紊地得到有效运转。

提高总监理工程师对项目目标控制的预见性仅仅做到以上几点是不够的，而提高的过程也不可能一蹴而就，但是只要在工程项目监理过程中不断地努力、不断地积累，在一定时间内都会有明显的效果，而每一位总监理工程师对项目目标控制预见性的提高，对推动中国监理事业和建设事业的发展都有一份贡献。

4.1.10 建筑施工企业如何创鲁班奖工程

鲁班奖是我国建筑行业工程质量的最高荣誉奖。建筑施工企业通过创建鲁班奖工程，不仅可以提高自身的技术水平和管理水平，还能扩大企业的知名度和影响力，使企业在目前竞争激烈的建筑市场当中站稳脚跟，并占据一定的优势。中国建筑第三工程局截至目前共有 36 项工程获得国家鲁班奖，获奖数量在全国名列前茅。本文笔者将结合自身在创鲁班奖和对鲁班奖工程进行验评工作当中所积累的经验，并参考建筑业协会的相关资料和其他鲁班奖评审专家的意见，对鲁班奖工程的特点、创鲁班奖工程应把握的重点、精品工程创优全过程、创鲁班奖工程的主要质量要求以及工程资料收集和整理的注意事项做具体的阐述，希望能对建筑施工企业创建鲁班奖工程提供借鉴和起到指导性的作用。

1. 什么是鲁班奖工程

(1) 是优中之优的工程

鲁班奖工程是在符合设计和规范要求的前提下，做到好中选好，优中选优的工程。当然，创优没有一个固定的标准，每个地区都不一样，每年都在提高，一年上一个台阶。

(2) 是安全、适用、美观的工程

工程必须满足安全和使用功能的要求，做到安全、经济、适用、耐久，没有影响安全及使用功能的缺陷。在保证主体结构和地基基础的安全，满足使用功能的同时，达到装饰、装修效果以及绿色环保。设计要以人为本，同时兼顾可持续发展等。这些对工程的设计和施工都提出了相应的要求。

(3) 是经得起微观检查和时间考验的工程

鲁班奖工程应是经得起微观检查和时间考验的，越是严格检查，越是显出精致细腻之处。

(4) 是技术含量高的工程

鲁班奖工程除必须符合“评选办法”中要求的规模等规定外，其工程技术难易程度、新技术含量也要达到一定要求，显然在工程质量相当的情况下，技术含量高的工程将占有获奖优势。

(5) 是没有影响安全及使用功能缺陷的工程

工程必须满足安全和使用功能的要求，做到安全、经济、适用、耐久。

(6) 是用户非常满意的工程，也是社会上确认的精品工程

质量是反映产品或服务满足用户明确或隐含需要功能的特征和特性的总和。高质量是鲁班奖工程评选的重要因素，同时也是用户的要求。

(7) 是多数部位均能反映出其精致、细腻特色，是一个整体达到精品的工程

在设计上，具有鲜明的时代感、艺术性和超前性；在施工上，体现当代科技水平，开展管理创新、技术创新、工艺创新，做到“过程精品、细节大师”。

(8) 工程已按合同规定内容全部完竣，并能满足使用要求

工程必须完成合同中规定的全部内容，并能满足使用要求，包括：设计、规划、土地、人防、消防、环保、供电、电信、燃气、供水、绿化、劳动、技监、档案等部门的单项验收，签证齐全，并经当地质量监督部门评定或者备案。

(9) 工程质量实际情况符合申报要求

申报工程的自评质量等级和有关部门核定等级、实物质量与评定质量等级的准确情况、技术资料的齐全情况、技术难度与新技术推广应用情况等均应符合申报要求。

(10) 符合新规范和“强制性条文”要求的工程

工程应符合国家现行规范和标准的要求，尤其直接涉及人民生命财产安全、人身健

康、环境保护和公共利益的“强制性条文”必须遵守。

2. 创鲁班奖应把握的几点

(1) 坚定不移地制定创鲁班奖的质量目标

一个工程如果确定要创鲁班奖，必须制定创鲁班奖目标，坚定创鲁班奖信心，并采取切实可行的措施。在工程的建设过程当中，将目标分解落实到基层，严格管理、严格控制、严格检验。

(2) 突出“创”字，创新、创优、创高

创新：认识上树立新观念，管理上开拓新思路，技术上应用新材料、新工艺、新技术、新设备。

创优：优化综合工艺，优化控制器具，提倡一次成活，一次成优，不断提高创优质量水平。各级验收和各类评审均达优良，每次验收资料齐全。

创高：不断提高企业人员素质、企业标准和质量目标，创出高的操作技艺、高的管理水平和高的工程质量。

(3) 突出管理的针对性

以工程项目为目标，研究提高工程项目管理的标准化程度，不断提高标准规范化水平，提倡制度的完善和责任制的落实。在工程管理上，应做到以下几点：

1) 突出工序质量控制的研究，编制企业工艺、操作规程，不断完善改进操作工艺，提高操作技能，用操作质量来体现工程质量。

2) 突出预控和过程控制、突出过程精品，提倡一次成优，达到精品、效益双控制。

3) 突出整体质量，做到每道工序是精品，每个工序的环节、过程是精品，用过程精品来达到整体精品。

(4) 突出质量目标的不断提高

创建优质工程是一个不断提高企业管理水平和技术水平的过程，管理水平、技术水平的提高与优质工程是互动的。

1) 通过创建优质工程，以达到质量管理的完善、制度措施的齐全、落实检查的及时和总结改进的不断。

2) 通过创建优质工程，不断提高技术与操作人员水平，不断筛选优化组合形成综合工艺，不断完善和突出企业的特点与优势，从而提高企业综合水平。

3) 企业综合水平的提高、质量意识的加强和施工工艺的不断改进，对创建优质工程也具有促进作用。

(5) 过程精品，一次成优

在创鲁班奖工程建设当中，必须对工程施工的全过程进行策划，加强过程控制和严格检验，以达到过程精品，一次成优。

(6) 要制定高的验收标准

国家标准是建筑工程施工的最低标准，达到这个标准只是工程质量合格，达不到就不合格。鲁班奖工程的质量水平是国内一流水平，应当采用高于国家标准、行业标准、地方标准和同期同类工程标准的企业标准。

(7) 工程施工质量控制技术要点

在工程施工过程当中，应重点对以下几个技术要点做好质量控制：

1）结构的安全可靠性控制

刚度和稳定性控制，保证达到结构整体稳定。

水平和竖向位置｛轴线(含垂直度)标高｝控制，应使结构的位置正确、受力和传递合理，保证使用空间及尺寸符合设计要求，以满足使用功能。

构件几何尺寸(断面尺寸、平整、方正)控制，应保证结构断面尺寸正确、表面平整。

2）装饰的完美性控制

完善装饰、装修设计，进行多方案比较，除保证安全外，应从尺寸、对比、色差、环境等方面优化设计方案，提高装饰的完整性、协调性。

采购选择合格的、环保的装饰材料，严格进场检验，充分发挥材料的优良性能，提高装饰效果。

改进和完善装饰工程的足尺大样和样板工程的工作，以充分体现设计意图和效果。

注意装饰的收尾整理和成品保护，使工程达到安全、适用、美观。

3）设备安装的安全适用控制

设备管道安装位置、标高正确，固定牢固可靠。设备管道坡度、强度、严密性、朝向正确合理，保证使用功能，开关方便和使用安全。

接地防护设施有效，使用安全标示清晰、检修维护方便。

在可能的条件下，注意美观协调。

4）用资料和数据来反映工程质量

在施工过程中应及时整理工程资料，对相关指标的控制应符合本项目制定的标准，同时用数据来反映工程质量。

(8) 要注重资料的完整收集

按 2001 年发布的《建筑安装工程质量验收统一标准》规定："单位(或子单位)工程质量控制资料"及"单位(子单位)工程安全功能检查资料及主要功能检查记录"应"完整"，不得有漏缺项。

(9) 要推广应用新技术

在创鲁班奖的工程中，要提高质量水平，消除质量问题和攻克技术难关，都需通过推广应用新技术来解决。同时还要注意项目建设的成本控制，坚持质量和效益的统一。

(10) 创鲁班奖要与企业诚信结合

在市场竞争的情况下，企业诚信是企业生存的必备条件。诚信是宏观的，企业的诚信是通过多个微观量化的诚信指数来考核和评定。创鲁班奖要和企业诚信相结合，建立企业诚信度应注意以下几个方面：合同的全面履约、金融和经济信用度、顾客的满意率、质量的合格(优良)率、事故伤亡率、社会的投诉率、现场的文明施工等。

(11) 要取得建设单位的支持

(12) 要配备一个强有力的项目班子

3. 精品工程创优全过程

"过程精品，一次成优"是创建鲁班奖工程的关键所在，只有在工程建设当中注重细节精品、过程精品，做好对分部分项工程的质量控制；才能最终创成精品工程，实现工程整体质量达到优良。将精品工程创优全过程进行分解，具体的实施过程可归纳为目标管理、精品策划、过程监控、阶段考核以及持续改进等几个阶段。

精品工程创优的几个阶段循序渐进、相辅相成，它们基于工程创优活动，并为之服务。其全过程如图 4.1-3 所示：

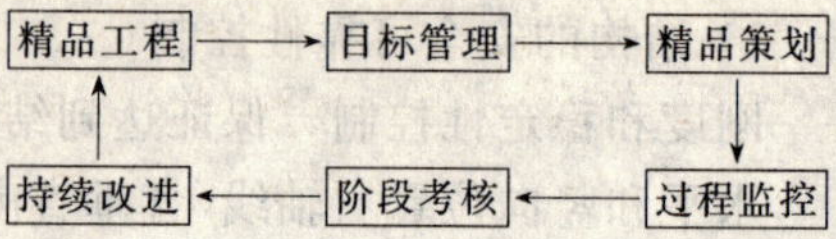

精品工程 → 目标管理 → 精品策划 → 过程监控 → 阶段考核 → 持续改进 → 精品工程

图 4.1-3　精品工程创优的全过程

各个阶段的具体内容及实施要点如下：

(1) 目标管理

1) 根据工程特点和对业主的承诺，制定出质量、工期、安全以及文明施工等目标。

2) 找出本工程在精品工程生产过程当中的质量控制点。

3) 紧紧围绕既定的工程目标，对领导班子、设备、机具等各项资源进行优化。

(2) 精品策划

1) 工程闪光点策划：技术、质量、标准、工艺等。

2) 制定质量保证计划、项目创优计划、项目管理制度、分包管理制度等。明确分工，并有专人负责。

3) 对工程特点、难点施工工艺制作多媒体进行演示。

(3) 过程监控

1) 主要方式：落实交底制度、分级抽查、随机抽查、落实“三检制”和建立质量例会制等。

2) 实施现场监控，随时掌握现场施工进度，彻底消除安全隐患。

3) 实施信息化管理，保证目标策划在具体的实施过程中不发生偏差。

(4) 阶段考核

1) 编制包含各个部门工作内容、质量要求和进度安排的项目月管理计划。

2) 对项目内部人员和分包队伍从质量、工期、安全、文明施工、技术资料、环境管理、机械维护等 7 个方面进行考核。

(5) 持续改进

在工程实施过程当中，若工程质量出现问题，应及时地进行检查核实，分析其产生原因，并制定合理有效的整改措施，以确保工程质量达到优良；同时不忘对有关人员实施进行奖惩，使他们对工程的质量控制引起足够的重视，具体的实施过程及程序如图 4.1-4。

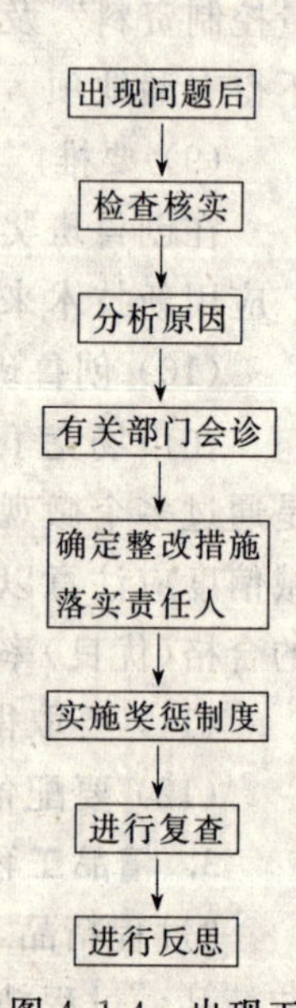

图 4.1-4　出现工程质量问题后的处理方法

4. 创鲁班奖工程的主要质量要求

建筑物的分部分项工程质量检查是鲁班奖工程验评工作当中的重中之重，整体及细部工程质量均达到优质水平是鲁班奖工程的特点。建筑施工企业在施工过程当中应注重对工程质量的预控，对任何细部的工程质量均要制定相应的标准，并采用合理有效的施工工艺及工序来加以保证。以下是创鲁班奖工程建设当中应着重加以控制的分部分项工程质量要求：

(1) 建筑结构部分

1) 不得有因地基与基础质量问题引起主体结构工程出现裂缝、倾斜或变形的情况。地基基础周围回填土不能有因沉陷而造成散水坡破坏的情况，变形缝、防震缝的设置或构造要合理。

2) 主体结构不得有影响使用安全的裂缝、倾斜、变形等质量隐患。

3）外墙装饰的色泽均匀，拼缝整齐；石材的操作工艺无论是干挂或湿作业粘贴，不得有花脸、泛碱、渗潮等迹象；内外墙板、柱和装饰线角水平与垂直度以及墙面与顶棚的平整度均应达到质量要求，顶棚无裂缝和翘曲，洞口要方正挺拔。

4）细木工程的安装细腻，涂料色泽均匀，块体装饰及饰面砖在镶嵌之前要有预排或有装饰施工设计，墙面的净洁度及灰缝的均匀度上乘、精致。

5）门窗安装的水平度、垂直度以及牢固程度达到质量要求；打胶质量达到防水与美观要求，无污染情况；小五金件安装细腻，油漆目测与手感的质量状况良好。

6）幕墙工程所使用的各种材料和构件、幕墙与主体结构连接的各种预埋件、连接件、紧固件必须安装牢固，后置埋件的拉拔力必须符合设计要求，其防火、保温、防潮、防雷、防腐等性能以及各种变形缝和墙角连接点构造均符合技术标准规定，结构胶和密封胶的打注应饱满、密实、连续、均匀、无气泡，宽度和厚度应符合设计要求，幕墙应无渗漏。

7）楼地面的平整度、色泽及灰缝的均匀度质量状况良好，大理石、花岗石面层的表面洁净、平整、无磨痕，且周边顺直、镶嵌正确，板块无裂纹、掉角、缺棱等缺陷。整体地面不应有空鼓、裂缝。水磨石地面石子分布均匀且分格条明显，色泽应一致。踢脚线表面清洁、结合牢固、高度一致，能做到与地面块材分格一致，出墙厚度一致且不能过厚。

8）防水工程(屋面、厕浴、地下室与墙体)不得存在渗漏情况。屋面防水层不得有积水和防水层鼓起等现象，屋面保温层、找平层、防水层(卷材、涂膜、细石混凝土)、密封材料嵌缝及细部构造的作法必须符合设计要求和《屋面工程质量验收规范》(GB 50207—2002)的有关规定。

(2) 给排水、采暖、通风空调、设备安装部分

1）水、暖、燃气、通风、空调管道及器具安装质量情况良好；管道横平竖直，支架固定牢靠；吊杆顺直，油漆颜色一致；通风风口与顶棚墙壁贴合紧密，消防喷头排列整齐。

2）管道及接口无渗漏；设备安装有序、位置正确、连接牢固、质量上乘、无安全隐患、运行平稳，使用效果达到设计要求；管道的保温、隔热、防腐、丝扣与法兰连接符合技术标准要求；PVC管道的配件配置符合标准要求。

(3) 建筑电气、电梯、建筑智能化部分

1）电气线路敷设及器具安装质量状况良好，不得有不清、混用及不接地的质量问题；防雷设施，配电箱的安装符合规范要求。

2）电梯运行达到设计要求，能保持正常运行；安装电梯的单位要具有相应的资质；电梯经劳动部门(或是技术监督局)检验同意后方能进行运行使用。在实体工程中，电梯平层应一致；保证电梯轨道平直；电梯运行时不应有摇摆的感觉。

3）涉及到建筑智能化已有的系统：如通信网络、办公自动化、建筑设备监控、火灾报警及消防联动、安全防范、综合布线、智能化集成、电源接地和环境等项工程，应能达到规定的质量要求。

5. 工程资料收集和整理的注意事项

对工程建设全过程的相关资料进行收集和整理是确保工程获鲁班奖的一项重要工作。工程资料检查是鲁班奖工程复查小组复查工作中的重要环节。在施工过程中，对工程资料

的收集和整理应注意工程资料的全面性、可追溯性、真实性、准确性。

(1) 工程资料的全面性

工程资料必须要有总目录、分册目录，页码清楚且便于查找，装订整洁美观。

一项鲁班奖工程，从立项、审批、勘测、设计、施工、监理、竣工、交付使用，到报评鲁班奖过程中，涉及到众多的环节和众多的部门，这就要求工程资料必须要齐全完整。在项目建设过程当中应会同建设单位对工程资料进行收集、整理，并一并归入工程档案。常见的工程资料有：

公安消防部门对设计的审查意见书，工程验收意见书，消防技术检测部门的检测报告，施工单位的消防施工许可证。

土建工程的施工资料，燃气工程的安装资料，变电工程的施工资料，环保部门的检测记录，人防部门的验收意见，劳动(技监)部门对电梯的管理等资料。各种设备的安装资料，如制冷机组及附属设备、空调机组的安装；按规定应检测和抽检的实验记录，如阀门、闭式喷头、气体灭火、系统组件以及水质检验报告等。

上述资料有的是前期管理资料，有的是施工中建设单位指定分包施工或者行业垄断施工的单位的资料，作为主承建单位申报项目的鲁班奖工程，收集这些资料确有很大的难度，但无论怎样，鲁班奖工程的资料必须是全面的、齐全的、完整的。

(2) 工程资料的可追溯性

可追溯性的定义为："根据记载的标识，追踪实体的历史、应用情况和所处场所的能力。"对于鲁班奖工程来讲主要是：原材料、设备的来源和施工(安装)过程形成的资料，涉及到产品的合格证、质量证明书和检验实验报告等。

进货时供应商提供是原件的应归入工程档案正本，并在副本中注明原件在正本；提供抄件的应要求供应商在抄件上加盖印章，注明所供数量、供货日期、原件在何处，抄件人应签字。重要部位的使用材料应在原件或抄件上注明用途，使其具有可追溯性，如设备运转记录应一机一表，设备安装的记录表格也不能只有一个试运转表格。对安装各程序的情况均应进行记录，如设备基础验收、设备开箱检查、划线定位、找正找平、拆卸清洗，联轴器同心度、隐蔽工程等项目均不可缺少。这些资料在鲁班奖工程的复查中都是必备的。对于用计算机采集、存储的数据及编制的报告和工程资料，必须有相关责任人亲笔签字，否则就失去了可追溯性。

(3) 工程资料的真实性和准确性

各种工程资料的数据应满足规范要求，在施工过程中，检测人员应从严把关，真实地记录检验和试验的数据，同时邀请监理单位确认检验或试验的结果。

施工组织设计，要有质量目标和目标分解。专业施工方案，要结合该工程的实际进行编制。

水、电、设备的隐蔽记录要与工程资料中的时间记录相吻合，要能表明隐蔽工程的数量与质量状况；均压环的设置情况也要纳入隐蔽记录，隐蔽记录要能覆盖工程所有部位。绝缘记录要齐全，要能覆盖所有电气回路，回路编写要清晰，与图纸要能一一对应。

(4) 工程资料的签认与审批

各种工程资料只有经过相关人员的签认或审批才是有效的。

施工组织设计、质量计划要经过相关部门会签和总工审批，要有监理单位和建设单位审核同意。重要的施工方案，作业指导书也要送监理单位进行审核。

各种检验和试验报告签字要齐全，即要有操作者、质检员、工长或技术责任人的签字，又要有监理单位或建设单位代表签字。

新出台的《建设工程文件归档整理规范》(GB/T 50328—2001)规定：工程文件内容必须真实、准确，与工程实际相符；工程文件应采用耐久性好的书写材料进行填写，如碳素墨水、蓝黑墨水，不得使用易褪色的书写材料，如红墨水、纯蓝墨水、圆珠笔、复写纸、铅笔等；工程文件中文件材料幅面尺寸规格宜为 A4 幅面，图纸应采用国家标准图幅。所有竣工图均应加盖竣工图章，包括："竣工图"字样以及施工单位、编制人、审核人、技术责任人、编制日期、监理单位、现场监理、总监的签字盖章。如果利用施工图改绘竣工图，必须标明更改依据。凡施工图中的建筑结构形式以及结构构件平面位置等有重大改变或者变更部分超过图面 1/3 的，应当重新绘制竣工图。

4.1.11 综述提高建筑防水工程质量的对策与措施

近年来，随着我国国民经济的迅速发展，各种建筑结构形式也得到相应的发展。大跨度工程、平屋面、金属屋面、屋顶花园、厕浴间、桑拿房、室内游泳池以及多层地下室等多种形式的现代建筑结构部位对防水工程的质量要求越来越高。不仅要求有好的防水功能，还需具有某些针对性的特点，如外露防水工程需要考虑防水材料的耐候性；长期处于水平面以下的建筑部位需考虑防水材料的抗渗、耐腐蚀性以及抗霉菌性能；易变形的部位需要考虑防水材料的抗变形能力、耐疲劳能力等，尤其需要指出的是某些防水工程质量通病目前尚无合理、有效的解决办法，这样就使得提高建筑防水工程质量成为十分紧迫的时代要求和建筑行业当前重要的任务之一。

怎样才能有效地提高建筑防水工程质量呢？我们认为应该从四个方面入手，即要有一个优秀的防水工程设计；要选好和用好新型的防水工程材料；要把好防水工程施工质量关；要有严格的行业管理。以下着重对这四个方面做具体的阐述。

1. 优秀的防水设计是提高建筑防水工程质量的先决条件

建筑防水工程按照所在部位可划分为：屋面防水工程、地下防水工程、室内厕浴间防水工程、外墙板缝防水工程和特殊建(构)筑物和部位防水工程。在我国现行的有关规范与标准当中明确规定了建筑屋面工程的一至四级防水等级和其他部位的设防要求，设计人员应结合建筑物的重要性程度分别按照使用功能、防水材料耐用年限以及不同等级的防水设防要求进行防水构造设计。建筑防水工程的设计除了应由有防水设计经验的人员承担，即应由掌握多种防水材料性能和设计原则与细部构造的设计人员负责外，在进行设计时，还要按照国家已经颁布的有关规范、标准，结合工程的具体细部构造和特点，使设计防水构造在有利于防渗防漏的基础上便于施工。建筑防水设计方案的确立，应根据建筑物类别、防水部位、防水层耐用年限、气候条件及工程其他具体情况等综合考虑。

在对主体结构地下工程进行防水设计时，所选用的防水材料目前有防水混凝土、防水砂浆、防水卷材、金属板材防水、防水板以及防水涂料等多种形式，在设计中应针对工程所处的工作环境及其特点，按照"防排结合、刚柔并用、多道设防、综合治理"的原则来确定防水设计方案。

湖北省建设厅和武汉市建委曾组织过几起防水工程质量事故的专家论证会，在论证意见中针对事故的起因指出了该工程防水设计方面的缺陷，例如排水坡度不够，局部防水构造大样设计不合理等。在优质工程及鲁班奖工程的复查及验评过程当中，有关领导和专家非常注意防水设计是否符合国家强制性标准。因此，对建筑物重点设防部位的防水设计引起足够的重视是十分有必要的。

2. 选好和用好新型建筑防水材料是提高建筑防水工程质量的基础条件

防水工程的质量，在很大程度上取决于防水材料的性能和质量。所用防水材料必须符合国家或行业的质量标准，并应满足设计要求。但不同的防水作法，对材料也应有不同的防水功能要求。目前建筑防水材料主要可以分为五大类别：①高聚物改性沥青防水卷材；②合成高分子防水卷材；③防水涂料；④密封胶结材料；⑤刚性防水材料。各种防水材料分别具有不同的性能特点，将其用于与之相适应的防水部位可有效解决工程的防水问题。

2003 年，湖北省防水协会组织了几位专家对全省一些防水材料生产厂家进行巡视考察，被考察的单位有广水的湖北永阳厂、潜江江汉油田的建昌厂、公安的隆兴防水材料厂和石首的永佳防水材料厂，这几家防水材料厂的产品共同特点是：①高强度、高延伸率；②耐高低温性能优良；③较好的耐久性和较长的使用寿命；④可进行冷粘法施工；⑤抗变形适应性强。同年湖北省建设厅和科技厅分别组织了多次新型防水材料的鉴定，其中武汉理工大学开发的新型防水涂料能有效减少和抑制混凝土孔隙率，使防水部位具有较好的防水性能；还有潜江华师瓦德公司开发的 SWD525 聚氨脂屋面防水材料、美丽讯公司开发的 YTL 聚贴橡胶沥青防水卷材、三木公司开发的 JCTA 聚合物改性干混砂浆以及通过鉴定的固成牌 FGC 建筑结构胶，都能大大提高建筑物的防水性能。这些新型防水材料的相继开发成功反映湖北省防水材料的研制获得了可喜的成果。

目前预拌混凝土在全国范围内的建筑工程获得较为广泛的推广和应用。一些商品混凝土搅拌站在外加剂的选用和坍落度的控制中还存在不足，在混凝土的配合比设计中也存在缺陷。因此许多地下工程混凝土出现了裂缝增多的现象，这不利于工程的防水要求，中建三局已经开展了预拌混凝土高性能化的研究工作，并多次召开了相关的技术研讨会，这一课题的完成应能较好地解决地下工程预拌混凝土开裂的问题。

3. 制定合理的施工方案及工艺是提高建筑防水工程质量的关键

优秀的防水工程设计只有通过施工才能实现；优质的新型防水材料，也只有通过施工才能得到体现和认可，所以说施工质量能否获得保证是防水工程成败的关键。在施工中坚持防、排、截、堵相结合的原则，制定切实可行和合理的施工方案是提高防水工程施工质量的有效途径。

目前主要的防水工程施工方法有热熔法、冷粘法、热风焊接法、机械固定法、冷涂法和嵌填法等。所选择的施工方法应根据防水材料的适用范围及相应的关键技术来进行编制和实施，并制定具体的操作步骤和施工工艺。合理的施工方案、施工方法及施工顺序是保证防水工程顺利施工的重要步骤，切不可认为只要采用了新材料就能解决渗漏问题，而不考虑建筑物的具体情况和防水细部构造作法，不研究施工方法和施工顺序。许多渗漏实例证明，施工不精细，特别是对细部构造节点部位的施工掉以轻心，是导致房屋渗漏的一个主要原因。所以在施工过程当中还应特别注意各种节点、变形缝、泛水接头、天沟和檐沟接头的构造处理。

4. 对建筑防水行业实施规范化管理是提高建筑防水工程质量的保证

在合理的防水施工方案的指导下施工，是实现优质工程的基本保证，同时防水工程的施工质量在较大程度上取决于施工人员的操作水平。因此，建筑工程行政主管部门规定，防水工程必须要由专业防水施工人员和有防水施工资质的专业施工队伍进行防水工程施工。从事防水工程施工的人员(包括工人、工长和技术负责人)，必须经过严格的培训，使他们系统地掌握防水施工新技术，并经考核合格后才能上岗操作。在对建筑工程优质工程和鲁班奖工程进行复查时，查验防水工程人员上岗证和防水工程施工单位资质也是必要的程序之一。

做好分项工程的交接检查，是建筑工程施工质量管理的一项重要措施。防水工程施工也不例外。在防水工程施工中，应对每一道工序进行严格的质量监督和检查，消灭每一道工序可能出现的质量隐患，严格执行“上道工序经检查合格后，方可进行下一道工序施工”，决不允许存在少搭接、少涂膜等偷工减料的欺骗手法。

对已完工的防水工程，仍应严格进行质量检查、验收，必要时有些部位如屋面、厕浴间等还应进行蓄水实验。另外，还应提交有关工程设计图纸、设计变更洽商记录、材料质量证明及复验资料、施工方案、施工检验记录以及淋水或蓄水试验记录、隐蔽工程验收记录等。在工程交付使用后，应加强管理，如定期检查、清扫屋面、疏通天沟和水落口、修补泛水节点等，上述工作均应设专人管理，形成制度并认真实施。

5. 结束语

在国民经济建设当中，提高建筑工程防水工程质量具有十分重要的意义。合理选用优质防水材料、精心按规范施工，通过刚柔结合、卷材与涂料并用等二道或三道设防的材料及施工作法，可以大大提高防水层的寿命及使用年限。由二道和三道设防的材料及施工作法而产生的性能互补，可使它能适应更多方面的外界因素影响，减少了渗漏的可能性，降低了因渗漏而带来的各项损失。在防水工程中采用优秀的防水设计、选用优质的防水材料，选定一个优秀的防水专业施工队伍来进行施工，必然会给建筑工程项目带来好的经济效益和社会效益。